高等学校数学基础课程系列教材

高 等 数 学

下 册

主 编 惠小健 章培军 刘小刚
副主编 王 震 李啸月 吴 静
参 编 苏佳琳 于蓉蓉 刘 蕊
　　　 李建辉 任水利 吴会会

U0241058

机械工业出版社

本套书是按照高等学校的本科高等数学课程教学大纲的要求编写的。全书分为上下两册。本书为下册，共 5 章，内容包括空间解析几何与向量代数、多元函数微分学及其应用、重积分、曲线积分与曲面积分、无穷级数。全书编写思路清晰，内容取材深广度合适，具体阐述深入浅出，突出高等数学的 Maple 计算，强调多元函数微积分的方法、思想及其应用。同时各章节例题配有 Maple 计算程序，便于帮助读者学习相关软件，增强应用数学的能力，培养运用信息技术的能力。

本书可作为高等学校理工、经管、医学、农林类等本科专业的数学基础课程教材，也可供高校教师、工程技术人员和科研工作者等相关人员参考使用。

图书在版编目（CIP）数据

高等数学. 下册/惠小健，章培军，刘小刚主编. —北京：机械工业出版社，2022.9（2025.1 重印）

高等学校数学基础课程系列教材

ISBN 978-7-111-71304-3

Ⅰ.①高… Ⅱ.①惠…②章…③刘… Ⅲ.①高等数学-高等学校-教材 Ⅳ.①O13

中国版本图书馆 CIP 数据核字（2022）第 134690 号

机械工业出版社（北京市百万庄大街 22 号 邮政编码 100037）
策划编辑：韩效杰 责任编辑：韩效杰 李 乐
责任校对：张 征 李 婷 封面设计：鞠 杨
责任印制：张 博
北京建宏印刷有限公司印刷
2025 年 1 月第 1 版第 3 次印刷
184mm×260mm · 16.75 印张 · 400 千字
标准书号：ISBN 978-7-111-71304-3
定价：49.80 元

电话服务 网络服务
客服电话：010-88361066 机 工 官 网：www.cmpbook.com
010-88379833 机 工 官 博：weibo.com/cmp1952
010-68326294 金 书 网：www.golden-book.com
封底无防伪标均为盗版 机工教育服务网：www.cmpedu.com

前　言

高等数学课程是高等院校理、工、经、管、农、医类各专业的重要基础课程，也是工程应用数学的重要基础。本书是编者在多年教学实践和改革探索的基础上，结合高等学校的本科高等数学课程教学大纲的要求编写而成的。

本书结构严谨，逻辑清晰，概念准确，注重应用。其主要特点在于：

1. 教学内容突出多元微积分的基本概念、基本理论和基本思想，注重培养学生的抽象思维能力、逻辑推理与判断能力、空间想象能力、数学语言及符号的表达能力和学以致用的能力。符合国家对高等数学课程改革的要求以及基础课程"金课行动"的改革要求。

2. 注重因材施教，强化数学应用。针对学生学习的特点，难点内容的讲述尽量通俗易懂，习题难易尽量适合绝大多数学生，增强学生学习的信心。尽量通过实例引入概念，选择例题贴近生活，引入模型来源于实际，并特别注意数学在物理学、经济学和管理学中的应用。

3. 聚焦培养学生解决复杂问题的能力，强化对学生实践能力、创新意识与创新精神教育，将实践能力培养和创新创业教育融入人才培养全过程。培养学生应用数学方法解决实际问题并进行创新的能力，在各章节的教学内容中例题利用 Maple 进行了实现，以此来提高学生的学习兴趣和应用能力，达到从知识到能力的转化。

本书在编写过程中不仅参考了国内的高等数学教材，也曾向校内外同行广泛征求意见，承蒙众多同行厚爱，提出了许多宝贵意见，在此一并致谢。

由于编者水平有限，书中错误和不当之处在所难免，敬请读者批评指正，以期完善。

编者

目　　录

特殊地，点 $M(x,y,z)$ 与坐标原点 $O(0,0,0)$ 的距离为

$$d = |OM| = \sqrt{x^2+y^2+z^2}。$$

例 1 求空间两点 $P(-1,4,8)$ 与 $Q(4,-2,5)$ 的距离 $|PQ|$。

解 由两点之间的距离公式有

$$|PQ| = \sqrt{(-1-4)^2+(4+2)^2+(8-5)^2} = \sqrt{70}。$$

例 1 的 Maple 源程序

```
> #example1
> with(geom3d):
> point(P,-1,4,8),point(Q,4,-2,5);
                        P,Q
> distance(P,Q);
                        √70
```

例 2 给定三个点 $M_1(1,1,3)$、$M_2(6,0,-1)$、$M_3(3,-2,1)$，证明：$\triangle M_1M_2M_3$ 是等腰三角形。

证明 只需证明 $\triangle M_1M_2M_3$ 有两边的边长相等即可。

$$|M_1M_2| = \sqrt{(1-6)^2+(1-0)^2+(3+1)^2} = \sqrt{42},$$

$$|M_2M_3| = \sqrt{(3-6)^2+(-2-0)^2+(1+1)^2} = \sqrt{17},$$

$$|M_3M_1| = \sqrt{(3-1)^2+(-2-1)^2+(1-3)^2} = \sqrt{17},$$

由于 $|M_3M_1| = |M_2M_3|$ 且 $(|M_3M_1|+|M_2M_3|) > |M_1M_2|$，故 $\triangle M_1M_2M_3$ 是等腰三角形。

习题 8.1

1. 在空间直角坐标系下，指出下列各点在哪个卦限。

$A(2,-3,-5)$；$B(1,3,2)$；$C(-1,-1,-5)$；$D(2,3,-5)$。

2. 在坐标面上和坐标轴上的点的坐标各有什么特征？指出下列各点的位置。

$A(3,4,0)$；$B(0,4,3)$；$C(0,-3,0)$；$D(0,0,-6)$。

3. 求空间中两点 $A(3,1,2)$ 与 $B(4,-2,-2)$ 的距离 $|AB|$。

4. 在 yOz 面上，求与三个已知点 $A(3,1,2)$，$B(4,-2,-2)$ 和 $C(0,5,1)$ 等距离的点。

5. 证明以三点 $A(4,1,9)$，$B(10,-1,6)$，$C(2,$ 4,3) 为顶点的三角形是等腰三角形。

6. 在 z 轴上，求与 $A(-4,1,7)$ 和 $B(3,5,-2)$ 两点等距离的点。

7. 已知点 $A(2,-1,1)$，求点 A 分别与 x，y，z 轴的距离。

8. 求点 (a,b,c) 关于（1）各坐标轴；（2）各坐标面；（3）坐标原点的对称点的坐标。

9. 自点 $P_0(x_0,y_0,z_0)$ 分别作各坐标面和各坐标轴的垂线，写出各垂足的坐标。

10. 设点 P 在 y 轴上，它到点 $P_1(\sqrt{2},0,3)$ 的距离为到点 $P_2(1,0,-1)$ 的距离的两倍，求点 P 的坐标。

8.2 向量及其线性运算

在研究力学、物理学和工程应用中所遇到的量可以分为两类：一类完全由数值的大小决定，如质量、温度、时间、面积、体积、密度等，这类量称为**数量**，也称标量；另一类量，只知其数值大小还不能完全刻画所描述的量，如位移、速度、加速度、力、力矩等，它们不仅有大小还有方向，这类既有大小又有方向的量称为**向量**，也称矢量。

8.2.1 向量的基本概念

向量：既有大小，又有方向的量，这一类量称为向量，常用的表示方法有$\overrightarrow{M_1M_2}$，$\vec{a}$，$\boldsymbol{a}$。

向量的模：向量的大小或向量的长度，记作$|\overrightarrow{M_1M_2}|$，$|\vec{a}|$或$|\boldsymbol{a}|$。

单位向量：模为 1 的向量叫作单位向量。

零向量：模为零的向量叫作零向量，通常记作$\vec{0}$或$\boldsymbol{0}$（注：零向量的方向可以看作是任意的）。

负向量：与向量$\boldsymbol{a}$的模相等而方向相反的向量叫作向量$\boldsymbol{a}$的负向量，记作$-\boldsymbol{a}$。

向径：起点位于坐标原点的向量称为向径，常表示为$\overrightarrow{OM}$或$\boldsymbol{r}$。

向量相等：$\boldsymbol{a}$与$\boldsymbol{b}$同方向，且模相等$|\boldsymbol{a}|=|\boldsymbol{b}|$，记为$\boldsymbol{a}=\boldsymbol{b}$。

平行向量：如果向量$\boldsymbol{a}$与$\boldsymbol{b}$同方向或者反方向，称向量$\boldsymbol{a}$与$\boldsymbol{b}$平行，记为$\boldsymbol{a}/\!/\boldsymbol{b}$。由于零向量的方向是任意的，故可认为零向量与任何向量都平行。

在实际问题中，有些向量经过平移以后与原向量相等，与它的起点无关，并且这些向量的共性是它们都有相同的大小与方向，这样的向量叫作**自由向量**。数学中研究的向量都是自由向量，这样就可以把向量的起点放在空间中任何一点，给向量的运算带来方便。因此，平行的向量也可以认为是共线的。本章讨论的向量，如不特别说明，都是自由向量。

8.2.2 向量的线性运算

1. 加减法

定义 1 设有两个向量$\boldsymbol{a}$、$\boldsymbol{b}$，任取一点A，作有向线段$\overrightarrow{AB}$表示

a，再以 B 为起点，作有向线段 $\overrightarrow{BC}$ 表示 b，则称向量 $\overrightarrow{AC}=c$ 为向量 a 与 b 的和，记为 $c=a+b$（图 8.2.1），即

$$\overrightarrow{AB}+\overrightarrow{BC}=\overrightarrow{AC}$$

由这个公式表示的向量之和的方法叫作向量相加的**三角形法则**。三角形法则的实质是：将两个向量的首尾相连，则一向量的首指向另一向量的尾的有向线段就是两个向量的和向量。

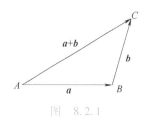

图　8.2.1

也可以从同一起点 A 作 $\overrightarrow{AB}$ 表示 a，作 $\overrightarrow{AD}$ 表示 b，再以 $\overrightarrow{AB}$、$\overrightarrow{AD}$ 为邻边作平行四边形 $ABCD$（图 8.2.2），易知对角线表示的向量 $\overrightarrow{AC}=c$ 为向量 a、b 的和，这叫作向量加法的**平行四边形法则**。在研究物体受力时，作用于一个质点的两个力可以看作两个向量。而所受的合力就是以这两个力作为边的平行四边形的对角线上的向量。

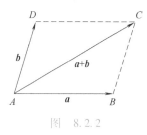

图　8.2.2

向量的加法符合下列运算规律：

（1）交换律 $a+b=b+a$；

（2）结合律 $(a+b)+c=a+(b+c)$；

（3）$a+0=a$；

（4）$a+(-a)=0$。

2. 数乘（数与向量乘积）

> **定义 2**　实数 λ 与向量 a 的乘积 λa 是一个向量，它的模为
> $$|\lambda a|=|\lambda|\cdot|a|,$$
> 它的方向当 $\lambda>0$ 时与 a 相同，当 $\lambda<0$ 时与 a 相反。

当 $\lambda=0$ 时，$|\lambda a|=0$，即 λa 为零向量，此时它的方向是任意的。

几何直观上，λa 是与 a 平行的向量，只是把 a 伸缩至 λ 倍（图 8.2.3）。

图　8.2.3

数乘满足以下运算规律：对于任意向量 a，b 和任意实数 λ，μ，有：

（1）结合律　$\lambda(\mu a)=(\lambda\mu)a=\mu(\lambda a)$；

（2）分配律　$(\lambda+\mu)a=\lambda a+\mu a$；$\lambda(a+b)=\lambda a+\lambda b$。

定理 1　设向量 $a \neq 0$，则向量 b 平行于 a 的充分必要条件是：存在唯一的实数 λ，使得 $b = \lambda a$。

证明　条件的充分性是显然的，下面证明条件的必要性。

设 $b /\!/ a$，当 a 与 b 同向时，取 $\lambda = \dfrac{|b|}{|a|}$；当 a 与 b 反向时，

取 $\lambda = -\dfrac{|b|}{|a|}$。于是，两个向量 λa 与 b 总是方向相同的。再由等

式 $|\lambda a| = |\lambda| \cdot |a| = \dfrac{|b|}{|a|} |a| = |b|$，知 $b = \lambda a$。

再证实数 λ 的唯一性。设 $b = \lambda a$，又设 $b = \mu a$，两式相减，得

$$(\lambda - \mu) a = 0, \quad \text{即} \ |\lambda - \mu| \ |a| = 0,$$

因 $|a| \neq 0$，故 $|\lambda - \mu| = 0$，即 $\lambda = \mu$。

设 a 为非零向量，取 $\lambda = \dfrac{1}{|a|} > 0$，则 $\lambda a = \dfrac{1}{|a|} a$ 是与 a 同方

向的单位向量，记作 e_a，即 $e_a = \dfrac{1}{|a|} a$，由此可将向量 a 用 e_a 表

示为 $a = |a| e_a$。易见，与 a 平行的单位向量有两个：e_a 与 $-e_a$。

例 1　在平行四边形 $ABCD$ 中，记 $\overrightarrow{AB} = a$，$\overrightarrow{AD} = b$。试用 a 和 b 表示向量 $\overrightarrow{MA}$、$\overrightarrow{MB}$、$\overrightarrow{MC}$ 和 $\overrightarrow{MD}$，这里 M 是平行四边形对角线的交点（图 8.2.4）。

解　（1）由于平行四边形的对角线互相平分，所以 $a + b = \overrightarrow{AC} = 2\overrightarrow{AM}$，即

$$\overrightarrow{MA} = -\frac{1}{2}(a + b)。$$

（2）因为 $\overrightarrow{MC} = -\overrightarrow{MA}$，所以，

$$\overrightarrow{MC} = \frac{1}{2}(a + b)。$$

（3）又因为 $(-a) + b = \overrightarrow{BD} = 2\overrightarrow{MD}$，所以，

$$\overrightarrow{MD} = \frac{1}{2}(b - a)。$$

（4）由于 $\overrightarrow{MB} = -\overrightarrow{MD}$，所以，

$$\overrightarrow{MB} = -\frac{1}{2}(b - a) = \frac{1}{2}(a - b)。$$

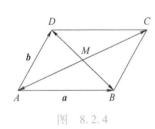

图　8.2.4

习题 8.2

1. 填空题。

向量 $a=(-2,6,-3)$ 的模为 $|a|=$ _____，与 a 同方向的单位向量 $e_a=$ _____。

2. 设 e_a 为非零向量 a 的同向单位向量，证明：

$$e_a=\frac{a}{|a|}\text{。}$$

3. 求平行于向量 $a=6i+7j-6k$（其中 i，j，k 分别表示沿 x 轴、y 轴、z 轴正方向的单位向量）的单位向量。

4. 试证：三角形任意两边中点的连线平行于第三边且等于第三边的一半。

5. 设 $u=a-b+2c$，$v=-a+3b-c$，试用 a、b、c 表示 $2u-3v$。

8.3　向量的坐标

这一节，我们主要讨论向量在空间直角坐标系中如何用坐标表示。对空间上的点，我们可以用有序数组来表示，对自由向量是否也可以用有序数组来表示呢？如果可以，又怎样来表示呢？

8.3.1　向量在轴上的投影

一般地，设 M 为空间中一点，数轴 u 由点 O 及单位向量 e 确定。任给向量 r，作 $\overrightarrow{OM}=r$，再过点 M 作与 u 轴垂直的平面 π，平面 π 与 u 轴的交点 M' 称为点 M 在 u 轴上的**投影**。而向量 r 在 u 轴上的投影，记作 $\mathrm{Prj}_u r$。

设向量 $\overrightarrow{AB}$ 的起点 A 和终点 B 在 u 轴上的投影分别为 A' 和 B'，且 u 轴上的有向线段 $\overrightarrow{A'B'}=\lambda u$（$u$ 为 u 轴正方向上的单位向量），称数 λ 为向量 $\overrightarrow{AB}$ 在 u 轴上的投影，记作 $\mathrm{Prj}_u\overrightarrow{AB}$ 或 $(\overrightarrow{AB})_u$，u 轴称为投影轴。如果 u 轴是数轴，点 A' 的坐标是 u_1，点 B' 的坐标是 u_2，则 $\mathrm{Prj}_u\overrightarrow{AB}=u_2-u_1$。这是向量在 u 轴上投影的坐标表示式。由此可知，向量的投影是数量而不是向量。

定理 1　向量 $\overrightarrow{AB}$ 在 u 轴上的投影等于向量的模乘以轴与向量的夹角 θ 的余弦，即

$$\mathrm{Prj}_u\overrightarrow{AB}=|\overrightarrow{AB}|\cos\theta\text{。}$$

由 $\cos\theta$ 的符号与 θ 的关系可知，当非零向量与投影轴成锐角时，向量的投影为正值；成钝角时，向量的投影为负值；成直角时，向量的投影为零。

定理 2　两个向量的和在轴上的投影等于两个向量在该轴上的
投影之和，即
$$\mathrm{Prj}_u(\boldsymbol{a}_1+\boldsymbol{a}_2)=\mathrm{Prj}_u\boldsymbol{a}_1+\mathrm{Prj}_u\boldsymbol{a}_2。$$
定理 2 可推广到有限个向量的情形，即
$$\mathrm{Prj}_u(\boldsymbol{a}_1+\boldsymbol{a}_2+\cdots+\boldsymbol{a}_n)=\mathrm{Prj}_u\boldsymbol{a}_1+\mathrm{Prj}_u\boldsymbol{a}_2+\cdots+\mathrm{Prj}_u\boldsymbol{a}_n。$$

定理 3　向量与数的乘积在轴上的投影等于向量在该轴上的投
影与数的乘积，即
$$\mathrm{Prj}_u\lambda\boldsymbol{a}=\lambda\mathrm{Prj}_u\boldsymbol{a}。$$

例 1　设正方体的一条对角线为 OM，一条棱为 OA 且 $|OA|=a$，
求 $\overrightarrow{OA}$ 在 $\overrightarrow{OM}$ 方向上的投影 $\mathrm{Prj}_{\overrightarrow{OM}}\overrightarrow{OA}$。

解　如图 8.3.1 所示，记 $\angle MOA=\varphi$，有
$$\cos\varphi=\frac{|OA|}{|OM|}=\frac{\sqrt{3}}{3},$$
于是，
$$\mathrm{Prj}_{\overrightarrow{OM}}\overrightarrow{OA}=|OA|\cos\varphi=\frac{a}{\sqrt{3}}。$$

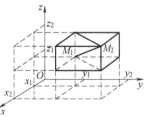

图　8.3.1

8.3.2　向量的坐标表示与分向量

通过坐标法，使平面上或空间的点与有序数组之间建立
了一一对应关系，从而为沟通数与形的研究提供了条件。类似地，
为了沟通数与向量的研究，需要建立向量与有序数组之间的对应
关系。

设 $\boldsymbol{a}=\overrightarrow{M_1M_2}$ 是以 $M_1(x_1,y_1,z_1)$ 为起点、$M_2(x_2,y_2,z_2)$ 为终点的
向量。过点 M_1、M_2 分别作垂直于三个坐标轴的平面，这六个平
面围成一个长方体（图 8.3.2）。从图 8.3.2 中易知
$$|\overrightarrow{M_1M_2}|=\sqrt{(x_2-x_1)^2+(y_2-y_1)^2+(z_2-z_1)^2}。$$
以 $\boldsymbol{i}$、$\boldsymbol{j}$、$\boldsymbol{k}$ 分别表示沿 x，y，z 轴正方向的单位向量，并称它
们为这一坐标系的基本单位向量，以 a_x，a_y，a_z 表示向量 $\boldsymbol{a}$ 在 x，
y，z 轴上的投影，则
$$\overrightarrow{M_1M_2}=a_x\boldsymbol{i}+a_y\boldsymbol{j}+a_z\boldsymbol{k}=(x_2-x_1)\boldsymbol{i}+(y_2-y_1)\boldsymbol{j}+(z_2-z_1)\boldsymbol{k},$$
上式称为向量 $\boldsymbol{a}$ 按基本单位向量的分解式。

这样，有序数组 (a_x,a_y,a_z) 与向量 $\boldsymbol{a}$ 一一对应。向量 $\boldsymbol{a}$ 在三条
坐标轴上的投影 a_x、a_y、a_z 叫作向量 $\boldsymbol{a}$ 的坐标，记 $\boldsymbol{a}=(a_x,a_y,a_z)$，

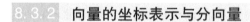

图　8.3.2

称为向量 a 的坐标表达式。

于是，以 $M_1(x_1,y_1,z_1)$ 为起点、$M_2(x_2,y_2,z_2)$ 为终点的向量 $\overrightarrow{M_1M_2}$ 的坐标表达式为

$$\overrightarrow{M_1M_2}=(x_2-x_1,y_2-y_1,z_2-z_1)。$$

利用向量的坐标，可得向量的加法、减法以及向量与数的乘法的运算如下：设

$$a=a_x\boldsymbol{i}+a_y\boldsymbol{j}+a_z\boldsymbol{k}=(a_x,a_y,a_z)，\quad b=b_x\boldsymbol{i}+b_y\boldsymbol{j}+b_z\boldsymbol{k}=(b_x,b_y,b_z)，$$

利用向量加法的交换律，以及向量与数乘法的结合律与分配律，有

$$a+b=(a_x+b_x)\boldsymbol{i}+(a_y+b_y)\boldsymbol{j}+(a_z+b_z)\boldsymbol{k}=(a_x+b_x,a_y+b_y,a_z+b_z)，$$
$$a-b=(a_x-b_x)\boldsymbol{i}+(a_y-b_y)\boldsymbol{j}+(a_z-b_z)\boldsymbol{k}=(a_x-b_x,a_y-b_y,a_z-b_z)，$$
$$\lambda a=(\lambda a_x)\boldsymbol{i}+(\lambda a_y)\boldsymbol{j}+(\lambda a_z)\boldsymbol{k}=(\lambda a_x,\lambda a_y,\lambda a_z)。$$

当向量 $a\neq0$ 时，向量 $b/\!/a$ 等价于 $b=\lambda a$，由坐标表达式，有

$$(b_x,b_y,b_z)=\lambda(a_x,a_y,a_z)，$$

即

$$\frac{b_x}{a_x}=\frac{b_y}{a_y}=\frac{b_z}{a_z}。$$

注　如果 $a_x=0$，则应理解为对应地 $b_x=0$。

例 2　一向量的终点为 $B(4,-6,3)$，它在 x 轴、y 轴和 z 轴上的投影依次为 2，–1 和 6，求此向量的起点 A 的坐标。

解　设起点为 $A(a,b,c)$，则 $\overrightarrow{AB}=(4-a,-6-b,3-c)$。另一方面，由题意，有 $\overrightarrow{AB}=(2,-1,6)$，故

$$4-a=2，\quad -6-b=-1，\quad 3-c=6，$$

解得 $a=2$，$b=-5$，$c=-3$，因此所求向量的起点为 $A(2,-5,-3)$。

例 2 的 Maple 源程序

```
> #example2
> with(linalg):
> b:=vector[roe]([4,-6,3]);
                    b:=[4,-6,3]
> c:=vector[roe]([2,-1,6]);
                    c:=[2,-1,6]
> a:=evalm(b-c);
                    a:=[2,-5,-3]
```

8.3.3　向量的模与方向余弦

向量可以用它的模和方向来表示，也可以用它的坐标来表示，

那么这两种表示法之间必然存在某种联系，下面我们就讨论向量的坐标与向量的模、方向之间的联系。

对于非零向量 $\boldsymbol{a}$，我们用它与 x 轴、y 轴、z 轴正半轴的夹角 α，β，$\gamma(0 \leqslant \alpha, \beta, \gamma \leqslant \pi)$ 来表示它的方向，称 α、β、γ 为非零向量 $\boldsymbol{a}$ 的方向角。

因为向量的坐标就是向量在坐标轴上的投影，所以根据定理 1，有

$$a_x = |\boldsymbol{a}|\cos\alpha, \quad a_y = |\boldsymbol{a}|\cos\beta, \quad a_z = |\boldsymbol{a}|\cos\gamma,$$

公式中出现的 $\cos\alpha$、$\cos\beta$、$\cos\gamma$ 叫作向量 $\boldsymbol{a}$ 的方向余弦，通常也用它们来表示向量的方向。

由向量 $\boldsymbol{a}$ 按基本单位向量的分解式

$$\boldsymbol{a} = a_x\boldsymbol{i} + a_y\boldsymbol{j} + a_z\boldsymbol{k} = (x_2-x_1)\boldsymbol{i} + (y_2-y_1)\boldsymbol{j} + (z_2-z_1)\boldsymbol{k},$$

可得

$$|\boldsymbol{a}| = \sqrt{a_x^2 + a_y^2 + a_z^2} = \sqrt{(x_2-x_1)^2 + (y_2-y_1)^2 + (z_2-z_1)^2},$$

$$\begin{cases} \cos\alpha = \dfrac{a_x}{|\boldsymbol{a}|} = \dfrac{a_x}{\sqrt{a_x^2 + a_y^2 + a_z^2}}, \\[3mm] \cos\beta = \dfrac{a_y}{|\boldsymbol{a}|} = \dfrac{a_y}{\sqrt{a_x^2 + a_y^2 + a_z^2}}, \\[3mm] \cos\gamma = \dfrac{a_z}{|\boldsymbol{a}|} = \dfrac{a_z}{\sqrt{a_x^2 + a_y^2 + a_z^2}}, \end{cases}$$

并且由此可知

$$\cos^2\alpha + \cos^2\beta + \cos^2\gamma = \frac{a_x^2 + a_y^2 + a_z^2}{a_x^2 + a_y^2 + a_z^2} = 1。$$

这样，与非零向量 $\boldsymbol{a}$ 同方向的单位向量为

$$\boldsymbol{e}_a = \frac{1}{|\boldsymbol{a}|}\boldsymbol{a} = \frac{1}{|\boldsymbol{a}|}(a_x, a_y, a_z) = (\cos\alpha, \cos\beta, \cos\gamma)。$$

例3 设向量 $\boldsymbol{v} = (-1, 1, -\sqrt{2})$，求 $\boldsymbol{v}$ 的模、方向余弦和方向角。

解 因为 $|\boldsymbol{v}| = \sqrt{(-1)^2 + 1^2 + (-\sqrt{2})^2} = 2$，则

$$\cos\alpha = \frac{a_x}{|\boldsymbol{v}|} = -\frac{1}{2}, \quad \cos\beta = \frac{a_y}{|\boldsymbol{v}|} = \frac{1}{2}, \quad \cos\gamma = \frac{a_z}{|\boldsymbol{v}|} = -\frac{\sqrt{2}}{2},$$

所以，$\alpha = \dfrac{2\pi}{3}$，$\beta = \dfrac{\pi}{3}$，$\gamma = \dfrac{3\pi}{4}$。

例 3 的 Maple 源程序

```
> #example3
```

```
> with(linalg):
> V:=[-1,1,-sqrt(2)];
```
$$V := [-1, 1, -\sqrt{2}]$$
```
> norm(V,2);
```
$$2$$
```
> V/norm(V,2);
```
$$\left[\frac{-1}{2}, \frac{1}{2}, -\frac{\sqrt{2}}{2}\right]$$
```
> solve(cos(x)=-1/2,x);
```
$$\frac{2\pi}{3}$$
```
> solve(cos(y)=1/2,y);
```
$$\frac{\pi}{3}$$
```
> solve(cos(z)=-sqrt(2)/2,z);
```
$$\frac{3\pi}{4}$$

例 4　已知 $A(2,-4,5)$、$B(8,3,-1)$，试求与向量 $\overrightarrow{AB}$ 平行的单位向量。

解　因为 $\overrightarrow{AB} = (8-2, 3+4, -1-5) = (6,7,-6)$，所以，

$$|\overrightarrow{AB}| = \sqrt{6^2 + 7^2 + (-6)^2} = 11,$$

故所求向量为

$$\pm\frac{1}{|\overrightarrow{AB}|}\overrightarrow{AB} = \pm\frac{1}{11}(6,7,-6) = \left(\pm\frac{6}{11}, \pm\frac{7}{11}, \mp\frac{6}{11}\right)。$$

例 4 的 Maple 源程序

```
> #example4
> with(linalg):
> b:=vector[roe]([8,3,-1]);
```
$$b := [8, 3, -1]$$
```
> a:=vector[roe]([2,-4,5]);
```
$$a := [2, -4, 5]$$
```
> c:=evalm(b-a);
```
$$c := [6, 7, -6]$$
```
> normalize(c);
```
$$\left[\frac{6}{11}, \frac{7}{11}, \frac{-6}{11}\right]$$
```
> -1 * normalize(c);
```
$$-\left[\frac{6}{11}, \frac{7}{11}, \frac{-6}{11}\right]$$

习题 8.3

1. 已知两点 $M_1=(2,2,\sqrt{2})$ 和 $M_2=(1,3,0)$，计算 $\overrightarrow{M_1M_2}$ 的模、方向余弦、方向角、与 $\overrightarrow{M_1M_2}$ 平行的单位向量。

2. 向量 r 的模是 4，它与 u 轴的夹角是 $\dfrac{\pi}{3}$，求 r 在 u 轴上的投影。

3. 已知 $m=3i+5j+8k$，$n=2i-4j-7k$ 和 $p=5i+j-4k$，求向量 $a=4m+3n-p$ 在 x 轴上的投影及在 y 轴上的分量。

4. α，β，γ 是向量 a 的三个方向角，则 $\sin^2\alpha+\sin^2\beta+\sin^2\gamma=$ _____。

5. 向量 $a=(4,-3,1)$ 在 $b=(2,1,2)$ 上的投影 $\mathrm{Prj}_b a=$ _____，b 在 a 上的投影 $\mathrm{Prj}_a b=$ _____。

6. 已知向量 $\overrightarrow{P_1P_2}$ 的模为 2，它与 x 轴和 y 轴的夹角分别为 $\dfrac{\pi}{3}$ 和 $\dfrac{\pi}{4}$，如果 P_1 的坐标为 $(1,0,3)$，求 P_2 的坐标。

7. 一个向量的终点在点 $B(1,2,-3)$，它在 x 轴、y 轴和 z 轴上的投影依次为 2，0 和 -1。求此向量起点 A 的坐标。

8. 已知 $\alpha=i-j+2k$，$\beta=3i+j-k$，求 $2\alpha+3\beta$，$2\alpha-3\beta$。

9. 证明：$\mathrm{Prj}_u \lambda a=\lambda \mathrm{Prj}_u a$。

10. 设向量 a 与各坐标轴成相等的锐角，$|a|=2\sqrt{3}$，求向量的坐标表达式。

8.4　数量积、向量积与混合积

8.4.1　数量积

设一物体在恒力 F 的作用下沿直线从点 M_1 移动到点 M_2，如图 8.4.1 所示，以 s 表示位移，力 F 与位移 s 的夹角为 θ，则力 F 所做的功为 $W=|F|\cdot|s|\cdot\cos\theta$。

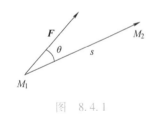

图　8.4.1

定义 1　两个向量 a 与 b 的**数量积**（也称点积、内积），规定 $a\cdot b$ 为一个常数

$$a\cdot b=|a|\cdot|b|\cdot\cos<a,b>,$$

这里 $<a,b>$ 表示 a 与 b 的夹角。若 a 与 b 中有一个为 $\mathbf{0}$，则 $a\cdot b=0$。

由数量积的定义知，物体在力 F 作用下沿直线取得位移 s 所做的功 W，就是力 F 与位移 s 的数量积，即 $W=F\cdot s$。

如果 $b\neq\mathbf{0}$，由投影的性质知 $\mathrm{Prj}_b a=|a|\cos\theta$，这样数量积 $a\cdot b$ 也可表为

$$a\cdot b=|b|\,\mathrm{Prj}_b a。$$

由数量积的定义可以推得：

(1) $a\cdot a=|a|^2$；

（2）设 a，b 为非零向量，则 $a \cdot b = 0 \Leftrightarrow a \perp b$。

数量积符合下列运算规律：

（1）交换律　$a \cdot b = b \cdot a$；

（2）结合律　$\lambda(a \cdot b) = (\lambda a) \cdot b = a \cdot (\lambda b)$；

（3）分配律　$a \cdot (b+c) = a \cdot b + a \cdot c$。

例 1　设向量 a 与 b 的夹角为 $\dfrac{\pi}{3}$，$|a| = \sqrt{2}$，$|b| = \sqrt{2}$，求 $a \cdot b$。

解　$a \cdot b = |a| \cdot |b| \cdot \cos<a,b> = \sqrt{2} \times \sqrt{2} \times \cos \dfrac{\pi}{3} = 1$。

例 2　设 $a+b+c=0$，$|a|=2$，$|b|=3$，$|c|=1$，求 $a \cdot b+b \cdot c+a \cdot c$。

解　由 $a+b+c=0$，得

$$a \cdot (a+b+c) = |a|^2 + a \cdot b + a \cdot c = 0,$$
$$b \cdot (a+b+c) = a \cdot b + |b|^2 + b \cdot c = 0,$$
$$c \cdot (a+b+c) = a \cdot c + b \cdot c + |c|^2 = 0,$$

将以上三式相加并代入 $|a|=2$，$|b|=3$，$|c|=1$，得 $2(a \cdot b + b \cdot c + a \cdot c) = -14$，所以 $a \cdot b + b \cdot c + a \cdot c = -7$。

下面我们来推导数量积的坐标表示式。

设 $a = a_x i + a_y j + a_z k$，$b = b_x i + b_y j + b_z k$，根据数量积的运算规律，得

$$a \cdot b = (a_x i + a_y j + a_z k) \cdot (b_x i + b_y j + b_z k)$$
$$= a_x i \cdot (b_x i + b_y j + b_z k) + a_y j \cdot (b_x i + b_y j + b_z k) + a_z k \cdot (b_x i + b_y j + b_z k)$$
$$= a_x b_x i \cdot i + a_x b_y i \cdot j + a_x b_z i \cdot k +$$
$$a_y b_x j \cdot i + a_y b_y j \cdot j + a_y b_z j \cdot k + a_z b_x k \cdot i + a_z b_y k \cdot j + a_z b_z k \cdot k。$$

由于 i，j，k 都是单位向量，故 $i \cdot i = j \cdot j = k \cdot k = 1$；又因为 i，j，k 是互相垂直的，所以 $i \cdot j = j \cdot i = j \cdot k = k \cdot j = k \cdot i = i \cdot k = 0$，因此可得

$$a \cdot b = a_x b_x + a_y b_y + a_z b_z,$$

这就是两个向量的数量积的坐标表达式。

当 a 与 b 都不是零向量时，由上式，可得 a、b 的夹角 θ 的余弦

$$\cos\theta = \frac{a \cdot b}{|a| \cdot |b|} = \frac{a_x b_x + a_y b_y + a_z b_z}{\sqrt{a_x^2 + a_y^2 + a_z^2}\sqrt{b_x^2 + b_y^2 + b_z^2}}。$$

例 3　已知三点 $M(1,2,3)$，$A(3,4,5)$，$B(2,4,7)$，求 $\angle AMB$。

解　因为 $\cos \angle AMB = \dfrac{\overrightarrow{MA} \cdot \overrightarrow{MB}}{|\overrightarrow{MA}| \cdot |\overrightarrow{MB}|} = \dfrac{14}{2\sqrt{3} \times \sqrt{21}} = \dfrac{\sqrt{7}}{3}$，所以

$$\angle AMB = \arccos\left(\frac{\sqrt{7}}{3}\right)。$$

例 3 的 Maple 源程序

```
> #example3
> with(LinearAlgebra):
> M:=Vector[row]([1,2,3]);
                    M:=[1,2,3]
> A:=Vector[row]([3,4,5]);
                    A:=[3,4,5]
> B:=Vector[row]([2,4,7]);
                    B:=[2,4,7]
> a:=evalm(A-M);
                    a:=[2,2,2]
> b:=evalm(B-M);
                    b:[1,2,4]
> dotprod(a,b);
                    14
> angle(a,b);
```
$$\arccos\left(\frac{\sqrt{12}\,\sqrt{21}}{18}\right)$$

```
> simplify(%);
```
$$\arccos\left(\frac{\sqrt{7}}{3}\right)$$

例 4 在 xOz 平面上求一向量 b，使得 $b\perp a$，其中 $a=(3,-4,5)$，且 $|a|=|b|$。

解 设 $b=(b_x, b_y, b_z)$，根据已知条件，有 b 在 xOz 平面上：$b_y=0$，$b\perp a$ 即 $b\cdot a=0$；$3b_x-4b_y+5b_z=0$，$|b|=|a|=5\sqrt{2}$，即 $|b|^2=|a|^2$；即 $b_x^2+b_y^2+b_z^2=50$，所以，$b_x=\pm\dfrac{25}{\sqrt{17}}$，$b_y=0$，$b_z=\mp\dfrac{15}{\sqrt{17}}$，综上，所求向量 $b=\left(\pm\dfrac{25}{\sqrt{17}},0,\mp\dfrac{15}{\sqrt{17}}\right)$。

例 4 的 Maple 源程序

```
> #example4
> with(linalg):
> a:=vector[roe]([3,-4,5]);
```

$$a:=[3,-4,5]$$

```
> b:=vector[roe]([x,0,z]);
```
$$b:=[x,0,z]$$

```
> dotprod(a,b);
```
$$3\overline{x}+5\overline{z}$$

```
> norm(a,2);
```
$$5\sqrt{2}$$

```
> gs:={3*x+5*z=0,x^2+z^2=50};
```
$$gs:=\{3x+5z=0,x^2+z^2=50\}$$

```
> solve(gs);
```
$$\{x=-25\ \text{RootOf}(17\ \_Z^2-1),z=15\ \text{RootOf}(17\ \_Z^2-1)\}$$

8.4.2　向量积

在物理学中有一类关于物体转动的问题，与力对物体做功的问题不同，它不但要考虑这个物体所受的力的情况，还要分析这类力所产生的力矩，下面我们就从这个问题入手，然后引出一种新的向量的运算。

设 O 为杠杆的支点，力 F 作用在杠杆上点 P 处(图 8.4.2)，根据力学知识，力 F 对于支点 O 的力矩是一个向量 M，其方向垂直于力 F 与向量 $\overrightarrow{OP}$ 所确定的平面，且从 $\overrightarrow{OP}$ 到 F 按照右手规则确定，其模为 $|M|=|\overrightarrow{OC}|\cdot|F|=|\overrightarrow{OP}|\cdot|F|\cdot\sin\theta$。

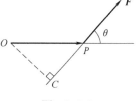

图　8.4.2

> **定义 2**　两个向量的**向量积**(也称叉积、外积)仍是一个向量，它的长度规定为
> $$|a{\times}b|=|a|\cdot|b|\cdot\sin{<}a,b{>}。$$
> 它的方向按照右手规则确定，即：与 a、b 均垂直，当右手四指从 a 转向 b(转角小于 π)时，大拇指的指向就是 $a{\times}b$ 的方向。

$|a{\times}b|=|a|\cdot|b|\cdot\sin{<}a,b{>}$ 的几何意义是：以 a、b 为边的平行四边形的面积。

由向量积的定义可以推得：

(1) $a{\times}a=0$；

(2) 对于两个非零向量 a、b，$a{\times}b=0\Leftrightarrow a/\!/b$。

向量积符合下列运算规律：

(1) 反交换律　$a{\times}b=(-b){\times}a=-(b{\times}a)$；

这是因为按照右手规则从 b 转向 a 定出的方向恰好与按右手规则从 a 转向 b 定出的方向相反，故向量积的交换律并不成立。

（2）结合律　$\lambda(\boldsymbol{a} \times \boldsymbol{b}) = (\lambda \boldsymbol{a}) \times \boldsymbol{b} = \boldsymbol{a} \times (\lambda \boldsymbol{b})$；

（3）分配律　$(\boldsymbol{a}+\boldsymbol{b}) \times \boldsymbol{c} = \boldsymbol{a} \times \boldsymbol{c} + \boldsymbol{b} \times \boldsymbol{c}$；$\boldsymbol{c} \times (\boldsymbol{a}+\boldsymbol{b}) = \boldsymbol{c} \times \boldsymbol{a} + \boldsymbol{c} \times \boldsymbol{b}$。

下面我们来推导向量积的坐标表示式。

$$\begin{aligned}
\boldsymbol{a} \times \boldsymbol{b} &= (a_x \boldsymbol{i} + a_y \boldsymbol{j} + a_z \boldsymbol{k}) \times (b_x \boldsymbol{i} + b_y \boldsymbol{j} + b_z \boldsymbol{k}) \\
&= a_x \boldsymbol{i} \times (b_x \boldsymbol{i} + b_y \boldsymbol{j} + b_z \boldsymbol{k}) + a_y \boldsymbol{j} \times (b_x \boldsymbol{i} + b_y \boldsymbol{j} + b_z \boldsymbol{k}) + a_z \boldsymbol{k} \times (b_x \boldsymbol{i} + b_y \boldsymbol{j} + b_z \boldsymbol{k}) \\
&= a_x b_x (\boldsymbol{i} \times \boldsymbol{i}) + a_x b_y (\boldsymbol{i} \times \boldsymbol{j}) + a_x b_z (\boldsymbol{i} \times \boldsymbol{k}) + a_y b_x (\boldsymbol{j} \times \boldsymbol{i}) + \\
&\quad a_y b_y (\boldsymbol{j} \times \boldsymbol{j}) + a_y b_z (\boldsymbol{j} \times \boldsymbol{k}) + a_z b_x (\boldsymbol{k} \times \boldsymbol{i}) + a_z b_y (\boldsymbol{k} \times \boldsymbol{j}) + a_z b_z (\boldsymbol{k} \times \boldsymbol{k}),
\end{aligned}$$

因为 $\boldsymbol{i} \times \boldsymbol{i} = \boldsymbol{j} \times \boldsymbol{j} = \boldsymbol{k} \times \boldsymbol{k} = \boldsymbol{0}$，$\boldsymbol{i} \times \boldsymbol{j} = \boldsymbol{k} = -\boldsymbol{j} \times \boldsymbol{i}$，$\boldsymbol{j} \times \boldsymbol{k} = \boldsymbol{i} = -\boldsymbol{k} \times \boldsymbol{j}$，$\boldsymbol{k} \times \boldsymbol{i} = \boldsymbol{j} = -\boldsymbol{i} \times \boldsymbol{k}$，所以

$$\boldsymbol{a} \times \boldsymbol{b} = (a_y b_z - a_z b_y)\boldsymbol{i} + (a_z b_x - a_x b_z)\boldsymbol{j} + (a_x b_y - a_y b_x)\boldsymbol{k}。$$

为便于记忆，上式可用行列式记号形式地表示为

$$\boldsymbol{a} \times \boldsymbol{b} = \begin{vmatrix} \boldsymbol{i} & \boldsymbol{j} & \boldsymbol{k} \\ a_x & a_y & a_z \\ b_x & b_y & b_z \end{vmatrix}。$$

这就是两个向量的向量积的坐标表达式。

例 5　设 $\boldsymbol{a} = \boldsymbol{i} + 2\boldsymbol{j} + 4\boldsymbol{k}$，$\boldsymbol{b} = 2\boldsymbol{i} + 2\boldsymbol{j} + 2\boldsymbol{k}$，求 $\boldsymbol{a} \times \boldsymbol{b}$。

解　由向量积的计算公式 $\boldsymbol{a} \times \boldsymbol{b} = \begin{vmatrix} \boldsymbol{i} & \boldsymbol{j} & \boldsymbol{k} \\ 1 & 2 & 4 \\ 2 & 2 & 2 \end{vmatrix} = -4\boldsymbol{i} + 6\boldsymbol{j} - 2\boldsymbol{k}$。

例 5 的 Maple 源程序

```
> #example5
> restart:with(linalg):
> a:=vector[roe]([1,2,4]);
                    a:=[1,2,4]
> b:=vector[roe]([2,2,2]);
                    b:=[2,2,2]
> crossprod(a,b);
                    [-4,6,-2]
```

例 6　已知三角形的顶点为 $A(1,-1,2)$，$B(3,3,1)$，$C(2,1,4)$，如图 8.4.3 所示，求三角形的面积。

解　因为，$\overrightarrow{AB} = (2,4,-1)$，$\overrightarrow{AC} = (1,2,2)$，所以，

$$\overrightarrow{AB} \times \overrightarrow{AC} = \begin{vmatrix} \boldsymbol{i} & \boldsymbol{j} & \boldsymbol{k} \\ 2 & 4 & -1 \\ 1 & 2 & 2 \end{vmatrix} = \begin{vmatrix} 4 & -1 \\ 2 & 2 \end{vmatrix} \boldsymbol{i} - \begin{vmatrix} 2 & -1 \\ 1 & 2 \end{vmatrix} \boldsymbol{j} + \begin{vmatrix} 2 & 4 \\ 1 & 2 \end{vmatrix} \boldsymbol{k}$$

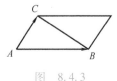

图　8.4.3

$$= 10\boldsymbol{i} - 5\boldsymbol{j} - 0\boldsymbol{k} = (10, -5, 0),$$

$$S = \frac{1}{2}|\overrightarrow{AB} \times \overrightarrow{AC}| = \frac{1}{2}\sqrt{10^2 + (-5)^2 + 0^2} = \frac{5\sqrt{5}}{2}。$$

例 6 的 Maple 源程序

```
> #example6
> restart:with(linalg):
> A:=vector[roe]([1,-1,2]);
                    A:=[1,-1,2]
> B:=vector[roe]([3,3,1]);
                    B:=[3,3,1]
> C:=vector[roe]([2,1,4]);
                    C:=[2,1,4]
> a:=evalm(B-A);
                    a:=[2,4,-1]
> b:=evalm(C-A);
                    b:=[1,2,2]
> c:=crossprod(a,b);
                    c:=[10,-5,0]
> s:=1/2*norm(c,2);
```

$$s := \frac{5\sqrt{5}}{2}$$

例 7　已知 $\boldsymbol{a} = (2, -1, 1)$，$\boldsymbol{b} = (1, 2, -1)$，求一个单位向量，使之既垂直于 $\boldsymbol{a}$ 又垂直于 $\boldsymbol{b}$。

解法 1　设所求向量为 $\boldsymbol{c} = (c_x, c_y, c_z)$，利用条件

$\boldsymbol{c} \perp \boldsymbol{a}$，即 $\boldsymbol{c} \cdot \boldsymbol{a} = 0$，$2c_x - c_y + c_z = 0$，

$\boldsymbol{c} \perp \boldsymbol{b}$，即 $\boldsymbol{c} \cdot \boldsymbol{b} = 0$，$c_x + 2c_y - c_z = 0$，

$|\boldsymbol{c}| = 1$，即 $|\boldsymbol{c}|^2 = 1$，$c_x^2 + c_y^2 + c_z^2 = 1$，

解此方程组，可得 $c_x = \mp\dfrac{1}{\sqrt{35}}$，$c_y = \pm\dfrac{3}{\sqrt{35}}$，$c_z = \pm\dfrac{5}{\sqrt{35}}$，即 $\boldsymbol{c} = \pm\dfrac{1}{\sqrt{35}}(-1, 3, 5)$。

解法 2　根据向量积的定义，$\boldsymbol{c} = \boldsymbol{a} \times \boldsymbol{b}$ 满足既垂直于 $\boldsymbol{a}$ 又垂直于 $\boldsymbol{b}$，所以

$$\boldsymbol{c} = \boldsymbol{a} \times \boldsymbol{b} = \begin{vmatrix} \boldsymbol{i} & \boldsymbol{j} & \boldsymbol{k} \\ 2 & -1 & 1 \\ 1 & 2 & -1 \end{vmatrix} = -\boldsymbol{i} + 3\boldsymbol{j} + 5\boldsymbol{k} = (-1, 3, 5),$$

$$|\boldsymbol{c}| = \sqrt{1 + 9 + 25} = \sqrt{35},$$

因此，满足条件的单位向量为 $e_c = \pm\dfrac{1}{|\boldsymbol{c}|}\boldsymbol{c} = \pm\dfrac{1}{\sqrt{35}}(-1,3,5)$。

例 7 的 Maple 源程序

```
> #example7
> restart:with(linalg):
> a:=vector[roe]([2,-1,1]);
                    a:=[2,-1,1]
> b:=vector[roe]([1,2,-1]);
                    b:=[1,2,-1]
> c:=crossprod(a,b);
                    c:=[-1,3,5]
> normalize(c);
```

$$\left[-\frac{\sqrt{35}}{35}, \frac{3\sqrt{35}}{35}, \frac{\sqrt{35}}{7}\right]$$

```
> -1*normalize(c);
```

$$-\left[-\frac{\sqrt{35}}{35}, \frac{3\sqrt{35}}{35}, \frac{\sqrt{35}}{7}\right]$$

8.4.3 混合积

定义 3　设已知三个向量 $\boldsymbol{a}$、$\boldsymbol{b}$、$\boldsymbol{c}$，先作两个向量 $\boldsymbol{a}$ 和 $\boldsymbol{b}$ 的**向量积 $\boldsymbol{a}\times\boldsymbol{b}$**，再把所得到的向量与第三个向量 $\boldsymbol{c}$ 再作数量积 $(\boldsymbol{a}\times\boldsymbol{b})\cdot\boldsymbol{c}$，这样得到的数量叫作三个向量 $\boldsymbol{a}$、$\boldsymbol{b}$、$\boldsymbol{c}$ 的**混合积**，记作 $[\boldsymbol{a}\ \boldsymbol{b}\ \boldsymbol{c}]$。

下面我们来推导三个向量的混合积的坐标表达式。

设 $\boldsymbol{a}=(a_x,a_y,a_z)$，$\boldsymbol{b}=(b_x,b_y,b_z)$，$\boldsymbol{c}=(c_x,c_y,c_z)$，因为

$$\boldsymbol{a}\times\boldsymbol{b} = \begin{vmatrix} \boldsymbol{i} & \boldsymbol{j} & \boldsymbol{k} \\ a_x & a_y & a_z \\ b_x & b_y & b_z \end{vmatrix}$$

$$= \begin{vmatrix} a_y & a_z \\ b_y & b_z \end{vmatrix}\boldsymbol{i} + (-1)\begin{vmatrix} a_x & a_z \\ b_x & b_z \end{vmatrix}\boldsymbol{j} + \begin{vmatrix} a_x & a_y \\ b_x & b_y \end{vmatrix}\boldsymbol{k},$$

再按两个向量的数量积的坐标表达式，便得

$$[\boldsymbol{a}\ \boldsymbol{b}\ \boldsymbol{c}] = (\boldsymbol{a}\times\boldsymbol{b})\cdot\boldsymbol{c} = \begin{vmatrix} a_y & a_z \\ b_y & b_z \end{vmatrix}c_x + (-1)\begin{vmatrix} a_x & a_z \\ b_x & b_z \end{vmatrix}c_y + \begin{vmatrix} a_x & a_y \\ b_x & b_y \end{vmatrix}c_z$$

$$= \begin{vmatrix} a_x & a_y & a_z \\ b_x & b_y & b_z \\ c_x & c_y & c_z \end{vmatrix}。$$

由行列式的性质易知，

$$[\boldsymbol{a}\ \boldsymbol{b}\ \boldsymbol{c}]=[\boldsymbol{b}\ \boldsymbol{c}\ \boldsymbol{a}]=[\boldsymbol{c}\ \boldsymbol{a}\ \boldsymbol{b}]。$$

向量的混合积有下述几何意义：

混合积是一个数，它的绝对值表示以向量 $\boldsymbol{a}$、$\boldsymbol{b}$、$\boldsymbol{c}$ 为棱的平行六面体的体积。如果向量 $\boldsymbol{a}$、$\boldsymbol{b}$、$\boldsymbol{c}$ 组成右手系（即 $\boldsymbol{c}$ 的指向按右手规则从 $\boldsymbol{a}$ 转向 $\boldsymbol{b}$ 来确定），那么 $[\boldsymbol{a}\ \boldsymbol{b}\ \boldsymbol{c}]\geqslant0$；如果向量 $\boldsymbol{a}$、$\boldsymbol{b}$、$\boldsymbol{c}$ 组成左手系（即 $\boldsymbol{c}$ 的指向按左手规则从 $\boldsymbol{a}$ 转向 $\boldsymbol{b}$ 来确定），那么 $[\boldsymbol{a}\ \boldsymbol{b}\ \boldsymbol{c}]\leqslant0$。

事实上，设 $\overrightarrow{OA}=\boldsymbol{a}$、$\overrightarrow{OB}=\boldsymbol{b}$、$\overrightarrow{OC}=\boldsymbol{c}$，按向量积的定义，向量积 $\boldsymbol{a}\times\boldsymbol{b}=\boldsymbol{f}$ 是一个向量，则

$$(\boldsymbol{a}\times\boldsymbol{b})\cdot\boldsymbol{c}=\boldsymbol{f}\cdot\boldsymbol{c}=|\boldsymbol{f}|\,|\boldsymbol{c}|\cos<\boldsymbol{f},\boldsymbol{c}>。$$

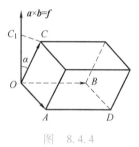

图　8.4.4

而 $|\boldsymbol{f}|$ 在数值上等于以向量 $\boldsymbol{a}$ 和 $\boldsymbol{b}$ 为邻边的平行四边形的面积，它的方向垂直于这个平行四边形的平面，且当向量 $\boldsymbol{a}$、$\boldsymbol{b}$、$\boldsymbol{c}$ 组成右手系时，向量 $\boldsymbol{f}$ 与向量 $\boldsymbol{c}$ 朝着这个平面的同侧（图8.4.4）；当向量 $\boldsymbol{a}$、$\boldsymbol{b}$、$\boldsymbol{c}$ 组成左手系时，向量 $\boldsymbol{f}$ 与向量 $\boldsymbol{c}$ 朝着这个平面的异侧。所以，设向量 $\boldsymbol{f}$ 与向量 $\boldsymbol{c}$ 的夹角为 α，那么当向量 $\boldsymbol{a}$、$\boldsymbol{b}$、$\boldsymbol{c}$ 组成右手系时，α 为锐角；当向量 $\boldsymbol{a}$、$\boldsymbol{b}$、$\boldsymbol{c}$ 组成左手系时，α 为钝角。

由于

$$[\boldsymbol{a}\ \boldsymbol{b}\ \boldsymbol{c}]=(\boldsymbol{a}\times\boldsymbol{b})\cdot\boldsymbol{c}=\boldsymbol{f}\cdot\boldsymbol{c}=|\boldsymbol{f}|\,|\boldsymbol{c}|\cos\alpha,$$

所以当向量 $\boldsymbol{a}$、$\boldsymbol{b}$、$\boldsymbol{c}$ 组成右手系时，$[\boldsymbol{a}\ \boldsymbol{b}\ \boldsymbol{c}]\geqslant0$；当向量 $\boldsymbol{a}$、$\boldsymbol{b}$、$\boldsymbol{c}$ 组成左手系时，$[\boldsymbol{a}\ \boldsymbol{b}\ \boldsymbol{c}]<0$。

因为以向量 $\boldsymbol{a}$、$\boldsymbol{b}$、$\boldsymbol{c}$ 为棱的平行六面体的底（平行四边形 $OADB$）的面积 S 在数值上等于 $|\boldsymbol{a}\times\boldsymbol{b}|$，它的高 h 等于向量 $\boldsymbol{c}$ 在向量 $\boldsymbol{f}$ 上的投影的绝对值，即

$$h=|\mathrm{Prj}_f\boldsymbol{c}|=|\boldsymbol{c}|\,|\cos\alpha|,$$

所以平行六面体的体积

$$V=Sh=|\boldsymbol{a}\times\boldsymbol{b}|\,|\boldsymbol{c}|\,|\cos\alpha|=|[\boldsymbol{a}\ \boldsymbol{b}\ \boldsymbol{c}]|。$$

由此可知，若混合积 $[\boldsymbol{a}\ \boldsymbol{b}\ \boldsymbol{c}]\neq0$，则能以 $\boldsymbol{a}$、$\boldsymbol{b}$、$\boldsymbol{c}$ 三个向量为棱构成平行六面体，从而 $\boldsymbol{a}$、$\boldsymbol{b}$、$\boldsymbol{c}$ 三个向量不共面；反之，若 $\boldsymbol{a}$、$\boldsymbol{b}$、$\boldsymbol{c}$ 三个向量不共面，则必能以 $\boldsymbol{a}$、$\boldsymbol{b}$、$\boldsymbol{c}$ 三个向量为棱构成平行六面体，从而 $[\boldsymbol{a}\ \boldsymbol{b}\ \boldsymbol{c}]\neq0$。于是有下列结论：

三个向量 $\boldsymbol{a}$、$\boldsymbol{b}$、$\boldsymbol{c}$ 共面的充分必要条件是它们的混合积 $[\boldsymbol{a}\ \boldsymbol{b}\ \boldsymbol{c}]=0$，即

$$\begin{vmatrix} a_x & a_y & a_z \\ b_x & b_y & b_z \\ c_x & c_y & c_z \end{vmatrix}=0。$$

例8　已知$(a×b)·c=2$，计算$[(a+b)×(b+c)]·(c+a)$。

解　　$[(a+b)×(b+c)]·(c+a)$

$=[a×b+a×c+b×b+b×c]·(c+a)$

$=(a×b)·c+(a×c)·c+(b×b)·c+(b×c)·c+$

$(a×b)·a+(a×c)·a+(b×b)·a+(b×c)·a$

$=(a×b)·c+0+0+0+0+0+0+(a×b)·c$

$=2(a×b)·c=4$。

例9　已知不在一个平面上的四点：$A(x_1,y_1,z_1)$、$B(x_2,y_2,z_2)$、$C(x_3,y_3,z_3)$、$D(x_4,y_4,z_4)$，求四面体$ABCD$的体积。

解　由立体几何知，四面体$ABCD$的体积V等于以向量$\overrightarrow{AB}$、$\overrightarrow{AC}$和$\overrightarrow{AD}$为棱的平行六面体的体积的六分之一，即

$$V=\frac{1}{6}|[\overrightarrow{AB}\,\overrightarrow{AC}\,\overrightarrow{AD}]|,$$

而

$$\overrightarrow{AB}=(x_2-x_1,y_2-y_1,z_2-z_1),$$

$$\overrightarrow{AC}=(x_3-x_1,y_3-y_1,z_3-z_1),$$

$$\overrightarrow{AD}=(x_4-x_1,y_4-y_1,z_4-z_1),$$

所以

$$V=\pm\frac{1}{6}\begin{vmatrix} x_2-x_1 & y_2-y_1 & z_2-z_1 \\ x_3-x_1 & y_3-y_1 & z_3-z_1 \\ x_4-x_1 & y_4-y_1 & z_4-z_1 \end{vmatrix},$$

上式中正负号的选择必须和行列式的符号一致。

习题 8.4

1. 设$a=3i-j-2k$，$b=i+2j-k$，求：

(1) $a·b$及$a×b$；

(2) $(-2a)·3b$及$a×2b$；

(3) a、b的夹角的余弦。

2. 设a、b、c为单位向量，且满足$a+b+c=0$，求$a·b+b·c+c·a$。

3. 已知向量$a=2i-3j+k$，$b=i-j+3k$和$c=i-2j$，计算：

(1) $(a·b)c-(a·c)b$；

(2) $(a+b)×(b+c)$；

(3) $(a×b)·c$。

4. 已知$\overrightarrow{OA}=i+3k$，$\overrightarrow{OB}=j+3k$，求$\triangle OAB$的面积。

5. 已知$(a+3b)\perp(7a-5b)$，$(a-4b)\perp(7a-2b)$，试求$<a,b>$。

6. 设$a=(1,2,3)$，$b=(-2,k,4)$，且$a\perp b$，求k的值。

7. 已知$a=(7,-4,-4)$，$b=(-2,-1,2)$，向量c与向量a、b的角平分线平行，且$|c|=3\sqrt{42}$，求向量c的坐标。

8. 求与$a=3i-2j+4k$，$b=i+j-2k$都垂直的单位

9. 已知空间四点 $A(-1,0,3)$，$B(0,2,2)$，$C(2,-2,-1)$，$D(1,-1,-1)$，求与 $\overrightarrow{AB}$、$\overrightarrow{CD}$ 都垂直的单位向量。

10. 已知三角形的顶点为 $A(1,2,3)$，$B(0,0,1)$，$C(3,1,0)$，求三角形的面积。

11. 已知 $a=2m+3n$，$b=3m-n$，m、n 是两个相互垂直的单位向量，求：

(1) $a \cdot b$；

(2) $|a \times b|$。

12. 设 a、b、c 满足 $a+b+c=0$，证明 $a \cdot b + b \cdot c + a \cdot c = -\dfrac{1}{2}(|a|^2+|b|^2+|c|^2)$。

13. 证明向量 $a=(-1,3,2)$，$b=(2,-3,-4)$，$c=(-3,12,6)$ 在同一个平面上。

14. 已知 $a=(a_x,a_y,a_z)$，$b=(b_x,b_y,b_z)$，$c=(c_x,c_y,c_z)$，试利用行列式的性质证明：

$$(a \times b) \cdot c = (b \times c) \cdot a = (c \times a) \cdot b。$$

8.5　曲面及其方程

在日常生活中，我们经常会遇到各种曲面，例如球类的表面、圆柱体的表面、反光镜的镜面、管道的外表面以及锥面等。在平面解析几何中，我们可以把平面曲线看成是动点的运动轨迹。同样地，在空间解析几何中，也可以把曲面看作动点的运动轨迹，而点的轨迹可由点的坐标所满足的方程来表达。因此，空间曲面可以由方程来表示。如果空间曲面 S 与三元方程

$$F(x,y,z)=0 \qquad\qquad (*)$$

有下述关系：

(1) 曲面 S 上任一点的坐标都满足方程($*$)；

(2) 不在曲面 S 上的点的坐标都不满足方程($*$)，

那么，方程 $F(x,y,z)=0$ 就叫作曲面 S 的方程，而曲面 S 就叫作方程 $F(x,y,z)=0$ 的图形。

曲面方程是曲面上任意点的坐标之间所存在的函数关系，也是曲面上的动点 $M(x,y,z)$ 在运动过程中所必须满足的约束条件。

下面我们来建立几类常见曲面的方程。

8.5.1　球面

设已知空间中一定点 $M_0(x_0,y_0,z_0)$，曲面上任意一点为 $M(x,y,z)$，M 与 M_0 的距离恒为常数 R，试给出此曲面的方程。

由条件，$|M_0M|=R$，即 $|M_0M|^2=R^2$，由空间两点距离公式，得

$$(x-x_0)^2+(y-y_0)^2+(z-z_0)^2=R^2。$$

这就是曲面上点的坐标所满足的方程。容易知道，曲面上任何一点的坐标都满足这个方程，而不在这个曲面上的点都不满足这个方程。这个曲面方程称为球面方程。

如果球心在原点，则球面方程为 $x^2+y^2+z^2=R^2$。

把球面方程展开，得球面的一般方程：$x^2+y^2+z^2+ax+by+cz+d=0$，可以发现方程中没有交叉项 xy、yz、zx，而且三个平方项 x^2，y^2，z^2 的系数一定相同。

8.5.2 旋转曲面

一条平面曲线 Γ 绕其所在平面上的一条直线 l 旋转一周所得的曲面称为**旋转曲面**，定直线 l 称为旋转曲面的**旋转轴**，曲线 Γ 称为旋转曲面的**母线**。

设在 yOz 平面上有一条平面曲线 $C:f(y,z)=0$，将此曲线绕 z 轴旋转一周，形成一个旋转曲面，下面我们来求它的方程。

设 $M(x,y,z)$ 是旋转曲面上的任意一点，则点 $M(x,y,z)$ 可视为是由曲线 C 上某点 $M_1(0,y_1,z_1)$ 绕 z 轴上某点 $O'(0,0,z_1)$ 旋转所得，由图 8.5.1 可知 $z=z_1$，$|O'M|=|O'M_1|$，得方程组

$$\begin{cases} z=z_1, \\ x^2+y^2+(z-z_1)^2=y_1^2, \end{cases}$$

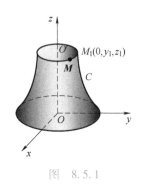

图 8.5.1

解得 $y_1=\pm\sqrt{x^2+y^2}$，$z_1=z$。而 (y_1,z_1) 是 yOz 平面曲线 C 上的点，即 $f(y_1,z_1)=0$，将上式代入，得旋转面上的任意一点 $M(x,y,z)$ 满足 $f(\pm\sqrt{x^2+y^2},z)=0$；这就是所求旋转面的方程。注意到此时，z 不变，而 y 改成 $\pm\sqrt{x^2+y^2}$。

同理，若将上面的曲线绕 y 轴旋转一周，则旋转面的方程为 $f(y,\pm\sqrt{x^2+z^2})=0$，此时，y 不变，而 z 改成 $\pm\sqrt{x^2+z^2}$。

同样可推得，xOy 面上的曲线 C 的方程是 $f(x,y)=0$，曲线 C 绕 x 轴旋转一周所得的旋转曲面方程为

$$f(x,\pm\sqrt{y^2+z^2})=0。$$

同理可推出，其他坐标面上的平面曲线方程绕坐标轴旋转而得的旋转曲面方程。

例 1 将 yOz 面上的椭圆 $\dfrac{y^2}{b^2}+\dfrac{z^2}{c^2}=1$ 与直线 $z=ky$ 分别绕 z 轴旋转一周，写出旋转面的方程。

解 （1）yOz 面上的曲线 $C：\dfrac{y^2}{b^2}+\dfrac{z^2}{c^2}=1$，旋转轴为 z 轴，则 z 不变，y 改成 $\pm\sqrt{x^2+y^2}$，这样可得旋转面方程为 $\dfrac{x^2+y^2}{b^2}+\dfrac{z^2}{c^2}=1$，即

$\dfrac{x^2}{b^2}+\dfrac{y^2}{b^2}+\dfrac{z^2}{c^2}=1$，此曲面称为**旋转椭球面**；

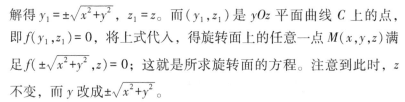

（2）yOz 面上的曲线 C：$z=ky$，旋转轴 z 轴，同样有 z 不变，y 改成 $\pm\sqrt{x^2+y^2}$，可得旋转曲面方程为 $z=\pm k\sqrt{x^2+y^2}$，即 $z^2=k^2(x^2+y^2)$，此曲面称为**圆锥面**。

如果将上面的两条曲线分别绕 y 轴旋转一周，则旋转面方程分别为

（1）$\dfrac{x^2}{c^2}+\dfrac{y^2}{b^2}+\dfrac{z^2}{c^2}=1$，此曲面称为旋转椭球面；

（2）$ky=\pm\sqrt{x^2+z^2}$ 或 $k^2y^2=x^2+z^2$，此曲面称为圆锥面。

例 2　试问旋转曲面 $\dfrac{x^2}{a^2}+\dfrac{y^2}{a^2}-\dfrac{z^2}{c^2}=1$ 是怎样形成的?

解　$\dfrac{x^2+y^2}{a^2}-\dfrac{z^2}{c^2}=1$ 可以视为 xOz 面上的双曲线 $\dfrac{x^2}{a^2}-\dfrac{z^2}{c^2}=1$ 绕 z 轴旋转而成的曲面，也可以视为 yOz 面上的曲线 $\dfrac{y^2}{a^2}-\dfrac{z^2}{c^2}=1$ 绕 z 轴旋转而成的曲面。

若将 yOz 面上的曲线 $\dfrac{y^2}{b^2}-\dfrac{z^2}{c^2}=1$ 绕 y 轴旋转一周，则旋转面方程为 $\dfrac{y^2}{b^2}-\dfrac{x^2+z^2}{c^2}=1$，即 $-\dfrac{x^2}{c^2}+\dfrac{y^2}{b^2}-\dfrac{z^2}{c^2}=1$，这两种曲面都称为**旋转双曲面**。

通过以上两个例子，我们可以找出旋转曲面方程的特点：
（1）总有两个平方项系数相同；
（2）用垂直于旋转轴的平面截此旋转面所得的截线均为圆。

8.5.3　柱面

空间有一确定的曲线 C 和一定直线 L。使定直线 L 沿定曲线 C 平移，所形成的曲面称为**柱面**，其中定曲线 C 称为柱面的**准线**，而直线 L 称为柱面的**母线**。

下面我们建立准线为 xOy 平面上的曲线 C：$f(x,y)=0$，母线 L 平行于 z 轴的柱面的方程。

设 $M(x,y,z)$ 是柱面上任意一点，过点 M 的母线 L 和 xOy 平面的交点记为 $M_0(x,y,0)$，则 M_0 一定在平面曲线 C 上，其坐标也一定满足平面曲线 C 的方程，将坐标 $(x,y,0)$ 代入曲线 C 的方程，得 $f(x,y)=0$。因此，对于柱面上的任意点 $M(x,y,z)$，其坐标均满足方程 $f(x,y)=0$。即所求柱面的方程为

$$f(x,y)=0.$$

注意　（1）在空间直角坐标系中，一元函数或二元方程均表

示空间的柱面；$f(x,y)=0$ 表示母线平行于 z 轴的柱面；$f(y,z)=0$ 表示母线平行于 x 轴的柱面；$f(x,z)=0$ 表示母线平行于 y 轴的柱面；

（2）注意母线平行于坐标轴的柱面与平面曲线的区别，一般平面曲线的方程可以表示为

$$C: \begin{cases} f(x,y)=0, \\ z=0, \end{cases} \text{表示 } xOy \text{ 面上的曲线;}$$

$$C: \begin{cases} f(x,y)=0, \\ z=z_0, \end{cases} \text{表示平面 } z=z_0 \text{ 上的曲线。}$$

例 3 试画出下列柱面的图形：$x^2+y^2=1$，$x-z=0$，$z=2-x^2$，$-x^2+y^2=1$。

解 相应结果如图 8.5.2 所示。

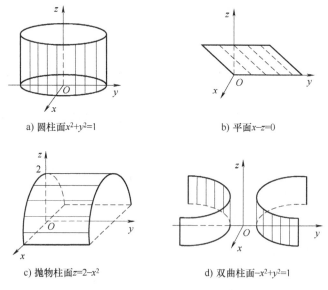

a) 圆柱面 $x^2+y^2=1$

b) 平面 $x-z=0$

c) 抛物柱面 $z=2-x^2$

d) 双曲柱面 $-x^2+y^2=1$

图 8.5.2

习题 8.5

1. 写出球心在 $(-1,-2,3)$，半径为 2 的球面方程。

2. 求与原点 O 及 $M_0(2,3,4)$ 的距离之比为 $1:2$ 的点的全体所组成的曲面方程，它表示怎样的曲面？

3. 方程 $x^2+y^2+z^2-2x+4y=0$ 表示什么曲面？

4. 求曲线 $\begin{cases} z^2=5x, \\ y=0 \end{cases}$ 绕 x 轴旋转一周所得旋转曲面的方程。

5. 将 xOy 坐标面上的双曲线 $4x^2-9y^2=36$ 分别绕 x 轴及 y 轴旋转一周，求所形成的旋转曲面方程。

6. 说明下列方程所表示的旋转曲面是怎样形成的。

（1）$\dfrac{x^2}{4}+\dfrac{y^2}{9}+\dfrac{z^2}{9}=1$；

（2）$x^2-\dfrac{y^2}{4}+z^2=1$；

（3）$x^2-y^2-z^2=1$；

（4）$(z-a)^2=x^2+y^2$。

7. 指出下列方程表示什么曲面，并画出它们的草图。

（1）$\left(x-\dfrac{a}{2}\right)^2+y^2=\left(\dfrac{a}{2}\right)^2$；

（2）$y=2x^2$；

（3）$x^2-y^2=1$；

（4）$\dfrac{x^2}{4}+\dfrac{y^2}{9}=1$。

8. 已知球面的一条直径的两个端点是 $(2,-3,5)$ 和 $(4,1,-3)$，写出球面方程。

9. 指出下列方程表示的曲面名称，如果是旋转曲面，说明它是怎样形成的。

（1）$2z=x^2+y^2$；

（2）$x^2+y^2+z^2=2z$；

（3）$z=2x^2$。

10. 将 yOz 面上的双曲线 $y^2-z^2=1$ 分别绕 z 轴及 y 轴旋转一周，求所形成的旋转曲面方程。

8.6　空间曲线及其方程

8.6.1　空间曲线的一般方程

空间曲线可以看作两个曲面的交线，设两个曲面的方程分别为 $F_1(x,y,z)=0$，$F_2(x,y,z)=0$，它们的交线为 C，如图 8.6.1 所示。因为曲线 C 上的任何点的坐标都应同时满足这两个曲面的方程，所以应该满足方程组

$$C:\begin{cases}F_1(x,y,z)=0,\\F_2(x,y,z)=0。\end{cases}$$

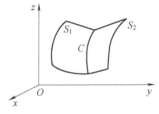

图　8.6.1

反之，如果点 M 不在曲线 C 上，那么它不可能同时在两个曲面上，所以它的坐标就不满足以上方程组。因此上面的方程组叫作**空间曲线 C 的一般方程**。

例 1　方程组 $\begin{cases}x^2+y^2=1,\\2x+3z=6\end{cases}$，表示怎样的曲线？

解　第一个方程 $x^2+y^2=1$ 表示的是母线平行于 z 轴的圆柱面，其准线是 xOy 面上圆心在原点 O，半径为 1 的圆。第二个方程 $2x+3z=6$ 表示的是一个母线平行于 y 轴的平面。由于它的准线是 zOx 面上的直线，因此它是一个平面。方程组表示平面与圆柱面的交线，如图 8.6.2 所示。

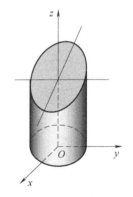

图　8.6.2

例 2　曲面 $z=\sqrt{a^2-x^2-y^2}$ 与曲面 $\left(x-\dfrac{a}{2}\right)^2+y^2=\dfrac{a^2}{4}$ 的交线是怎样的？

解　第一个方程表示圆心在原点，半径为 a 的上半球面。第二个方程表示母线平行于 z 轴的圆柱面，它的准线为 xOy 面上以 $\left(\dfrac{a}{2},0\right)$ 为圆心，以 $\dfrac{a}{2}$ 为半径的圆。交线 C 如图 8.6.3 所示。

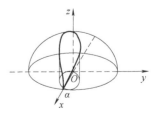

图　8.6.3

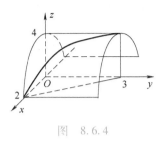

图 8.6.4

例 3 曲面 $z=4-x^2$ 与曲面 $3x+2y=6$ 的交线是怎样的?

解 这里第一个方程表示母线平行于 y 轴,准线是 xOz 平面上的抛物线 $z=4-x^2$ 的抛物柱面。第二个方程表示母线平行于 z 轴的柱面,由于它的准线是 xOy 面上的直线,因此它是一个平面。它是过点 $(2,0,0)$ 和 $(0,3,0)$ 且垂直于 xOy 面的平面,交线如图 8.6.4 所示。

8.6.2 空间曲线的参数方程

空间曲线除了用一般方程给出外,也可以用参数形式表示,为此,只需将曲线 C 上的动点 $M(x,y,z)$ 的坐标表示成参数 t 的函数:

$$C: \begin{cases} x=x(t), \\ y=y(t), \\ z=z(t)。 \end{cases}$$

当给定 $t=t_1$ 时,就得到曲线 C 上的一个点 (x_1,y_1,z_1);随着 t 的变动便可得曲线 C 上的全部点。以上方程叫作**空间曲线 C 的参数方程**。

例 4 如果空间质点 M 位于坐标系的点 $(a,0,0)$ 处,在圆柱面 $x^2+y^2=a^2$ 上以角速度 ω 绕 z 轴旋转,同时以线速度 v 沿平行于 z 轴正方向做匀速运动,质点的轨迹称为螺旋线,试写出质点的轨迹方程(图 8.6.5)。

解 取时间 t 作为参数,当 $t=0$ 时,质点位于 x 轴的点 $A(a,0,0)$ 处,经过时间 t,质点运动到点 $M(x,y,z)$ 处,设质点所转过的角度为 θ,则

$$\theta=\omega t,\quad z=vt,\quad x=a\cos\theta=a\cos\omega t,\quad y=a\sin\theta=a\sin\omega t,$$

质点的轨迹方程(螺旋线方程)$x=a\cos\omega t$,$y=a\sin\omega t$,$z=vt$。

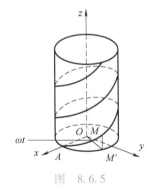

图 8.6.5

也可以用其他变量作参数。若选择参数为 θ,且记 $\dfrac{v}{\omega}=b$,则此螺旋线方程为 $x=a\cos\theta$,$y=a\sin\theta$,$z=b\theta$。

8.6.3 空间曲线在坐标面上的投影

设空间曲线 C 的一般方程为

$$C: \begin{cases} F_1(x,y,z)=0, \\ F_2(x,y,z)=0。 \end{cases}$$

下面我们研究 C 在 xOy 坐标面上的投影曲线的方程。

从方程组中消去 z,可得方程 $H(x,y)=0$。这样,当 x、y 和 z

满足以上方程组时，其中的 x、y 必定满足方程 $H(x,y)=0$，因此，曲线 C 上所有点都在柱面 $H(x,y)=0$ 上。这个柱面称为空间曲线 C 在 xOy 坐标面上的**投影柱面**。

柱面 $H(x,y)=0$ 与 xOy 坐标平面即 $z=0$ 的交线

$$C: \begin{cases} H(x,y)=0, \\ z=0, \end{cases}$$

称为空间曲线 C 在 xOy 坐标面上的**投影曲线**。

同理，可以写出空间曲线 C 在其他坐标面上的投影曲线方程。

例 5　求曲面 $z=\sqrt{2-x^2-y^2}$ 与 $z=x^2+y^2$ 的交线在 xOy 面上的投影曲线。

解　两个曲面的交线方程为

$$C: \begin{cases} z=\sqrt{2-x^2-y^2}, \\ z=x^2+y^2。 \end{cases}$$

消去 z，得

$$x^2+y^2=1,$$

这就是交线 C 在 xOy 坐标面上的投影柱面方程，因此交线 C 在 xOy 面上的投影曲线方程为

$$\begin{cases} x^2+y^2=1, \\ z=0。 \end{cases}$$

易知，这是 xOy 面上的单位圆：$x^2+y^2=1$。

例 5 的 Maple 源程序

```
> #example5
> with(plots):
> Eq2:=z=0;
                    Eq2 := z = 0
> Eq3:=x^2+y^2=1;
                    Eq3 := x^2+y^2 = 1
> implicitplot3d({Eq2,Eq3},x=-1..1,y=-1..1,z=-1..1,axes =
boxed);
```

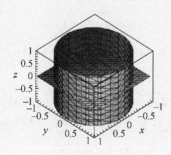

例 6　写出空间曲线 C：$\begin{cases} x^2+y^2+z^2=1 \\ x+y+z=0 \end{cases}$，在 xOy 坐标面上的投影曲线方程。

解　由第二个方程可以得到 $z=-x-y$，把它代入第一个方程中并整理，可得

$$x^2+y^2+(x+y)^2=1,$$

这就是空间曲线 C 在 xOy 坐标面上的投影柱面方程，所以空间曲线 C 在 xOy 面上的投影曲线方程为

$$\begin{cases} x^2+y^2+(x+y)^2=1, \\ z=0。 \end{cases}$$

例 6 的 Maple 源程序

```
> #example6
> with(plots):
> Eq1:=x^2+y^2+(x+y)^2=1;
```
$$Eq1:=x^2+y^2+(x+y)^2=1$$
```
> Eq2:=z=0;
```
$$Eq2:=z=0$$
```
> implicitplot3d({Eq1,Eq2},x=-1..1,y=-1..1,z=-1..1,axes=
boxed);
```

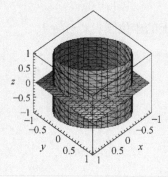

在重积分和曲面积分的计算过程中，经常需要确定空间的立体或曲面在坐标面上的投影区域，这时要用到投影柱面和投影曲线。

例 7　求由曲面 $z=\sqrt{4-x^2-y^2}$ 与 $z=\sqrt{3(x^2+y^2)}$ 所围成的空间区域(图 8.6.6)在 xOy 面上的投影区域 D。

解　消去 z：$\sqrt{4-x^2-y^2}=\sqrt{3(x^2+y^2)}$，即得到一个母线平行于 z 轴的圆柱面。这恰好是交线关于 xOy 面的投影柱面：$x^2+y^2=1$，在 xOy 面上投影曲线为：$\begin{cases} x^2+y^2=1, \\ z=0。 \end{cases}$ 这是 xOy 面上的一个圆。所围

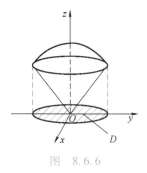

图　8.6.6

成空间区域在 xOy 面上的投影，就是圆在 xOy 面上的投影区域

$$D: \begin{cases} x^2+y^2 \leqslant 1, \\ z=0. \end{cases}$$

习题 8.6

1. 求球心在 $(1,2,3)$，半径为 3 的球面与平面 $z=5$ 的交线方程 Γ。

2. 求空间曲线 $\begin{cases} z=x^2+y^2, \\ x-z+1=0 \end{cases}$ 在 xOy 平面上的投影曲线方程。

3. 化曲线的一般方程 $\begin{cases} x^2+(y-2)^2+(z+1)^2=8, \\ x=2 \end{cases}$ 为参数方程。

4. 化曲线的参数方程 $\begin{cases} x=4\cos t, \\ y=3\sin t, \\ z=2\sin t \end{cases}$ 为一般方程。

5. 求曲线 $\begin{cases} 2y^2+z^2+4x=4z, \\ y^2+3z^2-8x=12z \end{cases}$ 在三个坐标面上的投影。

6. 求曲线 $\begin{cases} x^2+y^2+z^2=3, \\ x^2+y^2=2z \end{cases}$ 在 xOy 面上的投影。

7. 已知空间曲线（两球面的交线）

$$\begin{cases} x^2+(y-1)^2+(z-1)^2=1, \\ x^2+y^2+z^2=1, \end{cases}$$

求它在 xOy 面上的投影曲线方程。

8. 求曲线 $\begin{cases} (x+2)^2-z^2=4, \\ (x-2)^2+y^2=4 \end{cases}$ 在 yOz 面上的投影。

9. 求球面 $x^2+y^2+z^2=9$ 与平面 $x+z=1$ 的交线在 xOy 面上的投影方程。

10. 将下列曲线的一般方程化为参数方程。

(1) $\begin{cases} x^2+y^2+z^2=9, \\ y=x; \end{cases}$

(2) $\begin{cases} (x-1)^2+y^2+(z+1)^2=4, \\ z=0. \end{cases}$

8.7　平面及其方程

在本节和下一节里，研究空间直角坐标系中最简单的曲面和曲线——平面和直线。利用前面所学的向量这一工具将它们和其方程联系起来，使之解析化，从而可以用代数方法来研究其几何性质。

8.7.1　平面的点法式方程

平面的法向量：与平面垂直的非零向量称为平面的法向量，记为 $\boldsymbol{n}=(A,B,C)$。根据法向量的定义，若 $\boldsymbol{n}$ 是平面的法向量，则 $\lambda\boldsymbol{n}(\lambda \neq 0)$ 也是平面的法向量。

由几何知识可知，经过空间一定点且垂直于已知直线的平面只有一个。如果给定平面 Π 上一点 $M_0(x_0,y_0,z_0)$ 和它的一个法向量 $\boldsymbol{n}=(A,B,C)$，那么平面 Π 就可以完全确定。下面来建立平面 Π 的方程。

在平面 Π 上任意取一点 $M(x,y,z)$（图 8.7.1），则必有 $\overrightarrow{M_0M} \perp$

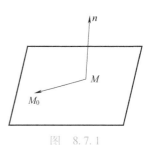

图　8.7.1

$\boldsymbol{n}$，即 $\boldsymbol{n} \cdot \overrightarrow{M_0 M} = 0$，由 $\boldsymbol{n} = (A, B, C)$，$\overrightarrow{M_0 M} = (x - x_0, y - y_0, z - z_0)$，所以有

$$A(x - x_0) + B(y - y_0) + C(z - z_0) = 0。$$

这就是平面 Π 上任意一点 M 的坐标 x、y、z 所满足的方程。

反之，若 $M(x, y, z)$ 不在平面 Π 上，则 $\overrightarrow{M_0 M} \perp \boldsymbol{n}$ 就不成立，从而 $\boldsymbol{n} \cdot \overrightarrow{M_0 M} \neq 0$，即不在平面 Π 上的点 M 的坐标 x、y、z 不满足此方程。

综上，过点 M_0、以 $\boldsymbol{n}$ 为法向量的平面 Π 的方程为

$$A(x - x_0) + B(y - y_0) + C(z - z_0) = 0。 \tag{1}$$

这个方程叫作**平面的点法式方程**。

例 1   一平面过点 $M_0(2, -3, 0)$，且与 M_0 和平面外一点 $M_1(3, -5, 3)$ 的连线垂直，求此平面的方程。

解   由条件，向量 $\overrightarrow{M_0 M_1}$ 与所求平面垂直，故 $\boldsymbol{n} = \overrightarrow{M_0 M_1} = (1, -2, 3)$，根据平面的点法式方程，得所求平面方程为

$$(x - 2) - 2(y + 3) + 3(z - 0) = 0,$$

即

$$x - 2y + 3z - 8 = 0。$$

例 1 的 Maple 源程序

```
> #example1
> with(geom3d):
> point(M0,2,-3,0);
                                M0
> b:=vector[roe]([3,-5,3]);
                          b:=[3,-5,3]
> a:=vector[roe]([2,-3,0]);
                          a:=[2,-3,0]
> n:=evalm(b-a);
                          n:=[1,-2,3]
> plane(p,[M0,n]);
                                p
> Equation(p,[x,y,z]);
                      -8+x-2y+3z=0
```

例 2   某平面过空间的三个点 $M_1(2, -1, 4)$、$M_2(-1, 3, -2)$ 和 $M_3(1, 0, 2)$，求此平面的方程。

解   由已知条件可得 $\overrightarrow{M_1 M_2} = (-3, 4, -6)$，$\overrightarrow{M_1 M_3} = (-1, 1, -2)$，因为法向量 $\boldsymbol{n}$ 与向量 $\overrightarrow{M_1 M_2}$ 和 $\overrightarrow{M_1 M_3}$ 都垂直，故可取它们的向量积为

$\boldsymbol{n}$，即

$$\boldsymbol{n} = \overrightarrow{M_1 M_2} \times \overrightarrow{M_1 M_3} = \begin{vmatrix} \boldsymbol{i} & \boldsymbol{j} & \boldsymbol{k} \\ -3 & 4 & -6 \\ -1 & 1 & -2 \end{vmatrix} = -2\boldsymbol{i} + \boldsymbol{k} = (-2, 0, 1)，$$

根据平面的点法式方程，得所求平面方程为

$$-2(x-1) - 0(y-0) + (z-2) = 0，$$

即

$$-2x + z = 0。$$

例 2 的 Maple 源程序

```
> #example2
> with(geom3d):
> point(M1,2,-1,4);
                                M1
> point(M2,-1,3,-2);
                                M2
> point(M3,1,0,2);
                                M3
> plane(P,[M1,M2,M3]);
                                P
> Equation(P,[x,y,z]);
                            -2x + z = 0
```

8.7.2 平面的一般方程

由于平面的点法式方程(1)是 x、y、z 的一次方程，而任一平面都可以用它上面的一点及它的法向量来确定，所以任何一个平面都可以用三元一次方程来表示。

反过来，设有三元一次方程为（其中 A，B，C 不全为 0）

$$Ax + By + Cz + D = 0。 \tag{2}$$

任取满足该方程的一组解 x_0、y_0、z_0，即

$$Ax_0 + By_0 + Cz_0 + D = 0。 \tag{3}$$

式(2)与式(3)相减，得

$$A(x - x_0) + B(y - y_0) + C(z - z_0) = 0。 \tag{4}$$

把它和方程(1)做比较，可以知道方程(4)是通过点 $M_0(x_0, y_0, z_0)$ 且以 $\boldsymbol{n} = (A, B, C)$ 为法向量的平面方程。再由方程(2)与方程(4)同解可知，任意三元一次方程的图形总是一平面。方程(2)就称为**平面的一般方程**，其中 x、y、z 的系数就是该平面的一个法向量 $\boldsymbol{n}$ 的坐标，即 $\boldsymbol{n} = (A, B, C)$。

由平面的一般方程，根据系数的特殊取值，归纳平面图形的特点如下：

（1）若 $D=0$，则方程 $Ax+By+Cz=0$ 表示一个通过原点的平面。

（2）若 $A=0$，则方程 $By+Cz+D=0$，法向量 $\boldsymbol{n}=(0,B,C)$ 垂直于 x 轴，方程表示一个平行于 x 轴的平面。

同理，若 $B=0$ 和 $C=0$，方程分别表示一个平行于 y 轴和 z 轴的平面。

（3）若 $A=B=0$，则方程为 $Cz+D=0$，法向量 $\boldsymbol{n}=(0,0,C)$，表示一个平行于 xOy 面的平面。

同理，方程 $Ax+D=0$ 和 $By+D=0$ 分别表示平行于 yOz 面和 xOz 面的平面。

在平面的一般方程 $Ax+By+Cz+D=0$ 中，A、B、C、D 四个数只有三个是独立的。法向量 $\boldsymbol{n}$ 的坐标不可能同时为零。不妨设 $A\neq0$，则可将方程改写为 $x+\dfrac{B}{A}y+\dfrac{C}{A}z+\dfrac{D}{A}=0$，或记为 $x+B^{*}y+C^{*}z+D^{*}=0$。因此建立平面的一般方程只需要三个独立的条件。

例3　平面 $\varPi$ 经过点 $M_1(1,1,1)$ 和 $M_2(2,2,2)$，并且与已知的平面 $x+y-z=0$ 垂直，求平面 $\varPi$ 的方程。

解法 1　设平面 $\varPi$ 的一般方程为 $Ax+By+Cz+D=0$，$\boldsymbol{n}=(A,B,C)$。
由 M_1 在平面 $\varPi$ 上，得　　$A+B+C+D=0$，
由 M_2 在平面 $\varPi$ 上，得　　$2A+2B+2C+D=0$，
再由平面 $\varPi$ 垂直于已知平面，可得 $\boldsymbol{n}$ 垂直于已知平面的法向量，即 $(A,B,C)\perp(1,1,-1)$，故

$$(A,B,C)\cdot(1,1,-1)=0,$$
$$A+B-C=0,$$

联立求解得 $C=0$，$D=0$，$B=-A$，故平面 $\varPi$ 的方程为

$$Ax-Ay=0,$$

即

$$x-y=0。$$

解法 2　设 $\boldsymbol{n}=(A,B,C)$，由条件 $\boldsymbol{n}\perp(1,1,-1)$，且 $\boldsymbol{n}\perp\overrightarrow{M_1M_2}$，可得

$$\boldsymbol{n}\ /\!/\ (1,1,-1)\times\overrightarrow{M_1M_2},$$

$$(1,1,-1)\times\overrightarrow{M_1M_2}=\begin{vmatrix} \boldsymbol{i} & \boldsymbol{j} & \boldsymbol{k} \\ 1 & 1 & -1 \\ 1 & 1 & 1 \end{vmatrix}=2\boldsymbol{i}-2\boldsymbol{j}=(2,-2,0)=2(1,-1,0),$$

可取 $\boldsymbol{n}=\dfrac{1}{2}(1,1,-1)\times\overrightarrow{M_1M_2}=(1,-1,0)$，又因为平面 π 过点

$M_1(1,1,1)$，建立平面的点法式方程为

$$x-y=0 \text{。}$$

例 3 的 Maple 源程序

```
> #example3
> restart:with(linalg):
> a:=vector[roe]([1,1,1]);
                    a:=[1,1,1]
> b:=vector[roe]([2,2,2]);
                    b:=[2,2,2]
> c:=evalm(b-a);
                    c:=[1,1,1]
> n1:=vector[roe]([1,1,-1]);
                    n1:=[1,1,-1]
> n:=crossprod(c,n1);
                    n:=[-2,2,0]
> with(geom3d):
> point(M1,1,1,1);
                    M1
> plane(p,[M1,n]);
                    p
> Equation(p,[x,y,z]);
                  -2x+2y=0
```

设一平面在 x、y、z 轴的截距分别为 a、b、c，容易求得它的方程为

$$\frac{x}{a}+\frac{y}{b}+\frac{z}{c}=1 \text{。}$$

这个方程称为**平面的截距式方程**。

8.7.3 两平面的夹角

两平面法向量的夹角 $\left(0\leqslant\theta\leqslant\dfrac{\pi}{2}\right)$ 称为两平面的夹角。

设平面 Π_1：$A_1x+B_1y+C_1z+D_1=0$，Π_2：$A_2x+B_2y+C_2z+D_2=0$，$\boldsymbol{n}_1=(A_1,B_1,C_1)$，$\boldsymbol{n}_2=(A_2,B_2,C_2)$，由 $0\leqslant\theta\leqslant\dfrac{\pi}{2}$，从而 $\cos\theta>0$，则平面 Π_1 与 Π_2 夹角 θ 的余弦为

$$\cos\theta=|\cos<\boldsymbol{n}_1,\boldsymbol{n}_2>|=\frac{|\boldsymbol{n}_1\cdot\boldsymbol{n}_2|}{|\boldsymbol{n}_1|\cdot|\boldsymbol{n}_2|}$$

$$=\frac{|A_1A_2+B_1B_2+C_1C_2|}{\sqrt{A_1^2+B_1^2+C_1^2}\cdot\sqrt{A_2^2+B_2^2+C_2^2}} \text{。}$$

从两向量垂直、平行的充分必要条件可得下列结论：

$$\Pi_1 \ // \ \Pi_2 \Leftrightarrow \boldsymbol{n}_1 \ // \ \boldsymbol{n}_2 \Leftrightarrow \boldsymbol{n}_1 = \lambda \boldsymbol{n}_2 \Leftrightarrow \frac{A_1}{A_2} = \frac{B_1}{B_2} = \frac{C_1}{C_2};$$

$$\Pi_1 \perp \Pi_2 \Leftrightarrow \boldsymbol{n}_1 \perp \boldsymbol{n}_2 \Leftrightarrow \boldsymbol{n}_1 \cdot \boldsymbol{n}_2 = 0 \Leftrightarrow A_1 A_2 + B_1 B_2 + C_1 C_2 = 0。$$

例 4 求两平面 $2x - y + z - 2 = 0$ 和 $x + y + 2z - 3 = 0$ 的夹角。

解 由两平面夹角 θ 的余弦公式有

$$\cos\theta = \frac{|1 \times 2 + (-1) \times 1 + 2 \times 1|}{\sqrt{1^2 + (-1)^2 + 2^2} \cdot \sqrt{2^2 + 1^2 + 1^2}} = \frac{1}{2},$$

因此，所求夹角

$$\theta = \frac{\pi}{3}。$$

例 4 的 Maple 源程序

```
> #example4
> with(geom3d):
> P1:='P1';
                        P1:=P1
> P2:='P2';
                        P2:=P2
> plane(P1,2*x-y+z-2=0,[x,y,z]);
                        P1
> plane(P2,x+y+2*z-3=0,[x,y,z]);
                        P2
> FindAngle(P1,P2);
                        π
                        ─
                        3
```

8.7.4 点到平面的距离公式

设平面 Π：$Ax + By + Cz + D = 0$，$P_0(x_0, y_0, z_0)$ 是平面外的一点，求 P_0 到平面 Π 的距离（图 8.7.2）。

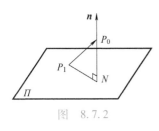

图 8.7.2

设 $P_1(x_1, y_1, z_1)$ 是平面上的任意一点，并作一法向量 $\boldsymbol{n}$，则 $d = |\mathrm{Prj}_{\boldsymbol{n}} \overrightarrow{P_1 P_0}|$，根据 $\mathrm{Prj}_{\boldsymbol{a}} \boldsymbol{b} = \dfrac{\boldsymbol{a} \cdot \boldsymbol{b}}{|\boldsymbol{a}|}$，有 $d = |\mathrm{Prj}_{\boldsymbol{n}} \overrightarrow{P_1 P_0}| = \dfrac{|\boldsymbol{n} \cdot \overrightarrow{P_1 P_0}|}{|\boldsymbol{n}|}$。

因为 $\boldsymbol{n} = (A, B, C)$，$\overrightarrow{P_1 P_0} = (x_0 - x_1, y_0 - y_1, z_0 - z_1)$，则

$$d = \frac{|\boldsymbol{n} \cdot \overrightarrow{P_1 P_0}|}{|\boldsymbol{n}|} = \frac{|A(x_0 - x_1) + B(y_0 - y_1) + C(z_0 - z_1)|}{\sqrt{A^2 + B^2 + C^2}}。$$

又 $P_1(x_1, y_1, z_1)$ 是平面上的点，故 $Ax_1 + By_1 + Cz_1 + D = 0$，代入上式整理得

$$d = \frac{|Ax_0 + By_0 + Cz_0 + D|}{\sqrt{A^2 + B^2 + C^2}},$$

这就是点 $P_0(x_0, y_0, z_0)$ 到平面 $\varPi$：$Ax + By + Cz + D = 0$ 的距离公式。

例 5　确定 k 的值，使平面 $kx + 2y - z - 9 = 0$ 与坐标原点的距离为 3。

解　平面的法向量 $\boldsymbol{n} = (k, 2, -1)$，由点到平面距离公式，有

$$3 = \frac{|k \times 0 + 2 \times 0 - 1 \times 0 - 9|}{\sqrt{k^2 + 2^2 + (-1)^2}},$$

解得当 $k = \pm 2$ 时，原点到平面 $kx + 2y - z - 9 = 0$ 的距离为 3。

例 5 的 Maple 源程序

```
> #example5
> with(geom3d):
> point(O,0,0,0);
                        O
> plane(P,k*x+2*y-z-9=0,[x,y,z]);
                        P
> distance(O,P);
                       9
                    ─────────
                    √(k² +5)
> solve(9/sqrt(k^2+5)=3,k);
                      2,-2
```

例 6　求平面 $\varPi$ 的方程，使其平行于平面 $2x + y + 2z + 7 = 0$，且与三个坐标面所围成的四面体的体积等于 9。

解　由平面 $\varPi$ 平行于平面 $2x + y + 2z + 7 = 0$，故可设其方程为 $2x + y + 2z + D = 0$，这样平面 $\varPi$ 在三个坐标轴上的截距分别为 $-\dfrac{D}{2}$、$-D$、$-\dfrac{D}{2}$；因为四面体的体积等于 9，则 $\dfrac{1}{6} \cdot \left| -\dfrac{D}{2} \right| \cdot |-D| \cdot \left| -\dfrac{D}{2} \right| = 9$，解得 $D = \pm 6$。则平面 $\varPi$ 的方程为

$$2x + y + 2z \pm 6 = 0。$$

例 6 的 Maple 源程序

```
> #example6
> with(geom3d):
> plane(p,2*x+y+2*z+d=0,[x,y,z]);
                        P
```

```
> x:=solve(2*x+d=0,x);
```
$$x := -\frac{d}{2}$$
```
> y:=solve(y+d=0,y);
```
$$y := -d$$
```
> z:=solve(2*z+d=0,z);
```
$$z := -\frac{d}{2}$$
```
> solve(1/6*abs(-d/2)*abs(-d)*abs(-d/2)=9,d);
```
$$6, -6$$

习题 8.7

1. 求过点$(2,-3,0)$且以$\boldsymbol{n}=(1,-2,3)$为法向量的平面方程。

2. 求过三点$M_1(2,-1,4)$、$M_2(-1,3,-2)$和$M_3(0,2,3)$的平面方程。

3. 求过x轴和点$(4,-3,-1)$的平面方程。

4. 一个平面通过两点$M_1(1,1,1)$和$M_2(0,1,-1)$且垂直于平面$x+y+z=0$，求它的方程。

5. 求平面$2x-2y+z+5=0$与各坐标面的夹角的余弦。

6. 已知一个平面过点$(3,6,8)$且平行于向量

$\boldsymbol{a}=(1,1,1)$和$\boldsymbol{b}=(-1,-2,0)$，试求这平面方程。

7. 求点$(1,2,1)$到平面$x+2y+2z-10=0$的距离。

8. 求两平面$-x+2y-z+1=0$和$y+3z-1=0$的夹角。

9. 求两平行平面$\varPi_1$：$10x+2y-2z-5=0$和$\varPi_2$：$5x+y-z-1=0$之间的距离d。

10. 求平面$5x-14y+2z-8=0$和xOy面的夹角。

11. 分别按下列条件求平面方程：

（1）平行于xOz面且经过点$(2,-5,3)$；

（2）通过z轴和点$(-3,1,-2)$；

（3）平行于x轴且经过两点$(4,0,-2)$和$(5,1,7)$。

8.8　空间直线及其方程

8.8.1　空间直线的一般方程

在立体几何中，任何一条空间直线L都可以看作由经过这条直线的两个平面所确定。反之，两个相交平面可以确定一条直线，即为它们的交线（图8.8.1）。

现设有两个相交平面

$$\varPi_1：A_1x+B_1y+C_1z+D_1=0,$$
$$\varPi_2：A_2x+B_2y+C_2z+D_2=0,$$

它们的交线为L，则L既在平面$\varPi_1$上，又在平面$\varPi_2$上，因此直线L上任一点的坐标均满足两个平面的方程，即满足方程组

$$\begin{cases} A_1x+B_1y+C_1z+D_1=0, \\ A_2x+B_2y+C_2z+D_2=0, \end{cases}$$

反之，不在直线L上的点不能同时在平面$\varPi_1$和$\varPi_2$上，因此不能

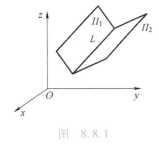

图　8.8.1

满足此方程组，所以此方程组为直线 L 的方程，称它为**空间直线的一般方程**。

8.8.2　空间直线的点向式方程与参数方程

直线的方向向量 s：与直线平行的向量 s 称为直线的方向向量，记为 $s=(m,n,p)$。

容易知道，直线上任一向量都平行该直线的方向向量。由此定义，直线的方向向量不唯一。若 s 是直线的方向向量，则向量 s 平行于直线，当 $\lambda\neq0$，由于 λs 也平行于直线，故 λs 也是直线的方向向量。

由几何知识可知，经过空间一定点可作而且只能作一条直线平行于已知直线。如果给定直线 L 上一点 $M_0(x_0,y_0,z_0)$ 和它的一个方向向量 $s=(m,n,p)$，那么直线 L 就可以完全确定。下面我们来建立直线 L 的方程。

设点 $M(x,y,z)$ 是直线 L 上任意一点（图 8.8.2），则 $\overrightarrow{M_0M}\,/\!/\,s$，由 $\overrightarrow{M_0M}=(x-x_0,y-y_0,z-z_0)$，$s=(m,n,p)$，从而

$$\frac{x-x_0}{m}=\frac{y-y_0}{n}=\frac{z-z_0}{p}\,。$$

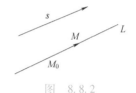

图　8.8.2

反之，若点 M 不在直线上，则 $\overrightarrow{M_0M}\,/\!/\,s$ 不成立，从而其点的坐标不满足以上方程。因此称上述方程为直线 L 的方程，叫作直线 L 的**点向式方程**或**对称式方程**。L 的方向向量 s 的坐标 m、n、p 称为直线 L 的方向数。

注意：

（1）若 m、n、p 中有一个为零，如 $p=0$，则

$$L:\begin{cases}\dfrac{x-x_0}{m}=\dfrac{y-y_0}{n},\\ z-z_0=0\end{cases}\quad\text{或}\quad L:\begin{cases}nx-my-nx_0+my_0=0,\\ z-z_0=0\,。\end{cases}$$

这可以视为两个平面的交线。

（2）若 m，n，p 中有两个为零，如 $n=0$，$p=0$，则

$$L:\begin{cases}y-y_0=0,\\ z-z_0=0\,。\end{cases}$$

这可以视为平面 $y=y_0$ 与 $z=z_0$ 的交线。

（3）若向量 s 的方向角为 α、β、γ，则其方向余弦为 $\cos\alpha$、$\cos\beta$、$\cos\gamma$，此时直线的方向向量也可以取为 $s=(\cos\alpha,\cos\beta,\cos\gamma)$，直线方程为

$$L:\frac{x-x_0}{\cos\alpha}=\frac{y-y_0}{\cos\beta}=\frac{z-z_0}{\cos\gamma}\,。$$

例 1 求经过两点 $M_1(x_1, y_1, z_1)$、$M_2(x_2, y_2, z_2)$ 的直线的方程。

解 由直线 L 过 M_1、M_2 两点，则 $\overrightarrow{M_1M_2} \parallel L$，故可取 $s = \overrightarrow{M_1M_2}$，即

$$s = \overrightarrow{M_1M_2} = (x_2-x_1, y_2-y_1, z_2-z_1),$$

取 $M_0 = M_1(x_1, y_1, z_1)$，由直线的点向式方程，得

$$L: \frac{x-x_1}{x_2-x_1} = \frac{y-y_1}{y_2-y_1} = \frac{z-z_1}{z_2-z_1},$$

这个方程称为直线的**两点式**方程。

由直线方程的点向式，容易导出直线的参数方程。令 $\frac{x-x_0}{m} = \frac{y-y_0}{n} = \frac{z-z_0}{p} = t$，则

$$L: \begin{cases} x = x_0 + mt, \\ y = y_0 + nt, \\ z = z_0 + pt。 \end{cases}$$

称这个方程组为空间直线的**参数方程**。

例 2 将直线 $L: \begin{cases} 2x+2y-z+23=0, \\ 3x+8y+z-18=0 \end{cases}$ 方程改写为点向式方程及参数方程。

解 先找出直线上一点 $M_0(x_0, y_0, z_0)$，可取 $y_0 = 0$，代入方程组，得

$$\begin{cases} 2x_0 - z_0 + 23 = 0, \\ 3x_0 + z_0 - 18 = 0。 \end{cases}$$

解得 $x_0 = -1$，$z_0 = 21$，即 $M_0(-1, 0, 21)$；下面找出直线的方向向量 s。由于两平面的交线与这两个平面的法向量 $n_1 = (2, 2, -1)$，$n_2 = (3, 8, 1)$ 都垂直，故可取

$$s = n_1 \times n_2 = \begin{vmatrix} i & j & k \\ 2 & 2 & -1 \\ 3 & 8 & 1 \end{vmatrix} = 10i - 5j + 10k = (10, -5, 10),$$

因此，所给直线的点向式方程为

$$\frac{x+1}{10} = \frac{y-0}{-5} = \frac{z-21}{10}。$$

令 $\frac{x+1}{10} = \frac{y-0}{-5} = \frac{z-21}{10} = t$，则所给直线的参数方程为

$$\begin{cases} x = -1 + 10t, \\ y = -5t, \\ z = 21 + 10t。 \end{cases}$$

例 2 的 Maple 源程序

```
> #example2
> restart:with(linalg):
> n1:=vector[roe]([2,2,-1]);
                    n1:=[2,2,-1]
> n2:=vector[roe]([3,8,1]);
                     n2:=[3,8,1]
> s:=crossprod(n1,n2);
                    s:=[10,-5,10]
> with(geom3d):
> plane(p1,2*x+2*y-z+23=0,[x,y,z]):plane(p2,3*x+8*y+
z-18=0,[x,y,z]):
> line(l,[p1,p2]);
                          l
> point(M0,-1,0,21):
> line(l,[M0,s]);
                          l
> Equation(l,'t');
              [-1+10t,-5t,21+10t]
```

8.8.3 两直线的夹角

两直线的夹角 θ 规定为它们的方向向量间的夹角 $\left(0\leqslant\theta\leqslant\dfrac{\pi}{2}\right)$。

设直线 L_1 和 L_2 的方向向量分别为 $s_1=(m_1,n_1,p_1)$ 和 $s_2=(m_2,n_2,p_2)$，它们之间的夹角为 θ，按两向量的夹角的余弦公式，有

$$\cos\theta=\frac{|s_1\cdot s_2|}{|s_1|\cdot|s_2|}=\frac{|m_1m_2+n_1n_2+p_1p_2|}{\sqrt{m_1^2+n_1^2+p_1^2}\sqrt{m_2^2+n_2^2+p_2^2}}。$$

从两向量垂直、平行的充分必要条件可得下列结论：

$$L_1 // L_2 \Leftrightarrow s_1 // s_2 \Leftrightarrow \frac{m_1}{m_2}=\frac{n_1}{n_2}=\frac{p_1}{p_2},$$

$$L_1\perp L_2 \Leftrightarrow s_1\perp s_2 \Leftrightarrow s_1\cdot s_2=0 \Leftrightarrow m_1m_2+n_1n_2+p_1p_2=0。$$

例 3　求两直线 L_1 和 L_2 的夹角，其中

$$L_1:\frac{x-4}{5}=\frac{y+3}{2}=\frac{z}{1}, \quad L_2:\frac{x-2}{3}=\frac{y+2}{1}=\frac{z-3}{-4}。$$

解　直线 L_1 和 L_2 的方向向量依次为 $s_1=(5,2,1)$，$s_2=(3,1,-4)$，设直线 L_1 和 L_2 的夹角为 θ，那么由公式有

$$\cos\theta=\frac{|5\times3+2\times1+1\times(-4)|}{\sqrt{5^2+2^2+1^2}\times\sqrt{3^2+(-4)^2+1^2}}=\frac{\sqrt{195}}{30},$$

所以，得

$$\theta = \arccos \frac{\sqrt{195}}{30}。$$

例 3 的 Maple 源程序

```
> #example3
> with(geom3d):
> line(l1,[4+5 * t,-3+2 * t,t],t),line(l2,[2+3 * t,-2+t,3-
4 * t],t);
```

$$l1,l2$$

```
> FindAngle(l1,l2);
```

$$\arcos\left(\frac{\sqrt{30}\,\sqrt{26}}{60}\right)$$

```
> simplify(%);
```

$$\arcos\left(\frac{\sqrt{15}\,\sqrt{13}}{30}\right)$$

8.8.4　直线与平面的夹角

当直线与平面垂直时，规定直线与平面的夹角为 $\dfrac{\pi}{2}$；当直线与平面不垂直时，直线在平面上的投影直线与直线的夹角称为直线与平面的夹角，记作 $\varphi\left(0 \leqslant \varphi < \dfrac{\pi}{2}\right)$。

设直线 L 的方向向量为 $\boldsymbol{s} = (m,n,p)$，平面的法向量为 $\boldsymbol{n} = (A,B,C)$，直线与平面的夹角为 φ，那么

$$\sin\varphi = \left|\cos\langle\boldsymbol{n},\boldsymbol{s}\rangle\right| = \frac{|\boldsymbol{n}\cdot\boldsymbol{s}|}{|\boldsymbol{n}||\boldsymbol{s}|} = \frac{|Am+Bn+Cp|}{\sqrt{A^2+B^2+C^2}\sqrt{m^2+n^2+p^2}}。$$

因为直线与平面平行或直线在平面上相当于直线的方向向量与平面的法向量垂直，所以有

$$Am+Bn+Cp = 0。$$

因为直线与平面垂直相当于直线的方向向量与平面的法向量平行，所以有

$$\frac{A}{m} = \frac{B}{n} = \frac{C}{p}。$$

例 4　求过点 $P(2,0,-3)$ 且垂直于平面 Π：$3x+5y-2z+1=0$ 的直线 L 的方程。

解　由题意可知，平面的法向量 $\boldsymbol{n} = (3,5,-2)$，由 $L \perp \Pi$，所以直线的方向向量 $\boldsymbol{s}$ 平行于平面的法向量 $\boldsymbol{n}$，故可取

$$\boldsymbol{s} = (3,5,-2)，$$

因此直线的点向式方程为

$$\frac{x-2}{3}=\frac{y}{5}=\frac{z+3}{-2}\text{。}$$

例 4 的 Maple 源程序

```
> #example4
> point(p,2,0,-3);
                          p
> v:=vector[roe]([3,5,-2]);
                    v:=[3,5,-2]
> line(1,[p,v]);
                          l
> Equation(1,'t');
                 [2+3t,5t,-3-2t]
```

例 5　　设直线 L：$\dfrac{x+3}{-2}=\dfrac{y+4}{-7}=\dfrac{z}{3}$，平面 $\varPi$：$4x-2y-2z-3=0$，指出直线与平面的位置关系。

解　　由题意知，直线 L 的方向向量为 $s=(-2,-7,3)$，平面的法向量为 $n=(4,-2,-2)$，易知 $s\cdot n=0$，即 $s\perp n$，从而有 $L/\!/\varPi$ 或 L 在 $\varPi$ 上。

下面考察直线 L 是否在 $\varPi$ 上。

任取直线 L 上的一点 $M_0(-3,-4,0)$，代入平面方程 $\varPi$：$4x-2y-2z-3=0$，发现 M_0 不满足平面方程 $\varPi$，即 M_0 不在 $\varPi$ 上，因此直线 L 不在 $\varPi$ 上，故 $L/\!/\varPi$。

可以求出 L 与 $\varPi$ 的距离即点 $M_0(-3,-4,0)$ 到平面 $\varPi$ 的距离

$$d=\frac{|-12+8-0-3|}{\sqrt{4^2+(-2)^2+(-2)^2}}=\frac{7\sqrt{6}}{12}\text{。}$$

例 5 的 Maple 源程序

```
> #example5
> with(geom3d):
> line(1,[-3-2*t,-4-7*t,3*t],t);
                          l
> plane(p,4*x-2*y-2*z-3=0,[x,y,z]);
                          p
> ArePerpendicular(1,p);
                        false
> AreParallel(1,p);
                        true
```

```
> distance(l,p);
```

$$\frac{7\sqrt{6}}{12}$$

8.8.5 平面束方程及一些杂例

设两个平面 Π_1 与 Π_2 相交，则 Π_1 与 Π_2 有唯一的交线 L，过此交线的所有平面称为**平面束**，平面束方程即过此交线的任意一个平面的方程。设直线 L 的方程为

$$\begin{cases} A_1x+B_1y+C_1z+D_1=0, \\ A_2x+B_2y+C_2z+D_2=0, \end{cases}$$

则过平面 Π_1 与平面 Π_2 的交线 L 的平面束方程为

$$A_1x+B_1y+C_1z+D_1+\lambda(A_2x+B_2y+C_2z+D_2)=0,$$

它可以代表了除 Π_2 以外的所有过交线 L 的平面。

注 $\lambda(A_1x+B_1y+C_1z+D_1)+\mu(A_2x+B_2y+C_2z+D_2)=0$ 表示过交线 L 的所有平面。

例6 求直线 L：$\begin{cases} x-y+z=1, \\ 2x+y+z=4 \end{cases}$ 在平面 Π：$x-y+z=0$ 上的投影直线方程。

解 过 L 的平面束方程为 $x-y+z-1+\lambda(2x+y+z-4)=0$，即

$$(1+2\lambda)x+(\lambda-1)y+(\lambda+1)z-4\lambda-1=0。$$

该平面与已知平面 $x-y+z=0$ 垂直的条件是

$$(1+2\lambda)\cdot 1+(\lambda-1)\cdot(-1)+(\lambda+1)\cdot 1=0,$$

解得 $\lambda=-\dfrac{3}{2}$，从而投影平面的方程为 $-2x-\dfrac{5}{2}y-\dfrac{1}{2}z+5=0$，即 $-4x-5y-z+10=0$，所求投影直线应当是平面 Π 与投影平面的交线，即

$$\begin{cases} 4x+5y+z-10=0, \\ x-y+z=0。 \end{cases}$$

例6 的 Maple 源程序

```
> #example6
> with(geom3d):
> plane(p1,x-y+z=1,[x,y,z]):plane(p2,2*x+y+z=4,[x,y,z]):
> line(l,[p1,p2]);
```

$$l$$

```
> plane(p3,x-y+z=0,[x,y,z]):
> projection(l1,l,p3);
```

$$l1$$

```
> Equation(l1,'t');
```

$$\left[\frac{4}{3}-2t, 1+t, -\frac{1}{3}+3t\right]$$

例 7　求过点 $(-1,2,1)$ 且与直线 $\dfrac{x-3}{2}=\dfrac{y}{3}=\dfrac{z-1}{-1}$ 垂直相交的直线

方程。

解　先作一个平面过点 $(-1,2,1)$ 且垂直于已知直线（即以已知直线的方向向量作为所求平面的法向量），则平面的方程为

$$2(x+1)+3(y-2)-(z-1)=0,$$

再求已知直线与这平面的交点。将已知直线改成参数方程形式

$$\begin{cases} x=3+2t, \\ y=3t, \\ z=1-t, \end{cases}$$

代入上面的平面方程中去，求得 $t=-\dfrac{1}{7}$，从而可得交点为

$$\left(\frac{19}{7}, -\frac{3}{7}, \frac{8}{7}\right)。$$

以此交点为起点、已知点为终点的向量为

$$\left(-1-\frac{19}{7}, 2+\frac{3}{7}, 1-\frac{8}{7}\right)=-\frac{1}{7}(26,-17,1),$$

故所求直线的方向向量可取为 $s=(26,-17,1)$，所求直线方程为

$$\frac{x+1}{26}=\frac{y-2}{-17}=\frac{z-1}{1}。$$

例 7 的 Maple 源程序

```
> #example7
> restart:with(linalg):
> n:=vector[roe]([2,3,-1]);
```
$$n:=[2,3,-1]$$
```
> with(geom3d):
> point(M0,-1,2,1);
```
$$M0$$
```
> plane(p,[M0,n]);
```
$$p$$
```
> Equation(p,[x,y,z]);
```
$$-3+2x+3y-z=0$$
```
> t:=solve(-3+2*(3+2*t)+3*(3*t)-(1-t)=0,'t');
```
$$t:=\frac{-1}{7}$$

```
> point(M1,3+2*(-1/7),3*(-1)/7,1+1/7);
```
$$M1$$
```
> b:=vector[roe]([3+2*(-1/7),3*(-1)/7,1+1/7]);
```
$$b:\left[\frac{19}{7},\frac{-3}{7},\frac{8}{7}\right]$$
```
> a:=vector[roe]([-1,2,1]);
```
$$a:=[-1,2,1]$$
```
> v:=evalm(b-a);
```
$$v:\left[\frac{26}{7},\frac{-17}{7},\frac{1}{7}\right]$$
```
> v:=vector[roe]([26,-17,1]);
```
$$v:=[26,-17,1]$$
```
> line(l,[M0,v]);
```
$$l$$
```
> Equation(l,'t');
```
$$[-1+26t,2-17t,1+t]$$

例8 求点 $M_0(4,-1,3)$ 在平面 Π：$2x-y-z=0$ 上的投影点。

解 先过点 $M_0(4,-1,3)$ 作垂直于平面的直线方程（即以已知平面的法向量作为所求直线的方向向量），则直线方程为

$$\begin{cases} x=4+2t, \\ y=-1-t, \\ z=3-t。 \end{cases}$$

平面与这直线的交点即为投影点。将直线方程代入平面 Π 的方程中，解得 $t=-1$，从而可得投影点为 $M(2,0,4)$。

例8的 Maple 源程序

```
> #example8
> point(M0,4,-1,3);
```
$$M0$$
```
> plane(p,2*x-y-z=0,[x,y,z]);
```
$$p$$
```
> projection(M,M0,p);
```
$$M$$
```
> line(L,[M0,p]);
```
$$L$$
```
> Equation(L,'t');
```
$$[4+2t,-1-t,3-t]$$
```
> projection(M,M0,p);
```
$$M$$
```
> coordinates(M);
```
$$[2,0,4]$$

习题 8.8

1. 用对称式方程及参数方程表示直线
$$\begin{cases} x+y+z+1=0, \\ 2x-y+3z+4=0。\end{cases}$$

2. 求直线 L_1：$\dfrac{x-1}{1}=\dfrac{y}{-4}=\dfrac{z+3}{1}$ 和 L_2：$\dfrac{x}{2}=\dfrac{y+2}{-2}=\dfrac{z}{-1}$ 的夹角。

3. 求过点 $(1,-2,4)$ 且与平面 $2x-3y+z-4=0$ 垂直的直线方程。

4. 求与平面 $x-4z=3$ 和平面 $2x-y-5z=1$ 的交线平行且过点 $(-3,2,5)$ 的直线方程。

5. 求过点 $(2,0,-3)$ 且与直线 $\begin{cases} x-2y+4z-7=0, \\ 3x+5y-2z+1=0 \end{cases}$ 垂直相交的平面方程。

6. 求直线 $\begin{cases} x+y+3z=0, \\ x-y-z=0 \end{cases}$ 与平面 $x-y-z+1=0$ 的夹角。

7. 求点 $(-1,2,0)$ 在平面 $x+2y-z+1=0$ 上的投影。

8. 求直线 $\begin{cases} 2x-4y+z=0, \\ 3x-y-2z-9=0 \end{cases}$ 在平面 $4x-y+z=1$ 上的投影直线的方程。

9. 求直线 $\begin{cases} 5x-3y+3z-9=0, \\ 3x-2y+z-1=0 \end{cases}$ 与直线 $\begin{cases} 2x+2y-z+23=0, \\ 3x+5y-2z+1=0 \end{cases}$ 的夹角余弦。

10. 证明直线 $\begin{cases} x+2y-z-7=0, \\ -2x+y+z-7=0 \end{cases}$ 与直线 $\begin{cases} 3x+6y-3z-8=0, \\ 2x-y-z=0 \end{cases}$ 平行。

11. 求过点 $(0,2,4)$ 且与两平面 $x+2z=1$ 和 $y-3z=2$ 平行的直线方程。

12. 求过点 $(3,1,-2)$ 且通过直线 $\dfrac{x-4}{5}=\dfrac{y+3}{2}=\dfrac{z}{1}$ 的平面方程。

13. 求过点 $(1,2,1)$ 且与两直线 $\begin{cases} x+2y-z+1=0, \\ x-y+z-1=0 \end{cases}$ 和 $\begin{cases} 2x-y+z=0, \\ x-y+z=0 \end{cases}$ 平行的平面方程。

8.9　二次曲面

在平面解析几何中我们把二元二次方程所表示的曲线称为二次曲线，类似地，现在我们把三元二次方程 $F(x,y,z)=0$ 所表示的曲面称为**二次曲面**。而把平面称为**一次曲面**。

为了解二次曲面的形状，我们采用**截痕法**，即用三个坐标面以及平行于它们的平面与二次曲面相截，考察其截痕（即交线）的变化来了解曲面的形状，然后再加以综合分析。

8.9.1　椭球面

方程 $\dfrac{x^2}{a^2}+\dfrac{y^2}{b^2}+\dfrac{z^2}{c^2}=1(a,b,c>0)$ 表示的图形称为**椭球面**（图 8.9.1）。

取值范围： 由椭球面的方程显然有

$|x|\leqslant a$，$|y|\leqslant b$，$|z|\leqslant c$，这里 a、b、c 称为椭球面的半轴。

对称性： 由椭球面的方程可知，它关于三个坐标面对称，也关于三条坐标轴对称，原点是它的对称中心。

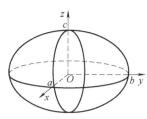

图　8.9.1

形状：椭球面与 xOy 面的交线为 $\begin{cases} \dfrac{x^2}{a^2}+\dfrac{y^2}{b^2}=1, \\ z=0。 \end{cases}$ 这是 xOy 面上

的一个椭圆。同理，它与 yOz 面、zOx 面的交线也是椭圆。

用平行于 xOy 面的平面 $z=h$ 截椭球面所得的交线（称为截痕）为

$$\begin{cases} \dfrac{x^2}{a^2}+\dfrac{y^2}{b^2}=1-\dfrac{h^2}{c^2}, \\ z=h。 \end{cases}$$

当 $|h|<c$ 时，截痕是椭圆；当 $|h|=c$ 时，截痕是一个点；当 $|h|>c$ 时，无轨迹。同理，用平行于 yOz 面、zOx 面的平面截椭球面也有类似的结论。

当 $a=b=c$ 时，椭球面的方程变为 $x^2+y^2+z^2=a^2$，这个方程表示的是一个球面。所以，我们可以说球面是椭球面的一种特殊情形。

当 $a=b$ 时，椭球面的方程变为 $\dfrac{x^2}{a^2}+\dfrac{y^2}{a^2}+\dfrac{z^2}{c^2}=1$，它表示由 yOz 面上的椭圆 $\dfrac{y^2}{a^2}+\dfrac{z^2}{c^2}=1$ 绕 z 轴旋转而成的旋转面，叫作**旋转椭球面**。它与一般椭球面不同之处在于，如用平面 $z=h(|h|<c)$ 与它相截，所得截痕是一个圆：

$$\begin{cases} x^2+y^2=a^2\left(1-\dfrac{h^2}{c^2}\right), \\ z=h。 \end{cases}$$

8.9.2 抛物面

由方程 $\dfrac{x^2}{p}+\dfrac{y^2}{q}=2z(pq>0)$ 表示的曲面称为**椭圆抛物面**。不妨设 $p>0$ 且 $q>0$（图 8.9.2）。

对称性：yOz 面、zOx 面是它的对称平面，z 轴是对称轴。

取值范围：$z\geq0$。

形状：它与 yOz 面、zOx 面的交线分别为 $\begin{cases} y^2=2qz, \\ x=0, \end{cases}$ $\begin{cases} x^2=2pz, \\ y=0, \end{cases}$ 这些都是抛物线。

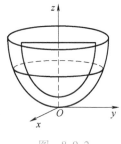

图 8.9.2

用平面 $z=h(h\geq0)$ 去截此曲面所得截痕为 $\begin{cases} \dfrac{x^2}{p}+\dfrac{y^2}{q}=2h, \\ z=h, \end{cases}$ 它们

是椭圆或一个点。

当 $p=q$ 时，椭圆抛物面的方程变为 $\dfrac{x^2}{p}+\dfrac{y^2}{p}=2z$，它表示由 yOz 面上的抛物线 $y^2=2pz$ 绕 z 轴旋转而成的旋转面，叫作**旋转抛物面**。它与一般抛物面不同之处在于，如用平面 $z=h\,(h>0)$ 与它相截，所得截痕是一个圆 $\begin{cases} x^2+y^2=2ph, \\ z=h。 \end{cases}$

由方程 $\dfrac{x^2}{p}-\dfrac{y^2}{q}=2z\,(pq>0)$ 表示的曲面称为**双曲抛物面**（或**马鞍面**）。不妨设 $p>0$ 且 $q>0$（图 8.9.3）。

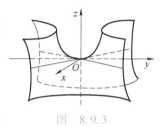

图　8.9.3

对称性： yOz 面、zOx 面是它的对称平面，z 轴是对称轴。

形状： 它与 xOy 面的交线为 $\begin{cases} \dfrac{x^2}{p}-\dfrac{y^2}{q}=0, \\ z=0, \end{cases}$ 这是一对相交直线（过原点）。它与 yOz 面、zOx 面的交线分别为 $\begin{cases} y^2=-2qz, \\ x=0, \end{cases}$ $\begin{cases} x^2=2pz, \\ y=0, \end{cases}$ 这些都是抛物线。

用平面 $z=h\,(h\neq0)$ 去截此曲面，所得截痕为 $\begin{cases} \dfrac{x^2}{p}-\dfrac{y^2}{q}=2h, \\ z=h, \end{cases}$ 这是双曲线，当 $h>0$ 时，实轴平行于 x 轴；当 $h<0$ 时，实轴平行于 y 轴。

8.9.3　双曲面

由方程 $\dfrac{x^2}{a^2}+\dfrac{y^2}{b^2}-\dfrac{z^2}{c^2}=1\,(a,b,c>0)$ 表示的曲面称为**单叶双曲面**（图 8.9.4）。

对称性： 三个坐标面都是它的对称平面，三条坐标轴是它的对称轴，原点是它的对称中心。

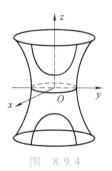

图　8.9.4

取值范围： 由它的方程可得 $\dfrac{x^2}{a^2}+\dfrac{y^2}{b^2}=1+\dfrac{z^2}{c^2}\geqslant1$，因此此曲面的点全在柱面 $\dfrac{x^2}{a^2}+\dfrac{y^2}{b^2}=1$ 的外部或者柱面上。

它与 xOy 面的交线为 $\begin{cases} \dfrac{x^2}{a^2}+\dfrac{y^2}{b^2}=1, \\ z=0。 \end{cases}$ 这是一个椭圆。

它与 yOz 面、zOx 面的交线分别为 $\begin{cases} \dfrac{y^2}{b^2}-\dfrac{z^2}{c^2}=1, \\ x=0, \end{cases}$ $\begin{cases} \dfrac{x^2}{a^2}-\dfrac{z^2}{c^2}=1, \\ y=0。 \end{cases}$ 它

们都是双曲线。

当 $a=b$ 时，单叶双曲面的方程变为 $\dfrac{x^2+y^2}{a^2}-\dfrac{z^2}{c^2}=1$，它表示由

yOz 面上的双曲线 $\dfrac{y^2}{a^2}-\dfrac{z^2}{c^2}=1$ 绕 z 轴旋转而成的旋转面，叫作**旋转单叶双曲面**。

由方程 $-\dfrac{x^2}{a^2}+\dfrac{y^2}{b^2}-\dfrac{z^2}{c^2}=1\,(a,b,c>0)$ 表示的曲面称为**双叶双曲面**(图 8.9.5)。

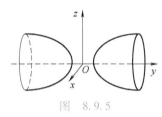

图 8.9.5

对称性：关于坐标面、坐标轴、原点均对称。

取值范围：$|y|\geqslant b$。

形状：此曲面与 zOx 面无交点；与 xOy 面、yOz 面的交线分别

为 $\begin{cases}\dfrac{y^2}{b^2}-\dfrac{x^2}{a^2}=1,\\ z=0,\end{cases}\begin{cases}\dfrac{y^2}{b^2}-\dfrac{z^2}{c^2}=1,\\ x=0。\end{cases}$ 它们都是双曲线。用平面 $y=h\,(|h|\geqslant b)$

去截此曲面所得截痕为 $\begin{cases}\dfrac{x^2}{a^2}+\dfrac{z^2}{c^2}=\dfrac{y^2}{b^2}-1,\\ y=h。\end{cases}$ 这是椭圆或一个点。

当 $a=c$ 时，称为**旋转双叶双曲面**。

习题 8.9

1. 指出下列方程表示什么曲面。

(1) $\dfrac{z}{3}=\dfrac{x^2}{4}+\dfrac{y^2}{9}$；

(2) $4x^2+9y^2=-z$；

(3) $x^2+2y^2+3z^2=1$；

(4) $\dfrac{x^2}{4}+\dfrac{y^2}{9}+\dfrac{z^2}{25}=1$。

(2) $x^2+\dfrac{y^2}{9}-z^2=1$；

(3) $4x^2-4y^2-z^2=4$；

(4) $z=\dfrac{x^2}{3}+\dfrac{y^2}{4}$；

(5) $z^2=x^2+\dfrac{y^2}{4}$。

2. 画出下列方程所表示的二次曲面的图形。

(1) $\dfrac{x^2}{4}+\dfrac{y^2}{9}+z^2=1$；

总 习题 8

1. 求点 $P(7,14,8)$ 到各坐标轴及原点的距离。

2. 已知两点 $M_1(4,3,1)$、$M_2(7,1,2)$，计算向量 $\overrightarrow{M_1M_2}$ 的模、方向余弦、方向角以及与 $\overrightarrow{M_1M_2}$ 平行的单位向量。

3. 已知 $\boldsymbol{a}=(3,0,-1)$，$\boldsymbol{b}=(-2,-1,3)$，求 $\boldsymbol{a}\cdot\boldsymbol{b}$，$3\boldsymbol{a}\cdot 5\boldsymbol{b}$，$<\boldsymbol{a},\boldsymbol{b}>$，$\mathrm{Prj}_{\boldsymbol{b}}\boldsymbol{a}$。

4. 已知 $A(1,2,3)$，$B(1,0,-1)$，$C(1,1,1)$，求 $\overrightarrow{AB}\cdot\overrightarrow{BC}$，$\overrightarrow{AB}\times\overrightarrow{BC}$。

5. 已知 $\overrightarrow{PA}=(2,-3,6)$，$\overrightarrow{PB}=(-1,2,-2)$，$\overrightarrow{PC}$ 平分 $\angle APB$ 且 $|\overrightarrow{PC}|=3\sqrt{42}$，求 $\overrightarrow{PC}$。

6. 写出下列曲线绕指定轴旋转而成的旋转曲面的方程：

（1）yOz 面上的抛物线 $z^2=2y$ 绕 y 轴旋转；

（2）xOy 面上的双曲线 $2x^2-3y^2=6$ 绕 x 轴旋转；

（3）xOz 面上的直线 $x-2z+1=0$ 绕 z 轴旋转。

7. 求下列曲线在各坐标面上的投影：

（1）$\begin{cases} z=\sqrt{4-x^2-y^2}, \\ x^2+z^2=2x; \end{cases}$

（2）$\begin{cases} x^2+y^2=a^2, \\ y^2+z^2=a^2。 \end{cases}$

8. 求下列平面方程。

（1）经过点 $(3,2,-1)$，法向量为 $\boldsymbol{n}=(0,1,2)$；

（2）经过点 $P_1(4,2,1)$，$P_2(-1,-2,2)$，$P_3(0,4,-5)$。

9. 求点 $P(1,2,1)$ 到平面 $x+2y+2z-10=0$ 的距离。

10. 求过 $(1,0,-1)$ 且平行于 $\boldsymbol{\alpha}=(2,1,1)$ 和 $\boldsymbol{\beta}=(1,-1,0)$ 的平面方程。

11. 设 $\boldsymbol{\alpha}=(3,5,-2)$，$\boldsymbol{\beta}=(2,1,4)$，问 λ 与 μ 满足何关系时，能使 $\lambda\boldsymbol{\alpha}+\mu\boldsymbol{\beta}$ 与 z 轴垂直？

12. 已知向量 $\boldsymbol{p}$ 同时垂直于 $\boldsymbol{\theta}=3\boldsymbol{i}+6\boldsymbol{j}+8\boldsymbol{k}$ 和 x 轴，且 $|\boldsymbol{p}|=2$，求向量 $\boldsymbol{p}$。

13. 求过点 $(-1,0,4)$ 且平行于平面 $3x-4y+z-10=0$ 又与直线 $\dfrac{x+1}{1}=\dfrac{y-3}{1}=\dfrac{z}{2}$ 相交的直线方程。

14. 过直线 $L:\begin{cases} x+y-z=0, \\ x+2y+z=0 \end{cases}$ 作两个相互垂直的平面，其中一个过点 $(0,1,-1)$，求这两个平面的方程。

15. 求过点 $M(3,6,8)$ 且与平面 $3x+6y+8z=1$ 平行的平面方程。

16. 求过点 $M(3,6,8)$ 且平行于直线 $\dfrac{x-3}{3}=\dfrac{y}{6}=\dfrac{z-1}{5}$ 的直线方程。

17. 求过曲线 $L:\begin{cases} 2x^2+y^2+z^2=16, \\ x^2-y^2+z^2=0, \end{cases}$ 且母线平行于 x 轴的柱面方程。

第 9 章
多元函数微分学及其应用

上册中我们讨论的函数都是只有一个自变量，这种函数叫作一元函数。但实际问题中所涉及的函数常常是多个自变量的函数，即多元函数。本章将在一元函数的基础上，讨论多元函数的微分法及其应用。由于从一元函数到二元函数会出现一些本质的区别，而从二元函数到二元以上函数则有许多性质是类似的，因此，我们以二元函数为主来讨论多元函数。

9.1 多元函数的基本概念

9.1.1 平面点集

设 $P_0(x_0,y_0)$ 是 xOy 平面上的一个点，δ 是某一正数。与点 $P_0(x_0,y_0)$ 距离小于 δ 的点 P 的全体，称为点 P_0 的 δ 邻域，记为 $U(P_0,\delta)$ 或简记为 $U(P_0)$，即

$$U(P_0,\delta)=\{P\mid |PP_0|<\delta\},$$

也就是

$$U(P_0,\delta)=\{(x,y)\mid \sqrt{(x-x_0)^2+(y-y_0)^2}<\delta\}。$$

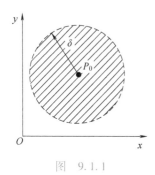

图 9.1.1

在几何上，$U(P_0,\delta)$ 就是 xOy 平面上以点 $P_0(x_0,y_0)$ 为中心、$\delta>0$ 为半径的圆内部的点 $P(x,y)$ 的全体（图 9.1.1），$\mathring{U}(P_0,\delta)$ 表示点 P_0 的去心邻域（图 9.1.2）。如果不需要强调邻域的半径 δ，则用 $U(P_0)$ 表示点 P_0 的某个邻域，用 $\mathring{U}(P_0)$ 表示点 P_0 的某个去心邻域。

设 E 是平面上的一个点集，P 是平面上的一个点。如果存在点 P 的某一邻域 $U(P)\subset E$，则称 P 为 E 的内点。显然，E 的内点都属于 E。

如果 E 内任意的点都是内点，则称 E 为开集。例如，集合 $E_1=\{(x,y)\mid 1<x^2+y^2<4\}$ 中每个点都是 E_1 的内点，因此 E_1 为开集。

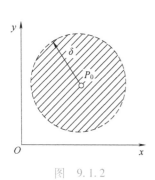

图 9.1.2

如果点 P 的任一邻域内既有属于 E 的点，也有不属于 E 的点（点 P 本身可以属于 E，也可以不属于 E），则称 P 为 E 的边界点。E 的边界点的全体称为 E 的边界，记作 ∂E。例如上例中，E_1 的边界是圆周 $x^2+y^2=1$ 和 $x^2+y^2=4$。

设 D 是点集。如果对于 D 内任何两点，都可用折线连接起来，且该折线上的点都属于 D，则称点集 D 是连通的。

连通的开集称为区域或开区域。例如，$\{(x,y)\,|\,x+y>0\}$ 及 $\{(x,y)\,|\,1<x^2+y^2<4\}$ 都是区域。

开区域及它的边界一起所构成的点集，称为闭区域。例如，$\{(x,y)\,|\,x+y\geqslant 0\}$ 及 $\{(x,y)\,|\,1\leqslant x^2+y^2\leqslant 4\}$ 都是闭区域。

对于平面点集 E，如果存在某一正数 K，使得对一切点 $P\in E$，都有 $|OP|\leqslant K$，其中 O 是原点，则称 E 为有界点集，否则称为无界点集。例如，$\{(x,y)\,|\,1\leqslant x^2+y^2\leqslant 4\}$ 是有界闭区域，$\{(x,y)\,|\,x+y>0\}$ 是无界开区域。

9.1.2　多元函数的概念

例 1　三角形面积 S 与底边长 x，高 y 之间具有关系 $S=\dfrac{1}{2}xy$，这里，当 x、y 在集合 $\{(x,y)\,|\,x>0,y>0\}$ 内取定一对值 (x_0,y_0) 时，S 的对应值就随之被唯一确定。

例 2　设 R 是电阻 R_1 和 R_2 并联后的总电阻，由电学知识可知，它们之间具有关系 $R=\dfrac{R_1R_2}{R_1+R_2}$。这里，当 R_1 和 R_2 在集合 $\{(R_1,R_2)\,|\,R_1>0,R_2>0\}$ 内取定一对值 (R_1,R_2) 时，R 的对应值就随之确定。

定义 1　设 D 是平面上的一个**点集**，对任意的点 $(x,y)\in D$，变量 z 按某个对应关系总有唯一的数值与之对应，则称 z 是 x，y 的**二元函数**（或点 P 的函数），记为 $z=f(x,y),(x,y)\in D$（或 $z=f(P),P\in D$）。其中**点集** D 称为该函数的**定义域**，x、y 称为**自变量**，z 称为**因变量**。数集 $\{z\,|\,z=f(x,y),(x,y)\in D\}$ 称为该函数的**值域**。z 是 x、y 的函数也可记为 $z=z(x,y)$，$z=\varphi(x,y)$ 等。

类似地，可以照此定义三元函数 $u=f(x,y,z)$ 以及三元以上的函数。一般地，把定义 1 中的平面点集 D 换成 n 维空间内的点集 D，即 n 元有序数组 $(x_1,x_2,\cdots,x_n)$ 构成的全体的一个子集，可类似地定义 n 元函数 $u=f(x_1,x_2,\cdots,x_n)$。n 元函数也可简记为 $u=$

$f(P)$，这里点 $P(x_1, x_2, \cdots, x_n) \in D$。当 $n = 1$ 时，n 元函数就是一元函数。当 $n \geq 2$ 时，n 元函数就统称为多元函数。

关于多元函数的定义域，与一元函数的情形类似，我们做如下约定：在一般地讨论用算式表达的多元函数 $u = f(P)$ 时，就以使该算式有确定值 u 的自变量所确定的点集为这个多元函数的自然定义域。例如，函数 $z = \ln(x + y)$ 的定义域为 $\{(x, y) \mid x + y > 0\}$（图 9.1.3），这是一个无界开区域。又如，函数 $z = \arcsin(x^2 + y^2)$ 的定义域为 $\{(x, y) \mid x^2 + y^2 \leq 1\}$（图 9.1.4），这是一个有界闭区域。

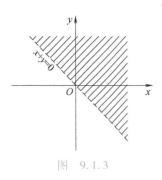

图　9.1.3

设函数 $z = f(x, y)$ 的定义域为 D，对于任意取定的点 $P(x, y) \in D$，对应的函数值为 $z = f(x, y)$。这样，以 x 为横坐标、y 为纵坐标、$z = f(x, y)$ 为竖坐标，则在空间就确定一点 $M(x, y, z)$。当 (x, y) 遍取 D 上的一切点时，得到一个空间点集

$$\{(x, y, z) \mid z = f(x, y), (x, y) \in D\},$$

这个点集称为二元函数 $z = f(x, y)$ 的图形，通常我们也说二元函数的图形是一个曲面。例如，函数 $z = \sqrt{1 - x^2 - y^2}$ 的图形是中心在原点的单位球面的上半部分。

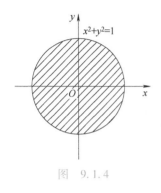

图　9.1.4

9.1.3　多元函数的极限

先讨论二元函数 $z = f(x, y)$ 当 $(x, y) \to (x_0, y_0)$，即 $P(x, y) \to P_0(x_0, y_0)$ 时的极限。这里 $P \to P_0$ 表示点 P 以任何方式趋于点 P_0，也就是点 P 与 P_0 间的距离趋于零，即

$$|PP_0| = \sqrt{(x - x_0)^2 + (y - y_0)^2} \to 0。$$

定义 2　设二元函数 $f(x, y)$ 的定义域为 D，点 $P_0(x_0, y_0)$（可以不在 D 内）的任一去心邻域都含有 D 中的点。当动点 $P(x, y)$ 无限趋近定点 $P_0(x_0, y_0)$ 时，若函数值 $f(x, y)$ 无限趋近某个确定的常数 A，则称这个常数 A 为函数 $f(x, y)$ 当 $(x, y) \to (x_0, y_0)$ 时的**极限**，记作

$$\lim_{(x, y) \to (x_0, y_0)} f(x, y) = A \text{ 或 } f(x, y) \to A((x, y) \to (x_0, y_0))。$$

为了区别于一元函数的极限，我们把二元函数的极限称作二重极限。

例 3　求 $\displaystyle\lim_{(x, y) \to (0, 0)} (x^2 + y^2) \sin \dfrac{1}{x^2 + y^2}$。

解　函数定义域为 $D = \mathbf{R}^2 \setminus \{(0, 0)\}$，令 $\rho = x^2 + y^2 (\rho \neq 0)$，则当 $(x, y) \to (0, 0)$ 时，$\rho \to 0$，因此

$$\lim_{(x,y)\to(0,0)}(x^2+y^2)\sin\frac{1}{x^2+y^2}=\lim_{\rho\to0}\rho\sin\frac{1}{\rho}。$$

利用一元函数极限关于无穷小的性质：有界量与无穷小量之积为无穷小，可知

$$\lim_{(x,y)\to(0,0)}(x^2+y^2)\sin\frac{1}{x^2+y^2}=0。$$

例 3 的 Maple 源程序

```
> #example3
> limit(limit((x^2+y^2) * sin(1/(x^2+y^2)),{y=0}),{x=0});
                        0
```

在此必须注意：所谓二重极限存在，是指 $P(x,y)$ 在函数定义域内以任何方式趋于 $P_0(x_0,y_0)$ 时，函数都无限接近于常数 A。因此，如果 $P(x,y)$ 以某一种特殊方式，例如沿着一条直线或定曲线趋向于 $P_0(x_0,y_0)$ 时，即使函数无限接近于某一确定值，我们也不能由此断定函数的极限存在。但是反过来，如果当 $P(x,y)$ 以不同方式趋于 $P_0(x_0,y_0)$ 时而函数趋于不同的值，则可以断定该函数的极限不存在。下面用例子来说明这种情形。

考察函数

$$f(x,y)=\begin{cases}\dfrac{xy}{x^2+y^2},&x^2+y^2\neq0,\\[2mm]0,&x^2+y^2=0。\end{cases}$$

显然，当点 $P(x,y)$ 沿 x 轴趋于点 $(0,0)$ 时，$\lim\limits_{\substack{(x,y)\to(0,0)\\y=0}}f(x,y)=\lim\limits_{x\to0}f(x,0)=0$；又当点 $P(x,y)$ 沿 y 轴趋于点 $(0,0)$ 时，$\lim\limits_{\substack{(x,y)\to(0,0)\\x=0}}f(x,y)=\lim\limits_{y\to0}f(0,y)=0$。

虽然点 $P(x,y)$ 以上述两种特殊方式（沿 x 轴或沿 y 轴）趋于原点时，函数的极限存在并且相等，但是 $\lim\limits_{(x,y)\to(0,0)}f(x,y)$ 并不存在，这是因为当点 $P(x,y)$ 沿着直线 $y=kx(k\neq0)$ 趋于点 $(0,0)$ 时，有

$$\lim_{\substack{(x,y)\to(0,0)\\y=kx}}\frac{xy}{x^2+y^2}=\lim_{x\to0}\frac{kx^2}{x^2+k^2x^2}=\frac{k}{1+k^2},$$

显然它是随着 k 值的不同而改变的，因此原极限不存在（因为如果存在，则 $P(x,y)$ 沿任意方式趋于 $(0,0)$ 的极限只能有一个值）。

例 4　求 $\lim\limits_{(x,y)\to(0,0)}\dfrac{x+y}{x-y}$。

解　当动点 $P(x,y)$ 在函数定义域内沿着 x 轴趋于点 $(0,0)$（但

不取到原点，即 $x \neq 0$）时，有

$$\lim_{\substack{x \to 0 \\ y=0}} \frac{x+y}{x-y} = \lim_{x \to 0} \frac{x}{x} = 1,$$

但还不能确定原极限存在，因为这里只是沿着 x 轴趋于点 $(0,0)$，并不是沿任意方式趋于点 $(0,0)$。事实上，当点 $P(x,y)$ 沿着直线 $y=kx(k \neq 1)$ 趋于点 $(0,0)(x \neq 0)$ 时，有

$$\lim_{\substack{(x,y) \to (0,0) \\ y=kx}} \frac{x+y}{x-y} = \lim_{x \to 0} \frac{x+kx}{x-kx} = \frac{1+k}{1-k},$$

该结果与 $k(k \neq 1)$ 的取值有关，故原极限不存在。

例 4 的 Maple 源程序

```
> #example4
> limit((x+y)/(x-y),{x=0,y=0});
                    undefined
```

例 5　求 $\displaystyle\lim_{(x,y) \to (0,2)} \frac{\tan(xy)}{x}$。

解　函数 $f(x,y) = \dfrac{\tan(xy)}{x}$ 的定义域为 $D = \{(x,y) \mid x \neq 0, y \in \mathbf{R}\}$，$P_0(0,2)$ 为 D 的边界点。由极限乘积运算法则可得

$$\lim_{(x,y) \to (0,2)} \frac{\tan(xy)}{x} = \lim_{(x,y) \to (0,2)} \left[\frac{\tan(xy)}{xy} \cdot y \right]$$
$$= \lim_{xy \to 0} \frac{\tan(xy)}{xy} \cdot \lim_{y \to 2} y = 1 \cdot 2 = 2。$$

例 5 的 Maple 源程序

```
> #example5
> limit(limit(tan(x*y)/x,{y=2}),{x=0});
                    2
```

二元函数的极限的和、差、积、商的运算法则与一元函数极限的运算法则相类似（略）。

9.1.4　多元函数的连续性

明白了多元函数极限的概念，就不难说明多元函数的连续性。

定义 3　设函数 $f(x,y)$ 的定义域为 D，$P_0(x_0,y_0)$ 是 D 的内点或边界点，且 $P_0 \in D$。如果 $\displaystyle\lim_{(x,y) \to (x_0,y_0)} f(x,y) = f(x_0,y_0)$，则称函数 $f(x,y)$ 在点 $P_0(x_0,y_0)$ 处**连续**。

如果函数 $f(x,y)$ 在定义域 D 内的每一点**连续**，则称函数 $f(x,y)$ 在 D 内**连续**，或 $f(x,y)$ 是 D 内的**连续函数**。

例 6　设 $f(x,y)=\cos x$，证明 $f(x,y)$ 是 $\mathbf{R}^2$ 上的连续函数。

　　证明　设 $P_0(x_0,y_0)\in\mathbf{R}^2$，则

$$\lim_{(x,y)\to(x_0,y_0)}f(x,y)=\lim_{(x,y)\to(x_0,y_0)}\cos x=\lim_{x\to x_0}\cos x=\cos x_0=f(x_0,y_0),$$

即 $f(x,y)$ 在点 $P_0(x_0,y_0)$ 处连续，又因为 P_0 的任意性可知 $f(x,y)$ 在 $\mathbf{R}^2$ 上连续。由类似的讨论可知，将一元初等函数看成二元函数或二元以上的多元函数时，它们在各自的定义域内都是连续的。

定义 4　设函数 $f(x,y)$ 的定义域为 D，点 $P_0(x_0,y_0)$ 是 D 的内点或边界点，如果 $f(x,y)$ 在 $P_0(x_0,y_0)$ 处不连续，则称 P_0 为函数 $f(x,y)$ 的**间断点**。

　　按照该定义可知，间断点有三种类型：

　　(1) $f(x,y)$ 在点 $P_0(x_0,y_0)$ 处无定义 (此时 P_0 只能是 D 的边界点)，则 P_0 是函数 $f(x,y)$ 的间断点；

　　(2) $f(x,y)$ 在点 $P_0(x_0,y_0)$ 处有定义，且极限 $\lim\limits_{(x,y)\to(x_0,y_0)}f(x,y)$ 不存在，则 P_0 是函数 $f(x,y)$ 的间断点；

　　(3) $f(x,y)$ 在点 $P_0(x_0,y_0)$ 处有定义，且极限 $\lim\limits_{(x,y)\to(x_0,y_0)}f(x,y)$ 存在，但 $\lim\limits_{(x,y)\to(x_0,y_0)}f(x,y)\neq f(x_0,y_0)$，则 P_0 是函数 $f(x,y)$ 的间断点。

　　前面已经讨论过的函数

$$f(x,y)=\begin{cases}\dfrac{xy}{x^2+y^2},&x^2+y^2\neq0,\\[2mm]0,&x^2+y^2=0,\end{cases}$$

当 $(x,y)\to(0,0)$ 时的极限不存在，所以点 $(0,0)$ 是该函数的一个间断点。一般来说，二元函数的间断点可以形成一条曲线，例如函数

$$z=\sin\frac{1}{x^2+y^2-1}$$

在圆周 $x^2+y^2=1$ (它是该函数定义域的边界) 上没有定义，所以该圆周上各点都是间断点。

　　与闭区间上一元连续函数的性质相类似，在有界闭区域上的多元连续函数也有如下性质：

性质 1 (最值定理)　在有界闭区域 D 上的多元连续函数，在 D 上一定有最小值和最大值。即函数在 D 上至少存在一点 P_1 及一点 P_2，使得 $f(P_1)$ 为最小值而 $f(P_2)$ 为最大值，即对于一切 $P\in D$，有

$$f(P_1)\leqslant f(P)\leqslant f(P_2)。$$

性质 2（介值定理）　在有界闭区域 D 上的多元连续函数，必取得介于最小值和最大值之间的任何值。

性质 1 与性质 2 表明，函数 $f(P)$ 在 D 上的值域为闭区间 $[f(P_1), f(P_2)]$。

下面将一元初等函数的概念进一步推广到多元初等函数。

定义 5　由常数及不同自变量的一元基本初等函数，经过有限次四则运算和复合运算且能用一个式子表达的多元函数称为**多元初等函数**。

例如，$z = e^{x+y}$，$u = \sin(xyz)$，$z = \dfrac{x - y^2}{1 + xy^2}$，$z = u\cos v + e^{uv}$（$u$，$v$ 是变量）等，都是多元初等函数。

一切多元初等函数在其定义区域内都是连续的。所谓定义区域，是指包含在定义域内的区域或闭区域。

由多元初等函数的连续性，如果要求它在点 P_0 处的极限，而该点又在此函数的定义区域内，则其极限值就是函数在该点的函数值，即

$$\lim_{P \to P_0} f(P) = f(P_0)。$$

例 7　求 $\displaystyle\lim_{(x,y) \to (1,2)} \frac{e^{x+y}}{xy}$。

解　函数 $f(x, y) = \dfrac{e^{x+y}}{xy}$ 是初等函数，它的定义域为 $D = \{(x, y) \mid x \neq 0, y \neq 0\}$。因 D 不是连通的，故 D 不是区域。但 $D_1 = \{(x, y) \mid x > 0, y > 0\}$ 是区域，且 $D_1 \subset D$，所以 D_1 是函数 $f(x, y)$ 的一个定义区域。因 $P_0(1, 2) \in D_1$，故

$$\lim_{(x,y) \to (1,2)} \frac{e^{x+y}}{xy} = f(1, 2) = \frac{e^3}{2}。$$

例 7 的 Maple 源程序

```
> #example7
> limit(limit(exp(x+y)/(x*y),{y=2}),{x=1});
                    1   3
                    — e
                    2
```

如果这里不引进区域 D_1，也可以用下述方法来判定函数 $f(x, y)$ 在点 $P_0(1, 2)$ 处是连续的：因为 P_0 是 $f(x, y)$ 的定义域 D 的

内点，所以存在 P_0 的某一邻域 $U(P_0) \subset D$，而任何邻域都是区域，所以 $U(P_0)$ 是 $f(x,y)$ 的一个定义区域，又由于 $f(x,y)$ 是初等函数，因此 $f(x,y)$ 在点 P_0 处连续。

一般地，在求 $\lim\limits_{P \to P_0} f(P)$ 时，如果 $f(P)$ 是初等函数，且 P_0 是 $f(P)$ 的定义域的内点，则 $f(P)$ 在点 P_0 处连续，于是有 $\lim\limits_{P \to P_0} f(P) = f(P_0)$。

例 8　求 $\lim\limits_{(x,y)\to(0,0)} \dfrac{2-\sqrt{xy+4}}{xy}$。

解　$\lim\limits_{(x,y)\to(0,0)} \dfrac{2-\sqrt{xy+4}}{xy} = \lim\limits_{(x,y)\to(0,0)} \dfrac{4-(xy+4)}{xy(2+\sqrt{xy+4})}$

$$= \lim\limits_{(x,y)\to(0,0)} -\dfrac{1}{2+\sqrt{xy+4}} = -\dfrac{1}{4}。$$

例 8 的 Maple 源程序

```
> #example8
> limit(limit((2-sqrt(x*y+4))/(x*y),{y=0}),{x=0});
                    -1
                    ──
                     4
```

本来所求极限中的函数要求 $x \neq 0$ 且 $y \neq 0$，但是，因为最后一步运算中的函数 $f(x,y) = -\dfrac{1}{2+\sqrt{xy+4}}$ 在 $(0,0)$ 处是连续的，故极限为 $f(0,0) = -\dfrac{1}{4}$。

除了用到多元初等函数的连续性以外，还可以利用在一元函数求极限中用到的等价无穷小及洛必达法则等运算技巧。

例 9　求 $\lim\limits_{(x,y)\to(0,0)} \dfrac{1-\cos(x^2+y^2)}{(x^2+y^2)^2}$。

解　令 $\rho = x^2 + y^2 (\rho \neq 0)$，则

$$\lim\limits_{(x,y)\to(0,0)} \dfrac{1-\cos(x^2+y^2)}{(x^2+y^2)^2} = \lim\limits_{\rho\to 0} \dfrac{1-\cos\rho}{\rho^2} = \lim\limits_{\rho\to 0} \dfrac{\sin\rho}{2\rho} = \dfrac{1}{2}。$$

例 9 的 Maple 源程序

```
> #example9
> limit(limit((1-cos(x^2+y^2))/(x^2+y^2)^2,{y=0}),{x=0});
                    1
                    ─
                    2
```

习题 9.1

1. 求下列各函数的函数值。

（1）$f(x,y)=xy+\dfrac{x}{y}$，求 $f(1,1)$；

（2）$f(x,y)=\dfrac{2xy}{x^2+y^2}$，求 $f\left(1,\dfrac{x}{y}\right)$；

（3）$f(x,y)=x^2+y^2$，求 $f(x+y,xy)$；

（4）$f(x-y,x+y)=xy$，求 $f(x,y)$。

2. 求下列函数的定义域。

（1）$z=\sqrt{xy}+\arcsin\dfrac{y}{2}$；

（2）$z=\dfrac{1}{\sqrt{x+y}}+\dfrac{1}{\sqrt{x-y}}$；

（3）$z=\sqrt{x-\sqrt{y}}$；

（4）$z=\ln(y-x)+\dfrac{\sqrt{x}}{\sqrt{1-x^2-y^2}}$。

3. 求下列各极限。

（1）$\lim\limits_{(x,y)\to(0,1)}\dfrac{1-xy}{x^2+y^2}$；

（2）$\lim\limits_{(x,y)\to(1,0)}\dfrac{\ln(x+\mathrm{e}^y)}{\sqrt{x^2+y^2}}$；

（3）$\lim\limits_{(x,y)\to(0,0)}\dfrac{\sqrt{xy+1}-1}{xy}$；

（4）$\lim\limits_{(x,y)\to(0,0)}\dfrac{xy}{\sqrt{2-\mathrm{e}^{xy}}-1}$；

（5）$\lim\limits_{(x,y)\to(2,0)}\dfrac{\sin(xy)}{y}$；

（6）$\lim\limits_{(x,y)\to(0,0)}\dfrac{1-\cos(x^2+y^2)}{(x^2+y^2)\,\mathrm{e}^{x^2y^2}}$。

4. 函数 $z=\dfrac{y^2+2x}{y^2-2x}$ 在何处是间断的?

9.2　偏导数

9.2.1　偏导数的概念及其计算

以二元函数 $z=f(x,y)$ 为例，如果只有自变量 x 变化，而将自变量 y 固定（即看作常量），这时 $z=f(x,y)$ 就是 x 的一元函数，那么 $z=f(x,y)$ 对 x 的导数，就称作二元函数 z 对于 x 的偏导数，即有如下定义：

定义 1　设函数 $z=f(x,y)$ 在点 (x_0,y_0) 的某一邻域内有定义，当固定 $y=y_0$ 而 x 在 x_0 处有增量 Δx 时，相应的函数有增量（称为对 x 的**偏增量**）

$$\Delta_x z=f(x_0+\Delta x,y_0)-f(x_0,y_0),$$

若

$$\lim_{\Delta x\to0}\frac{f(x_0+\Delta x,y_0)-f(x_0,y_0)}{\Delta x} \tag{1}$$

存在，则称此极限为函数 $z=f(x,y)$ 在点 (x_0,y_0) 处对 x 的**偏导数**，记作

$$\frac{\partial z}{\partial x}\bigg|_{\substack{x=x_0\\y=y_0}},\quad \frac{\partial f}{\partial x}\bigg|_{\substack{x=x_0\\y=y_0}},\quad z_x\bigg|_{\substack{x=x_0\\y=y_0}}\text{或}f_x(x_0,y_0)。$$

例如，极限（1）可以表示为

$$f_x(x_0,y_0)=\lim_{\Delta x\to 0}\frac{f(x_0+\Delta x,y_0)-f(x_0,y_0)}{\Delta x}。 \tag{2}$$

类似地，函数 $z=f(x,y)$ 在点 (x_0,y_0) 处对 y 的偏导数定义为

$$\lim_{\Delta y\to 0}\frac{f(x_0,y_0+\Delta y)-f(x_0,y_0)}{\Delta y}, \tag{3}$$

记作 $\dfrac{\partial z}{\partial y}\bigg|_{\substack{x=x_0\\y=y_0}}$，$\dfrac{\partial f}{\partial y}\bigg|_{\substack{x=x_0\\y=y_0}}$，$z_y\bigg|_{\substack{x=x_0\\y=y_0}}$或$f_y(x_0,y_0)$。

如果函数 $z=f(x,y)$ 在区域 D 内的每一点 (x,y) 处对 x 的偏导数都存在，那么这个偏导数就是 x、y 的函数，它就称作函数 $z=f(x,y)$ 对自变量 x 的偏导数，并记作

$$\frac{\partial z}{\partial x},\quad \frac{\partial f}{\partial x},\quad z_x\text{ 或 }f_x(x,y)。$$

类似地，也可以定义函数 $z=f(x,y)$ 对自变量 y 的偏导数，并记作

$$\frac{\partial z}{\partial y},\quad \frac{\partial f}{\partial y},\quad z_y\text{ 或 }f_y(x,y)。$$

偏导数的概念还可以推广到二元以上的函数。例如，三元函数 $u=f(x,y,z)$ 在点 (x,y,z) 处对 x 的偏导数定义为

$$f_x(x,y,z)=\lim_{\Delta x\to 0}\frac{f(x+\Delta x,y,z)-f(x,y,z)}{\Delta x},$$

其中 (x,y,z) 是函数 $u=f(x,y,z)$ 定义域的内点。多元函数偏导数的求法，归根结底是一元函数的导数问题。

例 1　求 $z=x^3+2x^2y-y^3$ 在点 $(1,3)$ 处的偏导数。

解　把 y 看作常量，得

$$\frac{\partial z}{\partial x}=3x^2+4xy,$$

把 x 看作常量，得

$$\frac{\partial z}{\partial y}=2x^2-3y^2,$$

将 $(1,3)$ 代入上面的结果，就得

$$\frac{\partial z}{\partial x}\bigg|_{\substack{x=1\\y=3}}=3\times 1^2+4\times 1\times 3=15,\quad \frac{\partial z}{\partial y}\bigg|_{\substack{x=1\\y=3}}=2\times 1^2-3\times 3^2=-25。$$

例 1 的 Maple 源程序

```
> #example1
> f:=(x,y)->x^3+2*x^2*y-y^3;
```
$$f:=(x,y)\to x^3+2x^2y-y^3$$
```
> f[x]:=D[1](f)(1,3);
```
$$f_x:=15$$
```
> f[y]:=D[2](f)(1,3);
```
$$f_y:=-25$$

例 2 求 $z=e^{xy}$ 的偏导数。

解 分别将 x, y 看成常量, 得

$$\frac{\partial z}{\partial x}=ye^{xy}, \quad \frac{\partial z}{\partial y}=xe^{xy}。$$

例 2 的 Maple 源程序

```
> #example2
> f:=(x,y)->exp(x*y);
```
$$f:=(x,y)\to e^{(xy)}$$
```
> f[x]:=D[1](f)(x,y);
```
$$f_x:=ye^{(xy)}$$
```
> f[y]:=D[2](f)(x,y);
```
$$f_y:=xe^{(xy)}$$

例 3 求 $u=\sin(x+y^2-e^z)$ 的偏导数。

解 对分量 x 求导时, 若将 y 与 z 视为常数, 其求导法则仍然与一元函数一致, 则有

$$\frac{\partial u}{\partial x}=\cos(x+y^2-e^z),$$

同理,

$$\frac{\partial u}{\partial y}=2y\cos(x+y^2-e^z), \quad \frac{\partial u}{\partial z}=-e^z\cos(x+y^2-e^z)。$$

例 3 的 Maple 源程序

```
> #example3
> u:=(x,y,z)->sin(x+y^2-exp(z));
```
$$u:=(x,y,z)\to\sin(x+y^2-e^z)$$
```
> u[x]:=D[1](u)(x,y,z);
```
$$u_x:=\cos(x+y^2-e^z)$$
```
> u[y]:=D[2](u)(x,y,z);
```

$$u_y := 2\cos(x + y^2 - \mathbf{e}^z)y$$

```
> u[z]:=D[3](u)(x,y,z);
```

$$u_z := -\cos(x + y^2 - \mathbf{e}^z)\mathbf{e}^z$$

例 4 已知理想气体的状态方程 $pV = RT$（R 为常量），求证：$\dfrac{\partial p}{\partial V} \cdot \dfrac{\partial V}{\partial T} \cdot \dfrac{\partial T}{\partial p} = -1$。

证明　因为 $p = \dfrac{RT}{V}$，$\dfrac{\partial p}{\partial V} = -\dfrac{RT}{V^2}$；$V = \dfrac{RT}{p}$，$\dfrac{\partial V}{\partial T} = \dfrac{R}{p}$；$T = \dfrac{pV}{R}$，$\dfrac{\partial T}{\partial p} = \dfrac{V}{R}$，所以 $\dfrac{\partial p}{\partial V} \cdot \dfrac{\partial V}{\partial T} \cdot \dfrac{\partial T}{\partial p} = -\dfrac{RT}{V^2} \cdot \dfrac{R}{p} \cdot \dfrac{V}{R} = -\dfrac{RT}{pV} = -1$。

例 4 的 Maple 源程序

```
> #example4
> p:=(R,T,V)->(R*T)/V;
```

$$p := (R, T, V) \to \frac{RT}{V}$$

```
> p[V]:=D[3](p)(R,T,V);
```

$$p_V := -\frac{RT}{V^2}$$

```
> V:=(R,T,p)->(R*T)/p;
```

$$V := (R, T, p) \to \frac{RT}{p}$$

```
> V[T]:=D[2](V)(R,T,p);
```

$$V_T := \frac{R}{p}$$

```
> T:=(R,V,p)->(p*V)/R;
```

$$T := (R, V, p) \to \frac{pV}{R}$$

```
> T[p]:=D[3](T)(R,V,p);
```

$$T_p := \frac{V}{R}$$

```
> p[V]*V[T]*T[p]=-1;
```

$$-\frac{RT}{Vp} = -1$$

二元函数 $z = f(x, y)$ 在点 (x_0, y_0) 的偏导数有下述的几何意义。

设 $M_0(x_0, y_0, f(x_0, y_0))$ 为曲面 $z = f(x, y)$ 上的一点，过 M_0 作平面 $y = y_0$，截此曲面得到一条曲线，该曲线在平面 $y = y_0$ 上的方程为 $z = f(x, y_0)$，则导数 $\dfrac{\mathrm{d}}{\mathrm{d}x} f(x, y_0)\Big|_{x = x_0}$，即偏导数 $f_x(x_0, y_0)$，就

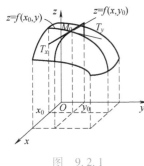

图 9.2.1

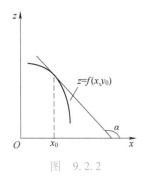

图 9.2.2

是该曲线在点 M_0 处的切线 M_0T_x 对 x 轴的斜率。同样，偏导数 $f_y(x_0,y_0)$ 的几何意义，是曲面被平面 $x=x_0$ 所截得的曲线在点 M_0 处的切线 M_0T_y 对 y 轴的斜率（图 9.2.1）。

下面以 $f_x(x_0,y_0)$ 为例予以说明：将曲线 $\begin{cases} y=y_0, \\ z=f(x,y) \end{cases}$ 投影到 xOz 平面上（图 9.2.2），投影曲线在点 $(x_0,f(x_0,y_0))$ 处的切线（显然与 M_0T_x 平行）与 x 轴正向的夹角的正切 $\tan\alpha$，即导数 $\dfrac{\mathrm{d}f(x,y_0)}{\mathrm{d}x}\bigg|_{x=x_0}$，也就是说，偏导数 $f_x(x_0,y_0)=\tan\alpha$，即原曲线在点 M_0 处的切线 M_0T_x 对 x 轴的斜率。

我们已经知道，如果一元函数在某点具有导数，则它在该点必定连续。但对于多元函数而言，即使各偏导数在某点都存在，也不能保证函数在该点连续。其原因在于，各偏导数存在只能保证点 P 沿着平行于坐标轴的方向趋于 P_0 时，函数值 $f(P)$ 趋于 $f(P_0)$，但不能保证点 P 从任何方向趋于 P_0 时，函数值 $f(P)$ 都趋于 $f(P_0)$。例如，函数

$$z=f(x,y)=\begin{cases} \dfrac{xy}{x^2+y^2}, & x^2+y^2\neq 0, \\ 0, & x^2+y^2=0 \end{cases}$$

在点 $(0,0)$ 处对 x 的偏导数为

$$f_x(0,0)=\lim_{\Delta x\to 0}\frac{f(0+\Delta x,0)-f(0,0)}{\Delta x}=0,$$

同样有在点 $(0,0)$ 处对 y 的偏导数为

$$f_y(0,0)=\lim_{\Delta y\to 0}\frac{f(0,0+\Delta y)-f(0,0)}{\Delta y}=0。$$

但是我们在 9.1 节中已经知道，这个函数在点 $(0,0)$ 处并不连续。

9.2.2 高阶偏导数

设函数 $z=f(x,y)$ 在区域 D 内具有偏导数

$$\frac{\partial z}{\partial x}=f_x(x,y), \qquad \frac{\partial z}{\partial y}=f_y(x,y),$$

那么，在 D 内 $f_x(x,y)$，$f_y(x,y)$ 都是 x，y 的函数。如果这两个函数的偏导数也存在，则称它们是函数 $z=f(x,y)$ 的二阶偏导数。按照对变量求导次序的不同，有下列四个形式的二阶偏导数：

$$\frac{\partial}{\partial x}\left(\frac{\partial z}{\partial x}\right)=\frac{\partial^2 z}{\partial x^2}=f_{xx}(x,y), \qquad \frac{\partial}{\partial y}\left(\frac{\partial z}{\partial x}\right)=\frac{\partial^2 z}{\partial x\partial y}=f_{xy}(x,y),$$

$$\frac{\partial}{\partial x}\left(\frac{\partial z}{\partial y}\right)=\frac{\partial^2 z}{\partial y\partial x}=f_{yx}(x,y), \qquad \frac{\partial}{\partial y}\left(\frac{\partial z}{\partial y}\right)=\frac{\partial^2 z}{\partial y^2}=f_{yy}(x,y),$$

其中第二、三个偏导数称为混合偏导数。同样可得三阶、四阶以及 n 阶偏导数的概念。二阶及二阶以上的偏导数统称为高阶偏导数。

例 5　设 $z = x^3 - y^3 + 2x^2 y$，求 $\dfrac{\partial^2 z}{\partial x^2}$、$\dfrac{\partial^2 z}{\partial y \partial x}$、$\dfrac{\partial^2 z}{\partial x \partial y}$、$\dfrac{\partial^2 z}{\partial y^2}$ 及 $\dfrac{\partial^3 z}{\partial x^3}$。

解　由 $z = x^3 - y^3 + 2x^2 y$，得一阶偏导数

$$\frac{\partial z}{\partial x} = 3x^2 + 4xy, \qquad \frac{\partial z}{\partial y} = -3y^2 + 2x^2 \text{。}$$

在一阶偏导数的基础上，再得二阶偏导数

$$\frac{\partial^2 z}{\partial x^2} = 6x + 4y, \qquad \frac{\partial^2 z}{\partial y \partial x} = 4x, \qquad \frac{\partial^2 z}{\partial x \partial y} = 4x, \qquad \frac{\partial^2 z}{\partial y^2} = -6y \text{。}$$

在二阶偏导数的基础上，得三阶偏导 $\dfrac{\partial^3 z}{\partial x^3} = 6$。

例 5 的 Maple 源程序

```
> #example5
> f:=(x,y)->x^3-y^3+2*x^2*y;
z=f(x,y);
Diff(z,x$1)=diff(f(x,y),x$1);Diff(z,y$1)=diff(f(x,y),y$1);
Diff(z,x$2)=diff(f(x,y),x$2);Diff(z,y$2)=diff(f(x,y),y$2);
Diff(z,x$1,y$1)=diff(f(x,y),x$1,y$1);
Diff(z,y$1,x$1)=diff(f(x,y),y$1,x$1);
Diff(z,x$3)=diff(f(x,y),x$3);
```

$$f : (x,y) \rightarrow x^3 - y^3 + 2x^2 y$$
$$z = x^3 + 2x^2 y - y^3$$
$$\frac{\partial}{\partial x} z = 3x^2 + 4xy$$
$$\frac{\partial}{\partial y} z = 2x^2 - 3y^2$$
$$\frac{\partial^2}{\partial x^2} z = 6x + 4y$$
$$\frac{\partial^2}{\partial y^2} z = -6y$$
$$\frac{\partial^2}{\partial y \partial x} z = 4x$$
$$\frac{\partial^2}{\partial x \partial y} z = 4x$$
$$\frac{\partial^3}{\partial x^3} z = 6$$

观察例 5 可以发现，其中两个二阶混合偏导数相等，即

$\dfrac{\partial^2 z}{\partial y \partial x} = \dfrac{\partial^2 z}{\partial x \partial y}$。事实上，关于某些函数的二阶混合偏导数 $\dfrac{\partial^2 z}{\partial y \partial x}$、

$\dfrac{\partial^2 z}{\partial x \partial y}$ 的等量关系有下述定理。

定理1 如果函数 $z=f(x,y)$ 的两个二阶混合偏导数 $\dfrac{\partial^2 z}{\partial y \partial x}$ 及 $\dfrac{\partial^2 z}{\partial x \partial y}$

在区域 D 内连续，那么在该区域内这两个二阶混合偏导数必
相等。

由该定理可知，二元函数(可推广到多元函数)的混合偏导数如
果连续，则与求其偏导数的次序无关，但是，并非任何多元函数
的二阶混合偏导数都相等，此时求二阶混合偏导数将与次序有关。

例6 验证函数 $z = \ln\sqrt{x^2+y^2}$ 满足方程

$$\frac{\partial^2 z}{\partial x^2} + \frac{\partial^2 z}{\partial y^2} = 0。$$

证明 因为 $z = \ln\sqrt{x^2+y^2} = \dfrac{1}{2}\ln(x^2+y^2)$，所以

$$\frac{\partial z}{\partial x} = \frac{x}{x^2+y^2}, \qquad \frac{\partial z}{\partial y} = \frac{y}{x^2+y^2},$$

$$\frac{\partial^2 z}{\partial x^2} = \frac{(x^2+y^2)-x \cdot 2x}{(x^2+y^2)^2} = \frac{y^2-x^2}{(x^2+y^2)^2},$$

$$\frac{\partial^2 z}{\partial y^2} = \frac{(x^2+y^2)-y \cdot 2y}{(x^2+y^2)^2} = \frac{x^2-y^2}{(x^2+y^2)^2},$$

因此

$$\frac{\partial^2 z}{\partial x^2} + \frac{\partial^2 z}{\partial y^2} = \frac{y^2-x^2}{(x^2+y^2)^2} + \frac{x^2-y^2}{(x^2+y^2)^2} = 0。$$

例6 的 Maple 源程序

```
> #example6
> f:=(x,y)->ln(sqrt(x^2+y^2));z=f(x,y);Diff(z,x$2)+
Diff(z,y$2)=diff(f(x,y),x$2)+diff(f(x,y),y$2);
```

$$f:=(x,y) \rightarrow \ln\left(\sqrt{x^2+y^2}\right)$$

$$z = \frac{1}{2}\ln(x^2+y^2)$$

$$\left(\frac{\partial^2}{\partial x^2}z\right) + \left(\frac{\partial^2}{\partial y^2}z\right) = \frac{2}{x^2+y^2} - \frac{2x^2}{(x^2+y^2)^2} - \frac{2y^2}{(x^2+y^2)^2}$$

```
> simplify(diff(f(x,y),x$2)+diff(f(x,y),y$2));
```

0

例 7　证明函数 $u = \dfrac{1}{r}$，满足方程

$$\frac{\partial^2 u}{\partial x^2} + \frac{\partial^2 u}{\partial y^2} + \frac{\partial^2 u}{\partial z^2} = 0,$$

其中 $r = \sqrt{x^2 + y^2 + z^2}$。

证明　$\dfrac{\partial u}{\partial x} = -\dfrac{1}{r^2} \cdot \dfrac{\partial r}{\partial x} = -\dfrac{1}{r^2} \cdot \dfrac{x}{r} = -\dfrac{x}{r^3}$，$\dfrac{\partial^2 u}{\partial x^2} = -\dfrac{1}{r^3} + \dfrac{3x}{r^4} \cdot \dfrac{\partial r}{\partial x} =$

$-\dfrac{1}{r^3} + \dfrac{3x^2}{r^5}$。

同理

$$\frac{\partial^2 u}{\partial y^2} = -\frac{1}{r^3} + \frac{3y^2}{r^5}, \quad \frac{\partial^2 u}{\partial z^2} = -\frac{1}{r^3} + \frac{3z^2}{r^5}。$$

因此

$$\frac{\partial^2 u}{\partial x^2} + \frac{\partial^2 u}{\partial y^2} + \frac{\partial^2 u}{\partial z^2} = \left(-\frac{1}{r^3} + \frac{3x^2}{r^5} \right) + \left(-\frac{1}{r^3} + \frac{3y^2}{r^5} \right) + \left(-\frac{1}{r^3} + \frac{3z^2}{r^5} \right)$$

$$= -\frac{3}{r^3} + \frac{3(x^2 + y^2 + z^2)}{r^5} = -\frac{3}{r^3} + \frac{3r^2}{r^5} = 0。$$

例 7 的 Maple 源程序

```
> #example7
> f:=(x,y,z)-> sqrt(x^2+y^2+z^2);u=1/f(x,y,z);
> Diff(u,x$2)+Diff(u,y$2)+Diff(u,z$2)=diff(u,x$2)+
diff(u,y$2)+diff(u,z$2);
```

$$f := (x, y, z) \rightarrow \sqrt{x^2 + y^2 + z^2}$$

$$u = \frac{1}{\sqrt{x^2 + y^2 + z^2}}$$

$$\left(\frac{\partial^2}{\partial x^2} u \right) + \left(\frac{\partial^2}{\partial y^2} u \right) + \left(\frac{\partial^2}{\partial z^2} u \right) = 0$$

例 6 和例 7 中的两个方程都叫作拉普拉斯(Laplace)方程，它是数学物理方程中的一种很重要的方程。

习题 9.2

1. 求下列函数在指定点处的偏导数。

(1) $f(x, y) = x + y - \sqrt{x^2 + y^2}$，求 $f_x(3, 4)$；

(2) $f(x, y) = \arctan \dfrac{y}{x}$，求 $f_x(1, 1)$ 及 $f_y(1, 1)$；

(3) $f(x, y) = \mathrm{e}^{xy} \sin(\pi y) + (x - 1) \arctan \sqrt{\dfrac{x}{y}}$，求

$f_x(x, 1)$ 及 $f_x(1, 1)$。

2. 求下列函数的偏导数。

(1) $z = x^3 y - y^3 x$；

(2) $s = \dfrac{u^2 + v^2}{uv}$；

(3) $z = \sqrt{\ln(xy)}$；

（4）$z=\sin(xy)+\cos^2(xy)$；

（5）$z=\ln\tan\dfrac{x}{y}$；

（6）$z=(1+xy)^y$。

3. 设 $T=2\pi\sqrt{\dfrac{l}{g}}$，求证 $l\dfrac{\partial T}{\partial l}+g\dfrac{\partial T}{\partial g}=0$；

4. 设 $z=\mathrm{e}^{-\left(\frac{1}{x}+\frac{1}{y}\right)}$，求证 $x^2\dfrac{\partial z}{\partial x}+y^2\dfrac{\partial z}{\partial y}=2z$；

5. 设 $z=\ln\sqrt{(x-a)^2+(y-b)^2}$（$a$，$b$ 为常数），求证 $\dfrac{\partial^2 z}{\partial x^2}+\dfrac{\partial^2 z}{\partial y^2}=0$。

6. 求下列函数的 $\dfrac{\partial^2 z}{\partial x^2}$、$\dfrac{\partial^2 z}{\partial y^2}$ 和 $\dfrac{\partial^2 z}{\partial x\partial y}$。

（1）$z=x^3+3x^2y+y^4+2$；

（2）$z=\sin^2(ax+by)$（a、b 为常数）；

（3）$z=\arctan\dfrac{y}{x}$；

（4）$z=y^x$。

7. 设 $z=x\ln(xy)$，求 $\dfrac{\partial^3 z}{\partial x^2\partial y}$ 和 $\dfrac{\partial^3 z}{\partial x\partial y^2}$。

8. 验证：

（1）$z=\mathrm{e}^{-kn^2x}\sin ny$ 满足 $\dfrac{\partial z}{\partial x}=k\dfrac{\partial^2 z}{\partial y^2}$；

（2）$r=\sqrt{x^2+y^2+z^2}$ 满足 $\dfrac{\partial^2 r}{\partial x^2}+\dfrac{\partial^2 r}{\partial y^2}+\dfrac{\partial^2 r}{\partial z^2}=\dfrac{2}{r}$。

9.3 全微分

在一元函数 $y=f(x)$ 中，若该函数可导，则函数的增量可用微分（即自变量增量的线性函数）近似代替。下面我们讨论二元函数的微分。

设函数 $z=f(x,y)$ 在点 $P(x,y)$ 的某一邻域内有定义，并设点 $Q(x+\Delta x,y+\Delta y)$ 为这邻域内的任意一点，则称这两点的函数值之差 $f(x+\Delta x,y+\Delta y)-f(x,y)$ 为函数在点 $P(x,y)$ 对应于自变量增量 Δx、Δy 的全增量，并记作 Δz，即

$$\Delta z=f(x+\Delta x,y+\Delta y)-f(x,y)。 \tag{1}$$

一般来说，计算全增量 Δz 比较复杂，与一元函数的情形一样，我们也希望用自变量的增量 Δx、Δy 的线性函数来近似代替函数的全增量 Δz，从而引入如下定义：

定义 设函数 $z=f(x,y)$ 在点 $P(x,y)$ 的某邻域内有定义，如果函数 $z=f(x,y)$ 在点 $P(x,y)$ 的全增量

$$\Delta z=f(x+\Delta x,y+\Delta y)-f(x,y)$$

可表示为

$$\Delta z=A\Delta x+B\Delta y+o(\rho)， \tag{2}$$

其中 A、B 不依赖于 Δx、Δy 而仅与 x、y 有关，$\rho=\sqrt{(\Delta x)^2+(\Delta y)^2}$，则称函数 $z=f(x,y)$ 在点 $P(x,y)$ **可微分**，而 $A\Delta x+B\Delta y$ 称为函数 $z=f(x,y)$ 在点 $P(x,y)$ 的**全微分**，并记作 $\mathrm{d}z$，即 $\mathrm{d}z=A\Delta x+B\Delta y$。

在 9.2 节中曾指出，多元函数在某点的各个偏导数即使都存在，却也不能保证函数在该点连续。但是，由上述定义可知，如

果函数 $z=f(x,y)$ 在点 $P(x,y)$ 可微分，那么函数在该点必定连续。

事实上，这时由式(2)可得

$$\lim_{\rho \to 0} \Delta z = 0,$$

从而

$$\lim_{(\Delta x, \Delta y) \to (0,0)} f(x+\Delta x, y+\Delta y) = \lim_{\rho \to 0} [f(x,y)+\Delta z] = f(x,y)。$$

因此，函数 $z=f(x,y)$ 在点 $P(x,y)$ 处连续。

下面将讨论函数 $z=f(x,y)$ 在点 $P(x,y)$ 可微分的条件。

定理 1(必要条件)　如果函数 $z=f(x,y)$ 在点 $P(x,y)$ 可微分，则该函数在点 $P(x,y)$ 的偏导数 $\dfrac{\partial z}{\partial x}$、$\dfrac{\partial z}{\partial y}$ 必定存在，且函数 $z=f(x,y)$ 在点 $P(x,y)$ 的全微分为

$$\mathrm{d}z = \frac{\partial z}{\partial x}\Delta x + \frac{\partial z}{\partial y}\Delta y。 \qquad (3)$$

证明　设函数 $z=f(x,y)$ 在点 $P(x,y)$ 可微分。于是，对于点 P 的某个邻域的任意一点 $Q(x+\Delta x, y+\Delta y)$，式(2)总成立。特别地，当 $\Delta y=0$ 时，式(2)也应成立，这时 $\rho=|\Delta x|$，所以式(2)成为

$$f(x+\Delta x, y) - f(x,y) = A \cdot \Delta x + o(|\Delta x|)，$$

上式两边各除以 Δx，再令 $\Delta x \to 0$ 而取极限，就得

$$\lim_{\Delta x \to 0} \frac{f(x+\Delta x, y) - f(x,y)}{\Delta x} = A,$$

从而偏导数 $\dfrac{\partial z}{\partial x}$ 存在且等于 A。同理可证 $\dfrac{\partial z}{\partial y} = B$。所以式(3)成立。

我们知道，一元函数在某点的导数存在是微分存在的充要条件。但对于多元函数来说，情形就有所不同了。当多元函数的各偏导数都存在，而该函数在该点又不连续时(见 9.2 节举例)，由前面的讨论可知，该函数在该点一定不可微。函数的各偏导数都存在，而该函数在该点又连续时，虽然能形式地写出 $\dfrac{\partial z}{\partial x}\Delta x + \dfrac{\partial z}{\partial y}\Delta y$，但它与 Δz 之差也并不一定是较 ρ 高阶的无穷小，因此，它不一定是函数的全微分。换句话说，各偏导数的存在只是全微分存在的必要条件，而不是充分条件。例如，函数

$$z=f(x,y) = \begin{cases} \dfrac{xy}{\sqrt{x^2+y^2}}, & x^2+y^2 \neq 0, \\ 0, & x^2+y^2 = 0。 \end{cases}$$

因为 $x^2+y^2 \neq 0$ 时，$0 \leqslant \dfrac{|xy|}{\sqrt{x^2+y^2}} \leqslant \dfrac{1}{2}\sqrt{x^2+y^2} \to 0(x \to 0, y \to 0)$。

故由夹逼准则，有 $\lim\limits_{(x,y)\to(0,0)} \dfrac{xy}{\sqrt{x^2+y^2}}=0$，因此函数在点 $P(0,0)$

处连续，又 $f_x(0,0)=0$ 及 $f_y(0,0)=0$（由定义计算即可得），所以

$$\Delta z-[f_x(0,0)\cdot\Delta x+f_y(0,0)\cdot\Delta y]=\frac{\Delta x\cdot\Delta y}{\sqrt{(\Delta x)^2+(\Delta y)^2}},$$

如果考虑点 $P'(\Delta x,\Delta y)$ 沿着直线 $y=x$ 趋于 $P(0,0)$，则

$$\frac{\dfrac{\Delta x\cdot\Delta y}{\sqrt{(\Delta x)^2+(\Delta y)^2}}}{\rho}=\frac{\Delta x\cdot\Delta y}{(\Delta x)^2+(\Delta y)^2}=\frac{\Delta x\cdot\Delta x}{(\Delta x)^2+(\Delta x)^2}=\frac{1}{2},$$

即表明点 $P'(\Delta x,\Delta y)$ 沿着直线 $y=x$ 趋于 $P(0,0)$ 时，

$$\lim_{\rho\to0}\frac{\Delta z-[f_x(0,0)\cdot\Delta x+f_y(0,0)\cdot\Delta y]}{\rho}=\frac{1}{2},$$

即 $\Delta z-[f_x(0,0)\cdot\Delta x+f_y(0,0)\cdot\Delta y]$ 并不是较 ρ 高阶的无穷小，因此，函数在点 $P(0,0)$ 处的全微分并不存在，即函数在点 $P(0,0)$ 处是不可微分的。

由定理 1 及上述例子可知，偏导数存在是可微分的必要条件而不是充分条件。但是，如果再假定函数的各个偏导数连续，则可以证明函数是可微分的，即有下面的定理。

定理 2（充分条件）　如果函数 $z=f(x,y)$ 的偏导数 $\dfrac{\partial z}{\partial x}$、$\dfrac{\partial z}{\partial y}$ 在点 $P(x,y)$ 连续，则函数在该点**可微分**。

以上关于二元函数全微分的定义及微分的必要条件和充分条件，可以完全类似地推广到三元以及三元以上的多元函数。

习惯上，我们将自变量的增量 Δx、Δy 分别记作 $\mathrm{d}x$、$\mathrm{d}y$，并分别称为自变量 x、y 的微分。由此，函数 $z=f(x,y)$ 的全微分就可以写为

$$\mathrm{d}z=\frac{\partial z}{\partial x}\mathrm{d}x+\frac{\partial z}{\partial y}\mathrm{d}y。$$

如果三元函数 $u=\varphi(x,y,z)$ 可以微分，那么它的全微分就等于它的三个偏微分之和，即

$$\mathrm{d}u=\frac{\partial u}{\partial x}\mathrm{d}x+\frac{\partial u}{\partial y}\mathrm{d}y+\frac{\partial u}{\partial z}\mathrm{d}z。$$

例 1　计算函数 $z=x^2+4xy^2+y^2$ 在点 $(2,1)$ 处的全微分。

解　因为 $\dfrac{\partial z}{\partial x}=2x+4y^2$，$\dfrac{\partial z}{\partial y}=8xy+2y$，故 $\dfrac{\partial z}{\partial x}\Big|_{\substack{x=2\\y=1}}=8$，$\dfrac{\partial z}{\partial y}\Big|_{\substack{x=2\\y=1}}=18$，

所以

$$dz = 8dx + 18dy。$$

例 1 的 Maple 源程序

```
> #example1
> f:=(x,y)->x^2+4 * x * y^2+y^2;
```
$$f := (x, y) \rightarrow x^2 + 4xy^2 + y^2$$
```
> f[x]:=D[1](f)(2,1);
```
$$f_x := 8$$
```
> f[y]:=D[2](f)(2,1);
```
$$f_y := 18$$
```
> dz=D[1](f)(2,1) * dx+D[2](f)(2,1) * dy;
```
$$dz = 8dx + 18dy$$

例 2 计算函数 $u = x^{yz}$ 的全微分。

解 因为 $\dfrac{\partial u}{\partial x} = yzx^{yz-1}$，$\dfrac{\partial u}{\partial y} = x^{yz}z\ln x$，$\dfrac{\partial u}{\partial z} = x^{yz}y\ln x$，所以

$$du = yzx^{yz-1}dx + x^{yz}z\ln xdy + x^{yz}y\ln xdz。$$

例 2 的 Maple 源程序

```
> #example2
>u:=(x,y,z)->x^(y * z);
```
$$u := (x, y, z) \rightarrow x^{(yz)}$$
```
> u[x]:=D[1](u)(x,y,z);
```
$$u_x := \frac{x^{(yz)}yz}{x}$$
```
> u[y]:=D[2](u)(x,y,z);
```
$$u_y := x^{(yz)}z\ln(x)$$
```
> u[z]:=D[3](u)(x,y,z);
```
$$u_z := x^{(yz)}y\ln(x)$$
```
> simplify(du=D[1](u)(x,y,z) * dx+D[2](u)(x,y,z) * dy+
D[3](u)(x,y,z) * dz);
```
$$du = x^{(yz-1)}yzdx + x^{(yz)}z\ln(x)dy + x^{(yz)}y\ln(x)dz$$

例 3 计算函数 $z = x^2y^3$ 在点 $(2, -1)$ 处当 $\Delta x = 0.02$，$\Delta y = -0.01$ 时的全微分和全增量。

解 因为 z 关于 x 与 y 的偏导数分别为 $\dfrac{\partial z}{\partial x} = 2xy^3$，$\dfrac{\partial z}{\partial y} = 3x^2y^2$，所以 z 的全微分 $dz = 2xy^3\Delta x + 3x^2y^2\Delta y$，故在点 $(2, -1)$ 处，当 $\Delta x = 0.02$，$\Delta y = -0.01$ 时的全微分为

$$dz = 2 \times 2 \times (-1)^3 \times 0.02 + 3 \times 2^2 \times (-1)^2 \times (-0.01) = -0.2;$$

而全增量 Δz 为

$$\Delta z = f(2+0.02,-1+(-0.01))-f(2,-1)$$
$$= (2+0.02)^2(-1-0.01)^3-2^2\times(-1)^3$$
$$\approx -0.2040 。$$

例 3 的 Maple 源程序

```
> #example3
> f:=(x,y)->x^2*y^3;
                        f:=(x,y)→x²y³
> f[x]:=D[1](f)(2,-1);
                        fₓ:=-4
> f[y]:=D[2](f)(2,-1);
                        f_y:=12
> Delta(x)=0.02;Delta(y)=-0.01;
                        Δ(x)=0.02
                        Δ(y)=-0.01
> dz=D[1](f)(2,-1)*0.02+D[2](f)(2,-1)*(-0.01);
                        dz=-0.20
> Delta(z)=f(2+0.02,-1-0.01)-f(2,-1);
                        Δ(z)=-0.204040200
```

习题 9.3

1. 求函数 $z=\ln(1+x^2+y^2)$ 在点 $(1,2)$ 处的全微分。

2. 求函数 $z=2x^2+3y^2$ 当 $x=10$、$y=8$、$\Delta x=0.2$、$\Delta y=0.3$ 时的全微分和全增量。

3. 求函数 $z=e^{xy}$ 当 $x=1$、$y=1$、$\Delta x=0.15$、$\Delta y=0.1$ 时的全微分。

4. 求下列函数的全微分：

（1）$z=xy+\dfrac{x}{y}$；   （2）$z=e^{\frac{y}{x}}$；

（3）$z=\dfrac{y}{\sqrt{x^2+y^2}}$；   （4）$u=x+\sin\dfrac{y}{2}+e^{yz}$；

（5）$z=\arctan\dfrac{y}{x}$；   （6）$u=\ln(x^2+y^2+z^2)$。

5. 计算 $(1.97)^{1.05}$ 的近似值（$\ln2\approx0.693$）。

6. 当正圆锥体变形时，它的底面半径由 30cm 增大到 30.1cm，高由 60cm 减少到 59.5cm，求正圆锥体体积变化的近似值。

9.4　多元复合函数的求导法则

9.4.1　多元复合函数的链式法则

我们可以将一元函数的复合函数求导法则推广到多元函数的情形，该法则在多元函数微分学中有着重要的作用。

定理　如果函数 $u=\varphi(x,y)$ 及 $v=\psi(x,y)$ 都在点 (x,y) 处有偏导

数，函数 $z=f(u,v)$ 在 (x,y) 对应点 (u,v) 处具有连续偏导数，则复合函数 $z=f\big(\varphi(x,y),\psi(x,y)\big)$ 在点 (x,y) 处的两个偏导存在，且

$$\frac{\partial z}{\partial x}=\frac{\partial z}{\partial u}\frac{\partial u}{\partial x}+\frac{\partial z}{\partial v}\frac{\partial v}{\partial x}, \quad \frac{\partial z}{\partial y}=\frac{\partial z}{\partial u}\frac{\partial u}{\partial y}+\frac{\partial z}{\partial v}\frac{\partial v}{\partial y}。 \tag{1}$$

　　证明　固定自变量 y，让 x 取得增量 Δx，这时 $u=\varphi(x,y)$，$v=\psi(x,y)$ 取得对应增量为 Δu、Δv，即

$$\Delta u=\varphi(x+\Delta x,y)-\varphi(x,y)，$$
$$\Delta v=\psi(x+\Delta x,y)-\psi(x,y)。$$

从而复合函数 $z=z(x,y)$ 对 x 的偏增量为

$$\Delta z=z(x+\Delta x,y)-z(x,y)=f(u+\Delta u,v+\Delta v)-f(u,v)。$$

　　根据假定，函数 $z=f(u,v)$ 在点 (u,v) 具有连续偏导数，因此它在点 (u,v) 处可微，从而 Δz 作为 u、v 的函数的全增量，有

$$\Delta z=\frac{\partial z}{\partial u}\Delta u+\frac{\partial z}{\partial v}\Delta v+o(\rho)，$$

其中 $\rho=\sqrt{(\Delta u)^2+(\Delta v)^2}$，从而

$$\frac{\Delta z}{\Delta x}=\frac{\partial z}{\partial u}\frac{\Delta u}{\Delta x}+\frac{\partial z}{\partial v}\frac{\Delta v}{\Delta x}+\frac{o(\rho)}{\Delta x}。$$

因为函数 $u=\varphi(x,y)$，$v=\psi(x,y)$ 对 x 的偏导数存在，固定 y 时，它们作为 x 的函数就是 x 的连续函数，所以当 $\Delta x\to0$ 时，$\lim\limits_{\Delta x\to0}\Delta u=0$，$\lim\limits_{\Delta x\to0}\Delta v=0$，且 $\lim\limits_{\Delta x\to0}\rho=0$，又

$$\lim_{\Delta x\to0}\sqrt{\left(\frac{\Delta u}{\Delta x}\right)^2+\left(\frac{\Delta v}{\Delta x}\right)^2}=\sqrt{\lim_{\Delta x\to0}\left(\frac{\Delta u}{\Delta x}\right)^2+\lim_{\Delta x\to0}\left(\frac{\Delta v}{\Delta x}\right)^2}=\sqrt{\left(\frac{\partial u}{\partial x}\right)^2+\left(\frac{\partial v}{\partial x}\right)^2}，$$

$$\left|\frac{o(\rho)}{\Delta x}\right|=\left|\frac{o(\rho)}{\rho}\frac{\rho}{\Delta x}\right|=\left|\frac{o(\rho)}{\rho}\right|\sqrt{\left(\frac{\Delta u}{\Delta x}\right)^2+\left(\frac{\Delta v}{\Delta x}\right)^2}，$$

$$\lim_{\Delta x\to0}\left|\frac{o(\rho)}{\rho}\right|=\lim_{\rho\to0}\left|\frac{o(\rho)}{\rho}\right|=0，$$

可见 $\lim\limits_{\Delta x\to0}\left|\frac{o(\rho)}{\Delta x}\right|=0$，从而 $\lim\limits_{\Delta x\to0}\frac{o(\rho)}{\Delta x}=0$，所以 $\lim\limits_{\Delta x\to0}\frac{\Delta z}{\Delta x}=\frac{\partial z}{\partial u}\frac{\partial u}{\partial x}+\frac{\partial z}{\partial v}\frac{\partial v}{\partial x}$，即

$$\frac{\partial z}{\partial x}=\frac{\partial z}{\partial u}\frac{\partial u}{\partial x}+\frac{\partial z}{\partial v}\frac{\partial v}{\partial x}，$$

同理可证

$$\frac{\partial z}{\partial y}=\frac{\partial z}{\partial u}\frac{\partial u}{\partial y}+\frac{\partial z}{\partial v}\frac{\partial v}{\partial y}。$$

我们还可以把该定理推广到复合函数的中间变量多于两个的情形. 例如, 对于 $z=f(u,v,w)$, $u=\varphi(x,y)$, $v=\psi(x,y)$, $w=w(x,y)$ 复合而得到的复合函数, 则在与该定理相类似的条件下, 有

$$\frac{\partial z}{\partial x}=\frac{\partial z}{\partial u}\frac{\partial u}{\partial x}+\frac{\partial z}{\partial v}\frac{\partial v}{\partial x}+\frac{\partial z}{\partial w}\frac{\partial w}{\partial x},$$

$$\frac{\partial z}{\partial y}=\frac{\partial z}{\partial u}\frac{\partial u}{\partial y}+\frac{\partial z}{\partial v}\frac{\partial v}{\partial y}+\frac{\partial z}{\partial w}\frac{\partial w}{\partial y}. \tag{2}$$

上述定理还可以用到如下几种具体的情形:

(1) 中间变量都是一元函数的情形。

不妨设 $z=f(u,v)$, $u=\varphi(x)$, $v=\psi(x)$, 得到复合函数 $z=f(\varphi(x),\psi(x))$, 这是个一元函数, 由式(1)可得

$$\frac{\mathrm{d}z}{\mathrm{d}x}=\frac{\partial z}{\partial u}\frac{\mathrm{d}u}{\mathrm{d}x}+\frac{\partial z}{\partial v}\frac{\mathrm{d}v}{\mathrm{d}x}. \tag{3}$$

式(3)中 z 对 x 的导数 $\dfrac{\mathrm{d}z}{\mathrm{d}x}$ 称为全导数, 式(3)也称作全导数公式。

(2) 中间变量中既有一元函数, 又有多元函数的情形。

例如, $z=f(x,y,w)$ 具有连续偏导数, 而 $w=\varphi(x,y)$ 具有偏导数, 则复合函数为 $z=f(x,y,\varphi(x,y))$。

设 $u=x$, $v=y$, 因此

$$\frac{\partial u}{\partial x}=1, \quad \frac{\partial v}{\partial x}=0, \quad \frac{\partial u}{\partial y}=0, \quad \frac{\partial v}{\partial y}=1.$$

利用式(1)得

$$\frac{\partial z}{\partial x}=\frac{\partial f}{\partial w}\frac{\partial w}{\partial x}+\frac{\partial f}{\partial x}, \quad \frac{\partial z}{\partial y}=\frac{\partial f}{\partial w}\frac{\partial w}{\partial y}+\frac{\partial f}{\partial y}.$$

注意, 这里的 $\dfrac{\partial z}{\partial x}$ 与 $\dfrac{\partial f}{\partial x}$ 是不同的, $\dfrac{\partial z}{\partial x}$ 是把复合函数 $z=f(x,y,\varphi(x,y))$ 中的 y 看作不变量而对 x 的偏导数, $\dfrac{\partial f}{\partial x}$ 是把 $f(x,y,w)$ 中的 w 及 y 都看作不变量而对 x 的偏导数。$\dfrac{\partial z}{\partial y}$ 与 $\dfrac{\partial f}{\partial y}$ 也有类似的区别(见例2)。

例 1 设 $z=\ln(u^2+v)$, $u=\mathrm{e}^{x+y^2}$, $v=x^2+y$, 求 $\dfrac{\partial z}{\partial x}$ 和 $\dfrac{\partial z}{\partial y}$。

解 $\dfrac{\partial z}{\partial x}=\dfrac{\partial z}{\partial u}\dfrac{\partial u}{\partial x}+\dfrac{\partial z}{\partial v}\dfrac{\partial v}{\partial x}=\dfrac{2u}{u^2+v}\cdot\mathrm{e}^{x+y^2}+\dfrac{1}{u^2+v}\cdot 2x=\dfrac{2(\mathrm{e}^{2(x+y^2)}+x)}{\mathrm{e}^{2(x+y^2)}+x^2+y}$,

$\dfrac{\partial z}{\partial y}=\dfrac{\partial z}{\partial u}\dfrac{\partial u}{\partial y}+\dfrac{\partial z}{\partial v}\dfrac{\partial v}{\partial y}=\dfrac{2u}{u^2+v}\cdot\mathrm{e}^{x+y^2}\cdot 2y+\dfrac{1}{u^2+v}\cdot 1=\dfrac{4y\mathrm{e}^{2(x+y^2)}+1}{\mathrm{e}^{2(x+y^2)}+x^2+y}$。

例 1 的 Maple 源程序

```
> #example1
> z:=(u,v)->ln(u^2+v);
```
$$z:=(u,v)\rightarrow\ln(u^2+v)$$
```
> u:=(x,y)->exp(x+y^2);
```
$$u:=(x,y)\rightarrow e^{(x+y^2)}$$
```
> v:=(x,y)->x^2+y;
```
$$v:=(x,y)\rightarrow x^2+y$$
```
> z[x]=simplify(diff(z(u(x,y),v(x,y)),x));
```
$$z_x=\frac{2(e^{(2y^2+2x)}+x)}{e^{(2y^2+2x)}+x^2+y}$$
```
> z[y]=simplify(diff(z(u(x,y),v(x,y)),y));
```
$$z_y=\frac{4e^{(2y^2+2x)}y+1}{e^{(2y^2+2x)}+x^2+y}$$

例 2　设 $u=f(x,y,z)=e^{x^2+y^2+z^2}$，$z=y\sin x$，求 $\dfrac{\partial u}{\partial x}$ 和 $\dfrac{\partial u}{\partial y}$。

解　$\dfrac{\partial u}{\partial x}=\dfrac{\partial f}{\partial x}+\dfrac{\partial f}{\partial z}\dfrac{\partial z}{\partial x}=2xe^{x^2+y^2+z^2}+2ze^{x^2+y^2+z^2}y\cos x$

$\qquad\qquad=(2x+2y^2\sin x\cos x)e^{x^2+y^2+y^2\sin^2 x}$，

$\dfrac{\partial u}{\partial y}=\dfrac{\partial f}{\partial y}+\dfrac{\partial f}{\partial z}\dfrac{\partial z}{\partial y}=2ye^{x^2+y^2+z^2}+2ze^{x^2+y^2+z^2}\sin x$

$\qquad\qquad=(2y+2y\sin^2 x)e^{x^2+y^2+y^2\sin^2 x}$。

例 2 的 Maple 源程序

```
> #example2
> u:=(x,y,z)->exp(x^2+y^2+z^2);
```
$$u:=(x,y,z)\rightarrow e^{(x^2+y^2+z^2)}$$
```
> z:=(x,y)->y*sin(x);
```
$$z:=(x,y)\rightarrow y\sin(x)$$
```
> u[x]:=diff(u(x,y,z(x,y)),x);
```
$$u_x:=(2x+2y^2\sin(x)\cos(x))e^{(x^2+y^2+y^2\sin(x)^2)}$$
```
> u[y]:=diff(u(x,y,z(x,y)),y);
```
$$u_y:=(2y+2y\sin(x)^2)e^{(x^2+y^2+y^2\sin(x)^2)}$$

此例可以说明上面的注意事项：$\dfrac{\partial u}{\partial x}$ 是指 $u=u(x,y)=e^{x^2+y^2+y^2\sin^2 x}$ 时 u 对 x 的偏导数，而 $\dfrac{\partial f}{\partial x}$ 是指函数 $f(x,y,z)=e^{x^2+y^2+z^2}$，在 y，z 看作不变量时对 x 的偏导数。

例 3 设 $z = \sin(xy - t^2)$，$x = 2\ln t$，$y = 1 + 3t$，求全导数 $\dfrac{\mathrm{d}z}{\mathrm{d}t}$。

解　$\dfrac{\mathrm{d}z}{\mathrm{d}t} = \dfrac{\partial z}{\partial x}\dfrac{\mathrm{d}x}{\mathrm{d}t} + \dfrac{\partial z}{\partial y}\dfrac{\mathrm{d}y}{\mathrm{d}t} + \dfrac{\partial z}{\partial t}$

$\qquad = \left[y\cos(xy - t^2) \right]\dfrac{2}{t} + 3\left[x\cos(xy - t^2) \right] - 2t\cos(xy - t^2)$

$\qquad = \left[\dfrac{2(1+3t)}{t} + 6\ln t - 2t \right]\cos\left[2(1+3t)\ln t - t^2 \right]$。

例 3 的 Maple 源程序

```
> #example3
> z:=(x,y,t)->sin(x*y-t^2);
                z:=(x,y,t)→sin(xy-t²)
> x:=(t)->2*ln(t);y:=(t)->1+3*t;
                x:=t→2ln(t)
                y:=t→1+3t
> dz/dt=diff(z(x(t),y(t),t),t);
```

$$\frac{dz}{dt} = -\cos\left(-2\ln(t)(1+3t) + t^2\right)\left(-\frac{2(1+3t)}{t} - 6\ln(t) + 2t\right)$$

例 4 设 $w = \sin(x+y+z)\,\mathrm{e}^{xyz}$，求 $\dfrac{\partial w}{\partial x}$ 及 $\dfrac{\partial^2 w}{\partial x \partial z}$。

解　令 $u = x+y+z$，$v = xyz$，则 $w = f(u,v) = \mathrm{e}^v \sin u$，故

$\dfrac{\partial w}{\partial x} = \dfrac{\partial f}{\partial u}\dfrac{\partial u}{\partial x} + \dfrac{\partial f}{\partial v}\dfrac{\partial v}{\partial x}$

$\qquad = \cos u \, \mathrm{e}^v + yz\sin u \, \mathrm{e}^v = \cos(x+y+z)\,\mathrm{e}^{xyz} + yz\sin(x+y+z)\,\mathrm{e}^{xyz}$，

$\dfrac{\partial^2 w}{\partial x \partial z} = \dfrac{\partial}{\partial z}(\cos u \, \mathrm{e}^v + yz\sin u \, \mathrm{e}^v) = \dfrac{\partial}{\partial z}(\cos u \, \mathrm{e}^v) + y\sin u \, \mathrm{e}^v + yz\dfrac{\partial}{\partial z}(\sin u \, \mathrm{e}^v)$，

而 $\dfrac{\partial}{\partial z}(\cos u \, \mathrm{e}^v) = \dfrac{\partial}{\partial u}(\cos u \, \mathrm{e}^v)\dfrac{\partial u}{\partial z} + \dfrac{\partial}{\partial v}(\cos u \, \mathrm{e}^v)\dfrac{\partial v}{\partial z} = -\sin u \, \mathrm{e}^v + xy\cos u \, \mathrm{e}^v$，

$\dfrac{\partial}{\partial z}(\sin u \, \mathrm{e}^v) = \dfrac{\partial}{\partial u}(\sin u \, \mathrm{e}^v)\dfrac{\partial u}{\partial z} + \dfrac{\partial}{\partial v}(\sin u \, \mathrm{e}^v)\dfrac{\partial v}{\partial z} = \cos u \, \mathrm{e}^v + xy\sin u \, \mathrm{e}^v$，

故 $\dfrac{\partial^2 w}{\partial x \partial z} = -\sin u \, \mathrm{e}^v + xy\cos u \, \mathrm{e}^v + y\sin u \, \mathrm{e}^v + yz(\cos u \, \mathrm{e}^v + xy\sin u \, \mathrm{e}^v)$

$\qquad = y(x+z)\cos u \, \mathrm{e}^v + (xy^2z + y - 1)\sin u \, \mathrm{e}^v$

$\qquad = y(x+z)\cos(x+y+z)\,\mathrm{e}^{xyz} + (xy^2z + y - 1)\sin(x+y+z)\,\mathrm{e}^{xyz}$。

例 4 的 Maple 源程序

```
> #example4
```

```
> f:=(u,v)->sin(u)*exp(v);
```
$$f := (u,v) \rightarrow \sin(u)\mathbf{e}^v$$

```
> g:=(x,y,z)->x+y+z;h:=(x,y,z)->x*y*z;
```
$$g := (x,y,z) \rightarrow x+y+z$$
$$h := (x,y,z) \rightarrow xyz$$

```
> Diff(w,x)=diff(f(g(x,y,z),h(x,y,z)),x);
```
$$\frac{\partial}{\partial x}w = \cos(x+y+z)\mathbf{e}^{(xyz)} + \sin(x+y+z)yz\,\mathbf{e}^{(xyz)}$$

```
> Diff(w,z,x)=simplify(diff(f(g(x,y,z),h(x,y,z)),z,x));
```
$$\frac{\partial^2}{\partial x\,\partial z}w = \mathbf{e}^{(xyz)}(\sin(x+y+z)xy^2 z + \cos(x+y+z)xy$$
$$+\cos(x+y+z)yz + \sin(x+y+z)y - \sin(x+y+z))$$

例 5　设 $z=f(x+y,xy)$，f 具有二阶连续偏导数，求 $\dfrac{\partial z}{\partial x}$ 及 $\dfrac{\partial^2 z}{\partial x\,\partial y}$。

解　令 $u=x+y$，$v=xy$，则 $z=f(u,v)$。为了表达简便起见，引入以下记号：

$$f_1' = f_u(u,v) = \frac{\partial f(u,v)}{\partial u}, \quad f_{12}'' = f_{uv}(u,v) = \frac{\partial^2 f(u,v)}{\partial u\,\partial v},$$

这里下标 1 表示对第一个变量 u 求偏导数，下标 2 表示对第二个变量 v 求偏导数，同理有 f_2'、f_{11}''、f_{21}''、f_{22}'' 等记号。

因所给函数由 $z=f(u,v)$ 及 $u=x+y$，$v=xy$ 复合而成，根据复合函数求导法则，有

$$\frac{\partial z}{\partial x} = \frac{\partial f}{\partial u}\frac{\partial u}{\partial x} + \frac{\partial f}{\partial v}\frac{\partial v}{\partial x} = f_1' + yf_2',$$

$$\frac{\partial^2 z}{\partial x\,\partial y} = \frac{\partial}{\partial y}(f_1' + yf_2') = \frac{\partial f_1'}{\partial y} + f_2' + y\frac{\partial f_2'}{\partial y}。$$

求 $\dfrac{\partial f_1'}{\partial y}$ 及 $\dfrac{\partial f_2'}{\partial y}$ 时，应注意 f_1' 及 f_2' 仍旧是复合函数（在上例中，$f_1' = \cos u\mathbf{e}^v$，$f_2' = \sin u\mathbf{e}^v$），根据复合函数求导法则，有

$$\frac{\partial f_1'}{\partial y} = \frac{\partial f_1'}{\partial u}\frac{\partial u}{\partial y} + \frac{\partial f_1'}{\partial v}\frac{\partial v}{\partial y} = f_{11}'' + xf_{12}'',$$

$$\frac{\partial f_2'}{\partial y} = \frac{\partial f_2'}{\partial u}\frac{\partial u}{\partial y} + \frac{\partial f_2'}{\partial v}\frac{\partial v}{\partial y} = f_{21}'' + xf_{22}'',$$

于是

$$\frac{\partial^2 z}{\partial x\,\partial y} = f_{11}'' + xf_{12}'' + f_2' + y(f_{21}'' + xf_{22}'')$$

$$= f_{11}'' + (x+y)f_{12}'' + xyf_{22}'' + f_2'。$$

例 5 的 **Maple** 源程序

```
> #example5
> u:=(x,y)->x+y;v:=(x,y)->x*y;
```
$$u:=(x,y)\to x+y$$
$$v:=(x,y)\to xy$$
```
> Diff(z,x)=diff(f(u(x,y),v(x,y)),x);
```
$$\frac{\partial}{\partial x}z=\mathrm{D}_1(f)(x+y,xy)+\mathrm{D}_2(f)(x+y,xy)y$$
```
> Diff(z,y,x)=diff(f(u(x,y),v(x,y)),y,x);
```
$$\frac{\partial^2}{\partial x\partial y}z=\mathrm{D}_{1,1}(f)(x+y,xy)+\mathrm{D}_{1,2}(f)(x+y,xy)y$$
$$+(\mathrm{D}_{1,2}(f)(x+y,xy)+\mathrm{D}_{2,2}(f)(x+y,xy)y)x+\mathrm{D}_2(f)(x+y,xy)$$

9.4.2　全微分形式不变性

设函数 $z=f(u,v)$ 具有连续偏导数，则有全微分

$$\mathrm{d}z=\frac{\partial z}{\partial u}\mathrm{d}u+\frac{\partial z}{\partial v}\mathrm{d}v。$$

如果 u、v 又是中间变量，即 $u=\varphi(x,y)$、$v=\psi(x,y)$，且这两个函数也具有连续偏导数，则复合函数 $z=f\big(\varphi(x,y),\psi(x,y)\big)$ 的全微分为

$$\mathrm{d}z=\frac{\partial z}{\partial x}\mathrm{d}x+\frac{\partial z}{\partial y}\mathrm{d}y，$$

其中 $\dfrac{\partial z}{\partial x}$ 及 $\dfrac{\partial z}{\partial y}$ 分别是公式（1）的偏导数，下面给出其证明。把公式（1）中的 $\dfrac{\partial z}{\partial x}$ 及 $\dfrac{\partial z}{\partial y}$ 代入上式，得

$$\mathrm{d}z=\left(\frac{\partial z}{\partial u}\frac{\partial u}{\partial x}+\frac{\partial z}{\partial v}\frac{\partial v}{\partial x}\right)\mathrm{d}x+\left(\frac{\partial z}{\partial u}\frac{\partial u}{\partial y}+\frac{\partial z}{\partial v}\frac{\partial v}{\partial y}\right)\mathrm{d}y$$

$$=\frac{\partial z}{\partial u}\left(\frac{\partial u}{\partial x}\mathrm{d}x+\frac{\partial u}{\partial y}\mathrm{d}y\right)+\frac{\partial z}{\partial v}\left(\frac{\partial v}{\partial x}\mathrm{d}x+\frac{\partial v}{\partial y}\mathrm{d}y\right)$$

$$=\frac{\partial z}{\partial u}\mathrm{d}u+\frac{\partial z}{\partial v}\mathrm{d}v。$$

由此可见，无论 z 是自变量 u、v 的函数或者中间变量 u、v 的函数，它的全微分形式是一样的。这个性质就叫作全微分形式不变性。

例 6　设函数 $u=f(x,y,z)$ 可微，$z=x-y$，利用全微分形式不变性求 $\mathrm{d}u$。

解　$\mathrm{d}u=f_1'\mathrm{d}x+f_2'\mathrm{d}y+f_3'\mathrm{d}z$，其中 $\mathrm{d}z=\mathrm{d}(x-y)=\mathrm{d}x-\mathrm{d}y$，故

$$\mathrm{d}u=(f_1'+f_3')\mathrm{d}x+(f_2'-f_3')\mathrm{d}y。$$

例 6 的 Maple 源程序

```
> #example6
> z:=(x,y)->x-y;
```
$$z:=(x,y) \rightarrow x-y$$
```
> du:=diff(f(x,y,z(x,y)),x)*dx+diff(f(x,y,z(x,y)),y)*dy;
```
$$du:=(D_1(f)(x,y,x-y)+D_3(f)(x,y,x-y))dx$$
$$+(D_2(f)(x,y,x-y)-D_3(f)(x,y,x-y))dy$$

习题 9.4

1. 设 $z=u^2+v^2$，而 $u=x+y$、$v=x-y$，求 $\dfrac{\partial z}{\partial x}$ 与 $\dfrac{\partial z}{\partial y}$。

2. 设 $z=x^2y$，而 $x=\cos t$、$y=\sin t$，求 $\dfrac{dz}{dt}$。

3. 设 $z=\arcsin(x-y)$，而 $x=3t$、$y=4t^3$，求 $\dfrac{dz}{dt}$。

4. 设 $z=\arctan(xy)$，而 $y=e^x$，求 $\dfrac{dz}{dx}$。

5. 若函数 f 可微，$z=f(x+y,xy)$，求 $\dfrac{\partial z}{\partial x}$ 与 $\dfrac{\partial z}{\partial y}$。

6. 求下列函数的一阶偏导数（其中 f 具有一阶连续偏导数）：

（1）$u=f(x^2-y^2,e^{xy})$；　　（2）$u=f\left(\dfrac{x}{y},\dfrac{y}{z}\right)$；

（3）$u=f(x,xy,xyz)$。

7. 设二元函数 $z=f\left(xy,\dfrac{x}{y}\right)$，其中 $f(u,v)$ 有二阶连续偏导数，求 $\dfrac{\partial^2 z}{\partial x^2}$ 与 $\dfrac{\partial^2 z}{\partial x \partial y}$。

8. 设 $z=xy+xF(u)$，而 $u=\dfrac{y}{x}$，$F(u)$ 为可导函数，证明 $x\dfrac{\partial z}{\partial x}+y\dfrac{\partial z}{\partial y}=z+xy$。

9.5 隐函数的求导公式

9.5.1 一个方程的情形

在一元函数微分学中，我们已经提出了隐函数的概念，并指出了不经过显化直接由方程

$$F(x,y)=0 \tag{1}$$

求它所确定的隐函数的导数的方法。现在介绍隐函数存在定理，并根据多元复合函数的求导法则来导出隐函数的导数公式。

定理 1（隐函数存在定理 I）　设函数 $F(x,y)$ 在点 $P(x_0,y_0)$ 的某一邻域内具有连续的偏导数，且 $F(x_0,y_0)=0$，$F_y(x_0,y_0)\neq 0$，则方程 $F(x,y)=0$ 在点 (x_0,y_0) 的某一邻域内恒能唯一确定一个单值连续且具有连续导数的函数 $y=f(x)$，它满足条件 $y_0=f(x_0)$，并有

$$\frac{\mathrm{d}y}{\mathrm{d}x} = -\frac{F_x}{F_y} \circ \qquad (2)$$

公式(2)就是隐函数的求导公式。这个定理我们不在此证明了，现仅就公式(2)做如下推导。

将方程(1)所确定的函数 $y=f(x)$ 代入，得恒等式

$$F(x,f(x))=0,$$

其左端可以看作是 x 的一个复合函数，求这个函数的全导数。由于恒等式两端求导后仍然恒等，即得

$$\frac{\partial F}{\partial x} + \frac{\partial F}{\partial y}\frac{\mathrm{d}y}{\mathrm{d}x} = 0 \circ$$

由于 F_y 连续，且 $F_y(x_0,y_0) \neq 0$，所以存在 (x_0,y_0) 的一个邻域，在这个邻域内 $F_y \neq 0$，于是得

$$\frac{\mathrm{d}y}{\mathrm{d}x} = -\frac{F_x}{F_y} \circ$$

例1 验证方程 $x^2+y^2=2y$ 在点 $(0,0)$ 的某一邻域内能唯一确定一个有连续导数、当 $x=0$、$y=0$ 时的隐函数 $y=f(x)$，并求这个函数的一阶和二阶导数在 $x=0$、$y=0$ 的值。

解 原方程可化为 $x^2+y^2-2y=0$，设 $F(x,y)=x^2+y^2-2y$，则 $F_x=2x$，$F_y=2y-2$，$F_x(0,0)=0$，$F_y(0,0)=-2 \neq 0$。因此，由定理1可知，方程 $x^2+y^2-2y=0$ 在点 $(0,0)$ 的某邻域内能唯一确定一个有连续导数、当 $x=0$、$y=0$ 时的隐函数 $y=f(x)$。

下面求这个函数的一阶和二阶导数：

$$\frac{\mathrm{d}y}{\mathrm{d}x} = -\frac{F_x}{F_y} = -\frac{x}{y-1},$$

$$\frac{\mathrm{d}^2y}{\mathrm{d}x^2} = -\frac{(y-1)-xy'}{(y-1)^2} = -\frac{(y-1)-x\left(-\dfrac{x}{y-1}\right)}{(y-1)^2}$$

$$= -\frac{(y-1)^2+x^2}{(y-1)^3} = -\frac{x^2+y^2-2y+1}{y^3-3y^2+3y-1},$$

故

$$\left.\frac{\mathrm{d}y}{\mathrm{d}x}\right|_{(x,y)=(0,0)} = 0, \quad \left.\frac{\mathrm{d}^2y}{\mathrm{d}x^2}\right|_{(x,y)=(0,0)} = 1 \circ$$

例1 的 Maple 源程序

```
> #example1
> diff(y(x),x)=implicitdiff(x^2+y^2=2*y,y,x);
```

$$\frac{d}{dx}y(x) = -\frac{x}{y-1}$$

```
> diff(y(x),x$2)=implicitdiff(x^2+y^2=2*y,y,x$2);
```

$$\frac{d^2}{dx^2}y(x) = -\frac{x^2+y^2-2y+1}{y^3-3y^2+3y-1}$$

```
> f:=(x,y)->-x/(y-1);diff(y(x),x)=f(0,0);
```

$$f:(x,y) \rightarrow -\frac{x}{y-1}$$

$$\frac{d}{dx}y(x) = 0$$

```
> g:=(x,y)->-(x^2+y^2-2*y+1)/(y^3-3*y^2+3*y-1);
```

$$g:(x,y) \rightarrow -\frac{x^2+y^2-2y+1}{y^3-3y^2+3y-1}$$

```
> diff(y(x),x$2)=g(0,0);
```

$$\frac{d^2}{dx^2}y(x) = 1$$

上述隐函数存在定理还可以推广到多元函数。既然一个二元方程(1)可以确定一个一元的隐函数，那么一个三元方程

$$F(x,y,z) = 0 \tag{3}$$

就有可能确定一个二元隐函数。

与定理 1 一样，我们同样可以由三元函数 $F(x,y,z)$ 的性质，来断定由方程 $F(x,y,z)=0$ 所确定的二元函数 $z=(x,y)$ 的存在以及这个函数的性质，这就是下面的定理。

定理 2（隐函数存在定理 II）　设函数 $F(x,y,z)$ 在点 $P(x_0, y_0,z_0)$ 的某一邻域内具有连续的偏导数，且 $F(x_0,y_0,z_0)=0$，$F_z(x_0,y_0,z_0) \neq 0$，则方程 $F(x,y,z)=0$ 在点 (x_0,y_0,z_0) 的某一邻域内恒能唯一确定一个单值连续且具有连续偏导数的函数 $z=f(x,y)$，它满足条件 $z_0=f(x_0,y_0)$，并有

$$\frac{\partial z}{\partial x} = -\frac{F_x}{F_z}, \quad \frac{\partial z}{\partial y} = -\frac{F_y}{F_z}。 \tag{4}$$

这个定理我们不证，与定理 1 的方式类似，仅就公式(4)做如下推导：

由于 $F(x,y,f(x,y)) \equiv 0$，将上式两端分别对 x 和 y 求导，应用复合函数求导法则得

$$F_x + F_z \frac{\partial z}{\partial x} = 0, \quad F_y + F_z \frac{\partial z}{\partial y} = 0。$$

因为 F_z 连续，且 $F_z(x_0,y_0,z_0) \neq 0$，所以存在点 (x_0,y_0,z_0) 的一个邻域，在这个邻域内 $F_z \neq 0$，于是得

$$\frac{\partial z}{\partial x}=-\frac{F_x}{F_z}, \quad \frac{\partial z}{\partial y}=-\frac{F_y}{F_z}。$$

例 2　设 $x^2+2y^2+3z^2=8$，求 $\dfrac{\partial^2 z}{\partial x^2}$。

解　设 $F(x,y,z)=x^2+2y^2+3z^2-8$，则 $F_x=2x$，$F_z=6z$，应用公式（4），得

$$\frac{\partial z}{\partial x}=-\frac{x}{3z},$$

将 $\dfrac{\partial z}{\partial x}$ 对 x 再求偏导数，得

$$\frac{\partial^2 z}{\partial x^2}=-\frac{3z-3x\dfrac{\partial z}{\partial x}}{9z^2}=-\frac{3z-3x\left(-\dfrac{x}{3z}\right)}{9z^2}=-\frac{3z^2+x^2}{9z^3}。$$

例 2 的 Maple 源程序

```
> #example2
> f:=x^2+2*y^2+3*z^2=8;
```
$$f:=x^2+2y^2+3z^2=8$$
```
> implicitdiff({f},{z(x)},{z},x$2,notation=Diff);
```
$$\left\{\frac{\partial^2}{\partial x^2}z=-\frac{x^2+3z^2}{9z^3}\right\}$$

9.5.2　方程组的情形

下面我们将隐函数存在定理做另一方面的推广。我们不仅增加方程中变量的个数，而且还增加方程的个数。例如，考虑方程组

$$\begin{cases}F(x,y,u,v)=0,\\ G(x,y,u,v)=0。\end{cases} \tag{5}$$

这里的四个变量中，一般只能有两个变量独立变化，因此方程组（5）就有可能确定两个二元函数。在这种情形下，我们可以由函数 F、G 的性质来断定由方程组（5）所确定的两个二元函数的存在以及它们的性质，因此我们有下面的定理。

定理 3（隐函数存在定理Ⅲ）　设函数 $F(x,y,u,v)$、$G(x,y,u,v)$ 在点 $P_0(x_0,y_0,u_0,v_0)$ 的某一邻域内具有对各个变量的连续偏导数，又 $F(x_0,y_0,u_0,v_0)=0$，$G(x_0,y_0,u_0,v_0)=0$，且偏导数所组成的函数行列式［或称雅可比（Jacobi）式］

$$J = \frac{\partial(F,G)}{\partial(u,v)} = \begin{vmatrix} \dfrac{\partial F}{\partial u} & \dfrac{\partial F}{\partial v} \\[2mm] \dfrac{\partial G}{\partial u} & \dfrac{\partial G}{\partial v} \end{vmatrix}$$

在点 $P_0(x_0,y_0,u_0,v_0)$ 不等于零，则方程组 $F(x,y,u,v)=0$，
$G(x,y,u,v)=0$ 在点 (x_0,y_0,u_0,v_0) 的某一邻域内恒能唯一确
定一组单值连续且具有连续偏导数的函数 $u=u(x,y)$，$v=v(x,y)$，
它满足条件 $u_0=u(x_0,y_0)$，$v_0=v(x_0,y_0)$，并有

$$\frac{\partial u}{\partial x} = -\frac{1}{J}\frac{\partial(F,G)}{\partial(x,v)} = -\frac{\begin{vmatrix} F_x & F_v \\ G_x & G_v \end{vmatrix}}{\begin{vmatrix} F_u & F_v \\ G_u & G_v \end{vmatrix}},$$

$$\frac{\partial v}{\partial x} = -\frac{1}{J}\frac{\partial(F,G)}{\partial(u,x)} = -\frac{\begin{vmatrix} F_u & F_x \\ G_u & G_x \end{vmatrix}}{\begin{vmatrix} F_u & F_v \\ G_u & G_v \end{vmatrix}},$$

$$\frac{\partial u}{\partial y} = -\frac{1}{J}\frac{\partial(F,G)}{\partial(y,v)} = -\frac{\begin{vmatrix} F_y & F_v \\ G_y & G_v \end{vmatrix}}{\begin{vmatrix} F_u & F_v \\ G_u & G_v \end{vmatrix}},$$

$$\frac{\partial v}{\partial y} = -\frac{1}{J}\frac{\partial(F,G)}{\partial(u,y)} = -\frac{\begin{vmatrix} F_u & F_y \\ G_u & G_y \end{vmatrix}}{\begin{vmatrix} F_u & F_v \\ G_u & G_v \end{vmatrix}}\text{。}$$

如果方程组（5）中缺少一个变量 y，即 $\begin{cases} F(x,u,v)=0, \\ G(x,u,v)=0, \end{cases}$ 则在相
应条件下确定了函数 $u=u(x)$，$v=v(x)$（参考例 4）。这个定理我
们不证，而公式也不必记。见下面的例子。

例 3　设 $u^3+xv=y$，$v^3+yu=x$，求 $\dfrac{\partial u}{\partial x}$，$\dfrac{\partial u}{\partial y}$，$\dfrac{\partial v}{\partial x}$ 和 $\dfrac{\partial v}{\partial y}$。

解　此题可直接利用上述公式，但也可以依照推导公式的方
法来求解。下面我们利用后一种方法来做。

将所给方程的两边对 x 求导并移项，得

$$\begin{cases} 3u^2 \dfrac{\partial u}{\partial x} + v + x \dfrac{\partial v}{\partial x} = 0, \\[3mm] 3v^2 \dfrac{\partial v}{\partial x} + y \dfrac{\partial u}{\partial x} = 1 。 \end{cases}$$

解得

$$\frac{\partial u}{\partial x} = \frac{x + 3v^3}{xy - 9u^2 v^2}, \quad \frac{\partial v}{\partial x} = -\frac{3u^2 + yv}{xy - 9u^2 v^2},$$

将所给方程的两边对 y 求导，用同样方法解得

$$\frac{\partial u}{\partial y} = -\frac{3v^2 + xu}{xy - 9u^2 v^2}, \quad \frac{\partial v}{\partial y} = \frac{3u^3 + y}{xy - 9u^2 v^2}。$$

例 3 的 Maple 源程序

```
> #example3
> f:=u^3+x*v=y;
```
$$f := u^3 + vx = y$$
```
> g:=v^3+y*u=x;
```
$$g := v^3 + uy = x$$
```
> Diff(u,x)=implicitdiff({f,g},{u(x,y),v(x,y)},u,x);
```
$$\frac{\partial}{\partial x} u = -\frac{3v^3 + x}{9u^2 v^2 - xy}$$
```
> Diff(u,y)=implicitdiff({f,g},{u(x,y),v(x,y)},u,y);
```
$$\frac{\partial}{\partial y} u = \frac{ux + 3v^2}{9u^2 v^2 - xy}$$
```
> Diff(v,x)=implicitdiff({f,g},{u(x,y),v(x,y)},v,x);
```
$$\frac{\partial}{\partial x} v = \frac{3u^2 + vy}{9u^2 v^2 - xy}$$
```
> Diff(v,y)=implicitdiff({f,g},{u(x,y),v(x,y)},v,y);
```
$$\frac{\partial}{\partial y} v = -\frac{3u^3 + y}{9u^2 v^2 - xy}$$

例 4　设方程组

$$\begin{cases} x + y + z = 0, \\ xyz = 0 \end{cases}$$

确定了隐函数 $y = y(x)$、$z = z(x)$，求 $\dfrac{\mathrm{d}y}{\mathrm{d}x}$ 与 $\dfrac{\mathrm{d}z}{\mathrm{d}x}$。

解　将所给方程的两边对 x 求导，得

$$\begin{cases} 1 + \dfrac{\mathrm{d}y}{\mathrm{d}x} + \dfrac{\mathrm{d}z}{\mathrm{d}x} = 0, \\[3mm] yz + xz \dfrac{\mathrm{d}y}{\mathrm{d}x} + xy \dfrac{\mathrm{d}z}{\mathrm{d}x} = 0, \end{cases}$$

移项得

$$\begin{cases} \dfrac{dy}{dx} + \dfrac{dz}{dx} = -1, \\ \\ xz\dfrac{dy}{dx} + xy\dfrac{dz}{dx} = -yz。 \end{cases}$$

解得

$$\frac{dy}{dx} = \frac{y(z-x)}{x(y-z)}, \qquad \frac{dz}{dx} = \frac{z(x-y)}{x(y-z)}。$$

例 4 的 Maple 源程序

```
> #example4
> f:=x+y+z=0;g:= x * y * z=0;
                f :=x+y+z =0
                g :=xyz =0
> diff(y(x),x)=implicitdiff({f,g},{y(x),z(x)},y,x);
                d        y(z-x)
                — y(x)= ————
                dx       x(y-z)
> diff(z(x),x)=implicitdiff({f,g},{y(x),z(x)},z,x);
                d          z(y-x)
                — z(x)= - ————
                dx         x(y-z)
```

习题 9.5

1. 求下列各题中的 $\dfrac{dy}{dx}$。

(1) $y = x + \ln y$；

(2) $y = 1 + y^x$；

(3) $x^3 + 4x^2y - 3xy^2 + 2y^3 + 1 = 0$；

(4) $x^y = y^x$；

(5) $\sin y - e^x + xy^2 = 0$；

(6) $\ln \sqrt{x^2+y^2} = \arctan \dfrac{y}{x}$；

(7) $e^{xy} - xy^2 = \sin y$。

2. 求下列各题中的 $\dfrac{\partial z}{\partial x}$ 与 $\dfrac{\partial z}{\partial y}$。

(1) $x^2 + y^2 + z^3 - 3xyz + 5 = 0$；

(2) $\dfrac{x}{z} = \ln \dfrac{z}{y}$；

(3) $x + 2y + z - 2\sqrt{xyz} = 0$；

(4) $x - yz + \cos(xyz) = 3$；

(5) $e^{xy} - \arctan z + xyz = 0$。

3. 设 $2\sin(x+2y-3z) = x+2y-3z$，证明 $\dfrac{\partial z}{\partial x} + \dfrac{\partial z}{\partial y} = 1$。

4. 设 $z^2 - 3xyz = a^3$，求 dz 及 $\dfrac{\partial^2 z}{\partial y \partial x}$。

5. 求由下列方程组所确定的函数的导数或偏导数。

(1) 设 $\begin{cases} z = x^2 + y^2, \\ x^2 + 2y^2 + 3z^2 = 20, \end{cases}$ 求 $\dfrac{dy}{dx}$ 与 $\dfrac{dz}{dx}$；

(2) 设 $\begin{cases} x + y + z = 0, \\ x^2 + y^2 + z^2 = 1, \end{cases}$ 求 $\dfrac{dx}{dz}$ 与 $\dfrac{dy}{dz}$；

(3) 设 $\begin{cases} u = f(ux, v+y), \\ v = g(u-x, v^2y), \end{cases}$ 其中 f、g 具有一阶连续偏导数，求 $\dfrac{\partial u}{\partial x}$ 与 $\dfrac{\partial v}{\partial x}$；

(4) 设 $\begin{cases} xu - yv = 1, \\ yu + xv = 1, \end{cases}$ 求 $\dfrac{\partial u}{\partial x}$、$\dfrac{\partial u}{\partial y}$、$\dfrac{\partial v}{\partial x}$、$\dfrac{\partial v}{\partial y}$；

(5) 设 $\begin{cases} x = e^u + u\sin v, \\ y = e^u - u\cos v, \end{cases}$ 求 $\dfrac{\partial u}{\partial x}$、$\dfrac{\partial u}{\partial y}$、$\dfrac{\partial v}{\partial x}$、$\dfrac{\partial v}{\partial y}$。

6. 设 $x+z=yf(x^2-z^2)$，其中 f 可微，证明 $z\dfrac{\partial z}{\partial x}+y\dfrac{\partial z}{\partial y}=x$。

7. 设 $x=x(y,z)$、$y=y(x,z)$、$z=z(x,y)$ 都是由方程 $F(x,y,z)=0$ 所确定的具有连续偏导数的函数，证明 $\dfrac{\partial x}{\partial y}\cdot\dfrac{\partial y}{\partial z}\cdot\dfrac{\partial z}{\partial x}=-1$。

9.6　微分法在几何上的应用

9.6.1　空间曲线的切线与法平面

设空间曲线 Γ 的参数方程为

$$\begin{cases} x=\varphi(t), \\ y=\psi(t), \quad (\alpha\leqslant t\leqslant\beta), \\ z=\omega(t) \end{cases} \tag{1}$$

这里假定式(1)的三个函数都可导。

在曲线 Γ 上，取对应于 $t=t_0$ 的一点 $M(x_0,y_0,z_0)$ 及对应于 $t=t_0+\Delta t$ 的邻近一点 $M'(x_0+\Delta x,y_0+\Delta y,z_0+\Delta z)$，其中

$$\Delta x=\varphi(t_0+\Delta t)-\varphi(t_0),$$
$$\Delta y=\psi(t_0+\Delta t)-\psi(t_0),$$
$$\Delta z=\omega(t_0+\Delta t)-\omega(t_0)。$$

根据空间解析几何知识，曲线的割线 MM' 的一个方向向量为 $\{\Delta x,\Delta y,\Delta z\}$，故割线方程为

$$\frac{x-x_0}{\Delta x}=\frac{y-y_0}{\Delta y}=\frac{z-z_0}{\Delta z}。$$

当 M' 沿着曲线 Γ 趋于 M 时，割线 MM' 的极限位置 MT 就是曲线 Γ 在点 M 处的切线(图 9.6.1)。用 Δt 除上式的各分母，得

$$\frac{x-x_0}{\dfrac{\Delta x}{\Delta t}}=\frac{y-y_0}{\dfrac{\Delta y}{\Delta t}}=\frac{z-z_0}{\dfrac{\Delta z}{\Delta t}},$$

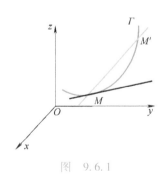

图　9.6.1

令 $M'\to M$，当 $\Delta t\to 0$ 通过对上式取极限，即得曲线 Γ 在点 M 处的切线方程为

$$\frac{x-x_0}{\varphi'(t_0)}=\frac{y-y_0}{\psi'(t_0)}=\frac{z-z_0}{\omega'(t_0)}。 \tag{2}$$

这里当然要假定 $\varphi'(t_0)$、$\psi'(t_0)$、$\omega'(t_0)$ 不能同时为零。如果有个别为零，则应按空间解析几何有关直线的对称式方程的说明来理解。

切线的方向向量称为曲线的切向量。向量

$$\boldsymbol{\tau}=\{\varphi'(t_0),\psi'(t_0),\omega'(t_0)\}$$

就是曲线 Γ 在点 M 处的一个切向量。

通过点 M 且与切线垂直的平面称作曲线在点 M 处的法平面，它是通过点 $M(x_0,y_0,z_0)$ 且以 $\boldsymbol{\tau}$ 为法向量的平面，因此，该法平面的方程为

$$\varphi'(t_0)(x-x_0)+\psi'(t_0)(y-y_0)+\omega'(t_0)(z-z_0)=0。 \tag{3}$$

例 1　求曲线 $x=2t$，$y=t^2$，$z=\dfrac{2}{3}t^3$ 在点 $(6,9,18)$ 处的切线及法平面方程。

解　因为 $x_t'=2$，$y_t'=2t$，$z_t'=2t^2$，而点 $(6,9,18)=\left(2t,t^2,\dfrac{2}{3}t^3\right)$，所对应的参数 $t=3$，所以曲线在点 $(6,9,18)$ 处的切向量为 $\boldsymbol{\tau}=\{1,3,9\}$，于是，切线方程为

$$\frac{x-6}{1}=\frac{y-9}{3}=\frac{z-18}{9},$$

法平面方程为

$$(x-6)+3(y-9)+9(z-18)=0,$$

即

$$x+3y+9z=195。$$

例 1 的 Maple 源程序

```
> #example1
> with(VectorCalculus):
> SetCoordinates('cartesian'[x,y,z]);
                    cartesian_{x,y,z}
> TangentLine(<2*t,t^2,(2/3)*t^3>,t=3);
                    ⎡   x    ⎤
                    ⎢ -9+3x  ⎥
                    ⎣ -36+9x ⎦
> with(Student[MultivariateCalculus]):
> p:= Plane([6,9,18],<1,3,9>):GetRepresentation(p);
                    x+3y+9z=195
```

如果空间曲线 Γ 的方程以

$$\begin{cases} y=\varphi(x), \\ z=\psi(x) \end{cases}$$

这样的形式给出，取 x 为参数，它就可以表示成参数方程的形式

$$\begin{cases} x=x, \\ y=\varphi(x), \\ z=\psi(x)。 \end{cases}$$

若 $\varphi(x)$，$\psi(x)$ 都在 $x=x_0$ 处可导，那么根据上面的讨论可知，$\tau=\{1,\varphi'(x),\psi'(x)\}$，因此，曲线在点 $M(x_0,y_0,z_0)$ 处的切线方程为

$$\frac{x-x_0}{1}=\frac{y-y_0}{\varphi'(x_0)}=\frac{z-z_0}{\psi'(x_0)}, \tag{4}$$

在点 $M(x_0,y_0,z_0)$ 处的法平面方程为

$$(x-x_0)+\varphi'(x)(y-y_0)+\psi'(x)(z-z_0)=0。 \tag{5}$$

　*设空间曲线 Γ 的方程以

$$\begin{cases}F(x,y,z)=0,\\ G(x,y,z)=0\end{cases} \tag{6}$$

这样的形式给出，设 $M(x_0,y_0,z_0)$ 是曲线 Γ 上的一个点，又设 F，G 有对各个变量的连续偏导数，且

$$\frac{\partial(F,G)}{\partial(y,z)}\bigg|_{(x_0,y_0,z_0)}=\begin{vmatrix}F_y & F_z\\ G_y & G_z\end{vmatrix}_0\neq 0。$$

这时，方程组(6)在点 $M(x_0,y_0,z_0)$ 的某一邻域内确定了一组函数 $y=\varphi(x)$，$z=\psi(x)$。如果要求曲线 Γ 在点 M 处的切线方程和法平面方程，则只要求出 $\varphi'(x)$，$\psi'(x)$，然后代入式(4)、式(5)就行了。为此，我们在恒等式

$$\begin{cases}F\big(x,\varphi(x),\psi(x)\big)\equiv 0,\\ G\big(x,\varphi(x),\psi(x)\big)\equiv 0\end{cases}$$

两边分别对 x 求全导数，得

$$\begin{cases}\dfrac{\partial F}{\partial x}+\dfrac{\partial F}{\partial y}\varphi'(x)+\dfrac{\partial F}{\partial z}\psi'(x)=0,\\ \dfrac{\partial G}{\partial x}+\dfrac{\partial G}{\partial y}\varphi'(x)+\dfrac{\partial G}{\partial z}\psi'(x)=0。\end{cases}$$

由假设可知，在点 M 的某个邻域内

$$J=\frac{\partial(F,G)}{\partial(y,z)}\neq 0,$$

于是可解出 $\varphi'(x)=\psi'(x)$。这样的向量 $\{1,\varphi'(x),\psi'(x)\}$ 是曲线 Γ 在点 M 处的一个切向量，由此可写出曲线 Γ 在点 $M(x_0,y_0,z_0)$ 处的切线方程为

$$\frac{x-x_0}{1}=\frac{y-y_0}{\varphi'(x_0)}=\frac{z-z_0}{\psi'(x_0)}。$$

切线方程还可写为 $\dfrac{x-x_0}{\begin{vmatrix}F_y & F_z\\ G_y & G_z\end{vmatrix}_0}=\dfrac{y-y_0}{\begin{vmatrix}F_z & F_x\\ G_z & G_x\end{vmatrix}_0}=\dfrac{z-z_0}{\begin{vmatrix}F_x & F_y\\ G_x & G_y\end{vmatrix}_0}$ 的形式。

例 2　求曲线 $\begin{cases} x^2+y^2+z^2=6, \\ x+y+z=0 \end{cases}$ 在点 $(1,-2,1)$ 处的切线及法平面

方程。

解　将所给方程的两边对 x 求导并移项，得

$$\begin{cases} y\dfrac{dy}{dx}+z\dfrac{dz}{dx}=-x, \\ \dfrac{dy}{dx}+\dfrac{dz}{dx}=-1 。 \end{cases}$$

由此得

$$\frac{dy}{dx}=\frac{\begin{vmatrix} -x & z \\ -1 & 1 \end{vmatrix}}{\begin{vmatrix} y & z \\ 1 & 1 \end{vmatrix}}=\frac{z-x}{y-z}, \quad \frac{dz}{dx}=\frac{\begin{vmatrix} y & -x \\ 1 & -1 \end{vmatrix}}{\begin{vmatrix} y & z \\ 1 & 1 \end{vmatrix}}=\frac{x-y}{y-z} 。$$

故 $\dfrac{dy}{dx}\Big|_{(1,-2,1)}=0$，$\dfrac{dz}{dx}\Big|_{(1,-2,1)}=-1$，从而切向量为 $\tau=\{1,0,-1\}$，则

所求切线方程为

$$\frac{x-1}{1}=\frac{y+2}{0}=\frac{z-1}{-1},$$

法平面方程为

$$(x-1)+0\times(y+2)-(z-1)=0,$$

即

$$x-z=0 。$$

例 2 的 Maple 源程序

```
> #example2
> f: = x^2+y^2+z^2=6;g:= x+y+z=0;
  implicitdiff({f,g},{y(x),z(x)},{y,z},x,notation=Diff);
```
$$f:=x^2+y^2+z^2=6$$
$$g:=x+y+z=0$$
$$\left\{\frac{\partial}{\partial x}y=\frac{z-x}{y-z},\frac{\partial}{\partial x}z=-\frac{-x+y}{y-z}\right\}$$
```
> dy/dx=0,dz/dx=-1;
```
$$\frac{dy}{dx}=0,\frac{dz}{dx}=-1$$
```
> with(geom3d):
> point(A,[1,-2,1]):v:=[1,0,-1]:
> line(l1,[A,v]):
> detail(l1);
```
 name of the object:l1
 　form of the object:line3d

```
  equation of the line:[_x=1+_t,_y=-2,_z=1-_t]
> with(Student[MultivariateCalculus]);
> p:= Plane([1,-2,1],<1,0,-1>):GetRepresentation(p);
                      x-z = 0
```

这里需要指出的是，如果上述的 $J = \begin{vmatrix} F_y & F_z \\ G_y & G_z \end{vmatrix}_0 = 0$, $\begin{vmatrix} F_x & F_y \\ G_x & G_y \end{vmatrix}_0$

与 $\begin{vmatrix} F_z & F_x \\ G_z & G_x \end{vmatrix}_0$ 中至少有一个不为零，也可类似得到相应的结果。

9.6.2 空间曲面的切平面与法线

我们先讨论由隐式给出曲面方程
$$F(x,y,z) = 0 \tag{7}$$
的情形，然后把由显式给出的曲面方程 $z = f(x,y)$ 作为它的特殊情形。

设曲面 Σ 的方程为 $F(x,y,z) = 0$，$M(x_0,y_0,z_0)$ 是曲面 Σ 上的一点，并设函数 $F(x,y,z)$ 的偏导数在该点连续且不同时为零。在曲面 Σ 上，通过点 M 任意引一条曲线（图 9.6.2）。

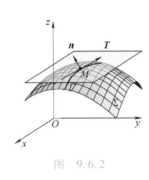

图　9.6.2

假定曲线的参数方程为
$$\begin{cases} x = \varphi(t), \\ y = \psi(t), \quad (\alpha \leqslant t \leqslant \beta), \\ z = \omega(t) \end{cases}$$

$t = t_0$ 对应于点 $M(x_0,y_0,z_0)$ 且 $\varphi'(t_0)$、$\psi'(t_0)$、$\omega'(t_0)$ 不全为零，则由式(2)可得该曲线在 $M(x_0,y_0,z_0)$ 处的切线方程为
$$\frac{x-x_0}{\varphi'(t_0)} = \frac{y-y_0}{\psi'(t_0)} = \frac{z-z_0}{\omega'(t_0)}。$$

我们现在要证明，在曲面 Σ 上通过点 M 且在点 M 处具有切线的任何曲线，它们在点 M 处的切线都在同一个平面上。事实上，因为曲线 Γ 完全在曲面 Σ 上，所以有恒等式
$$F(\varphi(t),\psi(t),\omega(t)) = 0,$$
又因 $F(x,y,z)$ 在点 (x_0,y_0,z_0) 处有连续偏导数，且 $\varphi'(t_0)$、$\psi'(t_0)$ 和 $\omega'(t_0)$ 存在，所以这个恒等式左边的复合函数在 $t = t_0$ 时有全导数，且其全导数等于零：
$$\frac{\mathrm{d}}{\mathrm{d}t}F(\varphi(t),\psi(t),\omega(t))\bigg|_{t=t_0} = 0,$$
即
$$F_x(x_0,y_0,z_0)\varphi'(t_0) + F_y(x_0,y_0,z_0)\psi'(t_0) + F_z(x_0,y_0,z_0)\omega'(t_0) = 0。$$
$$\tag{8}$$

引入向量

$$\boldsymbol{n} = \{F_x(x_0,y_0,z_0), F_y(x_0,y_0,z_0), F_z(x_0,y_0,z_0)\},$$

则式(8)表示曲线在点 M 处的切向量 $\boldsymbol{\tau} = \{\varphi'(t_0), \psi'(t_0), \omega'(t_0)\}$ 与向量 $\boldsymbol{n}$ 垂直。因为曲线是曲面上通过点 M 的任意一条曲线，它们在点 M 的切线都与同一个向量 $\boldsymbol{n}$ 垂直，所以曲面上通过点 M 的一切曲线在点 M 的切线都在同一个平面上。这个平面称为曲面 Σ 在点 M 的切平面，该切平面的方程是

$$F_x(x_0,y_0,z_0)(x-x_0)+F_y(x_0,y_0,z_0)(y-y_0)+F_z(x_0,y_0,z_0)(z-z_0)=0。$$

$$(9)$$

通过点 $M(x_0,y_0,z_0)$ 且垂直于切平面(9)的直线称为曲面在该点的法线，其方程是

$$\frac{x-x_0}{F_x(x_0,y_0,z_0)}=\frac{y-y_0}{F_y(x_0,y_0,z_0)}=\frac{z-z_0}{F_z(x_0,y_0,z_0)}。 \quad (10)$$

垂直于曲面上切平面的向量称为曲面的法向量，向量

$$\boldsymbol{n} = \{F_x(x_0,y_0,z_0), F_y(x_0,y_0,z_0), F_z(x_0,y_0,z_0)\}$$

就是曲面 Σ 在点 (x_0,y_0,z_0) 处的一个法向量。

现在来考虑曲面方程

$$z=f(x,y)。 \quad (11)$$

令 $F(x,y,z)=f(x,y)-z$，则

$$F_x(x,y,z)=f_x(x,y), \quad F_y(x,y,z)=f_y(x,y), \quad F_z(x,y,z)=-1,$$

于是，当函数 $f(x,y)$ 的偏导数 $f_x(x,y)$、$f_y(x,y)$ 在点 (x_0,y_0) 处连续时，曲面(11)在点 $M(x_0,y_0,z_0)$ 处的法向量为 $\boldsymbol{n} = \{f_x(x_0,y_0), f_y(x_0,y_0),-1\}$，切平面方程为

$$f_x(x_0,y_0)(x-x_0)+f_y(x_0,y_0)(y-y_0)-(z-z_0)=0$$

或

$$z-z_0=f_x(x_0,y_0)(x-x_0)+f_y(x_0,y_0)(y-y_0)。 \quad (12)$$

而法线方程为

$$\frac{x-x_0}{f_x(x_0,y_0)}=\frac{y-y_0}{f_y(x_0,y_0)}=\frac{z-z_0}{-1}。$$

方程(12)右端恰好是函数 $z=(x,y)$ 在点 (x_0,y_0) 的全微分，而左端是切平面上点的竖坐标的增量，因此，函数 $z=f(x,y)$ 在点 (x_0,y_0) 的全微分，在几何上表示曲面 $z=f(x,y)$ 在点 (x_0,y_0,z_0) 处的切平面上点的竖坐标的增量，如图 9.6.3 所示。

如果用 α，β，γ 表示曲面的法向量的方向角，并假定法向量的方向是向上的，即该向量与 z 轴的正向的夹角 γ 是一锐角，则法向量的方向余弦为

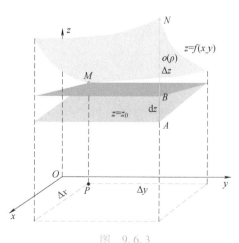

图　9.6.3

$$\cos\alpha=\frac{-f_x}{\sqrt{1+f_x^2+f_y^2}}, \quad \cos\beta=\frac{-f_y}{\sqrt{1+f_x^2+f_y^2}}, \quad \cos\gamma=\frac{1}{\sqrt{1+f_x^2+f_y^2}},$$

其中 $f_x(x_0,y_0)$，$f_y(x_0,y_0)$ 分别简记为 f_x，f_y。

例 3　求旋转抛物面 $z=x^2+y^2-1$ 在点 $(2,1,4)$ 处的切平面及法线方程。

解　设 $F(x,y,z)=x^2+y^2-z-1$，则 $\boldsymbol{n}=\{F_x,F_y,F_z\}=\{2x,2y,-1\}$，故

$$\boldsymbol{n}\big|_{(2,1,4)}=\{2x,2y,-1\}\big|_{(2,1,4)}=\{4,2,-1\}。$$

因此，在点 $(2,1,4)$ 处该曲面的切平面方程为

$$4(x-2)+2(y-1)-(z-4)=0,$$

即

$$4x+2y-z-6=0。$$

法线方程为

$$\frac{x-2}{4}=\frac{y-1}{2}=\frac{z-4}{-1}。$$

例 3 的 Maple 源程序

```
> #example3
> f:=(x,y,z)->x^2+y^2-z-1;
> n:=vector([D[1](f)(2,1,4),D[2](f)(2,1,4),D[3](f)(2,1,4)]);
                    f:=(x,y,z)→x^2+y^2-z-1
                    n:=[4,2,-1]
> with(Student[MultivariateCalculus]):
> p:= Plane([2,1,4],<4,2,-1>):GetRepresentation(p);
                    4x+2y-z=6
> with(geom3d):
> point(A,[2,1,4]):v:=[4,2,-1]:
> line(l1,[A,v]):
> detail(l1);
 name of the object:l1\
    form of the object:line3d\
    equation of the line:[_x=2+4*_t, _y=1+2*_t_z=4-_t]
```

例 4　用求曲面的法向量方法求解例 2。

解　设所求曲线在点 $(1,-2,1)$ 处的一个切向量为 τ，曲面 $x^2+y^2+z^2-6=0$ 在该点处的一个法向量为 $\boldsymbol{n}_1=\{2x,2y,2z\}\big|_{(1,-2,1)}=\{2,-4,2\}=2\{1,-2,1\}$，平面 $x+y+z=0$ 在该点处的一个法向量为 $\boldsymbol{n}_2=\{1,1,1\}$，则 τ 与 $\boldsymbol{n}_1$ 垂直，且 τ 与 $\boldsymbol{n}_2$ 垂直，故可取

$$\boldsymbol{\tau}=\begin{vmatrix} \boldsymbol{i} & \boldsymbol{j} & \boldsymbol{k} \\ 1 & -2 & 1 \\ 1 & 1 & 1 \end{vmatrix}=-3\boldsymbol{i}+3\boldsymbol{k}=-3(\boldsymbol{i}-\boldsymbol{k}),$$

故 $\boldsymbol{\tau}=-3\{1,0,-1\}$，因此，所求切线方程为 $\dfrac{x-1}{1}=\dfrac{y+2}{0}=\dfrac{z-1}{-1}$。

例 4 的 Maple 源程序

```
> #example4
> with(linalg):
> f:=(x,y,z)->x^2+y^2+z^2-6;
            f:=(x,y,z)→x²+y²+z²-6
>n[1]:=vector([D[1](f)(1,-2,1),D[2](f)(1,-2,1),D[3]
(f)(1,-2,1)]);
            n₁:=[2,-4,2]
> n[2]:=vector([1,1,1]);
            n₂:=[1,1,1]
> crossprod(n[1],n[2]);
            [-6,0,6]
> with(geom3d):
> point(A,[1,-2,1]):v:=[1,0,-1]:
> line(l1,[A,v]):
> detail(l1);
  name of the object:l1\
     form of the object:line3d\
     equation of the line:[_x=1+_t,_y=-2,_z=1-_t]
```

习题 9.6

1. 求下列曲线在指定点处的切线与法平面方程。

（1）$x=t$、$y=t^2$、$z=t^3$ 在点 $(1,1,1)$ 处；

（2）$x=\dfrac{t}{1+t}$、$y=\dfrac{1+t}{t}$、$z=t^2$ 在点 $t=1$ 处；

（3）$x=t-\sin t$、$y=1-\cos t$、$z=4\sin\dfrac{t}{4}$ 在点 $t=\pi$ 处；

（4）$y=x$、$z=x^2$ 在点 $(1,1,1)$ 处。

2. 求曲线 $y^2=2mx$、$z^2=m-x$ 在点 (x_0,y_0,z_0) 处的切线及法平面方程。

3. 求曲线 $\begin{cases} x^2+y^2+z^2-3x=0, \\ 2x-3y+5z-4=0 \end{cases}$ 在点 $(1,1,1)$ 处的切线及法平面方程。

4. 求曲线 $x=t$、$y=t^2$、$z=t^3$ 上的点，使在该点的切线平行于平面 $x+2y+z=4$。

5. 求下列曲面在指定点处的切平面与法线方程。

（1）$\dfrac{x^2}{4}+\dfrac{y^2}{9}+\dfrac{z^2}{16}=1$ 在点 $(0,0,-4)$ 处；

（2）$\mathrm{e}^z-z+xy=3$ 在点 $(2,1,0)$ 处；

（3）$z=x^2+y^2$ 在点 $(1,2,5)$ 处；

（4）$z=\arctan\dfrac{y}{x}$ 在点 $\left(1,1,\dfrac{\pi}{4}\right)$ 处；

（5）$ax^2+by^2+cz^2=1$ 在点 (x_0,y_0,z_0) 处。

6. 求椭球面 $x^2+2y^2+z^2=1$ 上平行于平面 $x-y+2z=0$ 的切平面方程。

9.7　方向导数与梯度

9.7.1　方向导数

偏导数 $\dfrac{\partial z}{\partial x}$ 与 $\dfrac{\partial z}{\partial y}$ 分别表示的是二元函数 $z=f(x,y)$ 中变量 z 沿 x 轴与 y 轴正方向的变化率。但在实际的问题中我们往往需要研究函数沿其他方向的变化率。例如，叶片上的露水会沿怎样的路径从叶片上流下来？再如，气压沿着不同方向的变化率等。因此我们需要讨论函数沿任一指定方向的变化率。

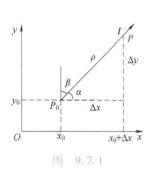

图　9.7.1

定义 1　设函数 $z=f(x,y)$ 在点 $P_0(x_0,y_0)$ 的某邻域内有定义，l 是以 P_0 为始点的一条射线，$P(x_0+\Delta x,y_0+\Delta y)$ 是 l 上的一个动点（图 9.7.1），如果 P 沿着 l 趋向于点 P_0 时，函数增量 $\Delta z= f(x_0+\Delta x,y_0+\Delta y)-f(x_0,y_0)$ 与有向线段 P_0P 的长度 $\rho= \sqrt{(\Delta x)^2+(\Delta y)^2}$ 之比的极限存在，则称此极限值为函数 $z= f(x,y)$ 在点 P_0 处沿方向 l 的**方向导数**，记作 $\dfrac{\partial z}{\partial l}\Big|_{(x_0,y_0)}$，即

$$\frac{\partial z}{\partial l}\Big|_{(x_0,y_0)}=\lim_{\rho\to 0^+}\frac{f(x_0+\Delta x,y_0+\Delta y)-f(x_0,y_0)}{\rho}。$$

易知，当函数 $z=f(x,y)$ 在点 $P_0(x_0,y_0)$ 的偏导数存在时，若取 l 为以 $P_0(x_0,y_0)$ 为始点且平行于 x 轴的正向射线，此时 $\Delta x>0$，$\Delta y=0$，$\rho=\Delta x$，有

$$\frac{\partial z}{\partial l}\Big|_{(x_0,y_0)}=\lim_{\rho\to 0^+}\frac{f(x_0+\rho,y_0)-f(x_0,y_0)}{\rho}=f_x(x_0,y_0)；$$

若取 l 为以 $P_0(x_0,y_0)$ 为始点且平行于 y 轴的正向射线，此时 $\Delta y>0$，$\Delta x=0$，$\rho=\Delta y$，有

$$\frac{\partial z}{\partial l}\Big|_{(x_0,y_0)}=\lim_{\rho\to 0^+}\frac{f(x_0,y_0+\rho)-f(x_0,y_0)}{\rho}=f_y(x_0,y_0)。$$

这表明，$z=f(x,y)$ 的一阶偏导数是方向导数的特殊情况——沿坐标轴正向的方向导数。不仅如此，只要 $f(x,y)$ 在点 $P_0(x_0,y_0)$ 处可微，我们还可以借助两个偏导数来计算 $f(x,y)$ 沿任意方向的方向导数。

定理　如果函数 $f(x,y)$ 在点 $P_0(x_0,y_0)$ 处**可微**，那么函数在该点沿任一方向 l 的**方向导数**存在，且有

$$\frac{\partial z}{\partial l}\bigg|_{(x_0,y_0)} = f_x(x_0,y_0)\cos\alpha + f_y(x_0,y_0)\cos\beta, \tag{1}$$

其中 $\cos\alpha$，$\cos\beta$ 是方向 l 的**方向余弦**。

证明　由假设，$f(x,y)$ 在点 (x_0,y_0) 处可微，故有

$$f(x_0+\Delta x, y_0+\Delta y) - f(x_0,y_0)$$

$$= f_x(x_0,y_0)\Delta x + f_y(x_0,y_0)\Delta y + o\left(\sqrt{(\Delta x)^2+(\Delta y)^2}\right),$$

其中 $\Delta x = \rho\cos\alpha$，$\Delta y = \rho\cos\beta$，$\sqrt{(\Delta x)^2+(\Delta y)^2} = \rho$，所以

$$\lim_{\rho\to 0^+}\frac{f(x_0+\rho\cos\alpha, y_0+\rho\cos\beta) - f(x_0,y_0)}{\rho}$$

$$= f_x(x_0,y_0)\cos\alpha + f_y(x_0,y_0)\cos\beta。$$

这就证明了方向导数存在，且其值为

$$\frac{\partial z}{\partial l}\bigg|_{(x_0,y_0)} = f_x(x_0,y_0)\cos\alpha + f_y(x_0,y_0)\cos\beta。$$

例 1　求函数 $z=xe^{2y}$ 在点 $P(1,0)$ 处沿从点 $P(1,0)$ 到点 $Q(2,-1)$ 的方向的方向导数。

解　这里方向 l 即向量 $\overrightarrow{PQ}=(1,-1)$ 的方向，与 l 同向的单位向量 $e_l=\left(\dfrac{\sqrt{2}}{2}, -\dfrac{\sqrt{2}}{2}\right)$。因为函数可微分，且

$$\frac{\partial z}{\partial x}\bigg|_{(1,0)} = e^{2y}\big|_{(1,0)} = 1, \quad \frac{\partial z}{\partial y}\bigg|_{(1,0)} = 2xe^{2y}\big|_{(1,0)} = 2,$$

故由公式（1），得所求方向导数为

$$\frac{\partial z}{\partial l}\bigg|_{(1,0)} = 1\times\frac{1}{\sqrt{2}} + 2\times\left(-\frac{1}{\sqrt{2}}\right) = -\frac{\sqrt{2}}{2}。$$

例 1 的 Maple 源程序

```
> #example1
> with(Student[MultivariateCalculus]):
> DirectionalDerivative(x * exp(2 * y),[x,y]=[1,0],[1,-1]);
```
$$-\frac{\sqrt{2}}{2}$$

同样可以证明：如果函数 $f(x,y,z)$ 在点 (x_0,y_0,z_0) 处可微，那么函数在该点沿方向 l 的方向导数为

$$\frac{\partial z}{\partial l}\bigg|_{(x_0,y_0,z_0)} = f_x(x_0,y_0,z_0)\cos\alpha + f_y(x_0,y_0,z_0)\cos\beta + f_z(x_0,y_0,z_0)\cos\gamma,$$

$$\tag{2}$$

其中 $\cos\alpha$，$\cos\beta$，$\cos\gamma$ 是方向 l 的三个方向余弦。

例 2 求函数 $f(x,y,z)=xy+yz+zx$ 在点 $(1,1,2)$ 处沿方向 l 的方向导数，其中 l 的方向角分别为 $60°$，$45°$，$60°$。

解 与 l 同向的单位向量 $e_l=(\cos60°,\cos45°,\cos60°)=\left(\dfrac{1}{2},\dfrac{\sqrt{2}}{2},\dfrac{1}{2}\right)$。因为函数可微分，且

$$f_x(1,1,2)=(y+z)\big|_{(1,1,2)}=3,$$
$$f_y(1,1,2)=(x+z)\big|_{(1,1,2)}=3,$$
$$f_z(1,1,2)=(y+x)\big|_{(1,1,2)}=2。$$

由公式（2），得 $\dfrac{\partial f}{\partial l}\bigg|_{(1,1,2)}=3\times\dfrac{1}{2}+3\times\dfrac{\sqrt{2}}{2}+2\times\dfrac{1}{2}=\dfrac{1}{2}(5+3\sqrt{2})$。

例 2 的 Maple 源程序

```
> #example2
> with(Student[MultivariateCalculus]):
> DirectionalDerivative(x*y+y*z+z*x,[x,y,z]=[1,1,2],
[1,sqrt(2),1]);
```

$$\dfrac{5}{2}+\dfrac{3\sqrt{2}}{2}$$

9.7.2 梯度

前面我们学习的方向导数公式可以改写成下述形式：

$$\frac{\partial z}{\partial l}\bigg|_{(x_0,y_0)}=f_x(x_0,y_0)\cos\alpha+f_y(x_0,y_0)\cos\beta$$

$$=(f_x(x_0,y_0),f_y(x_0,y_0))\cdot(\cos\alpha,\cos\beta),$$

其中向量 $\big(f_x(x_0,y_0),f_y(x_0,y_0)\big)$ 的两个分量是由函数 $z=f(x,y)$ 在点 (x_0,y_0) 处的两个偏导数组成，那么，下面我们来讨论一下这个向量在实际问题中的意义。

定义 2 设函数 $z=f(x,y)$ 在点 $P_0(x_0,y_0)$ 处**可微**，则称向量 $f_x(x_0,y_0)\boldsymbol{i}+f_y(x_0,y_0)\boldsymbol{j}$ 为函数 $f(x,y)$ 在点 $P_0(x_0,y_0)$ 处的**梯度**，记作 $\mathbf{grad}\,f(x_0,y_0)$，即 $\mathbf{grad}\,f(x_0,y_0)=f_x(x_0,y_0)\boldsymbol{i}+f_y(x_0,y_0)\boldsymbol{j}$。

例 3 设函数 $f(x,y)=\dfrac{1}{x^2+y^2}$，求 $\mathbf{grad}\,f$ 及 $\mathbf{grad}\,f(1,2)$。

解 因为 $f_x=\dfrac{-2x}{(x^2+y^2)^2}$，$f_y=\dfrac{-2y}{(x^2+y^2)^2}$，所以

$$\mathbf{grad}\, f = \frac{-2x}{(x^2+y^2)^2}\boldsymbol{i} + \frac{-2y}{(x^2+y^2)^2}\boldsymbol{j},$$

$$\mathbf{grad}\, f(1,2) = -\frac{2}{25}\boldsymbol{i} - \frac{4}{25}\boldsymbol{j}。$$

例 3 的 Maple 源程序

```
> #example3
> with(VectorCalculus):
> gradf:=Gradient(1/(x^2+y^2),[x,y]);
```

$$gradf := -\frac{2x}{(x^2+y^2)^2}\overline{\boldsymbol{e}}_{\mathbf{x}} - \frac{2y}{(x^2+y^2)^2}\overline{\boldsymbol{e}}_{\mathbf{y}}$$

```
> with(Student[MultivariateCalculus]):
> Gradient(1/(x^2+y^2),[x,y]=[1,2]);
```

$$\left[\left[\begin{array}{c} \dfrac{-2}{25} \\[2mm] \dfrac{-4}{25} \end{array}\right]\right]$$

例 4　设函数 $f(x,y,z) = \dfrac{x-y}{x-z}$，求函数 $f(x,y,z)$ 在点 $(2,-1,1)$ 处的梯度。

解　因为　$f_x = \dfrac{y-z}{(x-z)^2},\quad f_y = \dfrac{-1}{x-z},\quad f_z = \dfrac{x-y}{(x-z)^2},$

所以　$f_x(2,-1,1) = -2,\quad f_y(2,-1,1) = -1,\quad f_z(2,-1,1) = 3,$

$$\mathbf{grad}\, f(2,-1,1) = -2\boldsymbol{i} - \boldsymbol{j} + 3\boldsymbol{k}。$$

例 4 的 Maple 源程序

```
> #example4
> with(Student[MultivariateCalculus]):
> gradf:=Gradient((x-y)/(x-z),[x,y,z]=[2,-1,1]);
```

$$gradf := \left[\left[\begin{array}{c} -2 \\ -1 \\ 3 \end{array}\right]\right]$$

有了梯度的概念，我们对方向导数可以有进一步的认识。

方向导数是函数沿指定方向的变化率。由于一点处的方向有无数多个，因而，一个函数在一点处沿各个方向就形成许多不同的变化状态。其中有陡形变化的，也有平坦变化的，掌握使函数变化最快的方向及其变化率，无疑是十分重要的，为此，先分析一下方向导数的计算公式。

我们知道，二元可微函数 $z = f(x,y)$ 在点 $P_0(x_0,y_0)$ 处沿方向 $\boldsymbol{l}$

的方向导数为

$$\frac{\partial z}{\partial l}\bigg|_{(x_0,y_0)} = f_x(x_0,y_0)\cos\alpha + f_y(x_0,y_0)\cos\beta$$

$$= (f_x(x_0,y_0), f_y(x_0,y_0)) \cdot (\cos\alpha, \cos\beta)$$

$$= \mathbf{grad}\, f(x_0,y_0) \cdot \boldsymbol{e}_l$$

$$= |\mathbf{grad}\, f(x_0,y_0)| \cdot |\boldsymbol{e}_l| \cdot \cos\theta_o$$

其中 $\boldsymbol{e}_l$ 为 l 方向的单位向量, θ 为方向 l 与梯度之间的夹角, 另外 $|\boldsymbol{e}_l| = 1$, 因此最终方向导数可化简为

$$\frac{\partial f}{\partial l}\bigg|_{(x_0,y_0)} = |\mathbf{grad}\, f(x_0,y_0)| \cdot \cos\theta_o$$

显然, 对于给定的函数在给定的点处梯度的模是定值, 此时方向导数的大小只跟 θ 有关, 当 $\theta = 0$ 时, 即 l 方向与梯度所指方向相同时方向导数有最大值, 且最大值为 $|\mathbf{grad}\, f(x_0,y_0)|$。当 $\theta = \pi$ 时, 即 l 方向与梯度所指方向相反时方向导数有最小值, 且最小值为 $-|\mathbf{grad}\, f(x_0,y_0)|$。当 $\theta = \dfrac{\pi}{2}$ 或 $\theta = \dfrac{3\pi}{2}$ 时, 即 l 方向与梯度所指方向垂直时方向导数为 0。

例如, 在实际问题中, 如果将二元函数 $z = f(x,y)$ 的图像看成是一片叶子所对应的曲面, 叶片上的一滴露珠看成是曲面上一点, 那么露珠会沿着怎样的路径滑落? 一定是沿着曲面在该点处方向导数最小的方向滑落, 即就是露珠在理想状态下一定会沿着与梯度方向相反的方向滑落。

例 5　一块金属板的四个顶点为 $(1,1)$, $(5,1)$, $(1,3)$ 和 $(5,3)$, 由置于原点处的火焰给它加热, 板上一点处的温度与该点到原点的距离成反比, 如果有一只蚂蚁在点 $(3,2)$ 处, 问: 它沿什么方向爬行时才能最快地到达安全的地方?

解　由题意, 金属板上的温度函数为 $f(x,y) = \dfrac{k}{\sqrt{x^2+y^2}}$ ($k>0$, k 为反比例系数), 因此

$$f_x = \frac{-kx}{(x^2+y^2)^{\frac{3}{2}}}, \quad f_y = \frac{-ky}{(x^2+y^2)^{\frac{3}{2}}},$$

进而有

$$f_x(3,2) = \frac{-3k}{13\sqrt{13}}, \quad f_y(3,2) = \frac{-2k}{13\sqrt{13}}_o$$

注意到, 温度下降最快的方向应为与梯度相反的方向, 即

$$-\mathbf{grad}\, f(3,2) = \frac{3k}{13\sqrt{13}}\boldsymbol{i} + \frac{2k}{13\sqrt{13}}\boldsymbol{j}_o$$

故蚂蚁最快地爬行到安全地方的方向为

$$\frac{-\mathbf{grad}\,f(3,2)}{|-\mathbf{grad}\,f(3,2)|}=\frac{3}{\sqrt{13}}\boldsymbol{i}+\frac{2}{\sqrt{13}}\boldsymbol{j}。$$

例 5 的 Maple 源程序

```
> #example5
> with(Student[MultivariateCalculus]):
> gradf:=Gradient(k/sqrt(x^2+y^2),[x,y]=[3,2]);
```

$$gradf:=\begin{bmatrix}\begin{bmatrix}-\dfrac{3k\sqrt{13}}{169}\\[2mm]-\dfrac{2k\sqrt{13}}{169}\end{bmatrix}\end{bmatrix}$$

```
> with(Student[LinearAlgebra]):
> gradf:= <-(3*k*sqrt(13))/169|-(2*k*sqrt(13))/169>;
```

$$gradf:=\begin{bmatrix}-\dfrac{3k\sqrt{13}}{169},-\dfrac{2k\sqrt{13}}{169}\end{bmatrix}$$

```
> -gradf/Norm(gradf);
```

$$\begin{bmatrix}\dfrac{3}{13}\dfrac{k\sqrt{13}}{\sqrt{k^2}},\dfrac{2}{13}\dfrac{k\sqrt{13}}{\sqrt{k^2}}\end{bmatrix}$$

习题 9.7

1. 求下列函数在指定点处沿方向 l 的方向导数:

(1) $f(x,y)=2x^2-3xy+y^2+15$, 点 $P_0(1,1)$, $l=\dfrac{1}{\sqrt{2}}\boldsymbol{i}+\dfrac{1}{\sqrt{2}}\boldsymbol{j}$;

(2) $f(x,y)=x^2-y^2$, 点 $P_0(1,1)$, l 与 x 轴正向夹角为 $60°$;

(3) $f(x,y)=\sin xy^2$, 点 $P_0\left(\dfrac{1}{\pi},\pi\right)$, $l=\boldsymbol{i}-3\boldsymbol{j}$;

(4) $f(x,y,z)=3x-2y+4z$, 点 $P_0(1,-1,2)$, $l=\boldsymbol{i}+\boldsymbol{j}+\boldsymbol{k}$;

(5) $f(x,y,z)=\dfrac{x-y-z}{x+y+z}$, 点 $P_0(2,1,-1)$, $l=-2\boldsymbol{i}-\boldsymbol{j}-\boldsymbol{k}$;

(6) $f(x,y,z)=xyz^2$, 点 $P_0(x,y,z)$, $l=\boldsymbol{i}+\boldsymbol{j}+2\boldsymbol{k}$。

2. 求 $u=x^2-xy+y^2$ 在点 $(1,1)$ 处沿方向 $l=\boldsymbol{i}\cos\alpha+\boldsymbol{j}\sin\alpha$ 的方向导数。

3. 设 $z=x^3y^2$, 求在点 $P_0(3,1)$, 沿 $\overrightarrow{P_0P_1}$ 方向的方向导数, 其中 P_1 坐标为 $(2,3)$。

4. 设 $u=xye^z$, 求在点 $P_0(1,1,0)$, 沿 P_0 到 $P_1(-2,3,\sqrt{3})$ 方向的方向导数。

5. 设 $f(x,y,z)=x^2+2y^2+3z^2+xy+3x-2y-6z$, 求 $\mathbf{grad}(0,0,0)$、$\mathbf{grad}(1,1,1)$。

6. 求函数 $u=xy^2z$ 在点 $P_0(1,-1,2)$ 处变化最快的方向, 并求沿这个方向的方向导数。

9.8 多元函数的极值及其求法

9.8.1 多元函数的极值及最大值、最小值

在一元函数的微分学中, 我们利用导数解决了求一元函数的

极值问题，从而求得实际问题中的最大值和最小值。同样，多元函数的极值在许多实际问题中有着广泛的应用。为此，我们以二元函数为主，来研究多元函数极值的求法，并进而解决实际问题中多元函数求最大值和最小值的问题。

> **定义**　设函数 $z=f(x,y)$ 在点 (x_0,y_0) 的某个邻域内有定义，对于该邻域内异于 (x_0,y_0) 的点，如果都适合不等式
> $$f(x,y)<f(x_0,y_0),$$
> 则称函数 $f(x,y)$ 在点 (x_0,y_0) 处有**极大值** $f(x_0,y_0)$。如果都适合不等式
> $$f(x,y)>f(x_0,y_0),$$
> 则称函数 $f(x,y)$ 在点 (x_0,y_0) 处有**极小值** $f(x_0,y_0)$。极大值、极小值统称为极值，使函数取得极值的点称为**极值点**。

例1　函数 $z=x^2+y^2$ 在点 $(0,0)$ 处有极小值。因为对于点 $(0,0)$ 的任一邻域内异于 $(0,0)$ 的点，函数值都为正，而在点 $(0,0)$ 处的函数值为零。从几何上看这也是显然的，因为点 $(0,0,0)$ 是开口朝上的旋转抛物面 $z=x^2+y^2$ 的顶点。

例 1 的 Maple 源程序

```
> #example1
> f:=x^2+y^2;
```
$$f:=x^2+y^2$$
```
> extrema(f,{},{x,y});
```
$$\{0\}$$

例2　函数 $z=\sqrt{1-x^2-y^2}$ 在点 $(0,0)$ 处有极大值。因为在点 $(0,0)$ 处函数值为 1，而对于点 $(0,0)$ 的某邻域内异于 $(0,0)$ 的点，函数值都为小于 1，点 $(0,0,1)$ 是上半球面 $z=\sqrt{1-x^2-y^2}$ 的顶点。

例 2 的 Maple 源程序

```
> #example2
> f:=sqrt(1-x^2-y^2);
```
$$f:=\sqrt{-x^2-y^2+1}$$
```
> extrema(f,{},{x,y});
```
$$\{1\}$$

下面我们利用偏导数来研究二元函数的极值问题。与一元函

数类似，这里我们先给出可微函数在一点取得极值的必要条件和充分条件。

定理 1（必要条件）　设函数 $z=f(x,y)$ 在点 (x_0,y_0) 具有偏导数，且在点 (x_0,y_0) 处有极值，则它在该点的偏导数必然为零：
$$f_x(x_0,y_0)=0, \quad f_y(x_0,y_0)=0。$$

证明　不妨设 $z=f(x,y)$ 在点 (x_0,y_0) 处有极大值。依极大值的定义，在点 (x_0,y_0) 的某邻域内异于 (x_0,y_0) 的点都适合不等式
$$f(x,y)<f(x_0,y_0)，$$
特殊地，在该邻域内取 $y=y_0$，而 $x\neq x_0$ 的点，也应适合不等式
$$f(x,y_0)<f(x_0,y_0)。$$
这表明一元函数 $f(x,y_0)$ 在 $x=x_0$ 处取得极大值，因此必有
$$f_x(x_0,y_0)=0。$$

类似地可证
$$f_y(x_0,y_0)=0。$$

从几何上看，这时如果曲面 $z=f(x,y)$ 在点 (x_0,y_0,z_0) 处有切平面，则切平面
$$z-z_0=f_x(x_0,y_0)(x-x_0)+f_y(x_0,y_0)(y-y_0)$$
成为平行于 xOy 坐标面的平面 $z-z_0=0$。

类似一元函数，凡是能使 $f_x(x,y)=0$，$f_y(x,y)=0$ 同时成立的点 (x_0,y_0) 称为函数 $z=f(x,y)$ 的驻点。从定理 1 可知，具有偏导数的函数的极值点必定是驻点，但是函数的驻点不一定是极值点，例如，点 $(0,0)$ 是函数 $z=xy$ 的驻点，但是函数在该点并无极值。

怎样判定一个驻点是否是极值点呢？下面的定理回答了这个问题。

定理 2（充分条件）　设函数 $z=f(x,y)$ 在点 (x_0,y_0) 的某邻域内连续且有一阶及二阶连续偏导数，又 $f_x(x_0,y_0)=0$，$f_y(x_0,y_0)=0$，令
$$f_{xx}(x_0,y_0)=A, \quad f_{xy}(x_0,y_0)=B, \quad f_{yy}(x_0,y_0)=C,$$
则 $f(x,y)$ 在 (x_0,y_0) 处是否取得极值的条件如下：

（1）$AC-B^2>0$ 时具有极值，且当 $A<0$ 时有极大值，当 $A>0$ 时有极小值；

（2）$AC-B^2<0$ 时没有极值；

（3）$AC-B^2=0$ 时可能有极值，也可能没有极值，还需另做讨论。

利用定理 1、2，我们把具有二阶连续偏导数的函数 $z=f(x,y)$ 的极值求法的步骤叙述如下：

第一步　解方程组

$$\begin{cases} f_x(x,y)=0, \\ f_y(x,y)=0, \end{cases}$$

求得一切实数解，即可以得到一切驻点；

第二步　对于每一个驻点 (x_0,y_0)，求出二阶偏导数的值 A，B 和 C；

第三步　确定 $AC-B^2$ 的符号，按定理 2 的结论判定 $f(x_0,y_0)$ 是否是极值、是极大值还是极小值。

例3　求函数 $f(x,y)=x^3+y^2-3x-4y+9$ 的极值。

解　先解方程组

$$\begin{cases} f_x(x,y)=3x^2-3=0, \\ f_y(x,y)=2y-4=0, \end{cases}$$

求得驻点为 $(-1,2)$、$(1,2)$。

再求出二阶偏导数

$$f_{xx}(x,y)=6x, \quad f_{xy}(x,y)=0, \quad f_{yy}(x,y)=2。$$

在点 $(-1,2)$ 处，$AC-B^2=-12<0$，所以 $(-1,2)$ 不是极值点；

在点 $(1,2)$ 处，$AC-B^2=12>0$，又 $A>0$，所以函数在 $(1,2)$ 处有极小值 $f(1,2)=3$；

例 3 的 Maple 源程序

```
> #example3
> f:=(x,y)->x^3+y^2-3*x-4*y+9;
                f:=(x,y)→x^3+y^2-3x-4y+9
> fx:=D[1](f)(x,y);
                    fx:=3x^2-3
> fy:=D[2](f)(x,y);
                    fy:=2y-4
> solve({D[1](f)(x,y)=0,D[2](f)(x,y)=0},[x,y]);
                [[x=1,y=2],[x=-1,y=2]]
> x1:=-1:y1:=2:A:=D[1,1](f)(x1,y1);B:=D[1,2](f)(x1,y1);
C:=D[2,2](f)(x1,y1);Delta:=A*C-B^2;f(x1,y1);
                    A:=-6
                    B:=0
                    C:=2
                    Δ:=-12
                      7
> x2:=1:y2:=2:A:=D[1,1](f)(x2,y2);B:=D[1,2](f)(x2,y2);
```

```
C:=D[2,2](f)(x2,y2);Delta:=A*C-B^2;f(x2,y2);
                        A:=6
                        B:=0
                        C:=2
                        Δ:=12
                           3
```

如果二元函数在有界闭区域 D 上连续, 则它一定在 D 上取得最大值和最小值。假设该函数还在 D 内部偏导数存在, 则有如下结论:

如果函数最大值(最小值)在 D 内部取得, 则最大值(最小值)点一定是驻点。证明可仿照定理 1, 然后由一元函数的最大值(最小值)点如在区间内部取得, 则最大值(最小值)点必是驻点(见罗尔定理证明), 即可得出最值点处两个偏导数必为零。

与一元函数一样, 二元函数中偏导数不存在的点也可能为极值点, 例如上半锥面 $z=\sqrt{x^2+y^2}$ 在点 $(0,0)$ 处取得极小值, 但 $z=\sqrt{x^2+y^2}$ 在点 $(0,0)$ 处的偏导数不存在。因此, 在求函数最值的过程中, 我们首先求出函数在 D 内的驻点, 其次找出偏导不存在的点并计算上述各点的函数值, 最后求出函数在 D 的边界上的最大值和最小值, 比较这些值的大小, 就可求出函数在 D 上的最大值和最小值。

例 4 求函数 $z=x^2+y^2-x^3$ 在 D: $x^2+y^2 \leqslant 9$ 上的最大值和最小值。

解 因为 $\dfrac{\partial z}{\partial x}=2x-3x^2=0$, $\dfrac{\partial z}{\partial y}=2y=0$, 易知函数在 D 内有两个驻点 $(0,0)$, $\left(\dfrac{2}{3},0\right)$, 且 $z(0,0)=0$, $z\left(\dfrac{2}{3},0\right)=\dfrac{4}{27}$, 函数在 D 内没有偏导数不存在的点。

在 D 的边界上, $y^2=9-x^2$, 因此 $z=9-x^3$, 其中 $-3 \leqslant x \leqslant 3$。一元函数 $z=9-x^3$ 在 $[-3,3]$ 内只有一个驻点 $x=0$, 且 $z\big|_{x=0}=9$。

容易求得该函数在 D 边界上的最大值为 $z(-3,0)=36$, 最小值为 $z(3,0)=-18$。故所求函数在 D 上的最大值为 $z(-3,0)=36$, 最小值为 $z(3,0)=-18$。

例 4 的 Maple 源程序

```
>#example4
> f:=(x,y)->x^2+y^2-x^3;
                f:=(x,y)→x^2+y^2-x^3
> f[x]:=D[1](f)(x,y);
                f_x:=-3x^2+2x
```

```
> f[y]:=D[2](f)(x,y);
```
$$f_y := 2y$$
```
> solve({D[1](f)(x,y)=0,D[2](f)(x,y)=0},[x,y]);
```
$$\left[[x=0, y=0], \left[x=\frac{2}{3}, y=0\right]\right]$$
```
> x1:=0:y1:=0:x3:=-3:y3:=0:
x2:=(2/3):y2:=0:x4:=3:y4:=0:
f(x1,y1);f(x2,y2);f(x3,y3);f(x4,y4);
```
$$0$$
$$\frac{4}{27}$$
$$36$$
$$-18$$

　　上述方法中，求函数在区域边界上的最大值和最小值往往很复杂。而在许多实际问题中，如果根据问题的性质，知道函数的最大值(最小值)在区域(可以是无界的)的内部取得，而函数在 D 内又只有一个驻点，那么函数的最大值(最小值)必在该驻点处取得。

例5　某厂要用铁板做成一个体积为 $4m^3$ 的无盖长方体水箱。问当长、宽、高各取怎样的尺寸时，才能使用料最省？

　　解　设水箱的长为 xm，宽为 ym，则其高应为 $\dfrac{4}{xy}$m，此水箱所用材料的面积

$$S = xy + 2\left(y \cdot \frac{4}{xy} + x \cdot \frac{4}{xy}\right),$$

即 $S = xy + 2\left(\dfrac{4}{x} + \dfrac{4}{y}\right)$ $(x>0,\ y>0)$。可见材料面积 S 是 x 和 y 的二元函数，这就是目标函数，下面求使这函数取得最小值的点(x,y)。令

$$\begin{cases} S_x = y - \dfrac{8}{x^2} = 0, \\[2mm] S_y = x - \dfrac{8}{y^2} = 0, \end{cases}$$

解这方程组，得 $x=2$，$y=2$。

　　函数在区域 $D = \{(x,y) \mid x>0, y>0\}$ 内只有一个驻点，又由题意可知，水箱用料面积的最小值一定存在且在 D 内取得。故当水箱的长为 2m，宽为 2m，高为 1m 时所用材料最省。

例5 的 Maple 源程序

```
> #example5
> f:=(x,y)->x*y+2*(4/x+4/y);
```

$$f := (x, y) \to xy + \frac{8}{x} + \frac{8}{y}$$

```
> with(RealDomain);
  [ℑ,ℜ,^,arccos,arccosh,arccot,arccoth,arccsc,arccsch,
    arcsec,arcsech,arcsin,arcsinh,arctan,arctanh,cos,
    cosh,cot,coth,csc,csch,eval,exp,expand,limit,ln,
    log,sec,sech,signum,simplify,sin,sinh,solve,sqrt,
    surd,tan,tanh]
> solve({D[1](f)(x,y)=0,D[2](f)(x,y)=0},[x,y]);
                    [[x=2,y=2]]
```

9.8.2 条件极值 拉格朗日乘数法

多元函数在其定义域内的极值称为无条件极值。但实际问题中,有时会遇到自变量还要满足附加条件的情况,比如一些等式或不等式的约束,如例5中容积为 $4m^3$ 的无盖水箱,要求水箱的表面积最小。设水箱的长、宽、高分别为 x、y、z,则水箱表面积为

$$S = xy + 2yz + 2xz,$$

而 x、y、z 受到 $xyz = 4$ 的约束。像这种对自变量有条件约束的函数极值称为条件极值。

对条件极值的求解,有的可化为无条件极值,如上例中,可解出 $z = \dfrac{4}{xy}$ 于是 $S = xy + \dfrac{8}{x} + \dfrac{8}{y}$,转化为求无条件极值问题。但有时是解不出自变量的,条件极值无法转化为无条件极值问题,这时我们可用如下的拉格朗日乘数法求解。

要找函数 $z = f(x, y)$ 在附加条件 $\varphi(x, y) = 0$ 下的可能极值点,可以先构造辅助函数

$$F(x, y) = f(x, y) + \lambda \varphi(x, y),$$

其中 λ 为某一常数。求其对 x 与 y 的一阶偏导数,并使之为零,然后与方程 $\varphi(x, y) = 0$ 联立得

$$\begin{cases} f_x(x, y) + \lambda \varphi_x(x, y) = 0, \\ f_y(x, y) + \lambda \varphi_y(x, y) = 0, \\ \varphi(x, y) = 0。 \end{cases} \quad (1)$$

由这个方程组解出 x、y 及 λ,则其中 x,y 就是函数 $f(x, y)$ 在附加条件 $\varphi(x, y) = 0$ 下的可能极值点的坐标。

这方法还可以推广到自变量多于两个而条件多于一个的情形。例如,要求函数

$$u = f(x, y, z, t)$$

在附加条件

$$\varphi(x,y,z,t)=0, \quad \psi(x,y,z,t)=0 \tag{2}$$

下的极值，可以先构造辅助函数

$$F(x,y,z,t)=f(x,y,z,t)+\lambda_1\varphi(x,y,z,t)+\lambda_2\psi(x,y,z,t),$$

其中 λ_1，λ_2 均为常数，求其一阶偏导数，并使之为零，然后与附加条件(2)中的两个方程联立起来求解，这样得出的 x、y、z、t 就是函数 $f(x,y,z,t)$ 在附加条件(2)下的可能极值点的坐标。

至于如何确定所求得的点是否极值点，在实际问题中往往可根据问题本身的性质来判定。

例 6　求表面积为 a^2 而体积为最大的长方体的体积。

解　设长方体的三条棱长分别为 x，y，z，体积

$$V=xyz,$$

而棱长 x，y，z 满足条件

$$\varphi(x,y,z)=2xy+2yz+2xz-a^2=0。 \tag{3}$$

构造函数 $F(x,y,z)=xyz+\lambda(2xy+2yz+2xz-a^2)$，求 $F(x,y,z)$ 对 x、y、z 的偏导数，并使之为零，结合上述条件得到

$$\begin{cases} yz+2\lambda(y+z)=0, \\ xz+2\lambda(x+z)=0, \\ xy+2\lambda(y+z)=0, \\ 2xy+2yz+2xz-a^2=0。 \end{cases} \tag{4}$$

所以由式(4)可得（x、y、z 都不等于零）

$$\frac{x}{y}=\frac{x+z}{y+z}, \quad \frac{y}{z}=\frac{y+z}{x+z},$$

由以上两式解得

$$x=y=z,$$

将此代入式(3)，便得 $x=y=z=\dfrac{\sqrt{6}}{6}a$，这是唯一可能的极值点。

因为由问题本身可知最大值一定存在，所以最大值就在这个可能的极值点处取得。也就是说，表面积为 a^2 的长方体中，以棱长为 $\dfrac{\sqrt{6}}{6}a$ 的正方体的体积为最大，最大体积 $V=\dfrac{\sqrt{6}}{36}a^3$。

例 6 的 Maple 源程序

```
> #example6

> v:=x*y*z;
```
$$v:=xyz$$
```
> phi:=2*x*y+2*y*z+2*x*z-a^2=0;
```
$$\phi:=-a^2+2xy+2xz+2yz=0$$

```
> extrema(v,{phi},{x,y,z},'s');
```

$$\left\{ \max\left(-\frac{a^3\sqrt{6}}{36}, \frac{a^3\sqrt{6}}{36} \right), \min\left(-\frac{a^3\sqrt{6}}{36}, \frac{a^3\sqrt{6}}{36} \right) \right\}$$

```
> s;
```

$$\left\{ \left\{ x=-\frac{\sqrt{6}a}{6}, y=-\frac{\sqrt{6}a}{6}, z=-\frac{\sqrt{6}a}{6} \right\}, \left\{ x=\frac{\sqrt{6}a}{6}, y=\frac{\sqrt{6}a}{6}, z=\frac{\sqrt{6}a}{6} \right\} \right\}$$

例 7 抛物面 $x^2+y^2=z$ 被平面 $x+y+z=1$ 截成一个空间椭圆，求这个椭圆上的点到原点的最长与最短距离。

解 这个问题实质上是要在同时满足条件 $x^2+y^2-z=0$ 与 $x+y+z-1=0$ 的基础上求函数 $f(x,y,z)=x^2+y^2+z^2$ 的最大值与最小值。此问题有两个约束条件，则利用拉格朗日乘数法构造函数为

$$F(x,y,z)=x^2+y^2+z^2+\lambda_1(x^2+y^2-z)+\lambda_2(x+y+z-1)。$$

对函数 F 求一阶偏导数，令它们都等于 0，并结合条件得

$$\begin{cases} F_x=2x+2x\lambda_1+\lambda_2=0, \\ F_y=2y+2y\lambda_1+\lambda_2=0, \\ F_z=2z-\lambda_1+\lambda_2=0, \\ x^2+y^2-z=0, \\ x+y+z-1=0。 \end{cases}$$

解得

$$\lambda_1=-3\pm\frac{5}{3}\sqrt{3}, \quad \lambda_2=-7\pm\frac{11}{3}\sqrt{3},$$

与

$$x=y=\frac{-1\pm\sqrt{3}}{2}, \quad z=2\mp\sqrt{3}。$$

这是拉格朗日函数 $F(x,y,z)$ 的驻点，且所求的条件极值点必在其中取得。将驻点 $\left(\frac{-1+\sqrt{3}}{2}, \frac{-1+\sqrt{3}}{2}, 2-\sqrt{3} \right)$ 与 $\left(\frac{-1-\sqrt{3}}{2}, \frac{-1-\sqrt{3}}{2}, 2+\sqrt{3} \right)$ 分别代入函数 $f(x,y,z)$ 解得

$$f\left(\frac{-1+\sqrt{3}}{2}, \frac{-1+\sqrt{3}}{2}, 2-\sqrt{3} \right)=9-5\sqrt{3},$$

$$f\left(\frac{-1-\sqrt{3}}{2}, \frac{-1-\sqrt{3}}{2}, 2+\sqrt{3} \right)=9+5\sqrt{3}。$$

这正是椭圆上的点到原点的最长距离 $\sqrt{9+5\sqrt{3}}$ 与最短距离 $\sqrt{9-5\sqrt{3}}$。

例 7 的 Maple 源程序

```
> #example7
> f:=sqrt(x^2+y^2+z^2);
```

$$f := \sqrt{x^2 + y^2 + z^2}$$

```
> phi:=x^2+y^2-z=0;
```
$$\phi := x^2 + y^2 - z = 0$$

```
> psi:=x+y+z-1=0;
```
$$\psi := x + y + z - 1 = 0$$

```
> extrema(f,{phi,psi},{x,y,z},'s');
```
$$\left\{ \sqrt{9 - 5\sqrt{3}}, \sqrt{9 + 5\sqrt{3}} \right\}$$

```
> s;
```
$$\left\{ \left\{ x = -\frac{1}{2} - \frac{\sqrt{3}}{2}, y = -\frac{1}{2} - \frac{\sqrt{3}}{2}, z = 2 + \sqrt{3} \right\}, \right.$$
$$\left. \left\{ x = \frac{\sqrt{3}}{2} - \frac{1}{2}, y = \frac{\sqrt{3}}{2} - \frac{1}{2}, z = 2 - \sqrt{3} \right\} \right\}$$

习题 9.8

1. 求下列函数的极值。

(1) $f(x,y) = 4(x-y) - x^2 - y^2$;

(2) $f(x,y) = e^{2x}(x + y^2 + 2y)$;

(3) $f(x,y) = (6x - x^2)(4y - y^2)$;

(4) $f(x,y) = x^2 + y^2 - 2x - 4y + 5$;

(5) $f(x,y) = x^2 + xy + y^2 + x - y + 1$;

(6) $f(x,y) = x^3 + y^3 - 3(x^2 + y^2)$。

2. 求下列函数的条件极值。

(1) $z = xy$，条件为 $x + y = 1$;

(2) $z = x^2 + y^2$，条件为 $\dfrac{x}{a} + \dfrac{y}{b} = 1$。

3. 求函数 $z = xy$ 在圆域 $x^2 + y^2 \le 4$ 上的最大值与最小值。

4. 斜边长为 l 的直角三角形的最大周长为多少?

5. 将周长为 $2p$ 的矩形绕它的一边旋转而构成一个圆柱体，问：矩形的边长各为多少时，才能使圆柱体的体积最大?

6. 要造一个体积等于定数 k 的长方体无盖水池，应如何选择水池的尺寸，方可使它的表面积最小?

7. 求内接于半径为 a 的球且有最大体积的长方体。

8. 在平面 xOy 上求一点，使它到 $x = 0$、$y = 0$ 及 $x + 2y - 16 = 0$ 三直线的距离的平方之和最小。

9. 求抛物线 $y^2 = 4x$ 上的点，使它与直线 $x - y + 4 = 0$ 相距最近。

10. 抛物面 $z = x^2 + y^2$ 被平面 $x + y + z = 1$ 截成一椭圆，求这椭圆上的点到原点的距离的最大值与最小值。

11. 设有一圆板占有平面闭区域 $\{(x,y) \mid x^2 + y^2 \le 1\}$。该圆板被加热，以致在点 (x,y) 的温度是 $T = x^2 + 2y^2 - x$。求该圆板的最热点和最冷点。

12. 形状为椭球 $4x^2 + y^2 + 4z^2 \le 16$ 的空间探测器进入地球大气层，其表面开始受热，1h 后在探测器的点 (x,y,z) 处的温度 $T = 8x^2 + 4yz - 16z + 600$，求探测器表面最热的点。

总 习 题 9

1. 求下列函数的定义域。

(1) $z = \sqrt{4x - y^2}$;

(2) $z = \ln(y^2 - 2x + 1)$;

(3) $z = \dfrac{1}{y} + \dfrac{1}{\sqrt{x - y}}$;

(4) $z = \arcsin(x - y)$。

2. 求下列极限。

（1）$\lim\limits_{(x,y)\to(0,0)}\dfrac{2-\sqrt{xy+4}}{xy}$；

（2）$\lim\limits_{(x,y)\to(0,0)}\dfrac{1}{x^2+y^2}$；

（3）$\lim\limits_{(x,y)\to(0,1)}\dfrac{x^2y}{x^2+y^2}$；

（4）$\lim\limits_{(x,y)\to(2,0)}\dfrac{\tan(xy)}{y}$。

3. 求下列函数在指定点处的偏导数。

（1）已知函数 $f(x,y)=x+y-\sqrt{x^2+y^2}$，求 $f'_x(3,4)$；

（2）已知函数 $f(x,y)=\arctan\dfrac{y}{x}$，求 $f'_x(x,1)$ 与 $f'_x(1,1)$。

4. 求下列函数的偏导数。

（1）$z=x^3y-y^3x$；

（2）$z=e^{xy}+yx^2$；

（3）$z=\sin(xy)+\cos^2(xy)$；

（4）$z=\dfrac{x-y}{x+y}$；

（5）$z=\sqrt{\dfrac{x}{y}}$；

（6）$z=\arctan(x-y)$。

5. 求下列函数的二阶偏导数。

（1）$z=x^3+3x^2y+y^4+5$；

（2）$z=e^{xy}\sin y$；

（3）$z=\arctan\dfrac{y}{x}$；

（4）$z=\dfrac{x}{x^2+y^2}$。

6. 求函数 $z=x^4+y^4-4x^2y^2$ 在点 $(1,1)$ 处的全微分。

7. 求函数 $z=2x^2+3y^2$ 在点 $(10,8)$ 处，当 $\Delta x=0.2$、$\Delta y=0.3$ 时的全微分和全增量。

8. 求下列函数的全微分：

（1）$z=x^3+y^3-3xy$；

（2）$z=\ln(3x-2y)$；

（3）$z=\sin^2x+\cos^2y$；

（4）$z=\sqrt{x^2+y^2}$。

9. 设 $z=x^2y$，而 $x=\cos t$、$y=\sin t$，求 $\dfrac{\mathrm{d}z}{\mathrm{d}t}$。

10. 设 $z=\arctan(xy)$，而 $y=e^x$，求 $\dfrac{\mathrm{d}z}{\mathrm{d}x}$。

11. 设 $z=\ln(e^u+v)$，而 $u=xy$、$v=x^2-y^2$，求 $\dfrac{\partial z}{\partial x}$ 与 $\dfrac{\partial z}{\partial y}$。

12. 设 $z=\arctan(1+uv)$，而 $u=x+y$、$v=x-y$，求 $\dfrac{\partial z}{\partial x}$ 与 $\dfrac{\partial z}{\partial y}$。

13. 设 $e^{xy}-xy^2=\sin y$，求 $\dfrac{\mathrm{d}y}{\mathrm{d}x}$。

14. 下列各式确定了 y 是 x 的函数 $y=y(x)$，求 $\dfrac{\mathrm{d}y}{\mathrm{d}x}$：

（1）$y^3-xy^2-x+1=0$；

（2）$y=e^{x+y}$；

（3）$\sin(xy)-e^{xy}-x^2y=0$；

（4）$x^2-y^2=xy$。

15. 下列各式确定了 z 是 x,y 的二元函数 $z=f(x,y)$，求 $\dfrac{\partial z}{\partial x}$、$\dfrac{\partial z}{\partial y}$ 及 $\mathrm{d}z$。

（1）$x^2+y^2+z^2+2x+2y+2z=0$；

（2）$e^{-xy}-2z+e^z=0$。

16. 求螺旋线 $x=\cos t$，$y=\sin t$，$z=3t$ 在对应于 $t=\dfrac{\pi}{3}$ 的点 P 处的切线及法平面方程。

17. 求曲线 $\begin{cases} y=2x, \\ z=3x^2 \end{cases}$ 在点 $P(1,2,3)$ 处的切线方程。

18. 求旋转抛物面 $z=x^2+y^2-7$ 在点 $P(2,-3,6)$ 处的切平面及法线方程。

19. 在曲面 $z=xy$ 上求一点，使该点处的法线垂直于平面 $2x+y-z+2=0$，并求该点处曲面的法线和切平面方程。

20. 求函数 $f(x,y)=2x^3+xy^2+5x^2+y^2$ 的极值。

21. 求函数 $f(x,y)=x^3+y^3-3x^2-3y^2$ 的极值。

22. 求函数 $f(x,y)=x^3+8y^2-6xy+5$ 的极值。

23. 求原点到曲面 $z^2=xy+x-y+5$ 上的点间距离的最小值。

24. 某工厂生产两种产品的日产量分别为 x 件和 y 件，已知总成本函数为 $C(x,y)=8x^2-xy+12y^2$（元），商品的限额为 $x+y=42$，求最小成本。

第 10 章

重 积 分

从本章开始将学习多元函数积分学。我们知道，在一元函数积分学中，定积分是某种确定形式的和的极限，现在把它推广到平面区域上，便得到重积分的概念。本章将介绍重积分的概念、计算以及它的一些应用。

10.1 二重积分的概念与性质

10.1.1 二重积分的概念

1. 曲顶柱体的体积

在一元函数积分学中我们知道，定积分是以计算曲边梯形的面积引入的，类似地，我们以计算曲顶柱体的体积为例引入二重积分的概念。

设有一空间立体，它的底是 xOy 面上的有界闭区域 D，它的侧面是以 D 的边界曲线为准线，而母线平行于 z 轴的柱面，它的顶是曲面 $z=f(x,y)$，其中 $f(x,y) \geqslant 0$ 且在 D 上连续，这种立体称为**曲顶柱体**。下面讨论如何计算曲顶柱体的体积 V。

若柱体的高不变(这种柱体称为平顶柱体)，其体积可用公式

$$体积=底面积×高$$

来计算。对于曲顶柱体，当点 (x,y) 在 D 上变动时，其相应的高度 $f(x,y)$ 是个变量，因此它的体积不能直接用上面的公式计算。回想在讲定积分概念的时候，我们是采用"分割、近似、求和、取极限"的步骤去求平面曲边梯形的面积，这种方法同样可以用来解决曲顶柱体的体积问题。

分割　用一组曲线网将区域 D 分成 n 个小闭区域

$$\Delta\sigma_1, \quad \Delta\sigma_2, \quad \cdots, \quad \Delta\sigma_n,$$

以这些小闭区域的边界曲线为准线，作母线平行于 z 轴的柱面，这些柱面将原来的曲顶柱体分割成 n 个细小的曲顶柱体(图 10.1.1)。

近似　由于 $f(x,y)$ 连续，对于同一个小闭区域来说，函数值

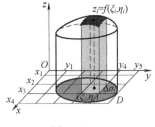

图　10.1.1

的变化很小。因此，可以将小曲顶柱体近似地看作小平顶柱体。在 $\Delta\sigma_i$ 上任取一点 (ξ_i, η_i)，以 $f(\xi_i, \eta_i)$ 为高而底为 $\Delta\sigma_i$（小闭区域的面积也记作 $\Delta\sigma_i$）的小平顶柱体的体积 $f(\xi_i, \eta_i)\Delta\sigma_i$ 近似替代小曲顶柱体的体积 ΔV_i，即

$$\Delta V_i \approx f(\xi_i, \eta_i)\Delta\sigma_i \quad (i = 1, 2, \cdots, n)。$$

求和 整个曲顶柱体的体积近似值为

$$V \approx \sum_{i=1}^{n} f(\xi_i, \eta_i)\Delta\sigma_i。$$

取极限 将区域 D 无限细分，并使每个小闭区域的直径（一个闭区域的直径是指区域上任意两点间距离的最大值）都趋于零。令 $\lambda = \max\{\Delta\sigma_i$ 的直径 $| i = 1, 2, \cdots, n\}$，则 λ 趋于零的过程就是将 D 无限细分的过程。如果上式右端和式的极限存在，则此极限为所求曲顶柱体的体积 V，即

$$V = \lim_{\lambda \to 0} \sum_{i=1}^{n} f(\xi_i, \eta_i)\Delta\sigma_i。$$

2. 平面薄片的质量

设有一平面薄片占有 xOy 面上的闭区域 D，它在点 (x, y) 处的面密度为 $\rho(x, y)$，这里 $\rho(x, y) > 0$ 且在 D 上连续，求该平面薄片的质量 M。

将 D 分成 n 个小区域 $\Delta\sigma_1$，$\Delta\sigma_2$，$\cdots$，$\Delta\sigma_n$，用 λ_i 记 $\Delta\sigma_i$ 的直径，$\Delta\sigma_i$ 既代表第 i 个小区域又代表它的面积（图 10.1.2）。

当 $\lambda = \max\limits_{1 \leqslant i \leqslant n}\{\Delta\lambda_i\}$ 很小时，由于 $\rho(x, y)$ 连续，这样 $\rho(x, y)$ 在每个 $\Delta\sigma_i$ 上变化很小，这样每小块薄片可近似地看作是面密度均匀薄片，在 $\Delta\sigma_i$ 上任取一点 (ξ_i, η_i)，则第 i 小块的质量近似为

$$\rho(\xi_i, \eta_i)\Delta\sigma_i \quad (i = 1, 2, \cdots, n)，$$

再通过求和、取极限，得

$$M = \lim_{\lambda \to 0} \sum_{i=1}^{n} \rho(\xi_i, \eta_i)\Delta\sigma_i。$$

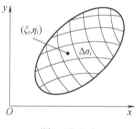

图 10.1.2

两种实际意义完全不同的问题，最终都归结为求同一形式的和的极限。因此，我们可撇开这类极限问题的实际背景，给出一个更广泛、更抽象的数学概念，即二重积分。

定义 设 $f(x, y)$ 是有界闭区域 D 上的有界函数，将闭区域 D 任意分成 n 个小闭区域

$$\Delta\sigma_1, \Delta\sigma_2, \cdots, \Delta\sigma_n,$$

其中 $\Delta\sigma_i$ 既表示第 i 个小闭区域，也表示它的面积，在每个 $\Delta\sigma_i$

上任取一点 (ξ_i, η_i)，作乘积 $f(\xi_i, \eta_i) \Delta\sigma_i (i = 1, 2, \cdots, n)$，再作和 $\sum\limits_{i=1}^{n} f(\xi_i, \eta_i) \Delta\sigma_i$。如果当各小闭区域的直径中的最大值 λ 趋于零时，这个和式的极限总存在，则称此极限值为函数 $f(x, y)$ 在闭区域 D 上的二重积分，记作 $\iint\limits_{D} f(x, y) \mathrm{d}\sigma$，即

$$\iint\limits_{D} f(x, y) \mathrm{d}\sigma = \lim_{\lambda \to 0} \sum_{i=1}^{n} f(\xi_i, \eta_i) \Delta\sigma_i,$$

其中 $\iint$ 称为二重积分符号，$f(x, y)$ 称为**被积函数**，$f(x, y) \mathrm{d}\sigma$ 称为**被积表达式**，$\mathrm{d}\sigma$ 称为**面积元素**，x 和 y 称为**积分变量**，D 称为**积分区域**，$\sum\limits_{i=1}^{n} f(\xi_i, \eta_i) \Delta\sigma_i$ 称为**积分和**。

注 （1）**二重积分的存在定理**：若 $f(x, y)$ 在闭区域 D 上连续，则 $f(x, y)$ 在 D 上的二重积分存在。（在以后的讨论中，我们总假定在闭区域上的二重积分存在。）

（2）$\iint\limits_{D} f(x, y) \mathrm{d}\sigma$ 中的面积元素 $\mathrm{d}\sigma$ 代表积分和式中的 $\Delta\sigma_i$。

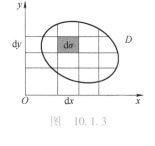

图 10.1.3

由于二重积分的定义中对区域 D 的划分是任意的，若用一组平行于坐标轴的直线来划分区域 D，那么除了靠近边界曲线的一些小区域之外，绝大多数的小区域都是矩形（图 10.1.3），因此，可以将 $\mathrm{d}\sigma$ 记作 $\mathrm{d}x\mathrm{d}y$（并称 $\mathrm{d}x\mathrm{d}y$ 为直角坐标系下的面积元素），二重积分也可表示成为 $\iint\limits_{D} f(x, y) \mathrm{d}x\mathrm{d}y$。

（3）若 $f(x, y) \geqslant 0$，二重积分 $\iint\limits_{D} f(x, y) \mathrm{d}\sigma$ 表示以 $f(x, y)$ 为曲顶，以 D 为底的曲顶柱体的体积；若 $f(x, y) \leqslant 0$，二重积分 $\iint\limits_{D} (-f(x, y)) \mathrm{d}\sigma$ 表示以 $f(x, y)$ 为曲顶，以 D 为底的曲顶柱体的体积 V，即 $V = -\iint\limits_{D} f(x, y) \mathrm{d}\sigma$；如果 $f(x, y)$ 在 D 的若干个区域上是非负的，而在其他的若干个区域上是非正的，那么 $f(x, y)$ 在 D 上的二重积分就等于这些部分区域上的柱体体积的代数和（在 xOy 面上方时取正号，在 xOy 面下方时取负号）。

10.1.2 二重积分的性质

由二重积分与定积分的定义可知，二重积分与定积分有相类似的性质。

性质 1(线性性质)　如果函数 $f(x,y)$、$g(x,y)$ 都在 D 上可积，则对任意的常数 α、β，函数 $\alpha f(x,y)+\beta g(x,y)$ 也在 D 上可积，且

$$\iint\limits_{D}\left[\alpha f(x,y)+\beta g(x,y)\right]\mathrm{d}\sigma=\alpha\iint\limits_{D}f(x,y)\,\mathrm{d}\sigma+\beta\iint\limits_{D}g(x,y)\,\mathrm{d}\sigma。$$

性质 2(积分区域的可加性)　若积分区域 D 可分为两个部分区域 D_1、D_2，则

$$\iint\limits_{D}f(x,y)\,\mathrm{d}\sigma=\iint\limits_{D_1}f(x,y)\,\mathrm{d}\sigma+\iint\limits_{D_2}f(x,y)\,\mathrm{d}\sigma。$$

这个性质称为二重积分对区域的可加性，可以把它推广至多个部分。

性质 3　若在 D 上，$f(x,y)\equiv1$，σ 为区域 D 的面积，则

$$\sigma=\iint\limits_{D}1\mathrm{d}\sigma=\iint\limits_{D}\mathrm{d}\sigma。$$

几何意义：高为 1 的平顶柱体的体积在数值上等于柱体的底面积。

性质 4　若在 D 上，$f(x,y)\leqslant\varphi(x,y)$，则有不等式

$$\iint\limits_{D}f(x,y)\,\mathrm{d}\sigma\leqslant\iint\limits_{D}\varphi(x,y)\,\mathrm{d}\sigma，$$

特别地，由于

$$-\left|f(x,y)\right|\leqslant f(x,y)\leqslant\left|f(x,y)\right|，$$

有

$$\left|\iint\limits_{D}f(x,y)\,\mathrm{d}\sigma\right|\leqslant\iint\limits_{D}\left|f(x,y)\right|\mathrm{d}\sigma。$$

性质 5(估值定理)　设 M 与 m 分别是 $f(x,y)$ 在有界闭区域 D 上的最大值和最小值，σ 是 D 的面积，则

$$m\sigma\leqslant\iint\limits_{D}f(x,y)\,\mathrm{d}\sigma\leqslant M\sigma。$$

性质 6(二重积分的中值定理)　设函数 $f(x,y)$ 在闭区域 D 上连续，σ 是 D 的面积，则在 D 上至少存在一点 (ξ,η)，使得

$$\iint\limits_{D}f(x,y)\,\mathrm{d}\sigma=f(\xi,\eta)\cdot\sigma。$$

例 1 设区域 D 由直线 $x=0$，$y=0$，$x+y=\dfrac{1}{2}$ 和 $x+y=1$ 围成，$I_1 = \iint\limits_{D} \ln(x+y)\,\mathrm{d}\sigma$，$I_2 = \iint\limits_{D} (x+y)^2\,\mathrm{d}\sigma$，$I_3 = \iint\limits_{D} (x+y)\,\mathrm{d}\sigma$，试用二重积分的性质比较 I_1、I_2 和 I_3 的大小。

解 因为在区域 D 内部，$\dfrac{1}{2} < x+y < 1$，故

$$\ln(x+y) < 0, \quad \frac{1}{4} < (x+y)^2 < x+y < 1,$$

故由性质 4 可知，$I_1 < I_2 < I_3$。

习题 10.1

1. 试用二重积分表示出以下列曲面为顶，区域 D 为底的曲顶柱体的体积。

(1) $z = x+y+1$，区域 D 为矩形：$0 \leqslant x \leqslant 1$，$0 \leqslant y \leqslant 2$；

(2) $z = \sqrt{R^2 - x^2 - y^2}$，区域 D：$x^2 + y^2 \leqslant R^2$。

2. 设一块带电的平面薄板为平面区域 D，D 上任一点 (x, y) 处的电量密度为 $f(x, y)$，试用二重积分表示薄板 D 的总电量。

3. 利用二重积分的性质比较下列二重积分的大小。

(1) $\iint\limits_{D} (x+y)^2\,\mathrm{d}\sigma$ 与 $\iint\limits_{D} (x+y)^3\,\mathrm{d}\sigma$，其中 D 是由 x 轴，y 轴与 $x+y=1$ 所围成的区域；

(2) $\iint\limits_{D} \ln(x+y)\,\mathrm{d}\sigma$ 与 $\iint\limits_{D} [\ln(x+y)]^2\,\mathrm{d}\sigma$，其中 D 是三角形区域，三个顶点分别为 $(1, 0)$，$(1, 1)$，$(2, 0)$。

4. 利用二重积分的性质估计下列积分的值。

(1) $I = \iint\limits_{D} (x^2 + y^2 + 9)\,\mathrm{d}\sigma$，其中 D 是圆形区域：$x^2 + y^2 \leqslant 4$；

(2) $I = \iint\limits_{D} \sqrt{xy(x+y)}\,\mathrm{d}\sigma$，其中 D 是矩形区域：$0 \leqslant x \leqslant 1$，$0 \leqslant y \leqslant 2$。

5. 设 D_1 是以 $(1, 1)$，$(-1, 1)$，$(-1, -1)$ 和 $(1, -1)$ 为顶点的一个正方形区域，D_2 是圆域 $x^2 + y^2 \leqslant 2$，D_3 是以 $x = \pm 1.5$ 及 $y = \pm 1.5$ 四条直线围成的正方形区域，$f(x, y)$ 是非负的连续函数。试证明

$$\iint\limits_{D_1} f(x, y)\,\mathrm{d}\sigma \leqslant \iint\limits_{D_2} f(x, y)\,\mathrm{d}\sigma \leqslant \iint\limits_{D_3} f(x, y)\,\mathrm{d}\sigma。$$

10.2 二重积分的计算

利用二重积分的定义来计算二重积分显然是不实际的，本节的方法是把二重积分化为两次定积分来计算。

10.2.1 利用直角坐标计算二重积分

我们用几何观点来讨论二重积分 $\iint\limits_{D} f(x, y)\,\mathrm{d}\sigma$ 的计算问题，在讨论中我们假定 $f(x, y) \geqslant 0$。假定积分区域 D 可用不等式

$$a \leqslant x \leqslant b, \quad \varphi_1(x) \leqslant y \leqslant \varphi_2(x)$$

表示(图 10.2.1 和图 10.2.2),其中 $\varphi_1(x)$,$\varphi_2(x)$ 在 $[a,b]$ 上连续。

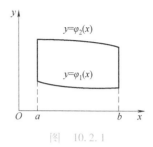

图　10.2.1

由二重积分的几何意义可知,$\iint\limits_D f(x,y)\mathrm{d}\sigma$ 的值等于以 D 为底,以曲面 $z=f(x,y)$ 为顶的曲顶柱体的体积。下面我们应用定积分中"平行截面面积为已知的立体的体积"的方法来计算此曲顶柱体的体积。

为计算截面面积,在区间 $[a,b]$ 上任意取定一个点 x_0,作垂直于 x 轴的平面 $x=x_0$,这平面截曲顶柱体所得截面是一个以区间 $[\varphi_1(x_0),\varphi_2(x_0)]$ 为底,曲线 $z=f(x_0,y)$ 为曲边的曲边梯形(图 10.2.3),故此截面面积为

$$A(x_0)=\int_{\varphi_1(x_0)}^{\varphi_2(x_0)}f(x_0,y)\,\mathrm{d}y。$$

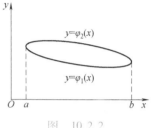

图　10.2.2

一般地,过区间 $[a,b]$ 上任一点 x 且垂直于 x 轴的平面截曲顶柱体所得截面的面积为

$$A(x)=\int_{\varphi_1(x)}^{\varphi_2(x)}f(x,y)\,\mathrm{d}y。$$

利用计算平行截面面积为已知的立体体积的方法,该曲顶柱体的体积为

$$V=\int_a^b A(x)\,\mathrm{d}x=\int_a^b\left[\int_{\varphi_1(x)}^{\varphi_2(x)}f(x,y)\,\mathrm{d}y\right]\mathrm{d}x,$$

从而有

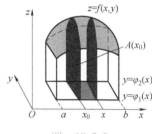

图　10.2.3

$$\iint\limits_D f(x,y)\,\mathrm{d}\sigma=\int_a^b\left[\int_{\varphi_1(x)}^{\varphi_2(x)}f(x,y)\,\mathrm{d}y\right]\mathrm{d}x。$$

上述积分叫作先对 y,后对 x 的二次积分,即先把 x 看作常数,将 $f(x,y)$ 看作 y 的函数,对 $f(x,y)$ 计算从 $\varphi_1(x)$ 到 $\varphi_2(x)$ 的定积分,然后把所得的结果(它是 x 的函数)再对 x 计算在区间 $[a,b]$ 上的定积分。

这个先对 y,后对 x 的二次积分也常记作

$$\iint\limits_D f(x,y)\,\mathrm{d}\sigma=\int_a^b\mathrm{d}x\int_{\varphi_1(x)}^{\varphi_2(x)}f(x,y)\,\mathrm{d}y。$$

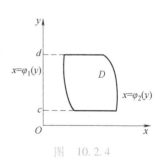

图　10.2.4

在上述讨论中,我们假定 $f(x,y)\geqslant0$,但实际上公式并不受此条件限制。类似地,如果积分区域 D(图 10.2.4 和图 10.2.5)可以用下述不等式

$$c\leqslant y\leqslant d,\quad \varphi_1(y)\leqslant x\leqslant\varphi_2(y)$$

表示,且函数 $\varphi_1(y)$、$\varphi_2(y)$ 在 $[c,d]$ 上连续,则

$$\iint\limits_D f(x,y)\,\mathrm{d}\sigma=\int_c^d\left[\int_{\varphi_1(y)}^{\varphi_2(y)}f(x,y)\,\mathrm{d}x\right]\mathrm{d}y=\int_c^d\mathrm{d}y\int_{\varphi_1(y)}^{\varphi_2(y)}f(x,y)\,\mathrm{d}x。$$

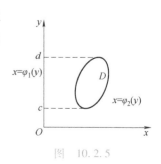

图　10.2.5

显然，上式是先对 x，后对 y 的二次积分。

二重积分化二次积分时应注意的问题有：

(1) 积分区域的形状。前面所画的两类积分区域的形状具有一个共同点：对于区域，用平行于 y 轴(或 x 轴)的直线穿过区域内部，直线与区域的边界相交不多于两点；如果积分区域不满足这一条件时，可对区域进行划分，化归为上面的形式。

(2) 积分限的确定。二重积分化二次积分时，确定两个定积分的上下限是关键。这里，我们介绍确定二次积分限的方法——几何法。

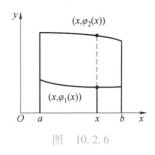

图　10.2.6

画出积分区域 D 的图形，假设 D 的图形如图 10.2.6 所示。在 $[a,b]$ 上任取一点 x，过 x 作平行于 y 轴的直线，该直线穿过区域 D，与区域 D 的边界有两个交点 $(x,\varphi_1(x))$ 与 $(x,\varphi_2(x))$，这里的 $\varphi_1(x)$、$\varphi_2(x)$ 就是将 x 看作常数而对 y 积分时的下限和上限；又因 x 是在区间 $[a,b]$ 上任意取的，所以再将 x 看作变量而对 x 积分时，积分区间就是 $[a,b]$。

例 1 计算 $I = \iint\limits_{D} (1-x^2)\mathrm{d}\sigma$，其中 $D = \{(x,y) \mid -1 \leqslant x \leqslant 1, 0 \leqslant y \leqslant 2\}$。

解 $I = \int_{-1}^{1}\mathrm{d}x\int_{0}^{2}(1-x^2)\mathrm{d}y = \int_{-1}^{1}\left[(1-x^2)y\right]_{0}^{2}\mathrm{d}x$

$= \int_{-1}^{1}2(1-x^2)\mathrm{d}x = \left(2x-\dfrac{2}{3}x^3\right)\Big|_{-1}^{1} = \dfrac{8}{3}$。

例 1 的 Maple 源程序

```
> #example 1
> int(int(1-x^2,y=0..2),x=-1..1);
```
$$\dfrac{8}{3}$$

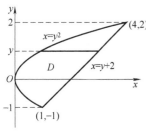

a)

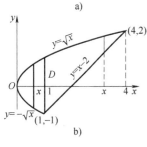

b)

图　10.2.7

例 2 计算 $\iint\limits_{D} xy\mathrm{d}\sigma$，其中 D 是由抛物线 $y^2=x$ 及直线 $y=x-2$ 所围成的区域。

解 积分区域如图 10.2.7 所示。

按照先对 x，后对 y 的计算公式，区域可表示为(图 10.2.7a)

$$D: -1 \leqslant y \leqslant 2, \quad y^2 \leqslant x \leqslant y+2。$$

$$\iint\limits_{D} xy\mathrm{d}\sigma = \int_{-1}^{2}\mathrm{d}y\int_{y^2}^{y+2}xy\mathrm{d}x = \int_{-1}^{2}\left[\dfrac{1}{2}x^2y\right]_{y^2}^{y+2}\mathrm{d}y$$

$$= \dfrac{1}{2}\int_{-1}^{2}\left[y(y+2)^2-y^5\right]\mathrm{d}y = \dfrac{45}{8}。$$

例 2 的 Maple 源程序

```
> #example 2
> int(int(x*y,x=y^2..y+2),y=-1..2);
```
$$\frac{45}{8}$$

若使用先对 y，后对 x 的计算公式，区域要分为两个子区域(以 $x=1$ 为分界线，如图 10.2.7b 所示)，这是因为公式中的 $\varphi_1(x)$ 为分段函数。读者可计算一下，比前面的方法要复杂。

例 3　求由曲面 $z=x^2+2y^2$ 及 $z=6-2x^2-y^2$ 所围成的立体的体积。

解　(1) 由题意，确定它在 xOy 面上的投影区域。

消去变量 z 得一垂直于 xOy 面的柱面 $x^2+y^2=2$，该立体镶嵌在其中，它在 xOy 面的投影区域就是该柱面在 xOy 面上所围成的区域
$$D: x^2+y^2\leqslant 2。$$

(2) 列出体积计算的表达式
$$V=\iint_D\left[(6-2x^2-y^2)-(x^2+2y^2)\right]\mathrm{d}\sigma=\iint_D(6-3x^2-3y^2)\mathrm{d}\sigma。$$

(3) 确定积分限，化二重积分为二次积分并计算
$$V=6\iint_D\mathrm{d}\sigma-3\iint_D x^2\mathrm{d}\sigma-3\iint_D y^2\mathrm{d}\sigma,$$

其中 $\iint_D\mathrm{d}\sigma=2\pi$，由 x，y 的对称性有
$$\iint_D x^2\mathrm{d}\sigma=\iint_D y^2\mathrm{d}\sigma,$$

$$\iint_D x^2\mathrm{d}\sigma=\int_{-\sqrt2}^{\sqrt2}x^2\mathrm{d}x\int_{-\sqrt{2-x^2}}^{\sqrt{2-x^2}}\mathrm{d}y=2\int_{-\sqrt2}^{\sqrt2}x^2\sqrt{2-x^2}\,\mathrm{d}x$$
$$=4\int_0^{\sqrt2}x^2\sqrt{2-x^2}\,\mathrm{d}x=4\int_0^{\frac{\pi}{2}}4\sin^2\theta\cos^2\theta\,\mathrm{d}\theta$$
$$=16\times\frac{1}{8}\times\frac{\pi}{2}=\pi,$$

故所求立体的体积为
$$V=6\times2\pi-3\times\pi-3\times\pi=6\pi。$$

例 3 的 Maple 源程序

```
> #example 3
> 12*Pi-6*int(int(x^2,y=-sqrt(2-x^2)..sqrt(2-x^2)),
x=-sqrt(2)..sqrt(2));
```
$$6\pi$$

10.2.2 利用极坐标计算二重积分

有些二重积分，积分区域或者被积函数采用极坐标方程表示比较方便，这时就可以考虑利用极坐标来计算二重积分 $\iint\limits_{D} f(x,y)\,\mathrm{d}\sigma$。

下面介绍二重积分在极坐标系中的计算公式。

1. 变换公式

按照二重积分的定义有

$$\iint\limits_{D} f(x,y)\,\mathrm{d}\sigma = \lim_{\lambda \to 0} \sum_{i=1}^{n} f(\xi_i,\eta_i)\,\Delta\sigma_i。$$

现研究这一和式极限在极坐标中的形式。

用以极点 O 为中心的一族同心圆：$r=$ 常数，以及从极点出发的一族射线：$\theta=$ 常数，将 D 划分成 n 个小闭区域（图 10.2.8）。

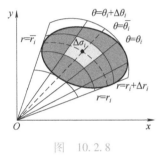

图 10.2.8

除了包含边界点的一些小闭区域外，小闭区域 $\Delta\sigma_i$ 的面积可计算如下：

$$\Delta\sigma_i = \frac{1}{2}(r_i+\Delta r_i)^2\Delta\theta_i - \frac{1}{2}r_i^2\Delta\theta_i = \frac{1}{2}(2r_i+\Delta r_i)\Delta r_i\Delta\theta_i$$

$$= \frac{r_i+(r_i+\Delta r_i)}{2}\Delta r_i\Delta\theta_i = \bar{r}_i\Delta r_i\Delta\theta_i,$$

其中，$\bar{r}_i$ 表示相邻两圆弧半径的平均值。

在小区域 $\Delta\sigma_i$ 上取点 $(\bar{r}_i,\bar{\theta}_i)$，设该点直角坐标为 (ξ_i,η_i)，由直角坐标与极坐标的关系有

$$\xi_i = \bar{r}_i\cos\bar{\theta}_i, \quad \eta_i = \bar{r}_i\sin\bar{\theta}_i。$$

于是

$$\lim_{\lambda \to 0} \sum_{i=1}^{n} f(\xi_i,\eta_i)\,\Delta\sigma_i = \lim_{\lambda \to 0} \sum_{i=1}^{n} f(\bar{r}_i\cos\bar{\theta}_i, \bar{r}_i\sin\bar{\theta}_i)\bar{r}_i \cdot \Delta r_i \cdot \Delta\theta_i,$$

即

$$\iint\limits_{D} f(x,y)\,\mathrm{d}\sigma = \iint\limits_{D} f(r\cos\theta, r\sin\theta)\,r\mathrm{d}r\mathrm{d}\theta。$$

由于 $\iint\limits_{D} f(x,y)\,\mathrm{d}\sigma$ 也常记作 $\iint\limits_{D} f(x,y)\,\mathrm{d}x\mathrm{d}y$，因此，上述变换公式也可以写成

$$\iint\limits_{D} f(x,y)\,\mathrm{d}x\mathrm{d}y = \iint\limits_{D} f(r\cos\theta, r\sin\theta)\,r\mathrm{d}r\mathrm{d}\theta。$$

上式即为二重积分变量由直角坐标变换成极坐标的变换公式，其中 $r\mathrm{d}r\mathrm{d}\theta$ 就是极坐标系中的面积元素。

上式的记忆方法：x、y 分别换成 $r\cos\theta$、$r\sin\theta$，直角坐标系中的面积元素 $\mathrm{d}x\mathrm{d}y$ 换成极坐标中的面积元素 $r\mathrm{d}r\mathrm{d}\theta$。

2. 极坐标系下二重积分的计算

极坐标系中的二重积分，同样可以化归为二次积分来计算。

（1）积分区域 D（图 10.2.9）可表示成下述形式：

$$\alpha \leqslant \theta \leqslant \beta, \quad \varphi_1(\theta) \leqslant r \leqslant \varphi_2(\theta),$$

其中函数 $\varphi_1(\theta)$、$\varphi_2(\theta)$ 在 $[\alpha, \beta]$ 上连续。则极坐标系中的二重积分化为二次积分的公式为

$$\iint\limits_{D} f(r\cos\theta, r\sin\theta)\, r\mathrm{d}r\mathrm{d}\theta = \int_{\alpha}^{\beta} \mathrm{d}\theta \int_{\varphi_1(\theta)}^{\varphi_2(\theta)} f(r\cos\theta, r\sin\theta)\, r\mathrm{d}r_\circ$$

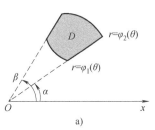

a)

（2）积分区域 D 如图 10.2.10 所示。

显然，这只是（1）中当 $\varphi_1(\theta) \equiv 0$，$\varphi_2(\theta) = \varphi(\theta)$ 的特殊形式，故

$$\iint\limits_{D} f(r\cos\theta, r\sin\theta)\, r\mathrm{d}r\mathrm{d}\theta = \int_{\alpha}^{\beta} \mathrm{d}\theta \int_{0}^{\varphi(\theta)} f(r\cos\theta, r\sin\theta)\, r\mathrm{d}r_\circ$$

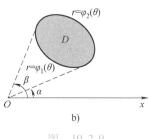

b)

图　10.2.9

（3）积分区域 D 如图 10.2.11 所示。

显然，这类区域又是（2）的一种变形（极点在积分区域 D 的内部），D 可划分成 D_1 与 D_2，而

$$D_1: \ 0 \leqslant \theta \leqslant \pi, \quad 0 \leqslant r \leqslant \varphi(\theta),$$
$$D_2: \ \pi \leqslant \theta \leqslant 2\pi, \quad 0 \leqslant r \leqslant \varphi(\theta),$$

即

$$D: \ 0 \leqslant \theta \leqslant 2\pi, \quad 0 \leqslant r \leqslant \varphi(\theta),$$

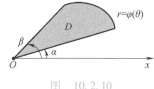

图　10.2.10

因此，转化公式为

$$\iint\limits_{D} f(r\cos\theta, r\sin\theta)\, r\mathrm{d}r\mathrm{d}\theta = \int_{0}^{2\pi} \mathrm{d}\theta \int_{0}^{\varphi(\theta)} f(r\cos\theta, r\sin\theta)\, r\mathrm{d}r_\circ$$

由上面的讨论不难发现，将二重积分化为极坐标形式进行计算，其关键之处在于：将积分区域 D 用极坐标变量 r，θ 表示成

$$\alpha \leqslant \theta \leqslant \beta, \quad \varphi_1(\theta) \leqslant r \leqslant \varphi_2(\theta)_\circ$$

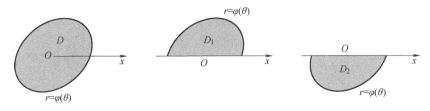

图　10.2.11

3. 使用极坐标变换计算二重积分的原则

（1）积分区域的边界曲线易于用极坐标方程表示；

（2）被积函数用极坐标变量表示较简单。

例 4　利用极坐标计算例 3 中的体积。

解　由例 3 中所得公式

$$V = \iint\limits_{D} \left[(6-2x^2-y^2) - (x^2+2y^2) \right] \mathrm{d}\sigma = \iint\limits_{D} (6-3x^2-3y^2)\mathrm{d}\sigma$$

$$= \int_0^{2\pi} \mathrm{d}\theta \int_0^{\sqrt{2}} (6-3r^2)\, r\mathrm{d}r = 6\pi_{\circ}$$

例 4 的 Maple 源程序

```
> # example 4
> int( int( 6 * r-3 * r^3,r=0..sqrt(2)),theta=0..2 * pi);
                              6π
```

例 5　　计算 $I = \iint\limits_{D} \mathrm{e}^{-x^2-y^2}\mathrm{d}x\mathrm{d}y$，其中 $D = \{(x,\ y) \mid x^2+y^2 \leqslant 1\}$。

解　如果用直角坐标来计算，这个积分就无法求出，现选用极坐标，此时 D 表示为

$$0 \leqslant r \leqslant 1, \quad 0 \leqslant \theta \leqslant 2\pi,$$

故有

$$I = \iint\limits_{D} \mathrm{e}^{-r^2} \cdot r\mathrm{d}r\mathrm{d}\theta = \int_0^{2\pi} \left(\int_0^1 \mathrm{e}^{-r^2} r\mathrm{d}r \right)\mathrm{d}\theta = -\frac{1}{2}\int_0^{2\pi} \left[\int_0^1 \mathrm{e}^{-r^2}\mathrm{d}(-r^2) \right]\mathrm{d}\theta$$

$$= -\frac{1}{2}\int_0^{2\pi} \left[\mathrm{e}^{-r^2} \right]_0^1 \mathrm{d}\theta = -\frac{1}{2}\int_0^{2\pi} (\mathrm{e}^{-1}-1)\mathrm{d}\theta = \pi(1-\mathrm{e}^{-1})_{\circ}$$

例 5 的 Maple 源程序

```
> # example 5
> int( int( exp(-r^2) * r,r=0..1),theta=0..2 * pi);
                           π-e^(-1)π
```

例 6　　计算 $I = \int_0^a \mathrm{d}x \int_{-x}^{-a+\sqrt{a^2-x^2}} \dfrac{\mathrm{d}y}{\sqrt{x^2+y^2} \cdot \sqrt{4a^2-(x^2+y^2)}}\ (a>0)$。

解　此积分区域为

$$D: 0 \leqslant x \leqslant a, \quad -x \leqslant y \leqslant -a+\sqrt{a^2-x^2}_{\circ}$$

区域如图 10.2.12 所示。

该区域在极坐标下的表示形式为

$$D: -\frac{\pi}{4} \leqslant \theta \leqslant 0, \quad 0 \leqslant r \leqslant -2a\sin\theta_{\circ}$$

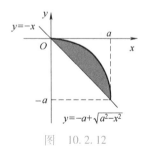

$y=-x$

$y=-a+\sqrt{a^2-x^2}$

图　10.2.12

$$I = \iint\limits_{D} \frac{r\mathrm{d}r\mathrm{d}\theta}{r \cdot \sqrt{4a^2-r^2}} = \int_{-\frac{\pi}{4}}^0 \mathrm{d}\theta \int_0^{-2a\sin\theta} \frac{\mathrm{d}r}{\sqrt{4a^2-r^2}} = \int_{-\frac{\pi}{4}}^0 \left[\arcsin\frac{r}{2a} \right]_0^{-2a\sin\theta}\mathrm{d}\theta$$

$$= \int_{-\frac{\pi}{4}}^0 (-\theta)\mathrm{d}\theta = -\frac{1}{2}\theta^2 \bigg|_{-\frac{\pi}{4}}^0 = \frac{\pi^2}{32}_{\circ}$$

例 6 的 Maple 源程序

```
> # example 6
> assume(a>0);
> int(int(1/sqrt(4 * a^2-r^2),r=0..-2 * a * sin(theta)),
theta=-pi/4..0);
```

$$\int_{-\frac{\pi}{4}}^{0} -\arcsin(\sin(\theta)) d\theta$$

```
> int(-theta,theta=-pi/4..0);
```

$$\frac{\pi^2}{32}$$

习题 10.2

1. 计算下列二重积分。

(1) $\iint\limits_{D} (x^2+y^2) \,d\sigma$，其中 $D = \{(x,y) \mid |x| \leq 1, |y| \leq 1\}$；

(2) $\iint\limits_{D} (3x+2y) \,d\sigma$，其中 D 是由两坐标轴及直线 $x+y=2$ 所围成的闭区域；

(3) $\iint\limits_{D} (x^3+3x^2y+y^3) \,d\sigma$，其中 $D = \{(x,y) \mid 0 \leq x \leq 1, 0 \leq y \leq 1\}$；

(4) $\iint\limits_{D} x\cos(x+y) \,d\sigma$，其中 D 是顶点分别为 $(0,0)$，$(\pi,0)$ 和 (π,π) 的三角形闭区域。

2. 画出积分区域，并计算下列二重积分。

(1) $\iint\limits_{D} x\sqrt{y} \,d\sigma$，其中 D 是由两条抛物线 $y=\sqrt{x}$，$y=x^2$ 所围成的闭区域；

(2) $\iint\limits_{D} xy^2 \,d\sigma$，其中 D 是由圆周 $x^2+y^2=4$ 及 y 轴所围成的右半闭区域；

(3) $\iint\limits_{D} e^{x+y} \,d\sigma$，其中 $D = \{(x,y) \mid |x|+|y| \leq 1\}$；

(4) $\iint\limits_{D} (x^2+y^2-x) \,d\sigma$，其中 D 是由直线 $y=2$，$y=x$ 及 $y=2x$ 所围成的闭区域。

3. 化二重积分 $I = \iint\limits_{D} f(x,y) \,d\sigma$ 为二次积分（分别列出对两个变量先后次序不同的两个二次积分），其中积分区域 D 是：

(1) 由直线 $y=x$ 及抛物线 $y^2=4x$ 所围成的闭区域；

(2) 由 x 轴及半圆周 $x^2+y^2=r^2 (y \geq 0)$ 所围成的闭区域；

(3) 由直线 $y=x$，$x=2$ 及双曲线 $y=\dfrac{1}{x} (x>0)$ 所围成的闭区域；

(4) 环形闭区域 $\{(x,y) \mid 1 \leq x^2+y^2 \leq 4\}$。

4. 改变下列二次积分的积分次序。

(1) $\int_0^1 dy \int_0^y f(x,y) \,dx$；

(2) $\int_0^2 dy \int_{y^2}^{2y} f(x,y) \,dx$；

(3) $\int_0^1 dy \int_{-\sqrt{1-y^2}}^{\sqrt{1-y^2}} f(x,y) \,dx$；

(4) $\int_1^2 dx \int_{2-x}^{\sqrt{2x-x^2}} f(x,y) \,dy$；

(5) $\int_1^e dx \int_0^{\ln x} f(x,y) \,dy$；

(6) $\int_0^{\pi} dx \int_{-\sin \frac{x}{2}}^{\sin x} f(x,y) \,dy$。

5. 画出积分区域，把积分 $\iint\limits_{D} f(x,y) \,dxdy$ 表示为极坐标形式下的二次积分，其中积分区域 D 是：

(1) $\{(x,y) \mid x^2+y^2 \leq a^2\} (a>0)$；

(2) $\{(x,y) \mid x^2+y^2 \leq 2x\}$；

(3) $\{(x,y) \mid a^2 \leq x^2+y^2 \leq b^2\}$，其中 $0<a<b$；

(4) $\{(x,y) \mid 0 \leq y \leq 1-x, 0 \leq x \leq 1\}$。

6. 利用极坐标计算下列各题。

(1) $\iint\limits_{D} e^{x^2+y^2} d\sigma$, 其中 D 是由圆周 $x^2+y^2=4$ 所围成的闭区域;

(2) $\iint\limits_{D} \ln(1+x^2+y^2) d\sigma$, 其中 D 是由圆周 $x^2+y^2=$ 1 及坐标轴所围成的第一象限内的闭区域;

(3) $\iint\limits_{D} \arctan \dfrac{y}{x} d\sigma$, 其中 D 是由圆周 $x^2+y^2=4$, $x^2+y^2=1$ 及坐标轴所围成的第一象限内的闭区域。

10.3 三重积分的概念及其计算

10.3.1 三重积分的概念

定义 设 $f(x,y,z)$ 是空间闭区域 Ω 上的有界函数, 将 Ω 任意地划分成 n 个小区域 $\Delta v_1, \Delta v_2, \cdots, \Delta v_n$, 其中 Δv_i 表示第 i 个小区域, 也表示它的体积。在每个小区域 Δv_i 上任取一点 (ξ_i, η_i, ζ_i), 作乘积 $f(\xi_i, \eta_i, \zeta_i) \Delta v_i$, 作和式 $\sum\limits_{i=1}^{n} f(\xi_i, \eta_i, \zeta_i) \Delta v_i$, 以 λ 记这 n 个小区域直径的最大值, 若极限 $\lim\limits_{\lambda \to 0} \sum\limits_{i=1}^{n} f(\xi_i, \eta_i, \zeta_i) \Delta v_i$ 存在, 则称此极限值为函数 $f(x,y,z)$ 在区域 Ω 上的三重积分, 记作 $\iiint\limits_{\Omega} f(x,y,z) dv$, 即

$$\iiint\limits_{\Omega} f(x,y,z) dv = \lim\limits_{\lambda \to 0} \sum\limits_{i=1}^{n} f(\xi_i, \eta_i, \zeta_i) \Delta v_i。$$

其中 $f(x,y,z)$ 为被积函数, Ω 为积分区域, dv 为体积元素。

自然地, 体积元素在直角坐标系下也可记作 $dxdydz$。

三重积分的存在定理: 若函数在区域上连续, 则三重积分存在。

三重积分的物理意义: 如果 $f(x,y,z)$ 表示某物体在 (x,y,z) 处的密度, Ω 是该物体所占有的空间区域, 且 $f(x,y,z)$ 在 Ω 上连续, 则和式 $\sum\limits_{i=1}^{n} f(\xi_i, \eta_i, \zeta_i) \Delta v_i$ 就是物体质量 m 的近似值, 该和式当 $\lambda \to 0$ 时的极限值就是该物体的质量 m 的精确值。

故,

$$m = \iiint\limits_{\Omega} f(x,y,z) dv。$$

特别地, 当 $f(x,y,z)=1$ 时, $\iiint\limits_{\Omega} dv = \Omega$, 其中 Ω 为立体的体积。

10.3.2 利用直角坐标计算三重积分

假设积分区域 Ω 的形状如图 10.3.1 所示。

Ω 在 xOy 面上的投影区域为 D_{xy}，过 D_{xy} 上任意一点，作平行于 z 轴的直线穿过 Ω 内部，与 Ω 边界曲面相交不多于两点。也即，Ω 的边界曲面可分为上、下两片部分曲面

$$S_1: z = z_1(x,y), \quad S_2: z = z_2(x,y)。$$

其中 $z = z_1(x,y)$，$z = z_2(x,y)$ 在 D_{xy} 上连续，并且 $z_1(x,y) < z_2(x,y)$。

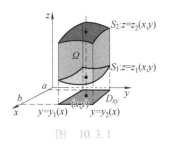

图 10.3.1

如何计算三重积分 $\iiint\limits_{\Omega} f(x,y,z)\,\mathrm{d}v$ 呢？

不妨先考虑特殊情况 $f(x,y,z) = 1$，则

$$\iiint\limits_{\Omega} \mathrm{d}v = \iiint\limits_{\Omega} \mathrm{d}x\mathrm{d}y\mathrm{d}z = \iint\limits_{D_{xy}} [z_2(x,y) - z_1(x,y)]\,\mathrm{d}\sigma,$$

即

$$\iiint\limits_{\Omega} \mathrm{d}v = \iint\limits_{D_{xy}} \mathrm{d}x\mathrm{d}y \int_{z_1(x,y)}^{z_2(x,y)} \mathrm{d}z。$$

一般情况下，类似地有

$$\iiint\limits_{\Omega} \mathrm{d}v = \iint\limits_{D_{xy}} \mathrm{d}x\mathrm{d}y \int_{z_1(x,y)}^{z_2(x,y)} f(x,y,z)\,\mathrm{d}z。$$

显然积分 $\int_{z_1(x,y)}^{z_2(x,y)} f(x,y,z)\,\mathrm{d}z$ 只是把 $f(x,y,z)$ 看作 z 的函数在区间 $[z_1(x,y), z_2(x,y)]$ 上对 z 求定积分，因此，其结果应是 x，y 的函数，记

$$F(x,y) = \int_{z_1(x,y)}^{z_2(x,y)} f(x,y,z)\,\mathrm{d}z,$$

那么

$$\iiint\limits_{\Omega} f(x,y,z)\,\mathrm{d}v = \iint\limits_{D_{xy}} F(x,y)\,\mathrm{d}x\mathrm{d}y。$$

如图 10.3.1 所示，区域 D_{xy} 可表示为

$$a \leqslant x \leqslant b, \quad y_1(x) \leqslant y \leqslant y_2(x),$$

从而

$$\iint\limits_{D_{xy}} F(x,y)\,\mathrm{d}x\mathrm{d}y = \int_a^b \mathrm{d}x \int_{y_1(x)}^{y_2(x)} F(x,y)\,\mathrm{d}y。$$

综上讨论，若积分区域 Ω 可表示成

$$a \leqslant x \leqslant b, \quad y_1(x) \leqslant y \leqslant y_2(x), \quad z_1(x,y) \leqslant z \leqslant z_2(x,y),$$

则

$$\iiint\limits_{\Omega} f(x,y,z)\,\mathrm{d}v = \int_a^b \mathrm{d}x \int_{y_1(x)}^{y_2(x)} \mathrm{d}y \int_{z_1(x,y)}^{z_2(x,y)} f(x,y,z)\,\mathrm{d}z。$$

这就是三重积分的计算公式，它将三重积分化成先对积分变量 z，后对 y，最后对 x 的三次积分。

如果平行于 z 轴且穿过 Ω 内部的直线与边界曲面的交点多于两个，可仿照二重积分计算中所采用的方法，将 Ω 剖分成若干个

部分，（如 Ω_1，Ω_2），使在 Ω 上的三重积分化为各部分区域（Ω_1，Ω_2）上的三重积分，当然各部分区域（Ω_1，Ω_2）应适合对区域的要求。

例 1 计算 $\iiint\limits_{\Omega} xyz\mathrm{d}x\mathrm{d}y\mathrm{d}z$，其中 Ω 为球面 $x^2+y^2+z^2=1$ 及三坐标面所围成的位于第一卦限的立体。

解 （1）画出立体的简图，如图 10.3.2a 所示。

（2）找出立体 Ω 在某坐标面上的投影区域并画出简图，如图 10.3.2b 所示，Ω 在 xOy 面上的投影区域为 D_{xy}：$x^2+y^2\le1$，$x\ge0$，$y\ge0$。

（3）确定另一积分变量的变化范围，在 D_{xy} 内任取一点，作一过此点且平行于 z 轴的直线穿过区域 Ω，则此直线与 Ω 边界曲面的两交点的竖坐标即为 z 的变化范围。即 $0\le z\le\sqrt{1-x^2-y^2}$。

（4）选择一种次序，化三重积分为三次积分。

$$\iiint\limits_{\Omega} xyz\mathrm{d}x\mathrm{d}y\mathrm{d}z = \int_0^1\mathrm{d}x\int_0^{\sqrt{1-x^2}}\mathrm{d}y\int_0^{\sqrt{1-x^2-y^2}}xyz\mathrm{d}z$$

$$= \int_0^1\mathrm{d}x\int_0^{\sqrt{1-x^2}}\frac{1}{2}xy(1-x^2-y^2)\mathrm{d}y$$

$$= \int_0^1\left[\frac{1}{4}xy^2-\frac{1}{4}x^3y^2-\frac{1}{8}xy^4\right]_0^{\sqrt{1-x^2}}\mathrm{d}x$$

$$= \int_0^1\left[\frac{1}{4}x(1-x^2)-\frac{1}{4}x^3(1-x^2)-\frac{1}{8}x(1-x^2)^2\right]\mathrm{d}x$$

$$= \int_0^{\frac{\pi}{2}}\left[\frac{1}{4}\sin t\cos^2 t-\frac{1}{4}\sin^3 t\cos^2 t-\frac{1}{8}\sin t\cos^4 t\right]\cos t\mathrm{d}t$$

$$= \int_0^{\frac{\pi}{2}}\frac{1}{4}\sin t\cos^3 t\mathrm{d}t-\int_0^{\frac{\pi}{2}}\frac{1}{4}\sin^3 t\cos^3 t\mathrm{d}t-\int_0^{\frac{\pi}{2}}\frac{1}{8}\sin t\cos^5 t\cos t\mathrm{d}t$$

$$= \frac{1}{4}\times\frac{2}{4\times2}-\frac{1}{4}\times\frac{2\times2}{6\times4\times2}-\frac{1}{8}\times\frac{4\times2}{6\times4\times2}=\frac{1}{48}。$$

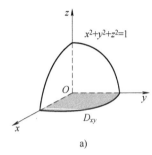
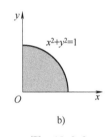

图 10.3.2

例 1 的 Maple 源程序

```
> # example 1
> int(int(int(x * y * z,z=0..sqrt(1-x^2-y^2)),y=0..sqrt(1-
x^2)),x=0..1);
```

$$\frac{1}{48}$$

10.3.3 利用柱面坐标计算三重积分

对于某些三重积分，由于积分区域和被积函数的特点，往往要利用柱面坐标和球面坐标来计算。

1. 柱面坐标

设 $M(x,y,z)$ 为空间中的一点，该点在 xOy 面上的投影为点 P，点 P 的极坐标为 r,θ，则 r,θ,z 三个数称作点 M 的柱面坐标（图 10.3.3）。

规定 r,θ,z 的取值范围是

$$0 \leqslant r \leqslant +\infty, \quad 0 \leqslant \theta \leqslant 2\pi, \quad -\infty < z < +\infty。$$

柱面坐标系的三组坐标面分别为

$r=$ 常数，即以 z 轴为轴的圆柱面；

$\theta=$ 常数，即过 z 轴的半平面；

$z=$ 常数，即与 xOy 面平行的平面。

点 M 的直角坐标与柱面坐标之间有关系式

$$\begin{cases} x=r\cos\theta, \\ y=r\sin\theta, \\ z=z。 \end{cases} \tag{1}$$

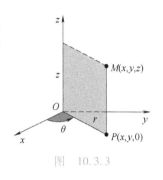

图 10.3.3

2. 三重积分 $\iiint\limits_{\Omega} f(x,y,z)\mathrm{d}v$ 在柱面坐标系中的计算公式

用三组坐标面 $r=$ 常数，$\theta=$ 常数，$z=$ 常数，将 Ω 分割成许多小区域，除了含 Ω 的边界点的一些不规则小区域外，这种小闭区域都是柱体（图 10.3.4）。

考察由 r,θ,z 各取得微小增量 $\mathrm{d}r,\mathrm{d}\theta,\mathrm{d}z$ 所成的柱体，该柱体是底面积为 $r\mathrm{d}r\mathrm{d}\theta$，高为 $\mathrm{d}z$ 的柱体，其体积为 $\mathrm{d}v=r\mathrm{d}r\mathrm{d}\theta\mathrm{d}z$，这便是柱面坐标系下的体积元素，并注意到式（1）有

$$\iiint\limits_{\Omega} f(x,y,z)\mathrm{d}v=\iiint\limits_{\Omega} f(r\cos\theta,r\sin\theta,z)r\mathrm{d}r\mathrm{d}\theta\mathrm{d}z。 \tag{2}$$

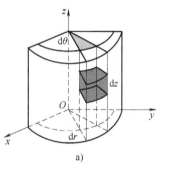

a)

式（2）就是三重积分由直角坐标变量变换成柱面坐标变量的计算公式。式（2）右端的三重积分计算，也可化为关于积分变量 r,θ,z 的三次积分，其积分限要由 r,θ,z 在 Ω 中的变化情况来确定。

3. 用柱面坐标 r,θ,z 表示积分区域 Ω 的方法

（1）找出 Ω 在 xOy 面上的投影区域 D_{xy}，并用极坐标变量 r,θ 表示之；

（2）在 D_{xy} 内任取一点 (r,θ)，过此点作平行于 z 轴的直线穿过区域，此直线与 Ω 边界曲面的两交点的竖坐标（将此竖坐标表示成 r,θ 的函数）即为 z 的变化范围。

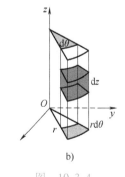

b)

图 10.3.4

例 2 用柱面坐标计算三重积分 $\iiint\limits_{\Omega} xyz\mathrm{d}v$，其中 Ω 是球体 $x^2+y^2+z^2 \leqslant 1$ 位于第一卦限内的部分。

解 $\displaystyle\iiint\limits_{\Omega} xyz\mathrm{d}v = \iiint\limits_{\Omega} (r\cos\theta)(r\sin\theta)z(r\mathrm{d}r\mathrm{d}\theta\mathrm{d}z)$

$$= \int_0^{\frac{\pi}{2}}\mathrm{d}\theta \int_0^1 \mathrm{d}r \int_0^{\sqrt{1-r^2}} r^3\cos\theta\sin\theta z\mathrm{d}z$$

$$= \int_0^{\frac{\pi}{2}}\mathrm{d}\theta \int_0^1 \left[\frac{1}{2}r^3\cos\theta\sin\theta z^2\right]_0^{\sqrt{1-r^2}}\mathrm{d}r$$

$$= \frac{1}{2}\int_0^{\frac{\pi}{2}}\mathrm{d}\theta \int_0^1 r^3(1-r^2)\cos\theta\sin\theta\mathrm{d}r$$

$$= \frac{1}{2}\int_0^{\frac{\pi}{2}}\cos\theta\sin\theta\mathrm{d}\theta \int_0^1 r^3(1-r^2)\mathrm{d}r$$

$$= \frac{1}{2}\cdot\frac{1}{2}\cdot\left[\frac{1}{4}r^4-\frac{1}{6}r^6\right]_0^1$$

$$= \frac{1}{2}\cdot\frac{1}{2}\cdot\left(\frac{1}{4}-\frac{1}{6}\right) = \frac{1}{48}\circ$$

例 2 的 Maple 源程序

```
> # example 2
> int ( int ( int ( r ^ 3 * cos ( theta ) * sin ( theta ) * z , z =
0 . . sqrt(1-r^2)),r=0..1),theta=0..Pi/2);
```
$$\frac{1}{48}$$

10.3.4 利用球面坐标计算三重积分

1. 球面坐标

如图 10.3.5 所示，空间任意一点 $M(x,y,z)$ 也可用三个数 r，φ,θ 唯一表示。

其中：

r 为原点 O 到点 M 的距离；

φ 为有向线段 $\overrightarrow{OM}$ 与 z 轴正向所成夹角；

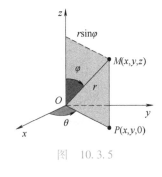

图 10.3.5

θ 为从正 z 轴来看自 x 轴依逆时针方向转到有向线段 $\overrightarrow{OP}$ 的角度，而点 P 是点 M 在 xOy 面上的投影点。

规定 r,φ,θ 的取值范围为

$$0\le r\le +\infty，\quad 0\le\varphi\le\pi，\quad 0\le\theta\le 2\pi。$$

不难看出，点 M 的直角坐标与球面坐标间的关系为

$$\begin{cases} x = r\sin\varphi\cos\theta, \\ y = r\sin\varphi\sin\theta, \\ z = r\cos\varphi\circ \end{cases} \tag{3}$$

2. 球面坐标系的特点

$r=$ 常数，是以原点为心的球面；

$\varphi=$ 常数，是以原点为顶，z 轴为轴的圆锥面；

$\theta=$ 常数，是过 z 轴的半平面。

粗略地讲，变量 r 刻画点 M 到原点的距离，即"远近"；变量 φ 刻画点 M 在空间的上下位置，即"上下"；变量 θ 刻画点 M 在水平面上的方位，即"水平面上方位"。

3. 三重积分在球面坐标系下的计算公式

用三组坐标面 $r=$ 常数，$\varphi=$ 常数，$\theta=$ 常数，将 Ω 划分成许多小区域，考虑当 r,φ,θ 各取微小增量 $\mathrm{d}r,\mathrm{d}\varphi,\mathrm{d}\theta$ 所形成的六面体，若忽略高阶无穷小，可将此六面体视为长方体（图 10.3.6），其体积近似值为

$$\mathrm{d}v=r^2\sin\varphi\,\mathrm{d}r\,\mathrm{d}\varphi\,\mathrm{d}\theta。$$

这就是球面坐标系下的体积元素。

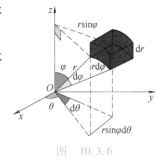

图　10.3.6

由直角坐标与球面坐标的关系式(3)有

$$\iiint\limits_{\Omega}f(x,y,z)\,\mathrm{d}v=\iiint\limits_{\Omega}f(r\sin\varphi\cos\theta,r\sin\varphi\sin\theta,r\cos\varphi)r^2\sin\varphi\,\mathrm{d}r\,\mathrm{d}\varphi\,\mathrm{d}\theta。$$

$$(4)$$

式(4)就是三重积分在球面坐标系下的计算公式。

式(4)右端的三重积分可化为关于积分变量 r,φ,θ 的三次积分来实现其计算，当然，这需要将积分区域 Ω 用球面坐标 r,φ,θ 加以表示。

4. 积分区域的球面坐标表示法。

积分区域用球面坐标加以表示较复杂，一般需要参照几何形状，并依据球坐标变量的特点来决定。

实际中经常遇到的积分区域 Ω 是这样的，Ω 是一包围原点的立体，其边界曲面是包围原点在内的封闭曲面，将其边界曲面方程化成球坐标方程 $r=r(\varphi,\theta)$，据球面坐标变量的特点有

$$\Omega:\begin{cases}0\leqslant\theta\leqslant2\pi,\\0\leqslant\varphi\leqslant\pi,\\0\leqslant r\leqslant r(\varphi,\theta)。\end{cases}$$

例如，若 Ω 是球体 $x^2+y^2+z^2\leqslant a^2(a>0)$，则 Ω 的球坐标表示形式为

$$\Omega:0\leqslant\theta\leqslant2\pi,\quad0\leqslant\varphi\leqslant\pi,\quad0\leqslant r\leqslant a$$

曲面 $x^2+y^2+z^2=a^2$ 的球坐标方程为

$$(r\sin\varphi\cos\theta)^2+(r\sin\varphi\sin\theta)^2+(r\cos\varphi)^2=a^2,$$

于是

$$r^2 = a^2, \quad r = a。$$

例3 求曲面 $z = a + \sqrt{a^2 - x^2 - y^2}$ $(a > 0)$ 与曲面 $z = \sqrt{x^2 + y^2}$ 所围成的立体 Ω 的体积。

解 Ω 的图形如图 10.3.7 所示。

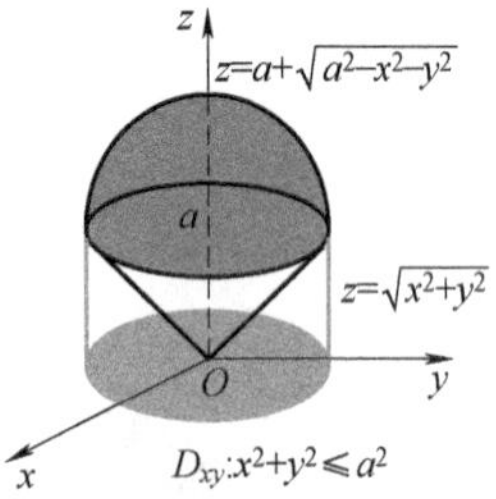

下面根据图形及球坐标变量的特点决定 Ω 的球坐标表示。

(1) Ω 在 xOy 面的投影区域 D_{xy} 包围原点，故 θ 变化范围应为 $[0, 2\pi]$；

(2) 在 Ω 中 φ 为 z 轴转到锥面的侧面，而锥面的半顶角为 $\dfrac{\pi}{4}$，故 φ 的变化范围应为 $\left[0, \dfrac{\pi}{4}\right]$；

(3) 在 $0 \leqslant \theta \leqslant 2\pi$，$0 \leqslant \varphi \leqslant \dfrac{\pi}{4}$ 内任取一值 (φ, θ)，作射线穿过 Ω，它与 Ω 有两个交点，一个在原点处，另一个在曲面 $z = a + \sqrt{a^2 - x^2 - y^2}$ 上，用球坐标可分别表示为 $r = 0$ 及 $r = 2a\cos\varphi$。因此，Ω：$0 \leqslant \theta \leqslant 2\pi$，$0 \leqslant \varphi \leqslant \dfrac{\pi}{4}$，$0 \leqslant r \leqslant 2a\cos\varphi$。故

$$
v = \iiint\limits_{\Omega} \mathrm{d}v = \iiint\limits_{\Omega} r^2 \sin\varphi \,\mathrm{d}r\mathrm{d}\varphi\mathrm{d}\theta
$$

$$
= \int_0^{2\pi} \mathrm{d}\theta \int_0^{\frac{\pi}{4}} \mathrm{d}\varphi \int_0^{2a\cos\varphi} r^2 \sin\varphi \,\mathrm{d}r = \int_0^{2\pi} \mathrm{d}\theta \int_0^{\frac{\pi}{4}} \left[\frac{1}{3} r^3 \sin\varphi\right]_0^{2a\cos\varphi} \mathrm{d}\varphi
$$

$$
= \int_0^{2\pi} \mathrm{d}\theta \int_0^{\frac{\pi}{4}} \frac{8}{3} a^3 \cos^3\varphi \sin\varphi \,\mathrm{d}\varphi = \frac{8}{3} a^3 \int_0^{2\pi} \mathrm{d}\theta \int_0^{\frac{\pi}{4}} \cos^3\varphi \sin\varphi \,\mathrm{d}\varphi
$$

$$
= \frac{8}{3} a^3 2\pi \left[-\frac{1}{4} \cos^4\varphi\right]_0^{\frac{\pi}{4}} = \frac{16}{3} a^3 \pi \frac{1}{4} \left(1 - \frac{1}{4}\right) = \pi a^3。
$$

図 10.3.7 に示す立体の図

图 10.3.7

例3 的 Maple 源程序

```
> # example 3
> int(int(int(r^2 * sin(psi),r=0..2 * a * cos(psi)),psi=
0..Pi/4),theta=0..2 * Pi);
```
$$a^3 \pi$$

习题 10.3

1. 选择适当的坐标系计算下列三重积分。

(1) $\displaystyle\iiint\limits_{\Omega} zx\,\mathrm{d}x\mathrm{d}y\mathrm{d}z$，其中 Ω 是由平面 $z = 0$，$z = y$，$y = 1$ 以及抛物柱面 $y = x^2$ 所围成的区域；

(2) $\displaystyle\iiint\limits_{\Omega} \frac{\mathrm{d}x\mathrm{d}y\mathrm{d}z}{(1 + x + y + z)^3}$，其中 Ω 为平面 $x = 0$，$y = 0$，

$z=0$，$x+y+z=1$ 所围成的四面体；

（3）$\iiint\limits_{\Omega}(x^2+y^2)\,\mathrm{d}v$，其中 Ω 是由曲面 $x^2+y^2=2z$ 及平面 $z=2$ 所围成的区域；

（4）$\iiint\limits_{\Omega}(x^2+y^2+z^2)\,\mathrm{d}v$，其中 Ω 是由球面 $x^2+y^2+z^2=1$ 所围成的区域。

2. 化三重积分 $I=\iiint\limits_{\Omega}f(x,y,z)\,\mathrm{d}x\mathrm{d}y\mathrm{d}z$ 为三次积分，其中积分区域 Ω 分别为：

（1）由曲面 $z=x^2+y^2$ 及平面 $z=1$ 所围成的区域；

（2）由圆锥面 $z=\sqrt{x^2+y^2}$，柱面 $x^2+y^2=1$ 及 $z=2$ 所围成的区域；

（3）由旋转抛物面 $z=x^2+y^2$，柱面 $x^2+y^2=1$ 及 $z=0$ 所围成的区域。

3. 利用三重积分计算下列由曲面所围成的立体的体积。

（1）$z=6-x^2-y^2$ 及 $z=\sqrt{x^2+y^2}$；

（2）$z=\sqrt{x^2+y^2}$ 及 $z=x^2+y^2$。

4. 有一物体，占有空间闭区域 Ω：$0\leqslant x\leqslant1$，$0\leqslant y\leqslant1$，$0\leqslant z\leqslant1$，在点 (x,y,z) 处的密度为 $\rho(x,y,z)=x+y+z$，试计算该物体的质量。

5. 计算三重积分 $\iiint\limits_{\Omega}xy^2z^4\mathrm{d}x\mathrm{d}y\mathrm{d}z$，积分区域 $\Omega=\{(x,y,z)\mid0\leqslant x\leqslant1,0\leqslant y\leqslant2,1\leqslant z\leqslant3\}$。

10.4　重积分的应用

定积分应用的元素法也可推广到二重积分。如果所要计算的某个量 U 对于闭区域 D 具有可加性（即当闭区域 D 分成许多小闭区域时，所求量 U 相应地分成许多部分量 ΔU，这样就有 $U=\sum\Delta U$），在 D 内任取一个直径充分小的闭区域 $\mathrm{d}\sigma$ 时，相应的部分量 ΔU 可近似地表示为 $f(x,y)\mathrm{d}\sigma$，其中 $x,y\in\mathrm{d}\sigma$。称 $f(x,y)\mathrm{d}\sigma$ 为所求量 U 的元素，并记作 $\mathrm{d}U$。这样，所求量 U 可表示成积分形式 $U=\iint\limits_{D}f(x,y)\,\mathrm{d}\sigma$。

10.4.1　曲面的面积

设曲面 S 由方程 $z=f(x,y)$ 给出，D_{xy} 为曲面 S 在 xOy 面上的投影区域，函数 $f(x,y)$ 在 D_{xy} 上具有连续偏导数 $f_x(x,y)$ 和 $f_y(x,y)$，现计算曲面的面积 A。

在闭区域 D_{xy} 上任取一直径很小的闭区域 $\mathrm{d}\sigma$（它的面积也记作 $\mathrm{d}\sigma$），在 $\mathrm{d}\sigma$ 内取一点 $P(x,y)$，对应着曲面 S 上一点 $M(x,y,f(x,y))$，点 M 在 xOy 面上的投影即点 P（图 10.4.1）。曲面 S 在点 M 处的切平面设为 T。以小区域 $\mathrm{d}\sigma$ 的边界为准线作母线平行于 z 轴的柱面，该柱面在曲面 S 上截下一小片曲面，在切平面 T 上截下一小片平面，由于 $\mathrm{d}\sigma$ 的直径很小，那一小片平面面积近似地等于那一小片曲面面积。

曲面 S 在点 M 处的法向量（指向朝上的那个）为

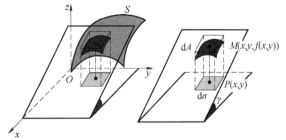

图　10.4.1

$$n = \{-f_x(x,y), -f_y(x,y), 1\},$$

它与 z 轴正向所成夹角记为 γ，则

$$\cos\gamma = \frac{1}{\sqrt{1+f_x^2(x,y)+f_y^2(x,y)}},$$

而 $\mathrm{d}A = \dfrac{\mathrm{d}\sigma}{\cos\gamma}$，所以

$$\mathrm{d}A = \sqrt{1+f_x^2(x,y)+f_y^2(x,y)}\,\mathrm{d}\sigma,$$

这就是曲面 S 的面积元素，故

$$A = \iint\limits_{D_{xy}} \sqrt{1+f_x^2(x,y)+f_y^2(x,y)}\,\mathrm{d}\sigma,$$

也可写成

$$A = \iint\limits_{D_{xy}} \sqrt{1+\left(\frac{\partial z}{\partial x}\right)^2+\left(\frac{\partial z}{\partial y}\right)^2}\,\mathrm{d}x\mathrm{d}y,$$

此公式即为曲面面积的计算公式。

例 1　求球面 $x^2+y^2+z^2=a^2$ 含在柱面 $x^2+y^2=ax(a>0)$ 内部的面积（图 10.4.2）。

解　所求曲面在 xOy 面的投影区域（图 10.4.3）为

$$D_{xy} = \{(x,y) \mid x^2+y^2 \leqslant ax\},$$

曲面方程应取为 $z=\sqrt{a^2-x^2-y^2}$，则

$$z_x = \frac{-x}{\sqrt{a^2-x^2-y^2}}, \quad z_y = \frac{-y}{\sqrt{a^2-x^2-y^2}},$$

$$\sqrt{1+z_x^2+z_y^2} = \frac{a}{\sqrt{a^2-x^2-y^2}},$$

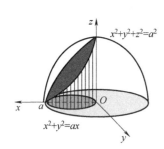

图　10.4.2

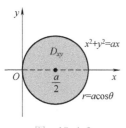

图　10.4.3

由曲面的对称性，有

$$A = 2\iint\limits_{D_{xy}} \frac{a}{\sqrt{a^2-x^2-y^2}}\,\mathrm{d}x\mathrm{d}y = 2\int_{-\frac{\pi}{2}}^{\frac{\pi}{2}}\mathrm{d}\theta\int_0^{a\cos\theta} \frac{a}{\sqrt{a^2-r^2}}\cdot r\,\mathrm{d}r$$

$$= 2a\int_{-\frac{\pi}{2}}^{\frac{\pi}{2}}\left[-\sqrt{a^2-r^2}\right]_0^{a\cos\theta}\mathrm{d}\theta = 2a^2\int_{-\frac{\pi}{2}}^{\frac{\pi}{2}}(1-|\sin\theta|)\,\mathrm{d}\theta$$

$$= 4a^2\int_0^{\frac{\pi}{2}}(1-\sin\theta)\,\mathrm{d}\theta = 2a^2(\pi-2)。$$

例 1 的 Maple 源程序

```
> # example 1

> assume(a>0):
> 2 * int(int(a/sqrt(a^2-r^2) * r,r=0..a * cos(theta)),
theta=-Pi/2..Pi/2);
```

$$2\pi a\text{~}^2 - 4a\text{~}^2$$

若曲面的方程为 $x=g(y,z)$ 或 $y=h(z,x)$，可分别将曲面投影到 yOz 面或 zOx 面，设所得到的投影区域分别为 D_{yz} 或 D_{zx}，类似地有

$$A = \iint\limits_{D_{yz}} \sqrt{1+\left(\frac{\partial x}{\partial y}\right)^2+\left(\frac{\partial x}{\partial z}\right)^2}\,\mathrm{d}y\mathrm{d}z,$$

或

$$A = \iint\limits_{D_{zx}} \sqrt{1+\left(\frac{\partial y}{\partial z}\right)^2+\left(\frac{\partial y}{\partial x}\right)^2}\,\mathrm{d}z\mathrm{d}x。$$

10.4.2　质心

设在 xOy 平面上有 n 个质点，它们分别位于点 (x_1,y_1)，(x_2,y_2)，$\cdots$，(x_n,y_n) 处，质量分别为 $m_1,m_2,\cdots,m_n$，由力学知识可知，该质点系的质心坐标为

$$\bar{x} = \frac{M_y}{M} = \frac{\sum\limits_{i=1}^n m_i x_i}{\sum\limits_{i=1}^n m_i}, \quad \bar{y} = \frac{M_x}{M} = \frac{\sum\limits_{i=1}^n m_i y_i}{\sum\limits_{i=1}^n m_i}。$$

设有一平面薄片，占有 xOy 面上的闭区域 D，在点 (x,y) 处的面密度为 $\rho(x,y)$，假定 $\rho(x,y)$ 在 D 上连续，如何确定该薄片的质心坐标 $(\bar{x},\bar{y})$。

在闭区域 D 上任取一直径很小的闭区域 $\mathrm{d}\sigma$，(x,y) 是这小闭区域内的一点。由于 $\mathrm{d}\sigma$ 的直径很小，且 $\rho(x,y)$ 在 D 上连续，所以薄片中相应于 $\mathrm{d}\sigma$ 的部分的质量近似等于 $\rho(x,y)\mathrm{d}\sigma$，这部分质量可近似看作集中在点 (x,y) 上，于是元素 $\mathrm{d}M_x$，$\mathrm{d}M_y$ 分别为

$$\mathrm{d}M_x = y\rho(x,y)\mathrm{d}\sigma, \quad \mathrm{d}M_y = x\rho(x,y)\mathrm{d}\sigma;$$

$$M_x = \iint\limits_D y\rho(x,y)\mathrm{d}\sigma, \quad M_y = \iint\limits_D x\rho(x,y)\mathrm{d}\sigma。$$

因平面薄片的总质量为

$$M = \iint\limits_D \rho(x,y)\mathrm{d}\sigma,$$

从而，薄片的质心坐标为

$$\bar{x} = \frac{M_y}{M} = \frac{\iint\limits_D x\rho(x,y)\mathrm{d}\sigma}{\iint\limits_D \rho(x,y)\mathrm{d}\sigma}, \quad \bar{y} = \frac{M_x}{M} = \frac{\iint\limits_D y\rho(x,y)\mathrm{d}\sigma}{\iint\limits_D \rho(x,y)\mathrm{d}\sigma}。$$

特别地，如果薄片是均匀的，即面密度为常量，则

$$\bar{x} = \frac{1}{A}\iint\limits_D x\mathrm{d}\sigma, \quad \bar{y} = \frac{1}{A}\iint\limits_D y\mathrm{d}\sigma \quad \left(A = \iint\limits_D \mathrm{d}\sigma \text{ 为闭区域 } D \text{ 的面积}\right)。$$

这时薄片的质心也称为该平面薄片所占的平面图形的形心。

例2　设薄片所占的闭区域 D 为介于两个圆 $r = a\cos\theta$，$r = b\sin\theta (0 < a < b)$ 之间的闭区域（图 10.4.4），且面密度均匀，求此均匀薄片的质心（形心）。

解　由 D 的对称性可知 $\bar{y} = 0$，

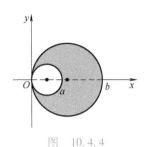

图　10.4.4

$$A = \iint\limits_{D} \mathrm{d}\sigma = \int_{-\frac{\pi}{2}}^{\frac{\pi}{2}} \mathrm{d}\theta \int_{a\cos\theta}^{b\cos\theta} r\mathrm{d}r = \frac{\pi}{4}(b^2 - a^2)。$$

$$\begin{aligned} M_y &= \iint\limits_{D} x\mathrm{d}\sigma = \int_{-\frac{\pi}{2}}^{\frac{\pi}{2}} \mathrm{d}\theta \int_{a\cos\theta}^{b\cos\theta} r^2\cos\theta\mathrm{d}r \\ &= \int_{-\frac{\pi}{2}}^{\frac{\pi}{2}} \left[\frac{1}{3}r^3\cos\theta \right]_{a\cos\theta}^{b\cos\theta} \mathrm{d}\theta = \int_{-\frac{\pi}{2}}^{\frac{\pi}{2}} \left[\frac{1}{3}(b^3 - a^3)\cos^4\theta \right] \mathrm{d}\theta \\ &= \frac{2}{3}(b^3 - a^3) \int_{0}^{\frac{\pi}{2}} \cos^4\theta\mathrm{d}\theta = \frac{\pi}{8}(b^3 - a^3)。 \end{aligned}$$

所以

$$\bar{x} = \frac{M_y}{A} = \frac{b^2 + ba + a^2}{2(b + a)}。$$

例 2 的 Maple 源程序

```
> # example 2
> assume(a>0,b>0,b>a);
int(int(1/sqrt( 4 * a^2-r^2),r = 0.. -2 * a * sin(theta)),
theta=-pi/4..0);
```
$$\frac{1}{2}b\sim^2\sin(\theta)^2 - \frac{1}{2}a\sim^2\cos(\theta)^2$$

```
> int(%,theta=-pi/2..pi/2);
```
$$-\frac{1}{2}a\sim^2\pi + \frac{1}{2}b\sim^2\pi$$

10.4.3 转动惯量

设 xOy 平面上有 n 个质点，它们分别位于点 (x_1, y_1)，(x_2, y_2)，$\cdots$，(x_n, y_n) 处，质量分别为 $m_1, m_2, \cdots, m_n$，由力学知识可知，该质点系对于 x 轴以及 y 轴的转动惯量分别为

$$I_x = \sum_{i=1}^{n} y_i^2 m_i, \quad I_y = \sum_{i=1}^{n} x_i^2 m_i。$$

设有一薄片，占有 xOy 面上的闭区域 D，在点 (x, y) 处的面密度为 $\rho(x, y)$，假定 $\rho(x, y)$ 在 D 上连续。现要求该薄片对于 x 轴、y 轴的转动惯量 I_x，I_y。

在闭区域 D 上任取一直径很小的闭区域 $\mathrm{d}\sigma$，(x, y) 是这小闭

区域内的一点。由于 $d\sigma$ 的直径很小，且 $\rho(x,y)$ 在 D 上连续，所以薄片中相应于 $d\sigma$ 的部分的质量近似等于 $\rho(x,y)d\sigma$，这部分质量可近似看作集中在点 (x,y) 上，可写出转动惯量元素为

$$dI_x = y^2\rho(x,y)d\sigma, \quad dI_y = x^2\rho(x,y)d\sigma,$$

以这些元素为被积表达式，在闭区域 D 上积分，便得

$$I_x = \iint_D y^2\rho(x,y)d\sigma, \quad I_y = \iint_D x^2\rho(x,y)d\sigma。$$

例 3　由抛物线 $y=x^2$ 及直线 $y=1$ 所围成的均匀薄片（图 10.4.5），其面密度为常数 ρ，求薄片对于直线 $y=-1$ 的转动惯量。

解　转动惯量元素为

$$dI = (y+1)^2\rho d\sigma,$$

$$I = \iint_D (y+1)^2\rho d\sigma = \rho \int_{-1}^1 dx \int_{x^2}^1 (y+1)^2 dy$$

$$= \rho \int_{-1}^1 \left[\frac{1}{3}(y+1)^3\right]_{x^2}^1 dx = \frac{\rho}{3} \int_{-1}^1 \left[8-(x^2+1)^3\right]dx$$

$$= \frac{368}{105}\rho。$$

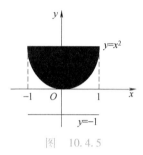

图　10.4.5

例 3 的 Maple 源程序

```
> # example3
> assume(rho>0);
> int(int(rho*(y+1)^2,y=x^2..1),x=-1..1);
```
$$\frac{368\rho\sim}{105}$$

10.4.4　引力

设有一平面薄片，占有 xOy 面上的闭区域 D，在点 (x,y) 处的面密度为 $\rho(x,y)$，假定 $\rho(x,y)$ 在 D 上连续，现计算该薄片对位于 z 轴上点 $M_0(0,0,1)$ 处的单位质量的质点的引力。

在闭区域 D 上任取一个小的闭区域 $d\sigma$，(x,y) 是 $d\sigma$ 内的一点，它的质量近似等于 $\rho(x,y)d\sigma$，这部分质量可近似看作集中在点 (x,y) 处，于是薄片对质点的引力近似值为 $G\dfrac{\rho(x,y)d\sigma}{r^2}$，引力的方向与向量 $(x,y,0)$ 一致，其中 $r=\sqrt{x^2+y^2+1}$，G 为引力常数。于是薄片对质点的引力元素 $d\boldsymbol{F}$ 在三个坐标轴上的分量 dF_x，dF_y，dF_z 分别为

$$dF_x = G\frac{\rho(x,y)x d\sigma}{r^3}, \quad dF_y = G\frac{\rho(x,y)y d\sigma}{r^3},$$

$$dF_z = G\frac{\rho(x,y)(0-1)d\sigma}{r^3}。$$

以这些元素为被积表达式，在闭区域 D 上积分，便得

$$F_x = G\iint\limits_D \frac{\rho(x,y)x}{(x^2+y^2+1)^{\frac{3}{2}}}d\sigma,$$

$$F_y = G\iint\limits_D \frac{\rho(x,y)y}{(x^2+y^2+1)^{\frac{3}{2}}}d\sigma,$$

$$F_z = -G\iint\limits_D \frac{\rho(x,y)}{(x^2+y^2+1)^{\frac{3}{2}}}d\sigma。$$

例 4 设面密度为常量 μ 的质量均匀的半圆环薄片占有闭区域 $D = \{(x,y,0) \mid R_1 \leqslant \sqrt{x^2+y^2} \leqslant R_2, x \geqslant 0\}$，求它对位于 z 轴上点 $M_0(0,0,a)(a>0)$ 处单位质量的质点的引力 $\boldsymbol{F}$。

解 薄片对质点的引力元素 $d\boldsymbol{F}$ 在三个坐标轴上的分量 dF_x，dF_y，dF_z 分别为

$$dF_x = G\frac{\mu x d\sigma}{r^3}, \quad dF_y = G\frac{\mu y d\sigma}{r^3}, \quad dF_z = G\frac{\mu(0-a)d\sigma}{r^3}。$$

以这些元素为被积表达式，在闭区域 D 上积分，可得

$$F_x = G\iint\limits_D \frac{\mu x}{(x^2+y^2+a^2)^{\frac{3}{2}}}d\sigma$$

$$= 2G\mu\left(\ln\frac{R_2+\sqrt{R_2^2+a^2}}{R_1+\sqrt{R_1^2+a^2}} - \frac{R_2}{\sqrt{R_2^2+a^2}} + \frac{R_1}{\sqrt{R_1^2+a^2}}\right),$$

$$F_y = G\iint\limits_D \frac{\mu y}{(x^2+y^2+a^2)^{\frac{3}{2}}}d\sigma = 0,$$

$$F_z = G\iint\limits_D \frac{\mu(0-a)}{(x^2+y^2+a^2)^{\frac{3}{2}}}d\sigma = \pi G a\mu\left(\frac{1}{\sqrt{R_2^2+a^2}} - \frac{1}{\sqrt{R_1^2+a^2}}\right)。$$

习题 10.4

1. 利用二重积分计算下列曲线所围成的面积。

（1）$y=x^2$，$y=x+2$；

（2）$y=\sin x$，$y=\cos x$，$x=0$，$x=\dfrac{\pi}{4}$。

2. 求由底圆半径相等的两个直交圆柱面 $x^2+y^2 = R^2$ 及 $x^2+z^2 = R^2$ 所围立体的表面积。

3. 计算下列曲面所围立体的体积。

（1）由曲面 $z=\sqrt{x^2+y^2}$，及 $z=x^2+y^2$ 所围成的立体；

（2）由曲面 $z=x^2+2y^2$ 及 $z=6-2x^2-y^2$ 所围成的立体。

4. 设平面薄片所占的闭区域 D 介于 $\rho=2\sin\theta$ 与 $\rho=4\sin\theta$ 之间，D 内点 (x,y) 处的面密度 $\mu(x,y)=\dfrac{1}{y}$，求该平面薄片的质量。

5. 利用三重积分计算下列由曲面所围立体的质

心(设密度 $\rho=1$)。

(1) $z^2=x^2+y^2$, $z=1$;

(2) $z=x^2+y^2$, $x+y=a$, $x=0$, $y=0$, $z=0$。

6. 已知均匀矩形板(面密度为常量 μ)的长和宽分别为 b 和 h,计算此矩形板对于通过其形心且分别与一边平行的两轴的转动惯量。

7. 设均匀柱体密度为 ρ,占有闭区域 $\Omega=\{(x, y,z) \mid x^2+y^2\leqslant R^2,0\leqslant z\leqslant h\}$,求它对位于点 $M_0(0,0, a)$ $(a>h)$ 处的单位质量的质点的引力。

总习题 10

1. 计算下列二重积分。

(1) $\iint\limits_D xe^{x+y}dxdy$, 其中 D 是由 $0\leqslant x\leqslant 1$, $-1\leqslant y\leqslant 0$ 所围成的闭区域;

(2) $\iint\limits_D xdxdy$, 其中 D 是由 $y\geqslant x^2$, $y\leqslant 4-x^2$ 所围成的闭区域;

(3) $\iint\limits_D (x+y)dxdy$, 其中 D 是由 $x^2+y^2\leqslant 2ax$ 所围成的闭区域;

(4) $\iint\limits_D \sqrt{x^2+y^2}dxdy$, 其中 D 是由 $x^2+y^2\leqslant a^2(a>0)$ 所围成的闭区域。

2. 化下列二次积分为极坐标形式的二次积分。

(1) $\int_0^1 dx\int_0^1 f(x,y)dy$;

(2) $\int_0^2 dx\int_x^{\sqrt{3}x} f(\sqrt{x^2+y^2})dy$;

(3) $\int_0^1 dx\int_{1-x}^{\sqrt{1-x^2}} f(x,y)dy$;

(4) $\int_0^1 dx\int_0^{x^2} f(x,y)dy$。

3. 把下列积分化为极坐标形式,并计算积分值。

(1) $\int_0^{2a} dx\int_0^{\sqrt{2ax-x^2}} (x^2+y^2)dy$;

(2) $\int_0^a dx\int_0^x \sqrt{x^2+y^2}dy$;

(3) $\int_0^1 dx\int_{x^2}^x (x^2+y^2)^{-\frac{1}{2}}dy$;

(4) $\int_0^a dy\int_0^{\sqrt{a^2-y^2}} (x^2+y^2)dx$。

4. 选用适当的坐标计算下列二重积分。

(1) $\iint\limits_D \dfrac{x^2}{y^2}d\sigma$, 其中 D 是由直线 $x=2$, $y=x$ 及曲线 $xy=1$ 所围成的闭区域;

(2) $\iint\limits_D \sqrt{\dfrac{1-x^2-y^2}{1+x^2+y^2}}d\sigma$, 其中 D 是由圆周 $x^2+y^2=1$ 及坐标轴所围成的在第一象限内的闭区域;

(3) $\iint\limits_D (x^2+y^2)d\sigma$, 其中 D 是由直线 $y=x$, $y=x+a$, $y=a$, $y=3a(a>0)$ 所围成的闭区域;

(4) $\iint\limits_D \sqrt{x^2+y^2}d\sigma$, 其中 D 是圆环形闭区域 $\{(x, y) \mid a^2\leqslant x^2+y^2\leqslant b^2\}$。

5. 求球面 $x^2+y^2+z^2=a^2$ 含在圆柱面 $x^2+y^2=ax$ 内部的那部分面积。

6. 求锥面 $z=\sqrt{x^2+y^2}$ 被柱面 $z^2=2x$ 所割下部分的曲面面积。

7. 计算积分 $I=\int_0^{+\infty} e^{-x^2}dx$。

8. 求由两个圆柱面 $x^2+y^2=a^2$ 和 $x^2+z^2=a^2$ 相交所围成立体的体积。

9. 把积分 $\iiint\limits_\Omega f(x,y,z)dxdydz$ 化为三次积分,其中积分区域 Ω 是由曲面 $z=x^2+y^2$, $y=x^2$ 及平面 $y=1$, $z=0$ 所围成的闭区域。

10. 计算下列三重积分。

(1) $\iiint\limits_\Omega z^2 dxdydz$, 其中 Ω 是两个球: $x^2+y^2+z^2\leqslant R^2$ 和 $x^2+y^2+z^2\leqslant 2Rz(R>0)$ 的公共部分;

(2) $\iiint\limits_\Omega \dfrac{z\ln(x^2+y^2+z^2+1)}{x^2+y^2+z^2+1}dv$, 其中 Ω 是由球面 $x^2+y^2+z^2=1$ 所围成的闭区域;

(3) $\iiint\limits_\Omega (y^2+z^2)dv$, 其中 Ω 是由 xOy 平面上曲线 $y^2=2x$ 绕 x 轴旋转而成的曲面与平面 $x=5$ 所围成的闭区域。

上一章把定积分的积分范围由数轴上的闭区间推广为平面或空间内的一个闭区域，建立了重积分。与重积分类似，积分概念还可以推广到积分范围为一段曲线弧或一张曲面的情形，这样推广后的积分称为曲线积分与曲面积分。本章将介绍这两种积分的一些基本内容。

11.1 对弧长的曲线积分

如不特别指出，本章讨论的曲线弧总假定是光滑的或分段光滑的曲线且具有有限长度。直观地看：光滑曲线就是曲线上每一点处都有切线，且当切点沿曲线连续移动时，切线连续转动。

11.1.1 对弧长的曲线积分的概念与性质

设有一非均匀曲线形构件，所占的位置在 xOy 平面内的一段曲线弧 L 上，它的端点是 A，B，已知它的线密度（单位长度的质量）$\rho(x,y)$ 在曲线弧 L 上连续变化，现在求这个构件的质量 m（图 11.1.1）。

如果构件是均匀的，即线密度为常量，那么该构件的质量就等于它的线密度与长度的乘积。但如果线密度是变量，构件的质量就不能直接用上述方法来计算。这时，仍可以用"分割""近似""求和""取极限"的方法来解决，其具体步骤如下：

（1）**分割**：在 L 上任意插入若干个分点 $A=M_0,M_1,M_2,\cdots,$ $M_{n-1},M_n=B$，把 L 分成 n 个小段，其中第 i 个小段 $\overset{\frown}{M_{i-1}M_i}$ 的长度记作 $\Delta s_i(i=1,2,\cdots,n)$；

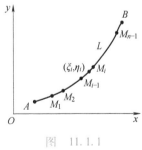

图　11.1.1

（2）**近似**：取小段构件 $\overset{\frown}{M_{i-1}M_i}$ 来分析。由于线密度在 L 上连续变化，因此，当这小弧段很短时，我们可以在这小弧段上任取一点 (ξ_i,η_i)，用这点处的线密度 $\rho(\xi_i,\eta_i)$ 近似代替这小段上其他各点处的线密度，从而得到这小段构件质量 Δm_i 的近似值，即

$$\Delta m_i \approx \rho(\xi_i, \eta_i) \Delta s_i \quad (i = 1, 2, \cdots, n);$$

（3）**求和**：对所有 $\Delta m_i (i = 1, 2, \cdots, n)$ 求和，得到整个曲线形构件的质量的近似值

$$m \approx \sum_{i=1}^{n} \rho(\xi_i, \eta_i) \Delta s_i;$$

（4）**取极限**：对 L 分割越细，上式右端之和就越接近整个曲线形构件的质量 m。如果把 L 无限细分下去，即每个小段的长度都趋于零，那么上式右端之和与 m 就无限接近。于是，用 λ 表示这 n 个小段长度的最大值，取上式右端之和当 $\lambda \to 0$ 时的极限，便得整个曲线形构件的质量

$$m = \lim_{\lambda \to 0} \sum_{i=1}^{n} \rho(\xi_i, \eta_i) \Delta s_i。$$

这种和式的极限在研究其他问题时也会经常遇到。现在给出下面的定义。

定义　设 L 为 xOy 面内的一条光滑曲线弧，函数 $f(x, y)$ 在 L 上有界。在 L 上任插入一点列 $M_1, M_2, \cdots, M_{n-1}$ 把 L 分成 n 个小段。设第 i 个小段的长度为 Δs_i。又 (ξ_i, η_i) 为第 i 个小段上任意取定的一点，作乘积 $f(\xi_i, \eta_i) \Delta s_i (i = 1, 2, \cdots, n)$，并作和 $\sum_{i=1}^{n} f(\xi_i, \eta_i) \Delta s_i$，如果当各小弧段的长度的最大值 $\lambda \to 0$ 时，这个和式的极限总存在，则称此极限为函数 $f(x, y)$ 在曲线弧 L 上**对弧长的曲线积分**或**第一类曲线积分**，记为

$$\int_L f(x, y) \mathrm{d}s = \lim_{\lambda \to 0} \sum_{i=1}^{n} f(\xi_i, \eta_i) \Delta s_i。$$

其中 $f(x, y)$ 叫作**被积函数**，L 叫作**积分弧段**。

注意：（1）若曲线 L 封闭，则 $f(x, y)$ 在 L 上对弧长的曲线积分记为 $\oint_L f(x, y) \mathrm{d}s$；

（2）若 $f(x, y)$ 连续，则 $\int_L f(x, y) \mathrm{d}s$ 存在，其值为一常数；

（3）几何意义：若 $f(x, y) = 1$，则 $\int_L \mathrm{d}s = l (l$ 为 L 的弧长$)$；

（4）物理意义：$M = \int_L \rho(x, y) \mathrm{d}s$ 表示曲线构件的质量；

（5）此定义可推广到空间曲线积分：

$$\int_\Gamma f(x, y, z) \mathrm{d}s = \lim_{\lambda \to 0} \sum_{i=1}^{n} f(\xi_i, \eta_i, \zeta_i) \Delta s_i;$$

（6）将平面薄片重心、转动惯量推广到曲线弧上，

重心：
$$\bar{x}=\frac{\int_L \rho x \mathrm{d}s}{M}, \quad \bar{y}=\frac{\int_L \rho y \mathrm{d}s}{M}, \quad \bar{z}=\frac{\int_L \rho z \mathrm{d}s}{M};$$

转动惯量：
$$I_x=\int_L y^2 \rho(x,y)\,\mathrm{d}s, \quad I_y=\int_L x^2 \rho(x,y)\,\mathrm{d}s,$$

$$I_z=\int_L (x^2+y^2)\rho(x,y)\,\mathrm{d}s;$$

（7）规定 L 的方向是由 A 指向 B，由 B 指向 A 为负方向，但 $\int_L f(x,y)\,\mathrm{d}s$ 与 L 的方向无关。

由对弧长的曲线积分的定义可知，它有如下性质：

性质 1　设 $L=L_1+L_2$，则 $\int_L f(x,y)\,\mathrm{d}s=\int_{L_1} f(x,y)\,\mathrm{d}s+\int_{L_2} f(x,y)\,\mathrm{d}s$；

性质 2　$\int_L [f(x,y)\pm g(x,y)]\,\mathrm{d}s=\int_L f(x,y)\,\mathrm{d}s\pm\int_L g(x,y)\,\mathrm{d}s$；

性质 3　$\int_L kf(x,y)\,\mathrm{d}s=k\int_L f(x,y)\,\mathrm{d}s$。

11. 1. 2　对弧长的曲线积分的计算

定理　设 $f(x,y)$ 在弧 L 上有定义且连续，L 的参数方程为 $\begin{cases} x=\varphi(t), \\ y=\psi(t) \end{cases} (\alpha\le t\le\beta)$，$\varphi(t)$，$\psi(t)$ 在 $[\alpha,\beta]$ 上具有一阶连续导数，且 $\varphi'^2(t)+\psi'^2(t)\ne0$，则曲线积分 $\int_L f(x,y)\,\mathrm{d}s$ 存在，且

$$\int_L f(x,y)\,\mathrm{d}s=\int_\alpha^\beta f\big(\varphi(t),\psi(t)\big)\sqrt{\varphi'^2(t)+\psi'^2(t)}\,\mathrm{d}t.$$

说明：从定理可以看出，

（1）计算时将参数式代入 $f(x,y)$，$\mathrm{d}s=\sqrt{\varphi'^2(t)+\psi'^2(t)}\,\mathrm{d}t$，在 $[\alpha,\beta]$ 上计算定积分；

（2）下限 α 一定要小于上限 β，$\alpha<\beta$（因为 Δs_i 恒大于零，所以 $\Delta t_i>0$）；

（3）当 L 方程为 $y=\psi(x)$，$a\le x\le b$ 时，

$$\int_L f(x,y)\,\mathrm{d}s=\int_a^b f\big(x,\psi(x)\big)\sqrt{1+\psi'^2(x)}\,\mathrm{d}x,$$

同理，当 L 方程为 $x=\varphi(y)$，$c\le y\le d$ 时，

$$\int_L f(x,y)\,ds = \int_c^d f\big(\varphi(y),y\big)\sqrt{1+\varphi'^2(y)}\,dy;$$

（4）当 L 为空间曲线：$x=\varphi(t)$，$y=\psi(t)$，$z=\omega(t)$，$\alpha\leq t\leq\beta$ 时，

$$\int_L f(x,y,z)\,ds = \int_\alpha^\beta f\big(\varphi(t),\psi(t),\omega(t)\big)\sqrt{\varphi'^2(t)+\psi'^2(t)+\omega'^2(t)}\,dt。$$

例 1　计算曲线积分 $\displaystyle\int_L |y|\,ds$，其中 L 分别为：

（1）L 是从点 $A(0,1)$ 到点 $B(1,0)$ 的单位圆弧；

（2）L 是从点 $A(0,1)$ 到点 $B'\left(\dfrac{1}{2},-\dfrac{\sqrt{3}}{2}\right)$ 的单位圆弧。

解　（1）由于 L 可用 $y=\sqrt{1-x^2}$，$0\leq x\leq 1$ 表示，并且 $ds=\dfrac{1}{\sqrt{1-x^2}}dx$，则

$$\int_L |y|\,ds = \int_0^1 \sqrt{1-x^2}\,\frac{1}{\sqrt{1-x^2}}dx = 1。$$

例 1 的 Maple 源程序

```
> #example1(1)
> with(student):
> Lineint(abs(y),x=x,y=sqrt(1-x^2),x=0..1);
```

$$\int_0^1 |\sqrt{-x^2+1}|\sqrt{\left(\frac{d}{dx}x\right)^2+\left(\frac{d}{dx}\left(\sqrt{-x^2+1}\right)\right)^2}\,dx$$

```
> value(%);
```
$$1$$

（2）若 L 为从 $A(0,1)$ 到 $B'\left(\dfrac{1}{2},-\dfrac{\sqrt{3}}{2}\right)$ 的单位圆弧（图 11.1.2）。

解法 1　
$$\int_L |y|\,ds = \int_{\overgroup{AB}} |y|\,ds + \int_{\overgroup{BB'}} |y|\,ds$$
$$= \int_0^1 \sqrt{1-x^2}\,\frac{1}{\sqrt{1-x^2}}dx + \int_{\frac{1}{2}}^1 \sqrt{1-x^2}\,\frac{1}{\sqrt{1-x^2}}dx$$
$$= \frac{3}{2}。$$

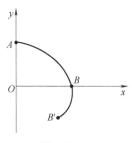

图　11.1.2

例 1 的 Maple 源程序

```
> #example1(2-1)
> with(student):
```

```
> Lineint(abs(y),x=x,y=sqrt(1-x^2),x=0..1)+Lineint
(abs(y),x=x,y=sqrt(1-x^2),x=1/2..1);
```

$$\int_0^1 |\sqrt{-x^2+1}| \sqrt{\left(\frac{d}{dx}x\right)^2+\left(\frac{d}{dx}(\sqrt{-x^2+1})\right)^2}\,dx$$

$$+\int_{1/2}^1 |\sqrt{-x^2+1}| \sqrt{\left(\frac{d}{dx}x\right)^2+\left(\frac{d}{dx}(\sqrt{-x^2+1})\right)^2}\,dx$$

```
> value(%);
```

$$\frac{3}{2}$$

解法 2 若 L 用 $x=\sqrt{1-y^2}$, $-\dfrac{\sqrt{3}}{2}\leqslant y\leqslant 1$ 表示，并且 $ds=\dfrac{1}{\sqrt{1-y^2}}dy$，则

$$\int_L |y|\,ds=\int_{-\frac{\sqrt{3}}{2}}^1 \frac{|y|}{\sqrt{1-y^2}}dy=-\int_{-\frac{\sqrt{3}}{2}}^0 \frac{y}{\sqrt{1-y^2}}dy+\int_0^1 \frac{y}{\sqrt{1-y^2}}dy=\frac{3}{2}。$$

例 1 的 Maple 源程序

```
> #example1(2-2)
> with(student):
> Lineint(abs(y),x=sqrt(1-y^2),y=y,y=-sqrt(3)/2..1);
```

$$\int_{-\frac{\sqrt{3}}{2}}^1 |y| \sqrt{\left(\frac{d}{dy}(-y^2+1)\right)^2+\left(\frac{d}{dy}y\right)^2}\,dy$$

```
> value(%);
```

$$\frac{3}{2}$$

解法 3 若 L 用 $x=\cos t$, $y=\sin t$, $-\dfrac{\pi}{3}\leqslant t\leqslant\dfrac{\pi}{2}$ 表示，并且 $ds=dt$，则

$$\int_L |y|\,ds=\int_{-\frac{\pi}{3}}^{\frac{\pi}{2}} |\sin t|\,dt=-\int_{-\frac{\pi}{3}}^0 \sin t\,dt+\int_0^{\frac{\pi}{2}} \sin t\,dt=\frac{3}{2}。$$

例 1 的 Maple 源程序

```
> #example1(2-3)
> with(student):
> Lineint(abs(y),x=cos(t),y=sin(t),t=-Pi/3..Pi/2);
```

$$\int_{-\frac{\pi}{3}}^{\frac{\pi}{2}} |\sin(t)| \sqrt{\left(\frac{d}{dt}\cos(t)\right)^2+\left(\frac{d}{dt}\sin(t)\right)^2}\,dt$$

```
> value(%);
```

$$\frac{3}{2}$$

例 2 计算 $\oint_L e^{\sqrt{x^2+y^2}}ds$，其中 L 为圆周 $x^2+y^2=a^2$，直线 $y=x$ 及 x 轴在第一象限内围成的扇形的整个边界（图 11.1.3）。

解 光滑曲线 L 由线段 OA、曲线弧 $\overset{\frown}{AB}$ 和线段 OB 围成。

在线段 OA 上，L 可用 $y=0$ 表示，并且 $0 \le x \le a$，$ds=dx$，则

$$\int_{OA} e^{\sqrt{x^2+y^2}}ds = \int_0^a e^x dx = e^a - 1。$$

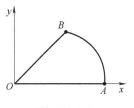

图　11.1.3

在 $\overset{\frown}{AB}$ 上，L 表示为 $r=a$，$0 \le \theta \le \dfrac{\pi}{4}$，$ds=ad\theta$，则利用极坐标系下的弧微分得

$$\int_{\overset{\frown}{AB}} e^{\sqrt{x^2+y^2}}ds = \int_0^{\frac{\pi}{4}} e^a a d\theta = \frac{\pi}{4}ae^a。$$

在线段 BO 上，L 表示为 $y=x$，$0 \le x \le \dfrac{\sqrt{2}}{2}a$，并且 $ds=\sqrt{2}\,dx$，$\sqrt{x^2+y^2}=\sqrt{2}\,x$，则

$$\int_{BO} e^{\sqrt{x^2+y^2}}ds = \int_0^{\frac{\sqrt{2}}{2}a} e^{\sqrt{2}x}\sqrt{2}\,dx = e^a - 1。$$

于是，

$$\int_L e^{\sqrt{x^2+y^2}}ds = 2(e^a - 1) + \frac{\pi a}{4}e^a。$$

例 2 的 Maple 源程序

```
> #example2
> with(student):
> assume(0<x,x<a);
Lineint(exp(sqrt(x^2+y^2)),x=x,y=0,x=0..a)+Lineint
(exp(sqrt(x^2+y^2)),x=a*cos(theta),y=a*sin(theta),
theta=0..Pi/4)+Lineint(exp(sqrt(x^2+y^2)),x=x,y=x,x=
0..sqrt(2)*a/2);
```

$$\int_0^{a\tilde{}} e^{\left(\sqrt{x\sim^2}\right)}\sqrt{\left(\frac{d}{dx\sim}x\sim\right)^2+\left(\frac{d}{dx\sim}0\right)^2}\,dx\sim$$

$$+\int_0^{\frac{\pi}{4}} e^{\left(\sqrt{a\sim^2\cos(\theta)^2+a\sim^2\sin(\theta)^2}\right)}\sqrt{\left(\frac{\partial}{\partial\theta}(a\sim\cos(\theta))\right)^2+\left(\frac{\partial}{\partial\theta}(a\sim\sin(\theta))\right)^2}\,d\theta$$

$$+\int_0^{\frac{\sqrt{2}a\sim}{2}} e^{\left(\sqrt{2}\sqrt{x\sim^2}\right)}\sqrt{2}\sqrt{\left(\frac{d}{dx\sim}x\sim\right)^2}\,dx\sim$$

```
> value(%);
```

$$-2+2e^{a\sim}+\frac{1}{4}\pi e^{a\tilde{}}a\sim$$

例3 计算 $\oint_L x\mathrm{d}s$，其中 L 为直线 $y=x$ 与抛物线 $y=x^2$ 围成区域的整个边界。

解 假设直线 $y=x$ 与抛物线 $y=x^2$ 的交点为 O 和 A。易知交点坐标 $O(0,0)$，$A(1,1)$。光滑曲线 L 由线段 OA 与曲线弧 $\overparen{OA}$ 围成，则

$$\oint_L x\mathrm{d}s = \int_{OA} x\mathrm{d}s + \int_{\overparen{AO}} x\mathrm{d}s$$

$$= \int_0^1 x\sqrt{2}\,\mathrm{d}x + \int_0^1 x\sqrt{1+4x^2}\,\mathrm{d}x = \frac{\sqrt{2}}{2} + \frac{1}{12}(5\sqrt{5}-1)。$$

例3 的 Maple 源程序

```
> #example3
> with(student):
> Lineint(x,x=x,y=x,x=0..1)+Lineint(x,x=x,y=x^2,x=0..1);
```

$$\int_0^1 x\,\sqrt{2}\sqrt{\left(\frac{d}{dx}x\right)^2}\,dx + \int_0^1 x\,\sqrt{\left(\frac{d}{dx}x\right)^2 + \left(\frac{d}{dx}(x^2)\right)^2}\,dx$$

```
> value(%);
```

$$\frac{\sqrt{2}}{2} + \frac{5\sqrt{5}}{12} - \frac{1}{12}$$

例4 已知金属线的线密度 $\rho(x,y,z) = \dfrac{1}{x^2+y^2+z^2}$，且它弯曲成螺旋线的第一圈 Γ：$\begin{cases} x=3\cos t, \\ y=3\sin t, \quad 0\leqslant t\leqslant 2\pi, \\ z=4t, \end{cases}$ 求它的质量 m。

解 $m = \displaystyle\int_\Gamma \frac{1}{x^2+y^2+z^2}\mathrm{d}s$

$$= \int_0^{2\pi} \frac{1}{9\cos^2 t + 9\sin^2 t + 16t^2}\sqrt{9\sin^2 t + 9\cos^2 t + 16}\,\mathrm{d}t$$

$$= \int_0^{2\pi} \frac{1}{9+16t^2}5\mathrm{d}t = \frac{5}{12}\int_0^{2\pi} \frac{1}{1+\left(\frac{4t}{3}\right)^2}\mathrm{d}\frac{4t}{3} = \frac{5}{12}\arctan\frac{8\pi}{3}。$$

例4 的 Maple 源程序

```
> #example4
> with(student):
```

```
> Lineint(1/(9*(cos(t))^2+9*(sin(t))^2+16*t),x=3*
cos(t),y=3*sin(t),z=4*t,t=0..2*Pi);
```

$$\int_0^{2\pi} \frac{\sqrt{\left(\dfrac{d}{dt}(3\cos(t))\right)^2+\left(\dfrac{d}{dt}(3\sin(t))\right)^2+\left(\dfrac{d}{dt}(4t)\right)^2}}{9\cos(t)^2+9\sin(t)^2+16t}dt$$

```
> value(%);
```

$$-\frac{5}{8}\ln(3)+\frac{5}{16}\ln(9+32\pi)$$

习题 11.1

1. 计算下列对弧长的曲线积分。

(1) $\int_L (x+y)\,\mathrm{d}s$，其中 L 为连接 $A(1,0)$ 及 $B(0,1)$ 两点的直线段；

(2) $\oint_L x\,\mathrm{d}s$，其中 L 为直线 $y=x$ 及抛物线 $y=x^2$ 所围成的区域的整个边界；

(3) $\int_L (x^2+y^2)\,\mathrm{d}s$，其中 L 是半圆周 $x=a\cos t$，$y=a\sin t$，$0\leqslant t\leqslant\pi$；

(4) $\int_L xy\,\mathrm{d}s$，其中 L 为圆周 $x^2+y^2=a^2$ 在第一象限的圆弧；

(5) $\int_\Gamma \dfrac{1}{x^2+y^2+z^2}\,\mathrm{d}s$，其中 Γ：$x=\mathrm{e}^t\cos t$，$y=\mathrm{e}^t\sin t$，$z=\mathrm{e}^t$，$0\leqslant t\leqslant 2$。

2. 已知螺旋线 $x=a\cos t$，$y=a\sin t$，$z=bt$ 上每一点的密度等于该点与原点距离的平方，试求在 $0\leqslant t\leqslant 2\pi$ 部分的质量。

3. 求 $I=\oint_\Gamma x^2\,\mathrm{d}s$，其中 Γ：$\begin{cases} x^2+y^2+z^2=a^2, \\ x+y+z=0, \end{cases}$ $a>0$。

4. 计算曲线积分 $\oint_L \dfrac{y+xy+x^2}{\sqrt{x^2+y^2}}\,\mathrm{d}s$，其中 L：$x^2+y^2=R^2$。

5. 设 L 为椭圆 $\dfrac{x^2}{4}+\dfrac{y^2}{3}=1$ 的边界，求 $\oint_L (x+2y+3x^2+4y^2)\,\mathrm{d}s$。

6. 计算 $I=\oint_\Gamma (x^2+y)\,\mathrm{d}s$，其中 Γ：$\begin{cases} x^2+y^2+z^2=R^2, \\ x+y+z=0。 \end{cases}$

7. 计算 $\oint_L |xy|\,\mathrm{d}s$，其中 L 为圆周 $x^2+y^2=a^2$。

8. 已知曲线 L：$y=x^2(0\leqslant x\leqslant\sqrt{2})$，计算 $\int_L x\,\mathrm{d}s$。

9. 计算积分 $\int_\Gamma xyz\,\mathrm{d}s$，其中 Γ 为连接 $A(1,0,2)$ 与 $B(2,1,-1)$ 的直线段。

10. 计算 $\oint_L (x+y)\,\mathrm{d}s$，其中 L 为由 $x+y=1$、$x-y=-1$ 与 $y=0$ 围成的三角形区域的边界。

11.2　对坐标的曲线积分

11.2.1　对坐标的曲线积分的概念与性质

变力沿曲线所做的功　设 xOy 坐标平面上一个质点在变力

$$\boldsymbol{F}(x,y)=P(x,y)\boldsymbol{i}+Q(x,y)\boldsymbol{j}$$

的作用下，从点 A 沿光滑曲线弧 L 移动到点 B，其中函数 $P(x,y)$，$Q(x,y)$ 在 L 上连续。求在上述移动过程中变力 $\boldsymbol{F}(x,y)$ 所做的功（图 11.2.1）。

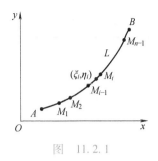

如果 F 是常力，且质点从点 A 沿直线移动到点 B，那么，常力 F 所做的功 W 等于向量 F 与向量 $\overrightarrow{AB}$ 的数量积，即 $W = F \cdot \overrightarrow{AB}$。但 $F(x,y)$ 是变力，且质点沿曲线 L 移动，功 W 不能直接按上式计算。然而 11.1 节用来处理曲线构件质量问题的方法，也可以用来解决这一问题。具体步骤如下：

(1) **分割**：在 L 上从点 A 到点 B 依次任取 $(n-1)$ 个分点 $M_1, M_2, \cdots, M_{n-1}$，记 $A = M_0$，$B = M_n$，其中 M_i 的坐标记为 $M_i(x_i, y_i)$ $(i = 0, 1, 2, \cdots, n)$。这些分点把 L 分成 n 个有向小弧长段 $\overparen{M_{i-1}M_i}$ $(i = 1, 2, \cdots, n)$。

(2) **近似**：当 $\overparen{M_{i-1}M_i}$ 光滑而且很短时，可以用有向线段

$$\overrightarrow{M_{i-1}M_i} = (\Delta x_i)\boldsymbol{i} + (\Delta y_i)\boldsymbol{j}$$

来近似代替它，其中 $\Delta x_i = x_i - x_{i-1}$，$\Delta y_i = y_i - y_{i-1}$。又由于 $P(x,y)$，$Q(x,y)$ 在 L 上连续，故变力 $F(x,y)$ 在微小曲线弧段 $\overparen{M_{i-1}M_i}$ 上变化不大。因此，可以在 $\overparen{M_{i-1}M_i}$ 上任取一点 (ξ_i, η_i)，用力

$$F(\xi_i, \eta_i) = P(\xi_i, \eta_i)\boldsymbol{i} + Q(\xi_i, \eta_i)\boldsymbol{j}$$

近似代替这小弧段上各点处的力。于是变力 $F(x,y)$ 沿有向小弧段 $\overparen{M_{i-1}M_i}$ 所做的功 ΔW_i 近似等于常力 $F(\xi_i, \eta_i)$ 沿 $\overrightarrow{M_{i-1}M_i}$ 所做的功

$$\Delta W_i \approx F(\xi_i, \eta_i) \cdot \overrightarrow{M_{i-1}M_i},$$

即

$$\Delta W_i \approx P(\xi_i, \eta_i)\Delta x_i + Q(\xi_i, \eta_i)\Delta y_i。$$

(3) **求和**：对上式两边求和，得

$$W = \sum_{i=1}^{n} \Delta W_i \approx \sum_{i=1}^{n} [P(\xi_i, \eta_i)\Delta x_i + Q(\xi_i, \eta_i)\Delta y_i]。$$

(4) **取极限**：设 λ 表示这 n 个小段长度的最大值，取上式右端之和当 $\lambda \to 0$ 时的极限，便得变力 F 沿有向曲线弧所做的功，即

$$W = \lim_{\lambda \to 0} \sum_{i=1}^{n} [P(\xi_i, \eta_i)\Delta x_i + Q(\xi_i, \eta_i)\Delta y_i]。$$

这种和的极限在研究其他问题时也会遇到。现在给出下面的定义。

定义　设 L 为 xOy 面内从点 A 到点 B 的一条有向光滑曲线弧，函数 $P(x,y)$，$Q(x,y)$ 在 L 上有界。在 L 上沿 L 的方向任意插入一点列

$$A = M_0(x_0, y_0), M_1(x_1, y_1), \cdots, M_{n-1}(x_{n-1}, y_{n-1}), M_n(x_n, y_n) = B,$$

把 L 分成 n 个有向小弧段 $\widehat{M_{i-1}M_i}(i=1,2,\cdots,n)$。设有向线段 $\overrightarrow{M_{i-1}M_i}$ 在 Ox 轴与 Oy 轴上的投影分别是 Δx_i，Δy_i，并且 $\Delta x_i = x_i - x_{i-1}$，$\Delta y_i = y_i - y_{i-1}$。在 $\widehat{M_{i-1}M_i}$ 上任取一点 (ξ_i, η_i)。如果无论对 L 如何分割及 (ξ_i, η_i) 如何选取，只要当各小弧段长度的最大值 $\lambda \to 0$ 时，$\sum\limits_{i=1}^{n} P(\xi_i, \eta_i) \Delta x_i$ 的极限总存在，那么称此极限为函数 $P(x,y)$ 在有向曲线弧 L 上对坐标 x 的曲线积分，记作 $\int_L P(x,y) \mathrm{d}x$，类似地，如果 $\lim\limits_{\lambda \to 0} \sum\limits_{i=1}^{n} Q(\xi_i, \eta_i) \Delta y_i$ 总存在，那么称此极限为函数 $Q(x,y)$ 在有向曲线弧 L 上对坐标 y 的曲线积分，记作 $\int_L Q(x,y) \mathrm{d}y$。即

$$\int_L P(x,y) \mathrm{d}x = \lim_{\lambda \to 0} \sum_{i=1}^{n} P(\xi_i, \eta_i) \Delta x_i,$$

$$\int_L Q(x,y) \mathrm{d}y = \lim_{\lambda \to 0} \sum_{i=1}^{n} Q(\xi_i, \eta_i) \Delta y_i,$$

其中 $P(x,y)$，$Q(x,y)$ 叫作**被积函数**，L 叫作**积分弧段**。

以上两个积分也称为**第二类曲线积分**。

为应用方便，常把 $\int_L P(x,y) \mathrm{d}x + \int_L Q(x,y) \mathrm{d}y$ 这种合并起来的形式简记为

$$\int_L (P(x,y) \mathrm{d}x + Q(x,y) \mathrm{d}y)。$$

根据上述曲线积分的定义，可以导出对坐标的曲线积分的一些性质。

性质 1　当 $P(x,y), Q(x,y)$ 在有向光滑曲线 L 上连续时，对坐标的曲线积分 $\int_L P(x,y) \mathrm{d}x, \int_L Q(x,y) \mathrm{d}y$ 都存在，以后我们总假定 $P(x,y), Q(x,y)$ 在 L 上连续。

性质 2　上述定义可以类似地推广到积分弧段为空间有向曲线 Γ 的情形：

$$\int_L P(x,y,z)\,\mathrm{d}x = \lim_{\lambda \to 0} \sum_{i=1}^{n} P(\xi_i,\eta_i,\zeta_i)\Delta x_i,$$

$$\int_L Q(x,y,z)\,\mathrm{d}y = \lim_{\lambda \to 0} \sum_{i=1}^{n} Q(\xi_i,\eta_i,\zeta_i)\Delta y_i,$$

$$\int_L R(x,y,z)\,\mathrm{d}z = \lim_{\lambda \to 0} \sum_{i=1}^{n} R(\xi_i,\eta_i,\zeta_i)\Delta z_i。$$

性质 3　设有向曲线弧 L 可分成两段光滑的有向曲线弧 L_1 和 L_2，则

$$\int_L P\mathrm{d}x + Q\mathrm{d}y = \int_{L_1} P\mathrm{d}x + Q\mathrm{d}y + \int_{L_2} P\mathrm{d}x + Q\mathrm{d}y。$$

性质 4　设 L 是有向光滑曲线弧，L^- 为与 L 方向相反的曲线，则

$$\int_L P(x,y)\,\mathrm{d}x = -\int_{L^-} P(x,y)\,\mathrm{d}x,$$

$$\int_L Q(x,y)\,\mathrm{d}y = -\int_{L^-} Q(x,y)\,\mathrm{d}y。$$

性质 4 表示，当积分弧段的方向改变时，对坐标的曲线积分要改变符号。因此对坐标的曲线积分，必须注意积分弧段的方向。这一性质是对坐标的曲线积分所特有的，对弧长的曲线积分不具有类似性质。

11.2.2　对坐标的曲线积分的计算

定理　设 $P(x,y),Q(x,y)$ 在有向曲线弧 L 上有定义且连续，L 的参数方程为

$$\begin{cases} x = \varphi(t), \\ y = \psi(t), \end{cases}$$

当参数 t 单调地从 α 变到 β 时，点 $M(x,y)$ 从 L 的起点 A 沿 L 运动到终点 B，且 $\varphi(t)$，$\psi(t)$ 在以 α,β 为端点的闭区间上具有一阶连续导数，且 $\varphi'^2(t) + \psi'^2(t) \neq 0$，则曲线积分 $\int_L P(x,y)\,\mathrm{d}x + Q(x,y)\,\mathrm{d}y$ 存在，且

$$\int_L P(x,y)\,\mathrm{d}x + Q(x,y)\,\mathrm{d}y$$

$$= \int_{\alpha}^{\beta} \left[P\big(\varphi(t),\psi(t)\big)\varphi'(t) + Q\big(\varphi(t),\psi(t)\big)\psi'(t) \right]\mathrm{d}t。$$

证明 在 L 上取一列点

$$A = M_0, M_1, \cdots, M_{n-1}, M_n = B,$$

它们对应于一列单调变化的参数值

$$\alpha = t_0, t_1, \cdots, t_{n-1}, t_n = \beta。$$

根据对坐标的曲线积分的定义，有

$$\int_L P(x,y)\,dx = \lim_{\lambda \to 0} \sum_{i=1}^{n} P(\xi_i, \eta_i) \Delta x_i。$$

设点 (ξ_i, η_i) 对应于参数值 τ_i，即 $\xi_i = \varphi(\tau_i)$，$\eta_i = \psi(\tau_i)$，这里 τ_i 在 t_{i-1} 和 t_i 之间。由于

$$\Delta x_i = x_i - x_{i-1} = \varphi(\tau_i) - \varphi(\tau_{i-1})。$$

应用微分中值定理，有

$$\Delta x_i = \varphi'(\tau_i') \Delta t_i,$$

其中 $\Delta t_i = t_i - t_{i-1}$，$\tau_i'$ 在 t_{i-1} 和 t_i 之间。于是

$$\int_L P(x,y)\,dx = \lim_{\lambda \to 0} \sum_{i=1}^{n} P\big(\varphi(\tau_i), \psi(\tau_i)\big) \varphi'(\tau_i') \Delta t_i。$$

因为函数 $\varphi'(t)$ 在闭区间 $[\alpha, \beta]$ 或 $[\beta, \alpha]$ 上连续，我们可以把上式中的 τ_i' 换成 τ_i，从而

$$\int_L P(x,y)\,dx = \lim_{\lambda \to 0} \sum_{i=1}^{n} P\big(\varphi(\tau_i), \psi(\tau_i)\big) \varphi'(\tau_i) \Delta t_i。$$

上式右端的和的极限就是定积分 $\int_\alpha^\beta P\big(\varphi(t), \psi(t)\big) \varphi'(t)\,dt$，由于函数 $P\big(\varphi(t), \psi(t)\big) \varphi'(t)$ 连续，这个定积分是存在的，因此上式左端的曲线积分 $\int_L P(x,y)\,dx$ 也存在，并且有

$$\int_L P(x,y)\,dx = \int_\alpha^\beta P\big(\varphi(t), \psi(t)\big) \varphi'(t)\,dt。$$

同理可证

$$\int_L Q(x,y)\,dx = \int_\alpha^\beta Q\big(\varphi(t), \psi(t)\big) \psi'(t)\,dt。$$

把以上两式相加，得

$$\int_L P(x,y)\,dx + Q(x,y)\,dy$$

$$= \int_\alpha^\beta \big[P\big(\varphi(t), \psi(t)\big) \varphi'(t) + Q\big(\varphi(t), \psi(t)\big) \psi'(t) \big]\,dt,$$

这里下限 α 对应于 L 的起点，上限 β 对应于 L 的终点。

于是，计算对坐标的曲线积分

$$\int_L P(x,y)\,dx + Q(x,y)\,dy$$

时，只有把 x，y，dx，dy 依次换为 $\varphi(t)$，$\psi(t)$，$\varphi'(t)\,dt$，$\psi'(t)\,dt$，

然后从 L 的起点所对应的参数值 α 到 L 的终点所对应的参数值 β 作定积分就行了。这里必须注意，下限 α 对应于 L 的起点，上限 β 对应于 L 的终点，β 不一定大于 α。

如果 L 由方程 $y=\psi(x)$ 或 $x=\varphi(y)$ 给出，可以看作参数方程的特殊情形，例如，当 L 由 $y=\psi(x)$ 给出时，有

$$\int_L P(x,y)\,\mathrm{d}x+Q(x,y)\,\mathrm{d}y$$

$$=\int_\alpha^\beta \left[P\left(x,\psi(x)\right)+Q\left(x,\psi(x)\right)\psi'(x)\right]\mathrm{d}x,$$

这里下限 α 对应于 L 的起点，上限 β 对应于 L 的终点。

此公式可推广到空间曲线 Γ 由参数方程

$$x=\varphi(t),\quad y=\psi(t),\quad z=\omega(t)$$

给出的情形，这样便得到

$$\int_\Gamma P(x,y,z)\,\mathrm{d}x+Q(x,y,z)\,\mathrm{d}y+R(x,y,z)\,\mathrm{d}z$$

$$=\int_\alpha^\beta \left\{P\left(\varphi(t),\psi(t),\omega(t)\right)\varphi'(t)+Q\left(\varphi(t),\psi(t),\omega(t)\right)\psi'(t)+\right.$$

$$\left. R\left(\varphi(t),\psi(t),\omega(t)\right)\omega'(t)\right\}\mathrm{d}t,$$

这里下限 α 对应于 Γ 的起点，上限 β 对应于 Γ 的终点。

例1　计算 $\int_L (2a-y)\,\mathrm{d}x-(a-y)\,\mathrm{d}y$，其中 L 为摆线

$$x=a(t-\sin t),\quad y=a(1-\cos t)$$

从点 $O(0,0)$ 到点 $B(2\pi a,0)$ 的一段弧。

解　$\int_L (2a-y)\,\mathrm{d}x-(a-y)\,\mathrm{d}y$

$$=\int_0^{2\pi}\left[2a-a(1-\cos t)\right]a(1-\cos t)-\left[a-a(1-\cos t)a\sin t\right]\mathrm{d}t$$

$$=\int_0^{2\pi}\left[-a(1+\cos t)a(1-\cos t)-a^2\cos t\sin t\right]\mathrm{d}t=\pi a^2。$$

例1 的 Maple 源程序

```
> #example1
> with(student):
> P:=(x,y)->2 * a-y;
                    P:=(x,y)→2a-y
> Q:=(x,y)->y-a;
                    Q:=(x,y)→y-a
> x:=t->a * (t-sin(t));
```

$$x:=t\to a(t-\sin(t))$$

```
> y:=t->a*(1-cos(t));
```

$$y:=t\to a(1-\cos(t))$$

```
> int(P(x(t),y(t))*D(x)(t)+Q(x(t),y(t))*D(y)(t),t=
0..2*Pi);
```

$$a^2\pi$$

例 2　　计算 $\int_L xy^2\mathrm{d}x+(x+y)\mathrm{d}y$，其中 L 为（图 11.2.2）：

(1) 曲线 $y=x^2$ 上从 $(0,0)$ 到 $(1,1)$ 的一段弧；

(2) 有向折线 L_1 到 L_2，起点为 $(0,0)$，终点为 $(1,1)$。

解　　(1) $\int_L xy^2\mathrm{d}x+(x+y)\mathrm{d}y=\int_0^1\left[xx^4\mathrm{d}x+2x(x+x^2)\right]\mathrm{d}x=\dfrac{4}{3}$。

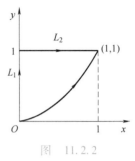

图　11.2.2

例 2 的 Maple 源程序

```
> #example2(1)
> with(student):
> P:=(x,y)->x*y^2;
```

$$P:=(x,y)\to xy^2$$

```
> Q:=(x,y)->(x+y);
```

$$Q:=(x,y)\to x+y$$

```
> x:=x->x;
```

$$x:=x\to x$$

```
> y:=x->x^2;
```

$$y:=x\to x^2$$

```
> int(P(x,x^2)*D(x)(x)+Q(x,x^2)*D(x^2)(x),x=0..1);
```

$$\dfrac{4}{3}$$

(2) $\displaystyle\int_L xy^2\mathrm{d}x+(x+y)\mathrm{d}y=\int_{L_1}xy^2\mathrm{d}x+(x+y)\mathrm{d}y+\int_{L_2}xy^2\mathrm{d}x+(x+y)\mathrm{d}y$

$$=\int_0^1 y\mathrm{d}y+\int_0^1 x\mathrm{d}x=1。$$

例 2 的 Maple 源程序

```
> #example2(2)
> with(student):
> P:=(x,y)->x*y^2;
```

$$P:=(x,y)\to xy^2$$

```
> Q:=(x,y)->(x+y);
```

$$Q:=(x,y)\to x+y$$

```
> x:=x->0;
```

$$x := x \to 0$$

```
> y:=y->y;
```

$$y := y \to y$$

```
> k1:=int(P(0,y)*D(0)(y)+Q(0,y)*D(y)(y),y=0..1);
```

$$k1 := \frac{1}{2}$$

```
> x:=x->x;
```

$$x := x \to x$$

```
> y:=y->1;
```

$$y := y \to 1$$

```
> k2:=int(P(x,1)*D(x)(x)+Q(x,1)*D(1)(x),x=0..1);
```

$$k2 := \frac{1}{2}$$

```
> k1+k2;
```

$$1$$

11.2.3 两类曲线积分的关系

尽管两类曲线积分定义不同，但是由于弧长元素 $\mathrm{d}s$ 与它在坐标轴上的投影 $\mathrm{d}x$，$\mathrm{d}y$ 有密切联系，因此这两类曲线积分是可以相互转换的。

设有向曲线弧 L 的起点为 A，终点为 B，取 $\widehat{AB}$ 的长 s 为参数，设曲线弧 L 的参数方程为

$$\begin{cases} x = x(s), \\ y = y(s), \end{cases} s \in [0, l],$$

其中 l 为曲线弧 L 的全长。函数 $x = x(s)$，$y = y(s)$ 在 $[0, l]$ 上具有一阶连续导数，又 $P(x, y)$，$Q(x, y)$ 在 L 上连续，利用对坐标的曲线积分的计算公式，可得

$$\int_L P\mathrm{d}x + Q\mathrm{d}y = \int_0^l \left[P\big(x(s), y(s)\big) \frac{\mathrm{d}x}{\mathrm{d}s} + Q\big(x(s), y(s)\big) \frac{\mathrm{d}y}{\mathrm{d}s} \right] \mathrm{d}s$$

$$= \int_0^l \left[P\big(x(s), y(s)\big) \cos\alpha + Q\big(x(s), y(s)\big) \cos\beta \right] \mathrm{d}s,$$

其中 $\cos\alpha = \dfrac{\mathrm{d}x}{\mathrm{d}s}$，$\cos\beta = \dfrac{\mathrm{d}y}{\mathrm{d}s}$ 是 L 的切线向量的方向余弦，且切线向量与 L 的方向一致，又

$$\int_L (P\cos\alpha + Q\cos\beta)\,\mathrm{d}s$$

$$= \int_0^l \left[P\big(x(s), y(s)\big) \cos\alpha + Q\big(x(s), y(s)\big) \cos\beta \right] \mathrm{d}s,$$

所以，

$$\int_L P\mathrm{d}x+Q\mathrm{d}y=\int_L (P\cos\alpha+Q\cos\beta)\,\mathrm{d}s。$$

同理对空间曲线 Γ，有

$$\int_\Gamma P\mathrm{d}x+Q\mathrm{d}y+R\mathrm{d}z=\int_\Gamma (P\cos\alpha+Q\cos\beta+R\cos\gamma)\,\mathrm{d}s，$$

其中 α，β，γ 为有向曲线弧 Γ 在点 (x,y,z) 处切向量的方向角。

两类曲线积分之间的联系也可以用向量的形式表示。例如，空间曲线 Γ 上的两类曲线积分之间的联系可写成如下形式：

$$\int_\Gamma \boldsymbol{A}\cdot\mathrm{d}\boldsymbol{r}=\int_\Gamma \boldsymbol{A}\cdot\boldsymbol{t}\,\mathrm{d}s，$$

其中 $\boldsymbol{A}=(P,Q,R)$，$\boldsymbol{t}=(\cos\alpha,\cos\beta,\cos\gamma)$ 为有向曲线弧 Γ 在点 (x,y,z) 处的单位切向量，$\mathrm{d}\boldsymbol{r}=\boldsymbol{t}\mathrm{d}s=(\mathrm{d}x,\mathrm{d}y,\mathrm{d}z)$，称为有向曲线元。

习题 11.2

1. 计算下列对坐标的曲线积分。

(1) $\int_L (x^2-y^2)\,\mathrm{d}x$，其中 L 是抛物线 $y=x^2$ 上从点 $O(0,0)$ 到点 $A(2,4)$ 的一段弧；

(2) $\int_L x\mathrm{d}y+y\mathrm{d}x$，其中 L 是从点 $O(0,0)$ 到点 $A(1,2)$ 的直线段；

(3) $\int_L (2a-y)\,\mathrm{d}x+x\mathrm{d}y$，其中 L 为摆线 $x=a(t-\sin t)$，$y=a(1-\cos t)$ 上由 $t_1=0$ 到 $t_2=2\pi$ 的一段弧。

2. 计算 $\int_\Gamma x\mathrm{d}x+y\mathrm{d}y+(x+y-1)\,\mathrm{d}z$，其中 Γ 是从点 $(1,1,1)$ 到点 $(2,3,4)$ 的一段直线。

3. 设 z 轴与重力的方向一致，求质量为 m 的质点从位置 (x_1,y_1,z_1) 沿直线移到 (x_2,y_2,z_2) 时重力所做的功。

4. 设一个质点在 $M(x,y)$ 处受到的力 F 的作用，F 的大小与 M 到原点 O 的距离成正比，F 的方向恒指向原点。此质点由点 $A(a,0)$ 沿椭圆 $\dfrac{x^2}{a^2}+\dfrac{y^2}{b^2}=1$ 按照逆时针方向移动到点 $B(0,b)$，求力 F 做的功。

5. 计算 $\int_\Gamma x^3\mathrm{d}x+3zy^2\mathrm{d}y-x^2y\mathrm{d}z$，其中 Γ 是从点 $A(3,2,1)$ 到点 $B(0,0,0)$ 的直线段 AB。

6. 计算下列对坐标的曲线积分。

(1) $\int_L x^2+2xy\mathrm{d}y$，其中 L 是椭圆 $\dfrac{x^2}{a^2}+\dfrac{y^2}{b^2}=1$ 从点 $A(a,0)$ 经点 $B(0,b)$ 到点 $C(-a,0)$ 的一段弧；

(2) $\oint_L xy\mathrm{d}x$，其中 L 为 $(x-a)^2+y^2=a^2$ 与 $y=0$ 围成第一象限区域整个边界；

(3) $\int_\Gamma x^2\mathrm{d}x+z\mathrm{d}y-y\mathrm{d}z$，其中 Γ 为曲线 $\begin{cases}x=k\theta,\\y=a\cos\theta,\\z=a\sin\theta\end{cases}$ 上对应 θ 从 0 到 π 的一段弧；

(4) $\int_L (x+y)\,\mathrm{d}x+(y-x)\,\mathrm{d}y$，其中 L：$y=x^2$ 从 $(1,1)$ 到 $(2,4)$；

(5) $\int_L (x^2-y^2)\,\mathrm{d}x+xy\mathrm{d}y$，其中 L 为 $y=\sqrt{2x-x^2}$ 上从 $(0,0)$ 到 $(1,1)$ 的一段弧。

7. 计算 $\int_L 2xy\mathrm{d}x+x^2\mathrm{d}y$，其中 L 为：

(1) 抛物线 $y=x^2$ 上从点 $O(0,0)$ 到点 $B(1,1)$ 的一段弧；

(2) 抛物线 $x=y^2$ 上从点 $O(0,0)$ 到点 $B(1,1)$ 的一段弧；

(3) 有向折线 OAB，这里 O,A,B 依次是 $(0,0)$，$(1,0)$，$(1,1)$。

11.3 格林公式及其应用

11.3.1 格林公式

重积分与对坐标的曲线积分是两类不同的积分，但下面的格林(Green)公式建立了平面区域 D 的二重积分和沿该区域 D 的边界曲线上对坐标的曲线积分之间的联系。

设 D 为一平面区域，若 D 内任一闭曲线所围的部分都属于 D，则称 D 为**单连通区域**(不含洞)，否则称为**复连通区域**(含洞)。规定平面区域 D 的边界曲线 L 的正方向。当观测者沿 L 行走时，D 内在他近处的那一部分总在其左边，如图 11.3.1 所示。

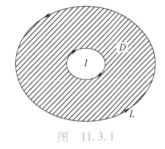

图 11.3.1

定理1 设有界闭区域 D 由分段光滑的曲线 L 所围成，函数 $P(x,y)$，$Q(x,y)$ 在 D 上具有一阶连续偏导数，则有

$$\iint_D \left(\frac{\partial Q}{\partial x} - \frac{\partial P}{\partial y} \right) \mathrm{d}x\mathrm{d}y = \oint_L P\mathrm{d}x + Q\mathrm{d}y,$$

其中 L 是 D 的取正向的边界曲线。称上述公式为**格林公式**。

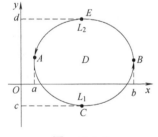

图 11.3.2

证明 假设区域 D 是单连通的，且 D 的边界 L 与穿过 D 内部且平行于两坐标轴的直线的交点恰好是两个，则区域 D 既为 X-型又为 Y-型区域。如图 11.3.2 所示，设 D 的边界 L 是由两条曲线 $\overset{\frown}{ACB}=L_1:y=\varphi_1(x)$，$\overset{\frown}{BEA}=L_2:y=\varphi_2(x)$，$a \leqslant x \leqslant b$ 所围成，即

$$D = \{ (x,y) \mid \varphi_1(x) \leqslant y \leqslant \varphi_2(x), a \leqslant x \leqslant b \}.$$

因为 $\dfrac{\partial P}{\partial y}$ 连续，所以按二重积分的计算法，有

$$\iint_D \frac{\partial P}{\partial y}\mathrm{d}x\mathrm{d}y = \int_a^b \mathrm{d}x \int_{\varphi_1(x)}^{\varphi_2(x)} \frac{\partial P(x,y)}{\partial y}\mathrm{d}y$$

$$= \int_a^b \left[P(x,\varphi_2(x)) - P(x,\varphi_1(x)) \right] \mathrm{d}x.$$

另一方面，由对坐标的曲线积分的性质及计算法有

$$\oint_L P\mathrm{d}x = \oint_{L_1} P\mathrm{d}x + \oint_{L_2} P\mathrm{d}x$$

$$= \int_a^b P(x,\varphi_1(x))\mathrm{d}x + \int_b^a P(x,\varphi_2(x))\mathrm{d}x,$$

$$= \int_a^b \left[P(x,\varphi_1(x)) - P(x,\varphi_2(x)) \right] \mathrm{d}x$$

因此，

$$-\iint\limits_{D} \frac{\partial P}{\partial y} \mathrm{d}x\mathrm{d}y = \oint_{L} P\mathrm{d}x。$$

设 $D = \{(x,y) \mid \psi_1(y) \leqslant x \leqslant \psi_2(y), c \leqslant y \leqslant d\}$，同理可证

$$\iint\limits_{D} \frac{\partial Q}{\partial x} \mathrm{d}x\mathrm{d}y = \oint_{L} Q(x,y)\mathrm{d}y。$$

结合上述两式可得

$$\iint\limits_{D} \left(\frac{\partial Q}{\partial x} - \frac{\partial P}{\partial y}\right) \mathrm{d}x\mathrm{d}y = \oint_{L} P\mathrm{d}x + Q\mathrm{d}y。$$

对于一般情况，可引进辅助线把 D 分成有限个符合上述条件的区域。例如，在图 11.3.3 中的区域 D，可分为 D_1, D_2, D_3 三个符合上述条件的区域。在其上分别应用格林公式，然后相加，由于沿辅助线的曲线积分相加相互抵消，即可得证定理中的等式。

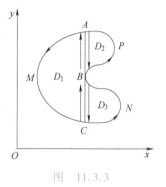

图　11.3.3

在格林公式中，取 $P = -y$，$Q = x$，则得到一个计算平面区域 D 的面积 A 的公式

$$A = \iint\limits_{D} \mathrm{d}\sigma = \frac{1}{2}\oint_{L} x\mathrm{d}y - y\mathrm{d}x。$$

说明：（1）格林公式对光滑曲线围成的闭区域均成立；

（2）一定条件下可以用二重积分来计算曲线积分，从而起到简便运算的作用。

例 1　计算 $\oint_{L}(y-x)\mathrm{d}x + (3x+y)\mathrm{d}y$，其中 L 为圆周 $(x-1)^2 + (y-4)^2 = 9$，方向为逆时针方向。

解　令 $P = y-x$，$Q = 3x+y$，则 $\frac{\partial Q}{\partial x} - \frac{\partial P}{\partial y} = 2$。因为 L 所围区域 D 的面积为 9π，故 $\oint_{L}(y-x)\mathrm{d}x + (3x+y)\mathrm{d}y = \iint\limits_{D}(3-1)\mathrm{d}x\mathrm{d}y = 2\iint\limits_{D}\mathrm{d}x\mathrm{d}y = 2 \times 9\pi = 18\pi$。

例 2　计算 $\oint_{L} 4x^2 y\mathrm{d}x + 2y\mathrm{d}y$，其中 L 为三顶点分别为 $O(0,0)$，$A(1,2)$，$B(0,2)$ 的三角形区域的正向边界。

解　令 $P = 4x^2 y$，$Q = 2y$，则

$$\frac{\partial Q}{\partial x} - \frac{\partial P}{\partial y} = -4x^2。$$

于是，根据格林公式可得

$$\oint_{L} 4x^2 y\mathrm{d}x + 2y\mathrm{d}y = \iint\limits_{D}(0 - 4x^2)\mathrm{d}x\mathrm{d}y = -4\int_0^1 \mathrm{d}x \int_{2x}^2 x^2\mathrm{d}y$$

$$= -4\int_0^1 (2x^2 - 2x^3)\mathrm{d}x = -\frac{2}{3}。$$

例 2 的 Maple 源程序

```
> #example2
> with(student):
> P:=(x,y)->4*x^2*y;
```
$$P:=(x,y)\rightarrow 4x^2y$$

```
> Q:=(x,y)->2*y;
```
$$Q:=(x,y)\rightarrow 2y$$

```
> diff(2*y,x)-diff(4*x^2*y,y);
```
$$-4x^2$$

```
> Doubleint(-4*x^2,y=2*x..2,x=0..1);
```
$$\int_0^1\int_{2x}^2 -4x^2 dy dx$$

```
> value(%);
```
$$\frac{-2}{3}$$

11.3.2 平面上曲线积分与路径无关的条件

力学中，质点在保守力场(如重力场)中运动时，场力所做的功与所走的路径无关，而只与质点运动的起点和终点有关。但是，对一般的力场而言，场力对质点所做的功未必与所走的路径无关。这样我们自然要问：满足什么条件时对坐标的曲线积分与路径无关呢？

设函数 $P(x,y),Q(x,y)$ 在区域 D 内具有一阶连续偏导数，若 D 内任意指定两点 A,B 及 D 内从 A 到 B 的任意两条曲线 L_1，L_2，都有 $\int_{L_1} Pdx+Qdy=\int_{L_2} Pdx+Qdy$ 恒成立，则称曲线积分 $\int_L P(x,y)dx+Q(x,y)dy$ 在 D 内与路径无关，否则便称曲线积分与路径有关。

定理 2 若函数 $P(x,y),Q(x,y)$ 在单连通区域 D 内有一阶连续偏导数，则以下四个条件等价：

(1) 在 D 内曲线积分 $\int_L (Pdx+Qdy)$ 与路径无关；

(2) 在 D 内存在某一函数 $u(x,y)$，使得 $du(x,y)=P(x,y)dx+Q(x,y)dy$；

(3) 对任意点 $(x,y)\in D$，都有 $\dfrac{\partial Q}{\partial x}=\dfrac{\partial P}{\partial y}$；

(4) 对 D 内任意一条逐段光滑闭曲线 L 都有 $\oint_L Pdx+Qdy=0$。

证明　（1）$\Rightarrow$（2）：由于起点为 $M_0(x_0,y_0)$，终点为 $M(x,y)$ 的曲线积分在 D 内与路径无关。于是可把这个曲线积分写作

$$\int_{(x_0,y_0)}^{(x,y)}(P\mathrm{d}x+Q\mathrm{d}y)。$$

当起点 $M_0(x_0,y_0)$ 固定时，这个积分的值由终点 $M(x,y)$ 唯一确定，因而它是 x,y 的函数，用 $u(x,y)$ 表示，即

$$u(x,y)=\int_{(x_0,y_0)}^{(x,y)}(P\mathrm{d}x+Q\mathrm{d}y)。$$

下面证明函数 $u(x,y)$ 的全微分就是 $P(x,y)\mathrm{d}x+Q(x,y)\mathrm{d}y$。由于 $P(x,y),Q(x,y)$ 都是连续的，因此只需证明

$$\frac{\partial u}{\partial x}=P(x,y),\quad \frac{\partial u}{\partial y}=Q(x,y)。$$

按照偏导数的定义，有

$$\frac{\partial u}{\partial x}=\lim_{\Delta x\to 0}\frac{u(x+\Delta x,y)-u(x,y)}{\Delta x}。$$

于是有

$$u(x+\Delta x,y)=\int_{(x_0,y_0)}^{(x+\Delta x,y)}P\mathrm{d}x+Q\mathrm{d}y。$$

由于曲线积分与路径无关，可以取先从 $M_0(x_0,y_0)$ 到 $M(x,y)$，然后沿平行于 x 轴的直线段从 $M(x,y)$ 到 $N(x+\Delta x,y)$，如图 11.3.4 所示，则有

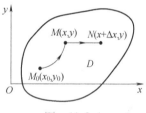

图　11.3.4

$$u(x+\Delta x,y)=u(x,y)+\int_{(x,y)}^{(x+\Delta x,y)}P\mathrm{d}x+Q\mathrm{d}y。$$

从而　　　　$$u(x+\Delta x,y)-u(x,y)=\int_{x}^{x+\Delta x}(P\mathrm{d}x+Q\mathrm{d}y)。$$

因为直线段 MN 的方程 y 为常数，按照对坐标的曲线积分的计算方法，上式转化为

$$u(x+\Delta x,y)-u(x,y)=\int_{x}^{x+\Delta x}P\mathrm{d}x。$$

再利用积分中值定理，得

$$u(x+\Delta x,y)-u(x,y)=P(x+\theta\Delta x,y)\Delta x\quad(0\leqslant\theta\leqslant 1)。$$

上式两边除以 Δx，并令 $\Delta x\to 0$ 取极限。由于 $P(x,y)$ 的偏导数在 D 内连续，$P(x,y)$ 本身也一定连续，于是得

$$\frac{\partial u}{\partial x}=P(x,y)。$$

同理可证 $\frac{\partial u}{\partial y}=Q(x,y)$。所以 $\mathrm{d}u(x,y)=P(x,y)\mathrm{d}x+Q(x,y)\mathrm{d}y$。

（2）$\Rightarrow$（3）：假设在 D 内存在某一函数 $u(x,y)$，使得

$$\mathrm{d}u(x,y)=P(x,y)\mathrm{d}x+Q(x,y)\mathrm{d}y,$$

则必有
$$\frac{\partial u}{\partial x}=P(x,y), \qquad \frac{\partial u}{\partial y}=Q(x,y)。$$

从而
$$\frac{\partial P}{\partial y}=\frac{\partial^2 u}{\partial x \partial y}, \qquad \frac{\partial Q}{\partial x}=\frac{\partial^2 u}{\partial y \partial x}。$$

由于 $P(x,y),Q(x,y)$ 在 D 内具有一阶连续偏导数，所以在 D 内 $\dfrac{\partial^2 u}{\partial x \partial y}$ 和 $\dfrac{\partial^2 u}{\partial y \partial x}$ 连续，因此在 D 内 $\dfrac{\partial^2 u}{\partial x \partial y}=\dfrac{\partial^2 u}{\partial y \partial x}$，即 $\dfrac{\partial P}{\partial y}=\dfrac{\partial Q}{\partial x}$ 在 D 内恒成立。

（3）⇒（4）：在 D 内任取一条闭曲线 C，因为 D 是单连通区域，所以 C 所围成的区域 $E \subset D$，从而由格林公式有

$$\oint_C P\mathrm{d}x+Q\mathrm{d}y=\iint_E \left(\frac{\partial Q}{\partial x}-\frac{\partial P}{\partial y}\right)\mathrm{d}x\mathrm{d}y=0。$$

（4）⇒（1）：如图 11.3.5 所示，如果在区域 D 内沿任意闭曲线上的积分为 0，那么在 D 内任取两点 A，B，对于 D 内从 A 到 B 的任意两条曲线 L_1，L_2，则容易看出

$$\int_{L_1}(P\mathrm{d}x+Q\mathrm{d}y)-\int_{L_2}(P\mathrm{d}x+Q\mathrm{d}y)$$

$$=\int_{L_1}(P\mathrm{d}x+Q\mathrm{d}y)+\int_{L_2^-}(P\mathrm{d}x+Q\mathrm{d}y)$$

$$=\oint_{L_1+L_2^-}(P\mathrm{d}x+Q\mathrm{d}y)=0。$$

因此
$$\int_{L_1}(P\mathrm{d}x+Q\mathrm{d}y)=\int_{L_2}(P\mathrm{d}x+Q\mathrm{d}y)。$$

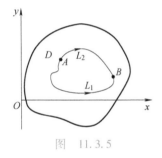

图 11.3.5

所以在区域 D 内曲线积分 $\displaystyle\int_L(P\mathrm{d}x+Q\mathrm{d}y)$ 与路径无关。

综上所述，定理 2 得证。

定理 2 表明，如果 D 是单连通区域，函数 $P(x,y),Q(x,y)$ 在 D 内具有一阶连续偏导数，且 $\dfrac{\partial P}{\partial y}=\dfrac{\partial Q}{\partial x}$ 在 D 内恒成立，那么曲线积分 $\displaystyle\int_L(P\mathrm{d}x+Q\mathrm{d}y)$ 在 D 内与路径无关。这是判别曲线积分与路径无关的常用方法。

例 3 计算 $\displaystyle\oint_C \frac{x\mathrm{d}y-y\mathrm{d}x}{x^2+y^2}$（图 11.3.6），其中

（1）C 为以 $O(0,0)$ 为圆心的任何圆周；

（2）C 为以任何不含原点的闭曲线。

解 （1）令 $P=\dfrac{-y}{x^2+y^2}$，$Q=\dfrac{x}{x^2+y^2}$，则

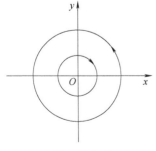

图 11.3.6

$$\frac{\partial P}{\partial y}=\frac{y^2-x^2}{(x^2+y^2)^2},\quad \frac{\partial Q}{\partial x}=\frac{y^2-x^2}{(x^2+y^2)^2}。$$

于是在除去 $(0,0)$ 处的所有点处有 $\dfrac{\partial P}{\partial y}=\dfrac{\partial Q}{\partial x}$，以 O 为圆心，r 为半径

作足够小的圆 $\overline{C}$ 使小圆含在 C 内，则 $\oint_C Pdx+Qdy+\oint_{\overline{C}} Pdx+Qdy=0$，即

$$\oint_C Pdx+Qdy=\int_0^{2\pi}\frac{r^2\cos^2\theta+r^2\sin^2\theta}{r^2}d\theta=2\pi\neq 0。$$

（2）因为 $\dfrac{\partial P}{\partial y}=\dfrac{\partial Q}{\partial x}$，所以 $\oint_C Pdx+Qdy=0$。

11.3.3　二元函数的全微分求积

在多元函数微分学中，我们有如下结论：若 $u(x,y)$ 具有连续

偏导数，则 $u(x,y)$ 可微，并且有 $du(x,y)=\dfrac{\partial u}{\partial x}dx+\dfrac{\partial u}{\partial y}dy$。

现在要讨论相反的问题：给定两个二元函数 $P(x,y),Q(x,y)$，
问：是否存在二元函数 $u(x,y)$ 使得

$$du=P(x,y)dx+Q(x,y)dy$$

或　　　　　$$\frac{\partial u}{\partial x}=P(x,y),\quad \frac{\partial u}{\partial y}=Q(x,y)?$$

一般来说，这个问题未必有解。如取 $P(x,y)=Q(x,y)=x$ 时，
就不存在 $u(x,y)$，使得

$$du=P(x,y)dx+Q(x,y)dy$$

或　　　　　$$\frac{\partial u}{\partial x}=P(x,y),\quad \frac{\partial u}{\partial y}=Q(x,y)成立。$$

由于 $\oint_C Pdx+Qdy$ 与路径无关，则 $Pdx+Qdy$ 为某一函数 $u(x,y)$
的全微分。把这样的二元函数 $u(x,y)$ 求出来，称为二元函数的全
微分求积。任取 D 内一点 (x_0,y_0) 为起点，由于曲线积分与路径无
关，为计算简便起见，可以选择平行于坐标轴的直线段连成的折
线作为积分路径，如图 11.3.7 所示。经过计算，函数 $u(x,y)$ 为

$$u(x,y)=\int_{x_0}^x P(x,y_0)dx+\int_{y_0}^y Q(x,y)dy$$

或　　　$$u(x,y)=\int_{x_0}^x P(x,y)dx+\int_{y_0}^y Q(x_0,y)dy。$$

若 $(0,0)\in D$，我们常选 (x_0,y_0) 为 $(0,0)$。

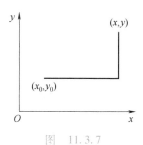

图　11.3.7

例 4　验证：在整个 xOy 平面内，$x^2y^3dx+x^3y^2dy$ 是某个函数的全
微分，并求出一个这样的函数。

解　令 $P=x^2y^3$，$Q=x^3y^2$，且 $\dfrac{\partial P}{\partial y}=3x^2y^2=\dfrac{\partial Q}{\partial x}$ 在整个 xOy 面内恒成立，因此在整个 xOy 面内，$x^2y^3\mathrm{d}x+x^3y^2\mathrm{d}y$ 是某个函数的全微分。

取积分路径如图 11.3.8 所示，则

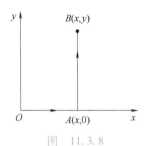

图　11.3.8

$$u(x,y)=\int_{(0,0)}^{(x,y)}(x^2y^3\mathrm{d}x+x^3y^2\mathrm{d}y)$$

$$=\int_{OA}(x^2y^3\mathrm{d}x+x^3y^2\mathrm{d}y)+\int_{AB}(x^2y^3\mathrm{d}x+x^3y^2\mathrm{d}y)$$

$$=0+\int_0^y x^3y^2\mathrm{d}y=\frac{x^3y^3}{3}。$$

利用二元函数的全微分求积，还可以用来求解下面一类一阶微分方程。

例5　求解微分方程 $(2x+\sin y)\mathrm{d}x+x\cos y\mathrm{d}y=0$。

解　令 $P=(2x+\sin y)$，$Q=x\cos y$，

则 $\dfrac{\partial Q}{\partial x}=\cos y=\dfrac{\partial P}{\partial y}$，原式在全平面上为某一函数的全微分，因此，所给方程是全微分方程。

取 (x_0,y_0) 为 $(0,0)$，于是有

$$u(x,y)=\int_{(0,0)}^{(x,y)}P\mathrm{d}x+Q\mathrm{d}y=\int_0^x 2x\mathrm{d}x+\int_0^y x\cos y\mathrm{d}y=x^2+x\sin y，$$

则方程的解为

$$x^2+x\sin y=C。$$

习题 11.3

1. 利用格林公式计算下列曲线积分。

（1）$\oint_L(2x-y+4)\mathrm{d}x+(5y+3x-6)\mathrm{d}y$，其中 L 为以点 $O(0,0)$，$A(3,0)$ 和 $B(3,2)$ 为顶点的三角形正向边界；

（2）$\int_{ABOA}(\mathrm{e}^x\sin y-y)\mathrm{d}x+(\mathrm{e}^x\cos y-1)\mathrm{d}y$，其中 $ABOA$ 是以 $O(0,0)$，$A(6,0)$，$B(0,6)$ 为顶点的闭折线。

2. 验证下列曲线积分在整个 xOy 平面内与路径无关，并计算积分值。

（1）$\int_L(x+y)\mathrm{d}x+(x-y)\mathrm{d}y$，其中 L 的起点为 $A(1,1)$，终点为 $B(2,3)$；

（2）$\int_L(2xy-y^4+3)\mathrm{d}x+(x^2-4xy^3)\mathrm{d}y$，其中 L 的起点为 $A(1,0)$，终点为 $B(2,1)$。

3. 利用曲线积分，求下列曲线所围成的图形的面积。

（1）星形线 $\begin{cases}x=a\cos^3 t,\\ y=a\sin^3 t;\end{cases}$

（2）椭圆 $\dfrac{x^2}{a^2}+\dfrac{y^2}{b^2}=1$。

4. 计算下列曲线积分。

（1）$\oint_L(x+y)\mathrm{d}x-(x-y)\mathrm{d}y$，其中 L 为椭圆 $\dfrac{x^2}{49}+\dfrac{y^2}{25}=1$，方向为逆时针方向；

（2）$\oint_L(x+y)^2\mathrm{d}x-(x^2+y^2)\mathrm{d}y$，其中 L 为三个顶点分别是 $(0,0)$，$(1,0)$ 和 $(0,1)$ 的三角形正向边界。

5. 设 $p=-\dfrac{y}{x^2+y^2}$, $q=\dfrac{x}{x^2+y^2}$,

(1) 证明除原点外 $\dfrac{\partial q}{\partial x}=\dfrac{\partial p}{\partial y}$;

(2) 计算 $\oint_L p\mathrm{d}x+q\mathrm{d}y$, 其中 L: $x^2+y^2=1$ 正向;

(3) 计算 $\oint_L p\mathrm{d}x+q\mathrm{d}y$, 其中 L: $(x-7)^2+(y-8)^2=1$ 正向;

(4) 计算 $\oint_L p\mathrm{d}x+q\mathrm{d}y$, 其中 L: $|x|+|y|=1$ 正向;

(5) 计算 $\int_L p\mathrm{d}x+q\mathrm{d}y$, 其中 L 为 $y=\sqrt{x+1}$ 上从 $(-1,0)$ 到 $(3,2)$ 的一段弧;

(6) 计算 $\int_L p\mathrm{d}x+q\mathrm{d}y$, 其中 L 为 $y=x^2-1$ 上从 $(-2,3)$ 到 $(2,3)$ 的一段弧。

6. 验证: 在整个 xOy 平面内, $y^2x\mathrm{d}x+x^2y\mathrm{d}y$ 是某函数的全微分, 并求出一个这样的函数。

7. 求积分 $\oint_L \dfrac{y\mathrm{d}x-x\mathrm{d}y}{4x^2+y^2}$, 其中 L 是正向闭曲线 $|x|+|y|=2$。

8. 设函数 $Q(x,y)$ 在 xOy 平面内具有一阶连续偏导数, 曲线积分 $\int_L 2xy\mathrm{d}x+Q(x,y)\mathrm{d}y$ 与路径无关且对任意的 t, 恒有 $\int_{(0,0)}^{(1,1)} 2xy\mathrm{d}x+Q(x,y)\mathrm{d}y = \int_{(0,0)}^{(1,t)} 2xy\mathrm{d}x+Q(x,y)\mathrm{d}y$, 求 $Q(x,y)$ 及 $\int_{(0,0)}^{(1,1)} 2xy\mathrm{d}x+Q(x,y)\mathrm{d}y$ 的值。

9. 计算曲线积分 $\int_L \sin 2x\mathrm{d}x+2(x^2-1)y\mathrm{d}y$, 其中 L 是曲线 $y=\sin x$ 上从点 $(0,0)$ 到点 $(\pi,0)$ 的一段弧。

10. 设 $\int_L xy^2\mathrm{d}x+y\varphi(x)\mathrm{d}y$ 与路径无关, 其中 $\varphi(x)$ 具有连续导数, 且 $\varphi(0)=0$, 求 $\int_{(0,0)}^{(1,1)} xy^2\mathrm{d}x+y\varphi(x)\mathrm{d}x$。

11.4　对面积的曲面积分

如果曲面上各点都存在切平面, 且当切点在曲面上连续移动时, 切平面也连续移动, 那么就称曲面是光滑的。由有限个光滑曲面所组成的曲面称为分片光滑的曲面。以后若未特别指明, 总假定所涉及的曲面都是光滑的或分片光滑的有界曲面, 且其边界曲线都是光滑的或分段光滑的闭曲线。

11.4.1　对面积的曲面积分的概念和性质

曲面形构件的质量　设在空间直角坐标系 $Oxyz$ 中有一非均匀曲面形构件 Σ, 已知它在任一点 (x,y,z) 处的面密度为 $\rho(x,y,z)$, 且 $\rho(x,y,z)$ 在 Σ 上连续。求它的质量 m(图 11.4.1)。

如果构件是均匀的, 即面密度为常量, 那么该构件的质量就等于它的面密度与面积的乘积。而现在的面密度是变量, 构件的质量就不能直接用上述方法来计算。但是在 11.1 节中用来处理非均匀曲线形构件质量问题的方法完全适用于本问题。其具体步骤为:

(1) **分割**: 把 Σ 任意分成 n 个小块 $\Delta S_i(i=1,2,\cdots,n)$, ΔS_i 同时也表示第 i 个小块曲面的面积;

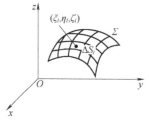

图　11.4.1

（2）**近似**：由于 $\rho(x,y,z)$ 在 Σ 上连续变化，因此，当小块曲面 ΔS_i 的直径（指该曲面上任意两点间距离的最大者）很小时，在这小块曲面上任取一点 (ξ_i,η_i,ζ_i)，可用此处的面密度 $\rho(\xi_i,\eta_i,\zeta_i)$ 近似代替这个小块上其他各点处的面密度，于是得到这小块曲面构件质量 Δm_i 的近似值，即

$$\Delta m_i \approx \rho(\xi_i,\eta_i,\zeta_i)\Delta S_i \quad (i=1,2,\cdots,n);$$

（3）**求和**：对所有 $\Delta m_i(i=1,2,\cdots,n)$ 求和，得到整个曲面形构件的质量的近似值

$$m \approx \sum_{i=1}^{n} \rho(\xi_i,\eta_i,\zeta_i)\Delta S_i;$$

（4）**取极限**：用 λ 表示这 n 个小块曲面的直径的最大值。当 $\lambda \to 0$ 时的极限，就得到整个构件的质量

$$m = \lim_{\lambda \to 0} \sum_{i=1}^{n} \rho(\xi_i,\eta_i,\zeta_i)\Delta S_i。$$

上述极限还会在其他问题中遇到，抽去它们的物理意义，就得出对面积的曲面积分的概念。

定义　设函数 $f(x,y,z)$ 在曲面 Σ 上有界，把 Σ 分成 n 个小曲面 $S_i(i=1,2,\cdots,n)$，并记 S_i 的面积为 ΔS_i，在 S_i 上任取一点 (ξ_i,η_i,ζ_i)，作和式

$$\sum_{i=1}^{n} f(\xi_i,\eta_i,\zeta_i)\Delta S_i。$$

若当此 n 个小曲面的直径的最大值 $\lambda \to 0$ 时，上述和式极限存在，则称此极限值为函数 $f(x,y,z)$ 在曲面 Σ 上对面积的曲面积分（又称第一类曲面积分），记作 $\iint\limits_{\Sigma} f(x,y,z)\mathrm{d}S$。即

$$\iint\limits_{\Sigma} f(x,y,z)\mathrm{d}S = \lim_{\lambda \to 0} \sum_{i=1}^{n} f(\xi_i,\eta_i,\zeta_i)\Delta S_i。$$

其中 $f(x,y,z)$ 称为被积函数，Σ 称为积分曲面。

我们指出，当函数 $f(x,y,z)$ 在光滑曲面 Σ 上连续时，对面积的曲面积分 $\iint\limits_{\Sigma} f(x,y,z)\mathrm{d}S$ 总存在，以后总假定 $f(x,y,z)$ 在 Σ 上连续。

根据这个定义，面密度为连续函数 $\rho(x,y,z)$ 的光滑曲面 Σ 的质量 m，可表示为 $\rho(x,y,z)$ 在 Σ 上对面积的曲面积分，即

$$m = \iint\limits_{\Sigma} \rho(x,y,z)\mathrm{d}S。$$

我们规定：（1）函数在分片光滑的曲面 Σ 上对面积的曲面积

分等于函数在光滑的各片曲面上对面积的曲面积分之和。例如，设 Σ 可分成两片光滑曲面 Σ_1 及 Σ_2（记作 $\Sigma=\Sigma_1+\Sigma_2$），则

$$\iint\limits_{\Sigma}f(x,y,z)\,\mathrm{d}S=\iint\limits_{\Sigma_1}f(x,y,z)\,\mathrm{d}S+\iint\limits_{\Sigma_2}f(x,y,z)\,\mathrm{d}S。$$

（2）函数 $f(x,y,z)$ 在封闭曲面 Σ 上对面积的曲面积分记为

$$\oiint\limits_{\Sigma}f(x,y,z)\,\mathrm{d}S。$$

由对面积的曲面积分的定义可知，如果在积分曲面 Σ 上，$f(x,y,z)\equiv 1$，且 A 为 Σ 的面积，则

$$\iint\limits_{\Sigma}1\,\mathrm{d}S=\iint\limits_{\Sigma}\mathrm{d}S=A。$$

对面积的曲面积分具有与对弧长的曲线积分相类似的其他性质，这里不再细述。

11.4.2　对面积的曲面积分的计算

定理　设曲面 Σ 的方程 $z=z(x,y)$，Σ 在 xOy 面上的投影区域为 D_{xy}，函数 $z=z(x,y)$ 在 D_{xy} 上具有连续偏导数，且函数 $f(x,y,z)$ 在 Σ 上连续，则对面积的曲面积分 $\iint\limits_{\Sigma}f(x,y,z)\,\mathrm{d}S$ 存在，且

$$\iint\limits_{\Sigma}f(x,y,z)\,\mathrm{d}S=\iint\limits_{D_{xy}}f\big(x,y,z(x,y)\big)\sqrt{1+z_x^2+z_y^2}\,\mathrm{d}x\mathrm{d}y。$$

证明　按照对面积的曲面积分的定义，有

$$\iint\limits_{\Sigma}f(x,y,z)\,\mathrm{d}S=\lim_{\lambda\to 0}\sum_{i=1}^{n}f(\xi_i,\eta_i,\zeta_i)\Delta S_i。$$

设 Σ 上第 i 小块曲面 ΔS_i（它的面积也记作 ΔS_i）在 xOy 面上的投影区域为 $(\Delta\sigma_i)_{xy}$（它的面积也记作 $(\Delta\sigma_i)_{xy}$），则上式中的 ΔS_i 可表示为二重积分

$$\Delta S_i=\iint\limits_{(\Delta\sigma_i)_{xy}}\sqrt{1+z_x^2+z_y^2}\,\mathrm{d}x\mathrm{d}y。$$

利用二重积分的中值定理，上式又可写成

$$\Delta S_i=\sqrt{1+z_x^2(\xi_i',\eta_i')+z_y^2(\xi_i',\eta_i')}\,(\Delta\sigma_i)_{xy},$$

其中 (ξ_i',η_i') 是小闭区域 $(\Delta\sigma_i)_{xy}$ 上的一点。又因 (ξ_i,η_i,ζ_i) 是 Σ 上的一点，故 $\zeta_i=z(\xi_i,\eta_i)$，这里 $(\xi_i,\eta_i,0)$ 也是 $(\Delta\sigma_i)_{xy}$ 上的点。于是

$$\sum_{i=1}^{n}f(\xi_i,\eta_i,\zeta_i)\Delta S_i$$

$$=\sum_{i=1}^{n}f\big(\xi_i,\eta_i,z(\xi_i,\eta_i)\big)\sqrt{1+z_x^2(\xi_i',\eta_i')+z_y^2(\xi_i',\eta_i')}\,(\Delta\sigma_i)_{xy}。$$

由于函数 $f(x,y,z(x,y))$ 以及函数 $\sqrt{1+z_x^2(x,y)+z_y^2(x,y)}$ 都在闭区域 D_{xy} 上连续，可以证明当 $\lambda \to 0$ 时，上式右端的极限与

$$\sum_{i=1}^{n} f(\xi_i, \eta_i, z(\xi_i, \eta_i)) \sqrt{1+z_x^2(\xi_i, \eta_i)+z_y^2(\xi_i, \eta_i)} (\Delta\sigma_i)_{xy}$$

的极限相等。这个极限在本章开始所给的条件下是存在的，它等于二重积分

$$\iint_{D_{xy}} f(x,y,z(x,y)) \sqrt{1+z_x^2+z_y^2}\,\mathrm{d}x\mathrm{d}y。$$

因此左端的极限即曲面积分 $\iint_{\Sigma} f(x,y,z)\,\mathrm{d}S$ 也存在，且有

$$\iint_{\Sigma} f(x,y,z)\,\mathrm{d}S = \iint_{D_{xy}} f(x,y,z(x,y)) \sqrt{1+z_x^2+z_y^2}\,\mathrm{d}x\mathrm{d}y。$$

这就是把对面积的曲面积分化为二重积分的公式。这公式是容易记忆的，因为曲面 Σ 的方程是 $z(x,y)$，而曲面积分符号中的 $\mathrm{d}S$ 就是 $\sqrt{1+z_x^2(x,y)+z_y^2(x,y)}\,\mathrm{d}x\mathrm{d}y$。在计算时，只要把变量 z 换为 $z(x,y)$，$\mathrm{d}S$ 换为 $\sqrt{1+z_x^2(x,y)+z_y^2(x,y)}\,\mathrm{d}x\mathrm{d}y$，再确定 Σ 在 xOy 面上的投影区域 D_{xy}，这样就把对面积的曲面积分化为二重积分了。

如果积分曲面 Σ 由方程 $x=x(y,z)$ 或 $y=y(x,z)$ 给出，也可以类似地把对面积的曲面积分化为相应的二重积分。

例 1　计算曲面积分 $I = \iint_{\Sigma} (x^2+y^2)\,\mathrm{d}S$，其中 Σ 为立体 $\sqrt{x^2+y^2} \leqslant z \leqslant 1$ 的边界（图 11.4.2）。

解　设 $\Sigma = \Sigma_1 + \Sigma_2$，$\Sigma_1$ 为锥面 $z=\sqrt{x^2+y^2}$，$0 \leqslant z \leqslant 1$，$\Sigma_2$ 为 $z=1$ 上 $x^2+y^2 \leqslant 1$ 部分，Σ_1，Σ_2 在 xOy 面投影为 $x^2+y^2 \leqslant 1$，于是

$$\mathrm{d}S_1 = \sqrt{1+\left(\frac{\partial z}{\partial x}\right)^2+\left(\frac{\partial z}{\partial y}\right)^2}\,\mathrm{d}x\mathrm{d}y = \sqrt{2}\,\mathrm{d}x\mathrm{d}y, \quad \mathrm{d}S_2 = \mathrm{d}x\mathrm{d}y,$$

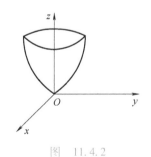

图　11.4.2

所以
$$\begin{aligned}
I &= \iint_{\Sigma_1} (x^2+y^2)\,\mathrm{d}S_1 + \iint_{\Sigma_2} (x^2+y^2)\,\mathrm{d}S_2 \\
&= \iint_{D} (x^2+y^2)\sqrt{2}\,\mathrm{d}x\mathrm{d}y + \iint_{D} (x^2+y^2)\,\mathrm{d}x\mathrm{d}y \\
&= (\sqrt{2}+1)\iint_{D} (x^2+y^2)\,\mathrm{d}x\mathrm{d}y \\
&= (\sqrt{2}+1)\int_0^{2\pi}\mathrm{d}\theta\int_0^1 r^3\,\mathrm{d}r = \frac{\pi}{2}(1+\sqrt{2})。
\end{aligned}$$

例 1 的 Maple 源程序

```
> #example1
```

```
> f:=(x,y,z)->x^2+y^2;
```
$$f:=(x,y,z)\rightarrow x^2+y^2$$
```
> z1:=(x,y)->sqrt(x^2+y^2);
```
$$z1:=(x,y)\rightarrow\sqrt{x^2+y^2}$$
```
> z2:=1;
```
$$z2:=1$$
```
> F1:=(x,y)->sqrt(1+D[1](z1)(x,y)^2+D[2](z1)(x,y)^2)*
f(x,y,z1(x,y));
```
$$F1:=(x,y)\rightarrow\sqrt{1+D_1(z1)(x,y)^2+D_2(z1)(x,y)^2}\,f(x,y,z1(x,y))$$
```
> F2:=(x,y)->sqrt(1+D[1](z2)(x,y)^2+D[2](z2)(x,y)^2)*
f(x,y,z2(x,y));
```
$$F2:=(x,y)\rightarrow\sqrt{1+D_1(z2)(x,y)^2+D_2(z2)(x,y)^2}\,f(x,y,z2(x,y))$$
```
int(int(F1(r*cos(theta),r*sin(theta))*r,r=0..1),
theta=0..2*Pi)+int(int(F2(r*cos(theta),r*sin(theta))
*r,r=0..1),theta=0..2*Pi);
```
$$\frac{1}{2}\sqrt{2}\,\pi+\frac{1}{2}\pi$$

例 2　计算曲面积分 $\iint\limits_{\Sigma}\dfrac{1}{(1+x+y)^2}\mathrm{d}S$，其中 Σ 由 $x+y+z\leqslant1$，$x\geqslant0$，$y\geqslant0,z\geqslant0$ 确定的边界。

解　整个边界曲面 Σ 在平面 $z=0,x=0,y=0,x+y+z=1$ 的部分依次记为 $\Sigma_1,\Sigma_2,\Sigma_3,\Sigma_4$，于是

$$\iint\limits_{\Sigma_2}\frac{\mathrm{d}S}{(1+x+y)^2}=\iint\limits_{\Sigma_3}\frac{\mathrm{d}S}{(1+x+y)^2}=\int_0^1\mathrm{d}z\int_0^{1-z}\frac{\mathrm{d}y}{(1+y)^2}=1-\ln2_\circ$$

$$\iint\limits_{\Sigma_1}\frac{\mathrm{d}S}{(1+x+y)^2}=\iint\limits_{D_{xy}}\frac{\mathrm{d}S}{(1+x+y)^2}=\int_0^1\mathrm{d}x\int_0^{1-x}\frac{\mathrm{d}y}{(1+x+y)^2}=\ln2-\frac{1}{2}_\circ$$

$$\iint\limits_{\Sigma_4}\frac{\mathrm{d}S}{(1+x+y)^2}=\iint\limits_{D_{xy}}\frac{\sqrt{3}\,\mathrm{d}x\mathrm{d}y}{(1+x+y)^2}=\int_0^1\mathrm{d}x\int_0^{1-x}\frac{\sqrt{3}\,\mathrm{d}x\mathrm{d}y}{(1+x+y)^2}=\sqrt{3}\left(\ln2-\frac{1}{2}\right)_\circ$$

从而

$$\iint\limits_{\Sigma}\frac{1}{(1+x+y)^2}\mathrm{d}S=\iint\limits_{\Sigma_1}\frac{\mathrm{d}S}{(1+x+y)^2}+\iint\limits_{\Sigma_2}\frac{\mathrm{d}S}{(1+x+y)^2}+\iint\limits_{\Sigma_3}\frac{\mathrm{d}S}{(1+x+y)^2}+$$

$$\iint\limits_{\Sigma_4}\frac{\mathrm{d}S}{(1+x+y)^2}=\frac{3-\sqrt{3}}{2}+(\sqrt{3}-1)\ln2_\circ$$

例 2 的 Maple 源程序

```
> #example2
> f:=(x,y,z)->1/(1+x+y)^2;
```
$$f:=(x,y,z)\rightarrow\frac{1}{(1+x+y)^2}$$

```
> z1:=(x,y)->0;
```
$$z1:=(x,y)\rightarrow0$$
```
> z4:=(x,y)->1-x-y;
```
$$z4:=(x,y)\rightarrow1-x-y$$
```
> F1:=(x,y)->sqrt(1+D[1](z1)(x,y)^2+D[2](z1)(x,y)^2)*
f(x,y,z1(x,y));
```
$$F1:=(x,y)\rightarrow\sqrt{1+D_1(z1)(x,y)^2+D_2(z1)(x,y)^2}\,f(x,y,z1(x,y))$$
```
> F2:=(x,y)->sqrt(1+D[1](z4)(x,y)^2+D[2](z4)(x,y)^2)*
f(x,y,z4(x,y));
```
$$F2:=(x,y)\rightarrow\sqrt{1+D_1(z4)(x,y)^2+D_2(z4)(x,y)^2}\,f(x,y,z4(x,y))$$
```
> a:=int(int(F1(x,y),y=0..1-x),x=0..1)+int(int(F2(x,y),
y=0..1-x),x=0..1);
```
$$a:=-\frac{1}{2}+\ln(2)+\sqrt{3}\ln(2)-\frac{\sqrt{3}}{2}$$
```
> x:=(y,z)->0;
```
$$x:=(y,z)\rightarrow0$$
```
> F3:=(y,z)->sqrt(1+D[1](x)(y,z)^2+D[2](x)(y,z)^2)*
f(x(y,z),y,z);
```
$$F3:=(y,z)\rightarrow\sqrt{1+D_1(x)(y,z)^2+D_2(x)(y,z)^2}\,f(x(y,z)y,z)$$
```
> b:=2*int(int(F3(y,z),y=0..1-z),z=0..1);
```
$$b:=-2\ln(2)+2$$
```
> a+b;
```
$$\frac{3}{2}-\ln(2)+\sqrt{3}\ln(2)-\frac{\sqrt{3}}{2}$$

习题 11.4

1. 计算下列对面积的曲面积分。

(1) $\iint\limits_{\Sigma}(x+y+z)\,dS$，其中 Σ 为球面 $x^2+y^2+z^2=4$ 上 $z\geq1$ 的部分；

(2) $\iint\limits_{\Sigma}\dfrac{1}{z}\,dS$，其中 Σ 为球面 $x^2+y^2+z^2=4$ 被平面 $z=1$ 所截得的顶部；

(3) $\oiint\limits_{\Sigma}(x^2+y^2)\,dS$，其中 Σ 是由上半圆锥面 $z=\sqrt{x^2+y^2}$ 与平面 $z=1$ 围成的立体的表面。

2. 有一抛物面壳 $z=\dfrac{1}{2}(x^2+y^2)\,(0\leq z\leq1)$，它的面密度为 $\mu(x,y,z)=z$，求该壳的质量。

3. 计算下列曲面积分。

(1) $\iint\limits_{\Sigma}\left(\dfrac{x}{3}+\dfrac{y}{3}+z\right)dS$，其中 Σ 为平面 $x+y+3z=1$ 在第一卦限的部分；

(2) $\iint\limits_{\Sigma}\dfrac{1}{(1+x+y)^2}\,dS$，其中 Σ 为平面 $x+y+z=1$ 在第一卦限的部分；

(3) $\iint\limits_{\Sigma}(x+y+z)\,dS$，其中 Σ 为平面 $x+y+z=1$ 在第一卦限的部分；

(4) $\iint\limits_{\Sigma}(2xy-2x^2-x+z)\,dS$，其中 Σ 为平面 $2x+2y+z=6$ 在第一卦限的部分。

4. 求 $\iint\limits_{\Sigma}(x^2+y^2+z^2+xy^2+x^2y+z)\,dS$，其中 Σ 为 $x^2+y^2=z^2\,(0\leq z\leq1)$。

5. 计算 $\iint\limits_{\Sigma}(x+y+z)\,dS$，其中 Σ 为平面 $y+z=5$ 被柱面 $x^2+y^2=25$ 所截得的部分。

6. 计算 $I = \oiint\limits_{\Sigma} (x^2+y^2)\,dS$，其中 Σ 为球面 $x^2+y^2+z^2 = 2(x+y+z)$。

7. 设曲面 Σ 是柱面 $x^2+y^2 = 9$，$z = 0$，$z = 3$ 所围成的区域的整个边界曲面，计算 $\oiint\limits_{\Sigma} (x^2+y^2)\,dS$。

8. 计算 $\iint\limits_{\Sigma} \left(z+2x+\dfrac{4}{3}y\right)\,dS$，其中 Σ 为平面 $\dfrac{x}{2} +$ $\dfrac{y}{3} + \dfrac{z}{4} = 1$ 在第一卦限的部分。

9. 计算 $\iint\limits_{\Sigma} (x+y+z)\,dS$，其中 Σ 为 $x^2+y^2+z^2 = a^2$ 上 $z \geqslant h$ 的部分 $(0 < h < a)$。

11.5 对坐标的曲面积分

11.5.1 对坐标的曲面积分的概念与性质

有向曲面 设曲面 $z = z(x,y)$，若取法向量 $\boldsymbol{n}$ 朝上（$\boldsymbol{n}$ 与 z 轴正向的夹角为锐角），则曲面取定上侧，否则为下侧；对曲面 $x = x(y,z)$，若法向量 $\boldsymbol{n}$ 的方向与 x 正向夹角为锐角，取定曲面的前侧，否则为后侧；对曲面 $y = y(x,z)$，若法向量 $\boldsymbol{n}$ 的方向与 y 正向夹角为锐角取定曲面为右侧，否则为左侧；若曲面为封闭曲面，则取法向量的指向朝外，则此时取定曲面的外侧，否则为内侧，取定了法向量即选定了曲面的侧，这种曲面称为有向曲面。

投影 设 Σ 是有向曲面。在 Σ 上取一小块曲面 S，把 S 投影到 xOy 面上得一投影区域，这投影区域的面积记为 $(\Delta\sigma)_{xy}$。我们规定 S 在 xOy 面上的投影 $(\Delta S)_{xy}$ 为

$$(\Delta S)_{xy} = \begin{cases} (\Delta\sigma)_{xy}, & \gamma < \dfrac{\pi}{2}, \\[2mm] -(\Delta\sigma)_{xy}, & \gamma > \dfrac{\pi}{2}, \\[2mm] 0, & \gamma = \dfrac{\pi}{2}, \end{cases}$$

其中 $0 \leqslant \gamma \leqslant \pi$ 为取定法向量与 z 轴的正向所成的角，这里总假设 S 上各点的法向量与 z 轴的夹角 γ 的余弦 $\cos\gamma$ 具有相同的符号。

流向曲面一侧的流量 设稳定流动的不可压缩的流体（设密度为 1）的速度场为

$$\boldsymbol{v}(x,y,z) = \{P(x,y,z), Q(x,y,z), R(x,y,z)\},$$

Σ 为速度场中的一片有向曲面，向量函数 $\boldsymbol{v}(x,y,z)$ 在 Σ 上连续，求单位时间内流向 Σ 指定侧的流体的质量，即流量 Φ。

如果流体流过平面上面积为 S 的一个闭区域，其流体在此闭域上各点处流速为常向量 $\boldsymbol{v}$，又设 $\boldsymbol{n}$ 为该平面指定一侧的单位法向量，$\boldsymbol{v}$ 与 $\boldsymbol{n}$ 的夹角为 θ，如图 11.5.1a 所示。在单位时间内流过这

闭区域的流体组成一底面积为 S，斜高为 $|v|$ 的斜柱体，如图 11.5.1b 所示。斜柱体体积为 $S \cdot |v| \cos\theta = S(v \cdot n)$，即在单位时间内通过区域 S 流向 n 所指一侧的流量为

$$\Phi = S(v \cdot n)。$$

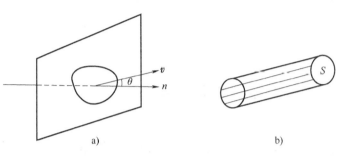

图　11.5.1

由于现在所考虑的不是平面闭区域而是曲面，且流速 v 也不是常向量，因此所求流量不能直接套用上述公式计算。但仍可以用"分割""近似""求和""取极限"的方法来解决。其具体步骤为：

（1）**分割**：把曲面 Σ 任意分成 n 小块 $\Delta S_i(i=1,2,\cdots,n)$（$\Delta S_i$ 同时也表示第 i 个小块曲面的面积）。

（2）**近似**：因为曲面 Σ 光滑且向量函数 $v(x,y,z)$ 在 Σ 上连续，所以只要 ΔS_i 的直径足够小，我们就可以用 ΔS_i 上任意一点 (ξ_i,η_i,ζ_i) 处的流速

$$v_i = v(\xi_i,\eta_i,\zeta_i)$$
$$= P(\xi_i,\eta_i,\zeta_i)\boldsymbol{i} + Q(\xi_i,\eta_i,\zeta_i)\boldsymbol{j} + R(\xi_i,\eta_i,\zeta_i)\boldsymbol{k}$$

近似代替 ΔS_i 上其他各点处的流速，用此点 (ξ_i,η_i,ζ_i) 处曲面 Σ 的单位法向量

$$n_i = (\cos\alpha_i)\boldsymbol{i} + (\cos\beta_i)\boldsymbol{j} + (\cos\gamma_i)\boldsymbol{k}$$

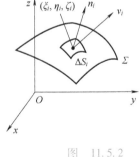

图　11.5.2

近似代替 ΔS_i 上其他各点处的单位法向量（图 11.5.2），从而得到通过 ΔS_i 流向指定侧的流量 $\Delta\Phi_i$ 的近似值为

$$\Delta\Phi_i \approx v(\xi_i,\eta_i,\zeta_i) \cdot n_i \cdot \Delta S_i。$$

（3）**求和**：对所有的 $\Delta\Phi_i(i=1,2,\cdots,n)$ 求和，于是得到通过 Σ 流向指定侧的流量

$$\Phi \approx \sum_{i=1}^{n} (v_i \cdot n_i)\Delta S_i$$
$$= \sum_{i=1}^{n} \big[P(\xi_i,\eta_i,\zeta_i)\cos\alpha_i + Q(\xi_i,\eta_i,\zeta_i)\cos\beta_i +$$
$$R(\xi_i,\eta_i,\zeta_i)\cos\gamma_i \big]\Delta S_i,$$

进一步，由于 $\cos\alpha_i \Delta S_i \approx (\Delta S_i)_{yz}$，$\cos\beta_i \Delta S_i \approx (\Delta S_i)_{zx}$，$\cos\gamma_i \Delta S_i \approx (\Delta S_i)_{xy}$，其中 $(\Delta S_i)_{yz}$，$(\Delta S_i)_{zx}$，$(\Delta S_i)_{xy}$ 分别表示 ΔS_i 在 yOz 面、

zOx 面、xOy 面上的投影，因此上式可以写成

$$\Phi \approx \sum_{i=1}^{n} \left[P(\xi_i, \eta_i, \zeta_i) \Delta S_{zy} + Q(\xi_i, \eta_i, \zeta_i) \Delta S_{zx} + R(\xi_i, \eta_i, \zeta_i) \Delta S_{xy} \right].$$

（4）**取极限**：用 λ 表示这 n 个小块曲面的直径的最大值。令 $\lambda \to 0$ 取上述和的极限，就得到通过 Σ 流向指定侧的流量

$$\Phi = \lim_{\lambda \to 0} \sum_{i=1}^{n} \left[P(\xi_i, \eta_i, \zeta_i) \Delta S_{zy} + Q(\xi_i, \eta_i, \zeta_i) \Delta S_{zx} + R(\xi_i, \eta_i, \zeta_i) \Delta S_{xy} \right].$$

上述求流量问题抽去物理意义，即得到如下对坐标的曲面积分的定义。

定义　设 Σ 为光滑的有向曲面，函数 $R(x, y, z)$ 在 Σ 上有界，将 Σ 分成若干个小块 $S_i (i = 1, 2, \cdots, n)$。$S_i$ 在 xOy 面的投影面积为 $(\Delta S)_{xy}$，又在 S_i 上任取一点 (ξ_i, η_i, ζ_i)，如果当分割细度 $\lambda \to 0$，极限

$$\lim_{\lambda \to 0} \sum_{i=1}^{n} R(\xi_i, \eta_i, \zeta_i)(\Delta S_i)_{xy}$$

存在，则称该极限值为函数 $R(x, y, z)$ 在有向曲面 Σ 上对坐标 x, y 的曲面积分，记作 $\iint\limits_{\Sigma} R(x, y, z) \mathrm{d}x\mathrm{d}y$，即 $\iint\limits_{\Sigma} R(x, y, z) \mathrm{d}x\mathrm{d}y = \lim_{\lambda \to 0} \sum_{i=1}^{n} R(\xi_i, \eta_i, \zeta_i)(\Delta S_i)_{xy}$。

类似地，可定义 $\iint\limits_{\Sigma} P(x, y, z) \mathrm{d}y\mathrm{d}z = \lim_{\lambda \to 0} \sum_{i=1}^{n} P(\xi_i, \eta_i, \zeta_i)(\Delta S_i)_{yz}$。

例如，在引例中流向 Σ 指定侧的流量 Φ 可表示为

$$\Phi = \iint\limits_{\Sigma} (P(x, y, z) \mathrm{d}y\mathrm{d}z + Q(x, y, z) \mathrm{d}z\mathrm{d}x + R(x, y, z) \mathrm{d}x\mathrm{d}y).$$

如果 Σ 是分片光滑的有向曲面，我们规定函数在 Σ 上对坐标的曲面积分等于其在各片光滑曲面上对坐标的曲面积分之和。

根据上述对坐标的曲面积分的定义，可得到下列性质：

性质 1　如果把 Σ 分成 Σ_1 和 Σ_2，那么

$$\iint\limits_{\Sigma} (P\mathrm{d}y\mathrm{d}z + Q\mathrm{d}z\mathrm{d}x + R\mathrm{d}x\mathrm{d}y) = \iint\limits_{\Sigma_1} (P\mathrm{d}y\mathrm{d}z + Q\mathrm{d}z\mathrm{d}x + R\mathrm{d}x\mathrm{d}y) +$$

$$\iint\limits_{\Sigma_2} (P\mathrm{d}y\mathrm{d}z + Q\mathrm{d}z\mathrm{d}x + R\mathrm{d}x\mathrm{d}y).$$

性质 2　设 Σ 是有向曲面，Σ^- 表示与 Σ 取相反侧的有向曲面，则

$$\iint\limits_{\Sigma^-} (P\mathrm{d}y\mathrm{d}z+Q\mathrm{d}z\mathrm{d}x+R\mathrm{d}x\mathrm{d}y) = -\iint\limits_{\Sigma} (P\mathrm{d}y\mathrm{d}z+Q\mathrm{d}z\mathrm{d}x+R\mathrm{d}x\mathrm{d}y)。$$

性质 2 表明，当积分曲面变为相反侧时，对坐标的曲面积分要改变符号，因此关于对坐标的曲面积分，我们必须注意积分曲面所取的侧。这一性质是对坐标的曲面积分所特有的，对面积的曲面积分不具有这一性质。

11.5.2 对坐标的曲面积分的计算

定理 设 Σ 为由 $z=z(x,y)$ 给出的曲面的上侧，Σ 在 xOy 面上的投影为 D_{xy}，$z=z(x,y)$ 在 D_{xy} 内具有一阶连续偏导数，R 在 Σ 上连续，则

$$\iint\limits_{\Sigma} R(x,y,z)\mathrm{d}x\mathrm{d}y = \iint\limits_{D_{xy}} R(x,y,z(x,y))\mathrm{d}x\mathrm{d}y。$$

证明 由于 Σ 取上侧，则 $\cos\gamma>0$，即 $(\Delta S_i)_{xy}=(\Delta\sigma_i)_{xy}$，又 (ξ_i,η_i,ζ_i) 为 Σ 上的点，则 $\zeta_i=z(\xi_i,\eta_i)$，于是

$$\sum_{i=1}^{n} R(\xi_i,\eta_i,\zeta_i)(\Delta S_i)_{xy} = \sum_{i=1}^{n} R(\xi_i,\eta_i,z(\xi_i,\eta_i))(\Delta\sigma_i)_{xy},$$

令 $\lambda\to 0$，取极限，则 $\displaystyle\iint\limits_{\Sigma} R\mathrm{d}x\mathrm{d}y = \iint\limits_{D_{xy}} R(x,y,z(x,y))\mathrm{d}x\mathrm{d}y$。

说明 （1）将 z 用 $z=z(x,y)$ 代替，将 Σ 投影到 xOy 面上，再定向，则

$$\iint\limits_{\Sigma} R\mathrm{d}x\mathrm{d}y = \iint\limits_{D_{xy}} R(x,y,z(x,y))\mathrm{d}x\mathrm{d}y;$$

（2）若 Σ：$z=z(x,y)$ 取下侧，则 $\cos\gamma<0$，$(\Delta S_i)_{xy}=-(\Delta\sigma_i)_{xy}$，所以

$$\iint\limits_{\Sigma} R\mathrm{d}x\mathrm{d}y = -\iint\limits_{D_{xy}} R(x,y,z(x,y))\mathrm{d}x\mathrm{d}y;$$

（3）若 Σ 的方程为 $x=x(y,z)$，且 Σ 在 yOz 面上的投影区域为 D_{yz}，则有

$$\iint\limits_{\Sigma} P(x,y,z)\mathrm{d}y\mathrm{d}z = \pm\iint\limits_{D_{yz}} P(x(y,z),y,z)\mathrm{d}y\mathrm{d}z,$$

其中当 Σ 取前侧时，上式右端取正号；当 Σ 取后侧时，上式右端取负号；

（4）若 Σ 的方程为 $y=y(z,x)$，且 Σ 在 zOx 面上的投影区域为 D_{zx}，则有

$$\iint\limits_{\Sigma} Q(x,y,z)\,\mathrm{d}z\mathrm{d}x = \pm\iint\limits_{D_{zx}} Q(x,y(z,x),z)\,\mathrm{d}z\mathrm{d}x,$$

其中当 Σ 取右侧时，上式右端取正号；当 Σ 取左侧时，上式右端取负号。

例 1　计算曲面积分 $\iint\limits_{\Sigma} x\mathrm{d}y\mathrm{d}z + y\mathrm{d}x\mathrm{d}z$，其中 Σ 为 $x^2+y^2+z^2=a^2$，$z\geqslant 0$ 的外侧。

解　将 Σ 向 yOz 面投影为半圆 $y^2+z^2\leqslant a^2$，$z\geqslant 0$，曲面 $x=\pm\sqrt{a^2-y^2-z^2}$ 分为前侧和后侧，故

$$\iint\limits_{\Sigma} x\mathrm{d}y\mathrm{d}z = \iint\limits_{D_{yz}}\sqrt{a^2-y^2-z^2}\,\mathrm{d}y\mathrm{d}z + \left[-\iint\limits_{D_{yz}}(-\sqrt{a^2-y^2-z^2})\,\mathrm{d}y\mathrm{d}z\right]$$

$$= 2\iint\limits_{D_{yz}}\sqrt{a^2-y^2-z^2}\,\mathrm{d}y\mathrm{d}z = 2\int_0^{\pi}\mathrm{d}\theta\int_0^a\sqrt{a^2-r^2}\,r\mathrm{d}r = \frac{2}{3}\pi a^3.$$

由对称性 $\iint\limits_{\Sigma} y\mathrm{d}x\mathrm{d}z = \frac{2}{3}\pi a^3$，所以 $\iint\limits_{\Sigma} x\mathrm{d}y\mathrm{d}z + y\mathrm{d}x\mathrm{d}z = \frac{2}{3}\pi a^3\times 2 = \frac{4}{3}\pi a^3.$

注意　Σ 表示的参数方程必须为单值函数，否则分成 n 片曲面，使其为单值参数方程。

例 1 的 Maple 源程序

```
> #example1
> x:=(y,z)->sqrt(a^2-y^2-z^2);
```
$$x:=(y,z)\rightarrow\sqrt{a^2-y^2-z^2}$$
```
> P:=(x,y,z)->x;
```
$$P:=(x,y,z)\rightarrow x$$
```
> Q:=(x,y,z)->y;
```
$$Q:=(x,y,z)\rightarrow y$$
```
R:=(x,y,z)->0;
```
$$R:=(x,y,z)\rightarrow 0$$
```
> G:=(y,z)-> <P(x(y,z),y,z),Q(x(y,z),y,z),R(x(y,z),y,z)>
.<1,-D[1](x)(y,z),-D[2](x)(y,z)>;
```
$$G:=(y,z)\rightarrow$$
$$\langle P(x(y,z),y,z),Q(x(y,z),y,z),R(x(y,z),y,z)\rangle.\langle 1,$$
$$-D_1(x)(y,z),-D_2(x)(y,z)\rangle$$
```
> Jifen:=int(int(G(r*cos(theta),r*sin(theta))*r,r=
0..a),theta=0..Pi);simplify(%);
```
$$Jifen:=\frac{2a\sim^3\pi}{3}$$
```
> 2*Jifen;
```
$$\frac{4a\sim^3\pi}{3}$$

例 2 计算曲面积分 $\oiint\limits_{\Sigma} z\mathrm{d}x\mathrm{d}y$，其中 Σ 是球面为 $x^2+y^2+z^2=1$ 的外侧。

解 把 Σ 分为 Σ_1 和 Σ_2 两部分，Σ_1 的方程为

$$z=-\sqrt{1-x^2-y^2}\,。$$

Σ_2 的方程为

$$z=\sqrt{1-x^2-y^2}\,。$$

从而

$$\oiint\limits_{\Sigma} z\mathrm{d}x\mathrm{d}y=\iint\limits_{\Sigma_1} z\mathrm{d}x\mathrm{d}y+\iint\limits_{\Sigma_2} z\mathrm{d}x\mathrm{d}y\,。$$

上式右端第一个积分的积分曲面 Σ_2 取上侧，第二个积分的积分曲面 Σ_1 取下侧。Σ_1 和 Σ_2 在 xOy 面上的投影区域 D_{xy} 为圆形区域 $\{(x,y)\mid x^2+y^2\leqslant 1\}$。因此就有

$$\oiint\limits_{\Sigma} z\mathrm{d}x\mathrm{d}y=\iint\limits_{D_{xy}}\sqrt{1-x^2-y^2}\,\mathrm{d}x\mathrm{d}y-\iint\limits_{D_{xy}}\left(-\sqrt{1-x^2-y^2}\right)\mathrm{d}x\mathrm{d}y$$

$$=2\iint\limits_{D_{xy}}\sqrt{1-x^2-y^2}\,\mathrm{d}x\mathrm{d}y\,。$$

利用极坐标计算二重积分如下：

$$2\iint\limits_{D_{xy}}\sqrt{1-x^2-y^2}\,\mathrm{d}x\mathrm{d}y=2\iint\limits_{D_{xy}}\sqrt{1-\rho^2}\,\rho\mathrm{d}\rho\mathrm{d}\theta$$

$$=2\int_0^{2\pi}\mathrm{d}\theta\int_0^1\sqrt{1-\rho^2}\,\rho\mathrm{d}\rho=2\int_0^1\sqrt{1-\rho^2}\,\mathrm{d}\rho^2=\frac{4\pi}{3}\,。$$

从而

$$\oiint\limits_{\Sigma} z\mathrm{d}x\mathrm{d}y=\frac{4\pi}{3}\,。$$

11.5.3 两类曲面积分间的关系

设有向曲面 Σ 由方程 $z=z(x,y)$ 给出，Σ 在 xOy 面的投影区域为 D_{xy}，函数 $z=z(x,y)$ 在 D_{xy} 上具有一阶连续偏导数，$R(x,y,z)$ 在 Σ 上连续，如果 Σ 取上侧，则由对坐标的曲面积分计算公式，可得

$$\iint\limits_{\Sigma} R(x,y,z)\,\mathrm{d}x\mathrm{d}y=\iint\limits_{D_{xy}} R\big(x,y,z(x,y)\big)\mathrm{d}x\mathrm{d}y\,。$$

另一方面，因上述有向曲面 Σ 的法向量的方向余弦为

$$\cos\alpha=\frac{-z_x}{\sqrt{1+z_x^2+z_y^2}},\quad \cos\beta=\frac{-z_y}{\sqrt{1+z_x^2+z_y^2}},\quad \cos\gamma=\frac{1}{\sqrt{1+z_x^2+z_y^2}},$$

故由对面积的曲面积分计算公式有

$$\iint\limits_{\Sigma} R(x,y,z)\cos\gamma \mathrm{d}S = \iint\limits_{D_{xy}} R\big(x,y,z(x,y)\big)\mathrm{d}x\mathrm{d}y。$$

由此可见，有

$$\iint\limits_{\Sigma} R(x,y,z)\mathrm{d}x\mathrm{d}y = \iint\limits_{\Sigma} R(x,y,z)\cos\gamma \mathrm{d}S。$$

如果 Σ 取下侧，则有

$$\iint\limits_{\Sigma} R(x,y,z)\mathrm{d}x\mathrm{d}y = -\iint\limits_{D_{xy}} R\big(x,y,z(x,y)\big)\mathrm{d}x\mathrm{d}y。$$

类似地，可推得

$$\iint\limits_{\Sigma} P(x,y,z)\mathrm{d}y\mathrm{d}z = \iint\limits_{\Sigma} P(x,y,z)\cos\alpha \mathrm{d}S,$$

$$\iint\limits_{\Sigma} Q(x,y,z)\mathrm{d}z\mathrm{d}x = \iint\limits_{\Sigma} Q(x,y,z)\cos\beta \mathrm{d}S。$$

于是得到两类曲面积分之间的如下联系：

$$\iint\limits_{\Sigma} P\mathrm{d}y\mathrm{d}z + Q\mathrm{d}z\mathrm{d}x + R\mathrm{d}x\mathrm{d}y = \iint\limits_{\Sigma} \big(P\cos\alpha + Q\cos\beta + R\cos\gamma\big)\mathrm{d}S。$$

其中 $\cos\alpha$，$\cos\beta$，$\cos\gamma$ 为有向曲面 Σ 在点 (x,y,z) 处的法向量的方向余弦。

两类曲面积分间的关系用向量形式表示如下：

$$\iint\limits_{\Sigma} \boldsymbol{A} \cdot \mathrm{d}\boldsymbol{S} = \iint\limits_{\Sigma} \boldsymbol{A} \cdot \boldsymbol{n}\mathrm{d}S$$

或

$$\iint\limits_{\Sigma} \boldsymbol{A} \cdot \mathrm{d}\boldsymbol{S} = \iint\limits_{\Sigma} A_{n}\mathrm{d}S。$$

其中 $\boldsymbol{A} = \{P,Q,R\}$，$\boldsymbol{n} = \{\cos\alpha,\cos\beta,\cos\gamma\}$ 为有向曲面 Σ 在点 (x,y,z) 处的单位法向量，$\mathrm{d}\boldsymbol{S} = \boldsymbol{n} \cdot \mathrm{d}S = \{\mathrm{d}y\mathrm{d}z,\mathrm{d}z\mathrm{d}x,\mathrm{d}x\mathrm{d}y\}$ 称为有向曲面元，A_{n} 为向量 $\boldsymbol{A}$ 在向量 $\boldsymbol{n}$ 上的投影。

例 3　计算曲面积分 $\iint\limits_{\Sigma} (z^2+x)\mathrm{d}y\mathrm{d}z - z\mathrm{d}x\mathrm{d}y$，其中 Σ 是 $z = \dfrac{1}{2}(x^2+y^2)$ 介于 $z=0$ 和 $z=2$ 之间部分的下侧。

解　由两类曲面积分之间的关系，可得

$$\iint\limits_{\Sigma} (z^2+x)\mathrm{d}y\mathrm{d}z = \iint\limits_{\Sigma} (z^2+x)\cos\alpha \mathrm{d}S = \iint\limits_{\Sigma} (z^2+x)\frac{\cos\alpha}{\cos\gamma}\mathrm{d}x\mathrm{d}y。$$

在曲面 Σ 上，有

$$\cos\alpha = \frac{x}{\sqrt{1+x^2+y^2}}, \quad \cos\gamma = \frac{-1}{\sqrt{1+x^2+y^2}}。$$

故

$$\iint\limits_{\Sigma} (z^2+x)\mathrm{d}y\mathrm{d}z - z\mathrm{d}x\mathrm{d}y = \iint\limits_{\Sigma} \big[(z^2+x)(-x)\big]\mathrm{d}x\mathrm{d}y。$$

再按照对坐标的曲面积分的计算法，便得

$$\iint\limits_{\Sigma} (z^2+x)\,\mathrm{d}y\mathrm{d}z - z\mathrm{d}x\mathrm{d}y$$

$$= -\iint\limits_{D_{xy}} \left\{ \left[\frac{1}{4}(x^2+y^2)^2 + x \right](-x) - \frac{1}{2}(x^2+y^2) \right\} \mathrm{d}x\mathrm{d}y。$$

注意到 $\iint\limits_{D_{xy}} \dfrac{x(x^2+y^2)^2}{4}\mathrm{d}x\mathrm{d}y = 0$，故

$$\iint\limits_{\Sigma} (z^2+x)\,\mathrm{d}y\mathrm{d}z - z\mathrm{d}x\mathrm{d}y = \iint\limits_{D_{xy}} \left[x^2 + \frac{1}{2}(x^2+y^2) \right] \mathrm{d}x\mathrm{d}y$$

$$= \int_0^{2\pi} \mathrm{d}\theta \int_0^2 \left(r^3\cos^2\theta + \frac{r^3}{2} \right) \mathrm{d}r = 8\pi。$$

习题 11.5

1. 设 Σ 是球面 $x^2+y^2+z^2=a^2$ 的外侧，投影区域 D_{xy}：$x^2+y^2 \leqslant a^2$，下面等式是否成立？将错的更正。

(1) $\iint\limits_{\Sigma} x^2y^2z\mathrm{d}S = \iint\limits_{\Sigma} x^2y^2z\mathrm{d}x\mathrm{d}y$；

(2) $\iint\limits_{\Sigma} (x^2+y^2)\mathrm{d}x\mathrm{d}y = \iint\limits_{D_{xy}} (x^2+y^2)\mathrm{d}x\mathrm{d}y$；

(3) $\iint\limits_{\Sigma} x^2y^2z\mathrm{d}x\mathrm{d}y = \iint\limits_{D_{xy}} x^2y^2 \sqrt{a^2-x^2-y^2}\mathrm{d}x\mathrm{d}y$。

2. 计算下列对坐标的曲面积分。

(1) $\iint\limits_{\Sigma} x^2y^2z\mathrm{d}x\mathrm{d}y$，其中 Σ 是球面 $x^2+y^2+z^2=R^2$ 下半部下侧；

(2) $\iint\limits_{\Sigma} x\mathrm{d}y\mathrm{d}z + y\mathrm{d}z\mathrm{d}x + z\mathrm{d}x\mathrm{d}y$，其中 Σ 为柱面 $x^2+y^2=1$ 被 $z=0$，$z=4$ 所截得的在第一卦限内的部分的前侧；

(3) $\oiint\limits_{\Sigma} [(x+y+z)\mathrm{d}x\mathrm{d}y + (y-z)\mathrm{d}y\mathrm{d}z]$，其中 Σ 是正方体 $\Omega = \{(x,y,z) \mid 0 \leqslant x \leqslant 1, 0 \leqslant y \leqslant 1, 0 \leqslant z \leqslant 1\}$ 的整个表面的外侧；

(4) $\oiint\limits_{\Sigma} xz\mathrm{d}x\mathrm{d}y + xy\mathrm{d}y\mathrm{d}z + yz\mathrm{d}x\mathrm{d}y$，其中 Σ 是平面 $x=0$，$y=0$，$z=0$，$x+y+z=4$ 所围成的空间区域的整个边界曲面的外侧；

(5) $\iint\limits_{\Sigma} x\mathrm{d}y\mathrm{d}z + y\mathrm{d}z\mathrm{d}x + z\mathrm{d}x\mathrm{d}y$，其中 Σ 为半球面 $z=\sqrt{R^2-x^2-y^2}$ 的上侧。

3. 计算曲面积分 $\iint\limits_{\Sigma} [f(x,y,z)+x]\mathrm{d}y\mathrm{d}z + [2f(x,y,z)+y]\mathrm{d}x\mathrm{d}z + [f(x,y,z)+z]\mathrm{d}x\mathrm{d}y$，其中 $f(x,y,z)$ 为连续函数，Σ 是平面：$x-y+z=1$ 在第四卦限部分上侧。

4. 把 $\iint\limits_{\Sigma} P(x,y,z)\mathrm{d}y\mathrm{d}z + Q(x,y,z)\mathrm{d}x\mathrm{d}z + R(x,y,z)\mathrm{d}x\mathrm{d}y$ 化成对面积的曲面积分，其中 Σ 为抛物面 $z=8-(x^2+y^2)$ 在 xOy 面上方的部分的上侧。

5. 计算 $\iint\limits_{\Sigma} x\mathrm{d}y\mathrm{d}z + xy\mathrm{d}z\mathrm{d}x + xz\mathrm{d}x\mathrm{d}y$，其中 Σ 是平面 $3x+2y+z=6$ 在第一象限内的部分的上侧。

6. 计算 $\iint\limits_{\Sigma} xz^2\mathrm{d}y\mathrm{d}z$，其中 Σ 是球面 $z=\sqrt{R^2-x^2-y^2}$ 的上侧。

7. 计算曲面积分 $\iint\limits_{\Sigma} xyz\mathrm{d}x\mathrm{d}y$，其中 Σ 是球面 $x^2+y^2+z^2=1$ 外侧在 $x \geqslant 0$，$y \geqslant 0$ 的部分。

8. 计算积分 $\iint\limits_{\Sigma} (x+z^2)\mathrm{d}y\mathrm{d}z - z\mathrm{d}x\mathrm{d}y$，其中 Σ 是旋转抛物面 $z=\dfrac{1}{2}(x^2+y^2)$ 被平面 $z=2$ 截下部分的下侧。

9. 计算 $\iint\limits_{\Sigma} (x+z^2)\mathrm{d}y\mathrm{d}z - z\mathrm{d}x\mathrm{d}y$，其中 Σ 是旋转抛物面 $z=\dfrac{1}{4}(x^2+y^2)$ $(0 \leqslant z \leqslant 2)$ 取下侧。

10. 设 Σ 为曲面 $z=x^2+y^2 (z \leqslant 1)$ 的上侧，计算曲面积分 $I = \iint\limits_{\Sigma} (x-1)^3\mathrm{d}y\mathrm{d}z + (y-1)^3\mathrm{d}z\mathrm{d}x + (z-1)\mathrm{d}x\mathrm{d}y$。

11.6　高斯公式　通量与散度

11.6.1　高斯公式

　　格林公式建立了平面闭区域上的二重积分与其边界曲线上的曲线积分之间的联系，而下面的高斯(Gauss)公式将会建立空间闭区域上的三重积分与其边界曲面上的曲面积分之间的联系，这个关系可陈述如下：

> **定理**(高斯公式)　设空间闭区域 Ω 是由分片光滑的闭曲面 Σ 所围成的，函数 $P(x,y,z)$，$Q(x,y,z)$，$R(x,y,z)$ 在 Ω 上具有一阶连续偏导数，则有
>
> $$\iiint\limits_{\Omega}\left(\frac{\partial P}{\partial x}+\frac{\partial Q}{\partial y}+\frac{\partial R}{\partial z}\right)\mathrm{d}v=\oiint\limits_{\Sigma}P\mathrm{d}y\mathrm{d}z+Q\mathrm{d}x\mathrm{d}z+R\mathrm{d}x\mathrm{d}y,$$
>
> 或
>
> $$\iiint\limits_{\Omega}\left(\frac{\partial P}{\partial x}+\frac{\partial Q}{\partial y}+\frac{\partial R}{\partial z}\right)\mathrm{d}v=\oiint\limits_{\Sigma}\left(P\cos\alpha+Q\cos\beta+R\cos\gamma\right)\mathrm{d}S。$$
>
> 这里 Σ 是 Ω 的整个边界曲面的外侧，$\cos\alpha$，$\cos\beta$，$\cos\gamma$ 是 Σ 上点 (x,y,z) 处的法向量的方向余弦。上述公式称为**高斯公式**。

　　证明　由两类曲面积分之间的关系可知，上述两个公式右端是相等的，因此这里只要证明第一个公式就可以了。

　　设闭区域 Ω 在 xOy 面上的投影域为 D_{xy}。假定穿过 Ω 内部且平行于 z 轴的直线与 Ω 的边界曲面 Σ 的交点恰好是两个。这里可设 Σ 由 Σ_1，Σ_2，Σ_3 组成(图 11.6.1)，其中 Σ_1 和 Σ_2 分别由方程 $z=z_1(x,y)$ 和 $z=z_2(x,y)$ 给定，这里 $z_1(x,y)\leqslant z_2(x,y)$，$\Sigma_1$ 取下侧，Σ_2 取上侧；Σ_3 是以 D_{xy} 的边界曲线为准线，母线平行于 z 轴的柱面的一部分，取外侧。

　　根据三重积分的计算法，有

$$\iiint\limits_{\Omega}\frac{\partial R}{\partial z}\mathrm{d}v=\iint\limits_{D_{xy}}\left(\int_{z_1(x,y)}^{z_2(x,y)}\frac{\partial R}{\partial z}\mathrm{d}z\right)\mathrm{d}x\mathrm{d}y$$

$$=\iint\limits_{D_{xy}}\left[R\left(x,y,z_2(x,y)\right)-R\left(x,y,z_1(x,y)\right)\right]\mathrm{d}x\mathrm{d}y;$$

　　根据曲面积分的计算法，有

$$\iint\limits_{\Sigma_1}R(x,y,z)\mathrm{d}x\mathrm{d}y=-\iint\limits_{D_{xy}}R\left(x,y,z_1(x,y)\right)\mathrm{d}x\mathrm{d}y;$$

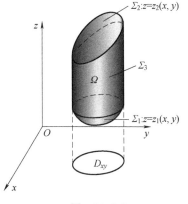

图　11.6.1

$$\iint\limits_{\Sigma_2} R(x,y,z)\,dxdy = \iint\limits_{D_{xy}} R\big(x,y,z_2(x,y)\big)\,dxdy ;$$

因为 Σ_3 上任意一块曲面在 xOy 面上的投影为零，所以直接根据对坐标的曲面积分的定义可知

$$\iint\limits_{\Sigma_3} R(x,y,z)\,dxdy = 0 。$$

把以上三式相加，得

$$\iint\limits_{\Sigma} R(x,y,z)\,dxdy = \iint\limits_{D_{xy}} \Big[R\big(x,y,z_2(x,y)\big) - R\big(x,y,z_1(x,y)\big) \Big]\,dxdy 。$$

于是有

$$\iiint\limits_{\Omega} \frac{\partial R}{\partial z}\,dv = \oiint\limits_{\Sigma} R(x,y,z)\,dxdy 。$$

若穿过 Ω 内部且平行于 x 轴的直线以及平行于 y 轴的直线与 Ω 的边界曲面 Σ 的交点也只有两个时，那么类似地可得

$$\iiint\limits_{\Omega} \frac{\partial P}{\partial x}\,dv = \iint\limits_{\Sigma} P(x,y,z)\,dydz ;$$

$$\iiint\limits_{\Omega} \frac{\partial Q}{\partial y}\,dv = \iint\limits_{\Sigma} Q(x,y,z)\,dxdz 。$$

把以上三式两端分别相加，即可证得高斯公式。

在上述证明中，我们对闭区域 Ω 做了这样的限制，即穿过 Ω 内部且平行于坐标轴的直线与 Ω 的边界曲面 Σ 的交点恰好是两点。如果 Ω 不满足上述条件，可添加辅助面将其分为有限个闭区域，使得每个闭区域满足这样的条件，并注意到辅助面相反两侧的两个曲面积分的绝对值相等而符号相反，相加时正好抵消，因此高斯公式对于这样的闭区域仍然是正确的。

例 1 计算曲面积分 $\oiint\limits_{\Sigma} x(y-z)\,dydz + (z-x)\,dxdz + (x-y)\,dxdy$，其中 Σ 是 $z^2 = x^2 + y^2$ 与 $z = h > 0$ 围成表面的外侧。

解 令 $P = x(y-z)$，$Q = z-x$，$R = x-y$，则 $\dfrac{\partial P}{\partial x} + \dfrac{\partial Q}{\partial y} + \dfrac{\partial R}{\partial z} = y-z$，则

$$\oiint\limits_{\Sigma} x(y-z)\,dydz + (z-x)\,dxdz + (x-y)\,dxdy$$

$$= \iiint\limits_{\Omega} (y-z)\,dv = \int_0^{2\pi} d\theta \int_0^h r\,dr \int_r^h (r\sin\theta - z)\,dz = -\frac{\pi}{4}h^4 。$$

> **例 1 的 Maple 源程序**

> #example1

```
> with(student):
> P:=(x,y,z)->x*(y-z);
```
$$P:=(x,y,z)\rightarrow x(y-z)$$
```
> Q:=(x,y,z)->z-x;
```
$$Q:=(x,y,z)\rightarrow z-x$$
```
> R:=(x,y,z)->x-y;
```
$$R:=(x,y,z)\rightarrow x-y$$
```
> F(x,y,z):=diff(P(x,y,z),x)+diff(Q(x,y,z),y)+diff(R(x,
y,z),z);
```
$$F(x,y,z):=y-z$$
```
> Tripleint(r*r*sin(theta)-z*r,z=r..h,r=0..h,theta=
0..2*Pi);
>
```
$$\int_0^{2\pi}\int_0^h\int_r^h r^2\sin(\theta)-zrdzdrd\theta$$
```
> value(%);
```
$$-\frac{h^4\pi}{4}$$

例 2　计算曲面积分 $\iint\limits_{\Sigma} xdydz+ydxdz+zdxdy$，其中 Σ 为 $x^2+y^2+z^2=a^2 z\geq 0$ 的上侧。

解　添上 Σ_1：$\begin{cases} x^2+y^2\leq a^2 \\ z=0 \end{cases}$，与 Σ 构成封闭曲面。

令 $P=x$，$Q=y$，$R=z$，则

$$\frac{\partial P}{\partial x}+\frac{\partial Q}{\partial y}+\frac{\partial R}{\partial z}=3,$$

于是

$$\oiint\limits_{\Sigma+\Sigma_1} xdydz+ydxdz+zdxdy=\iiint\limits_{\Omega}3dV=2\pi a^3。$$

而

$$\iint\limits_{\Sigma_1} xdydz+ydxdz+zdxdy=\iint\limits_{\Sigma_1}zdxdy=0,$$

因此

$$\iint\limits_{\Sigma} xdydz+ydxdz+zdxdy=2\pi a^3。$$

例 2 的 Maple 源程序

```
> #example2
> with(student):
> assume(a>0);
```

```
> P:=(x,y,z)->x;
```
$$P:=(x,y,z)\to x$$
```
> Q:=(x,y,z)->y;
```
$$Q:=(x,y,z)\to y$$
```
> R:=(x,y,z)->z;
```
$$R:=(x,y,z)\to z$$
```
> F(x,y,z):=diff(P(x,y,z),x)+diff(Q(x,y,z),y)+diff(R(x,
y,z),z);
```
$$F(x,y,z):=3$$
```
> Tripleint(3*r,z=0..sqrt(a^2-r^2),r=0..a,theta=0..2*Pi);
```
$$\int_0^{2\pi}\int_0^a\int_0^{\sqrt{a^{\sim2}-r^2}}3rdzdrd\theta$$
```
> value(%);
```
$$2a^{\sim3}\pi$$

例 3 试计算曲面积分 $\iint\limits_S(1-x^2)\mathrm{d}y\mathrm{d}z+4xy\mathrm{d}x\mathrm{d}z-2xz\mathrm{d}x\mathrm{d}y$，其中 S

为曲线 $\begin{cases}x=\mathrm{e}^y,\\z=0\end{cases}$，$(0\leqslant y\leqslant a)$ 绕 Ox 轴旋转而成的旋转曲面，其法向量

与 Ox 轴正向夹角为钝角，如图 11.6.2 所示。

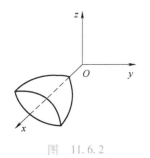

图 11.6.2

解 S 方程：$x=\mathrm{e}^{\sqrt{y^2+z^2}}$ 添上平面 S_1：$x=\mathrm{e}^a$ 的前侧，构成封闭

曲面外侧，令 $P=1-x^2$，$Q=4xy$，$R=-2xz$，则

$$\frac{\partial P}{\partial x}+\frac{\partial Q}{\partial y}+\frac{\partial R}{\partial z}=0,$$

于是

$$\iint\limits_{S+S_1}(1-x^2)\mathrm{d}y\mathrm{d}z+4xy\mathrm{d}x\mathrm{d}z-2xz\mathrm{d}x\mathrm{d}y=\iiint\limits_\Omega0\mathrm{d}v=0,$$

$$\iint\limits_{S_1}(1-x^2)\mathrm{d}y\mathrm{d}z+4xy\mathrm{d}x\mathrm{d}z-2xz\mathrm{d}x\mathrm{d}y=\iint\limits_{D_{yz}}(1-\mathrm{e}^{2a})\mathrm{d}y\mathrm{d}z=(1-\mathrm{e}^{2a})\pi a^2,$$

则

$$\iint\limits_S(1-x^2)\mathrm{d}y\mathrm{d}z+4xy\mathrm{d}x\mathrm{d}z-2xz\mathrm{d}x\mathrm{d}y=-(1-\mathrm{e}^{2a})\pi a^2。$$

例 3 的 Maple 源程序

```
> #example3

>with(student):
> P:=(x,y,z)->1-x^2;
```
$$P:=(x,y,z)\to1-x^2$$
```
> Q:=(x,y,z)->4*x*y;
```
$$Q:=(x,y,z)\to4yx$$

```
> R:=(x,y,z)->-2*x*z;
```
$$R:=(x,y,z)\rightarrow-2xz$$
```
> F(x,y,z):=diff(P(x,y,z),x)+diff(Q(x,y,z),y)+diff(R(x,
y,z),z);
```
$$F(x,y,z):=0$$
```
> Tripleint(0*r,z=exp(sqrt(a^2-r^2))..a,r=0..a,theta=
0..2*Pi);
> m:=value(%);
```
$$m:=0$$
```
> Doubleint((1-exp(2*a))*r,r=0..a,theta=0..2*Pi);
```
$$\int_0^{2\pi}\int_0^a(1-e^{(2a)})r dr d\theta$$
```
> n:=value(%);
```
$$n:=(1-e^{(2a)})a^2\pi$$
```
> m-n;
```
$$-(1-e^{(2a)})a^2\pi$$

11.6.2　通量与散度

设有向量场

$$A=P(x,y,z)\boldsymbol{i}+Q(x,y,z)\boldsymbol{j}+R(x,y,z)\boldsymbol{k},$$

其中函数 P,Q,R 有一阶连续偏导数，Σ 为场内一个有向曲面，$\boldsymbol{n}$ 为 Σ 上点 (x,y,z) 处的单位法向量，则积分

$$\oiint_{\Sigma}\boldsymbol{A}\cdot\boldsymbol{n}\mathrm{d}S$$

称为向量场 $\boldsymbol{A}$ 通过曲面 Σ 向着指定侧的通量(流量)。

由两类曲面积分的关系，通量又可表达为

$$\oiint_{\Sigma}\boldsymbol{A}\cdot\boldsymbol{n}\mathrm{d}S=\oiint_{\Sigma}\boldsymbol{A}\cdot\mathrm{d}\boldsymbol{S}=\oiint_{\Sigma}P\mathrm{d}y\mathrm{d}z+Q\mathrm{d}x\mathrm{d}z+R\mathrm{d}x\mathrm{d}y\text{。}$$

下面我们来解释高斯公式

$$\iiint_{\Omega}\left(\frac{\partial P}{\partial x}+\frac{\partial Q}{\partial y}+\frac{\partial R}{\partial z}\right)\mathrm{d}v=\oiint_{\Sigma}P\mathrm{d}y\mathrm{d}z+Q\mathrm{d}x\mathrm{d}z+R\mathrm{d}x\mathrm{d}y$$

的物理意义。

设在闭区域 Ω 上有稳定的、不可压缩的流体(假定流体的密度为 1)的速度场

$$\boldsymbol{v}(x,y,z)=P(x,y,z)\boldsymbol{i}+Q(x,y,z)\boldsymbol{j}+R(x,y,z)\boldsymbol{k},$$

其中函数 P,Q,R 有一阶连续偏导数，Σ 为场内一个有向曲面，$\boldsymbol{n}$ 为 Σ 上点 (x,y,z) 处的单位法向量，则在单位时间、单位体积内，流体离开闭域 Ω 的总质量就是

$$\iint_{\Sigma}\boldsymbol{v}\cdot\boldsymbol{n}\mathrm{d}S=\iint_{\Sigma}v_n\mathrm{d}S=\iint_{\Sigma}P\mathrm{d}y\mathrm{d}z+Q\mathrm{d}z\mathrm{d}x+R\mathrm{d}x\mathrm{d}y\text{。}$$

因此高斯公式右端可解释为速度场 v 通过闭曲面 Σ 流向外侧的通量，即流体在单位时间内所产生的流体的总质量。由于我们假定流体不可压缩且流动是稳定的，因此流体离开 Ω 的同时，其内部必须有产生流体的"源头"产生出同样多的流体来进行补充。故高斯公式左端可解释为分布在 Ω 内的源头在单位时间内所产生的流体的总质量。

为简便起见，把高斯公式改写成

$$\iiint\limits_{\Omega}\left(\frac{\partial P}{\partial x}+\frac{\partial Q}{\partial y}+\frac{\partial R}{\partial z}\right)\mathrm{d}v=\oiint\limits_{\Sigma}v_n\mathrm{d}S。$$

以闭区域 Ω 的体积 V 除上式两端，得

$$\frac{1}{V}\iiint\limits_{\Omega}\left(\frac{\partial P}{\partial x}+\frac{\partial Q}{\partial y}+\frac{\partial R}{\partial z}\right)\mathrm{d}v=\frac{1}{V}\oiint\limits_{\Sigma}v_n\mathrm{d}S。$$

上式左端为 Ω 内的源头在单位时间、单位体积内所产生流体质量的平均值，应用中值定理得

$$\left(\frac{\partial P}{\partial x}+\frac{\partial Q}{\partial y}+\frac{\partial R}{\partial z}\right)\bigg|_{(\xi,\eta,\zeta)}=\frac{1}{V}\oiint\limits_{\Sigma}v_n\mathrm{d}S,\quad(\xi,\eta,\zeta)\in\Omega,$$

令 Ω 缩为一点 $M(x,y,z)$ 取极限得

$$\frac{\partial P}{\partial x}+\frac{\partial Q}{\partial y}+\frac{\partial R}{\partial z}=\lim_{\Omega\to M}\frac{1}{V}\oiint\limits_{\Sigma}v_n\mathrm{d}S。$$

上式左端称为速度场 v 在点 M 的**通量散度或散度**，记为 $\mathrm{div}v(M)$，即

$$\mathrm{div}v(M)=\frac{\partial P}{\partial x}+\frac{\partial Q}{\partial y}+\frac{\partial R}{\partial z}。$$

$\mathrm{div}v(M)$ 在这里可看作稳定流动的不可压缩流体在点 M 的源头强度——单位时间内、单位体积所产生的流体的质量。在 $\mathrm{div}v(M)>0$ 的点处，流体从该点向外发散，表示流体在该点处有正源；在 $\mathrm{div}v(M)<0$ 的点处，流体向该点汇聚，表示流体在该点处有吸收流体的负源；在 $\mathrm{div}v(M)=0$ 的点处，表示流体在该点无源。

习题 11.6

1. 计算下列曲面积分。

(1) $\oiint\limits_{\Sigma}x^2\mathrm{d}y\mathrm{d}z+y^2\mathrm{d}z\mathrm{d}x+z^2\mathrm{d}x\mathrm{d}y$，其中 Σ 为 $x=0,y=0,z=0$，$x=a,y=a,z=a$ 所围立体表面外侧；

(2) $\oiint\limits_{\Sigma}x^3\mathrm{d}y\mathrm{d}z+y^3\mathrm{d}z\mathrm{d}x+z^3\mathrm{d}x\mathrm{d}y$，其中 Σ 为球面 $x^2+y^2+z^2=1$ 的外侧；

(3) $\oiint\limits_{\Sigma}xz^2\mathrm{d}y\mathrm{d}z+(x^2y-z^3)\mathrm{d}z\mathrm{d}x+(2xy+y^2z)\mathrm{d}x\mathrm{d}y$，其中 Σ 为上半球体 $0\leqslant z\leqslant\sqrt{a^2-x^2-y^2}$，$x^2+y^2\leqslant a^2$ 的表面的外侧；

(4) $\oiint\limits_{\Sigma}x\mathrm{d}y\mathrm{d}z+y\mathrm{d}z\mathrm{d}x+z\mathrm{d}x\mathrm{d}y$，其中 Σ 是界于 $z=0$ 和 $z=3$ 之间的圆柱体 $x^2+y^2\leqslant9$ 的整个表面的外侧。

2. 求向量场 $A=(2x+3z)i-(xz+y)j+(y^2+2z)k$ 穿过面 Σ：$(x-3)^2+(y+1)^2+(z-2)^2=9$ 的外侧的通量。

3. 设 $A = e^{xy}i + \cos(xy)j + \cos(xz^2)k$，求 $\mathrm{div}A$。

4. 计算 $\iint\limits_{\Sigma} (y^2 - x)\mathrm{d}y\mathrm{d}z + (z^2 - y)\mathrm{d}z\mathrm{d}x + (x^2 - z)\mathrm{d}x\mathrm{d}y$，其中 Σ 为抛物面 $z = 2 - x^2 - y^2$ 位于 $z \geq 0$ 内的部分的上侧。

5. 计算 $\oiint\limits_{\Sigma} (x-y)\mathrm{d}x\mathrm{d}y + (y-z)xy\mathrm{d}z\mathrm{d}y$，其中 Σ 是柱面 $x^2 + y^2 = 1$ 与平面 $z = 0$，$z = 3$ 所围成的空间闭区域 Ω 的整个曲面的外侧。

6. 计算积分 $\oiint\limits_{\Sigma} \left((x-y+z)\mathrm{d}y\mathrm{d}z + (y-z+x)\mathrm{d}z\mathrm{d}x + (z-x+y)\mathrm{d}x\mathrm{d}y \right)$，其中 Σ 是球面的 $x^2 + y^2 + z^2 = 1$ 外侧。

7. 计算曲面积分 $\oiint\limits_{\Sigma} x^2\mathrm{d}y\mathrm{d}z + y^2\mathrm{d}z\mathrm{d}x + z^2\mathrm{d}x\mathrm{d}y$，其中 Σ 为锥面 $z^2 = x^2 + y^2$ 与平面 $z = h$ 所围成的锥体的外侧表面。

8. 计算积分 $\oiint\limits_{\Sigma} yz\mathrm{d}y\mathrm{d}z + zx\mathrm{d}z\mathrm{d}x + xy\mathrm{d}x\mathrm{d}y$，其中 Σ 是介于平面 $z = 1$，$z = 3$ 之间的圆柱面 $x^2 + y^2 = 9$ 的外侧。

9. 计算 $\iint\limits_{\Sigma} (x + z^2)\mathrm{d}y\mathrm{d}z - z\mathrm{d}x\mathrm{d}y$，其中 Σ 是旋转抛物面 $z = \frac{1}{2}(x^2 + y^2)$ 被平面 $z = 2$ 所截下部分的下侧。

10. 计算 $\oiint\limits_{\Sigma} 4xz\mathrm{d}y\mathrm{d}z - y^2\mathrm{d}z\mathrm{d}x + yz\mathrm{d}x\mathrm{d}y$，其中 Σ 是平面 $x = 0$，$y = 0$，$z = 0$，$x = 1$，$y = 1$，$z = 1$ 所围成的立方体的全表面的外侧。

11.7　斯托克斯公式 环流量与旋度

格林公式表达了平面区域上的二重积分与其边界曲线上的曲线积分之间的关系，高斯公式表达了空间区域上的三重积分与其边界曲面上的曲面积分之间的关系，而斯托克斯公式把曲面上的曲面积分与沿着曲面的边界曲线的曲线积分联系了起来。

在引入斯托克斯公式之前，我们先对有向曲面 Σ 的侧与其边界曲线 Γ 的方向做如下规定：当右手除拇指外的四指依 Γ 的绕行方向时，拇指所指的方向与 Σ 上法向量的指向相同，这时称 Γ 是有向曲面 Σ 的正向边界曲线，也称 Γ 的正向与 Σ 的侧符合右手规则。

11.7.1　斯托克斯公式

定理（斯托克斯公式）　设 L 是逐段光滑有向闭曲线，Σ 是以 L 为边界的分块光滑有向曲面，L 的正向与 Σ 的侧符合右手规则，函数 $P(x,y,z)$，$Q(x,y,z)$，$R(x,y,z)$ 在包含 Σ 的一个空间区域内有连续的一阶偏导数，则有

$$\oint_L P\mathrm{d}x + Q\mathrm{d}y + R\mathrm{d}z$$

$$= \iint\limits_{\Sigma} \begin{vmatrix} \mathrm{d}y\mathrm{d}z & \mathrm{d}z\mathrm{d}x & \mathrm{d}x\mathrm{d}y \\ \dfrac{\partial}{\partial x} & \dfrac{\partial}{\partial y} & \dfrac{\partial}{\partial z} \\ P & Q & R \end{vmatrix} = \iint\limits_{\Sigma} \begin{vmatrix} \cos\alpha & \cos\beta & \cos\gamma \\ \dfrac{\partial}{\partial x} & \dfrac{\partial}{\partial y} & \dfrac{\partial}{\partial z} \\ P & Q & R \end{vmatrix} \mathrm{d}S$$

$$= \iint\limits_{\Sigma} \left(\frac{\partial R}{\partial y} - \frac{\partial Q}{\partial z} \right)\mathrm{d}y\mathrm{d}z + \left(\frac{\partial P}{\partial z} - \frac{\partial R}{\partial x} \right)\mathrm{d}z\mathrm{d}x + \left(\frac{\partial Q}{\partial x} - \frac{\partial P}{\partial y} \right)\mathrm{d}x\mathrm{d}y,$$

其中，$n = (\cos\alpha, \cos\beta, \cos\gamma)$ 为有向曲面 Σ 在点 (x,y,z) 处的单位法向量。

斯托克斯公式是格林公式的推广，把曲面 Σ 上的曲面积分与沿着 Σ 的边界曲线 L 的曲线积分联系起来，若将 Σ 变成 xOy 平面上的一块平面区域，则斯托克斯公式就变成了格林公式。

例1 利用斯托克斯公式计算曲线积分 $\oint_{\Gamma} z\mathrm{d}x + x\mathrm{d}y + y\mathrm{d}z$，其中 Γ 为平面 $x+y+z=1$ 被三个坐标平面所截成的三角形的整个边界，如图 11.7.1 所示，它的正向与这个平面三角形 Σ 上侧的法向量间符合右手规则。

解 令 $P=z$，$Q=x$，$R=y$，则

$$\frac{\partial P}{\partial y}=0,\quad \frac{\partial Q}{\partial x}=1,\quad \frac{\partial R}{\partial y}=1,\quad \frac{\partial Q}{\partial z}=0,\quad \frac{\partial R}{\partial x}=0,\quad \frac{\partial P}{\partial z}=1,$$

由斯托克斯公式，有

$$\oint_{\Gamma} z\mathrm{d}x + x\mathrm{d}y + y\mathrm{d}z = \iint_{\Sigma} \mathrm{d}y\mathrm{d}z + \mathrm{d}z\mathrm{d}x + \mathrm{d}x\mathrm{d}y。$$

而

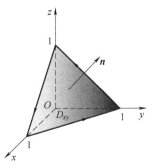

图 11.7.1

$$\iint_{\Sigma} \mathrm{d}y\mathrm{d}z = \iint_{D_{yz}} \mathrm{d}\sigma = \frac{1}{2},$$

$$\iint_{\Sigma} \mathrm{d}z\mathrm{d}x = \iint_{D_{zx}} \mathrm{d}\sigma = \frac{1}{2},$$

$$\iint_{\Sigma} \mathrm{d}x\mathrm{d}y = \iint_{D_{xy}} \mathrm{d}\sigma = \frac{1}{2},$$

其中 D_{yz}，D_{zx}，D_{xy} 分别为 Σ 在 yOz，zOx，xOy 上的投影区域，因此

$$\oint_{\Gamma} z\mathrm{d}x + x\mathrm{d}y + y\mathrm{d}z = \frac{3}{2}。$$

例2 利用斯托克斯公式计算曲线积分

$$I = \oint_{\Gamma} (y^2-z^2)\mathrm{d}x + (z^2-x^2)\mathrm{d}y + (x^2-y^2)\mathrm{d}z,$$

其中 Γ 为用平面 $x+y+z=\frac{3}{2}$ 截立方体 $\{(x,y,z)\mid 0\leqslant x\leqslant 1, 0\leqslant y\leqslant 1, 0\leqslant z\leqslant 1\}$ 的表面所得的截痕，若从 x 轴的正向看去，取逆时针方向（图 11.7.2）。

解 取 Σ 为平面 $x+y+z=\frac{3}{2}$ 的上侧被 Γ 所围成的部分。设函数

$$F(x,y,z) = x+y+z-\frac{3}{2},$$

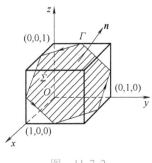

图 11.7.2

因为 $F_x = F_y = F_z = 1$，所以 Σ 的单位法向量 $\boldsymbol{n} = \frac{1}{\sqrt{3}}(1,1,1)$，即

$$\cos\alpha = \cos\beta = \cos\gamma = \frac{1}{\sqrt{3}}。$$

按照斯托克斯公式，有

$$I = \iint\limits_{\Sigma} \begin{vmatrix} \dfrac{1}{\sqrt{3}} & \dfrac{1}{\sqrt{3}} & \dfrac{1}{\sqrt{3}} \\ \dfrac{\partial}{\partial x} & \dfrac{\partial}{\partial y} & \dfrac{\partial}{\partial z} \\ y^2-z^2 & z^2-x^2 & x^2-y^2 \end{vmatrix} \mathrm{d}S = -\frac{4}{\sqrt{3}} \iint\limits_{\Sigma} (x+y+z)\,\mathrm{d}S。$$

因为在 Σ 上，$x+y+z=\dfrac{3}{2}$，故

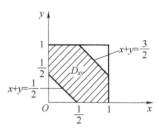

图　11.7.3

$$I = -\frac{4}{\sqrt{3}} \cdot \frac{3}{2} \iint\limits_{\Sigma} \mathrm{d}S = -2\sqrt{3} \iint\limits_{D_{xy}} \sqrt{3}\,\mathrm{d}x\mathrm{d}y = -6\sigma_{xy},$$

其中 D_{xy} 为 Σ 在 xOy 面上的投影区域（图 11.7.3），σ_{xy} 为 D_{xy} 的面积。由于 $\sigma_{xy} = 1 - 2 \times \dfrac{1}{8} = \dfrac{3}{4}$，因此 $I = -\dfrac{9}{2}$。

11.7.2　环流量、旋度

设有向量场

$$\boldsymbol{A}(x,y,z) = P(x,y,z)\boldsymbol{i} + Q(x,y,z)\boldsymbol{j} + R(x,y,z)\boldsymbol{k},$$

则向量 $\left(\dfrac{\partial R}{\partial y} - \dfrac{\partial Q}{\partial z}\right)\boldsymbol{i} + \left(\dfrac{\partial P}{\partial z} - \dfrac{\partial R}{\partial x}\right)\boldsymbol{j} + \left(\dfrac{\partial Q}{\partial x} - \dfrac{\partial P}{\partial y}\right)\boldsymbol{k}$ 称为向量场 $\boldsymbol{A}$ 的旋度，记 $\mathbf{rot}\boldsymbol{A}$，即

$$\mathbf{rot}\boldsymbol{A} = \left(\frac{\partial R}{\partial y} - \frac{\partial Q}{\partial z}\right)\boldsymbol{i} + \left(\frac{\partial P}{\partial z} - \frac{\partial R}{\partial x}\right)\boldsymbol{j} + \left(\frac{\partial Q}{\partial x} - \frac{\partial P}{\partial y}\right)\boldsymbol{k}。$$

斯托克斯公式的向量形式为

$$\iint\limits_{\Sigma} \mathbf{rot}\boldsymbol{A} \cdot \boldsymbol{n}\mathrm{d}S = \oint_{\Gamma} \boldsymbol{A} \cdot \boldsymbol{t}\mathrm{d}s;$$

其中 $\boldsymbol{t} = \{\cos\lambda, \cos\mu, \cos\gamma\}$ 为 Σ 的法向量，$\boldsymbol{n} = \{\cos\alpha, \cos\beta, \cos\gamma\}$ 为 Γ 的切向量，或

$$\iint\limits_{\Sigma} (\mathbf{rot}\boldsymbol{A})_n \mathrm{d}S = \oint_{\Gamma} A_t \mathrm{d}s。$$

$\oint_{\Gamma} P\mathrm{d}x + Q\mathrm{d}y + R\mathrm{d}z = \oint_{\Gamma} A_t \mathrm{d}s$ 称为向量场 $\boldsymbol{A}$ 沿有向闭曲线 Γ 的环流量。

习题 11.7

1. 利用斯托克斯公式，计算下列曲线积分。

(1) $\oint_{\Gamma} y\mathrm{d}x + z\mathrm{d}y + x\mathrm{d}z$，其中 Γ 为圆周 $x^2+y^2+z^2 = a^2$，

$x+y+z = 0$，从 x 轴正向看去，这圆周取逆时针方向；

(2) $\oint_{\Gamma} 3y\mathrm{d}x - xz\mathrm{d}y + yz^2\mathrm{d}z$，其中 Γ 为圆周 $z = 2$，

$x^2+y^2=2z$, 从 z 轴正向看去，这圆周取逆时针方向。

2. 求下列向量场的旋度。

（1）$A=(2z-3y)i+(3x-z)j+(y-2x)k$；

（2）$A=(z+\sin y)i-(z-x\cos y)j$；

（3）$A(x,y,z)=(x+y+z)i+xyj+zk$。

3. 利用斯托克斯公式把曲面积分 $\iint\limits_{\Sigma}(\mathbf{rot}A)_n\mathrm{d}S$ 化为曲线积分，并计算积分值，其中 A、Σ 及 n 分别为 $A=y^2i+xyj+xzk$，Σ 为上半球面 $z=\sqrt{1-x^2-y^2}$ 的上侧，n 是 Σ 的单位法向量。

4. 计算 $\oint_L(z-y)\mathrm{d}x+(x-z)\mathrm{d}y+(x-y)\mathrm{d}z$，其中 L 是曲线 $\begin{cases}x^2+y^2=1,\\x-y+z=2,\end{cases}$ 从 z 轴正向往负向看为顺时针方向。

5. 计算 $I=\oint_L(y^2-z^2)\mathrm{d}x+(2z^2-x^2)\mathrm{d}y+(3x^2-y^2)\mathrm{d}z$，其中 L 是 $x+y+z=2$ 与柱面 $|x|+|y|=1$ 的交线，从 z 轴正向看，L 为逆时针方向。

6. Γ 为柱面 $x^2+y^2=2y$ 与平面 $y=z$ 的交线，从 z

轴正向看为逆时针方向，计算 $I=\oint_\Gamma y^2\mathrm{d}x+xy\mathrm{d}y+xz\mathrm{d}z$。

7. 利用斯托克斯公式计算 $\int_\Gamma y\mathrm{d}x+z\mathrm{d}y+x\mathrm{d}z$，$\Gamma$ 是圆周 $\begin{cases}x^2+y^2+z^2=a^2,\\x+y+z=0,\end{cases}$ 从 z 轴正向看 Γ 为逆时针方向。

8. 利用斯托克斯公式计算 $\int_\Gamma(y-z)\mathrm{d}x+(z-x)\mathrm{d}y+(x-y)\mathrm{d}z$，其中 Γ 是椭圆 $x^2+y^2=a^2$，$\dfrac{x}{a}+\dfrac{z}{b}=1(a>0,b>0)$，从 z 轴正向看 Γ 为逆时针方向。

9. 利用斯托克斯公式计算 $\int_\Gamma y^2\mathrm{d}x+z^2\mathrm{d}y+x^2\mathrm{d}z$，其中

$$\Gamma:\begin{cases}x^2+y^2+z^2=a^2,\\x^2+y^2=ax\end{cases}(z\geqslant0,\ a>0),$$

从 z 轴正向看 Γ 为逆时针方向。

10. 设 $A=\{2y,3x,z^2\}$，Σ：$x^2+y^2+z^2=4$，n 为 Σ 的外法向量，计算 $I=\oiint\limits_{\Sigma}\mathbf{rot}A\cdot n\mathrm{d}S$。

总习题 11

1. 单项选择题。

（1）设曲线 L：$f(x,y)=1(f(x,y)$ 具有一阶连续偏导数)过第二象限内的点 M 和第四象限内的点 N，Γ 为 L 上从点 M 到点 N 的一段弧，则下列积分小于零的是（　　）。

A. $\int_\Gamma f(x,y)\mathrm{d}x$

B. $\int_\Gamma f(x,y)\mathrm{d}y$

C. $\int_\Gamma f(x,y)\mathrm{d}s$

D. $\int_\Gamma f'_x(x,y)\mathrm{d}x+f'_y(x,y)\mathrm{d}y$

（2）设 L 是从点 $(0,-1)$ 到点 $(0,1)$ 的右半圆周 $x=\sqrt{1-y^2}$，则 $\int_L f(x,y)\mathrm{d}s=$（　　）。

A. $\int_0^1 f(x,-\sqrt{1-x^2})\mathrm{d}x+\int_1^0 f(x,-\sqrt{1-x^2})\mathrm{d}x$

B. $2\int_1^0 f(x,-\sqrt{1-x^2})$

C. $2\int_0^1 f(x,-\sqrt{1-x^2})$

D. $\int_0^1 f(x,-\sqrt{1-x^2})\mathrm{d}x+\int_1^0 f(x,-\sqrt{1-x^2})\mathrm{d}x$

（3）设 Σ 为 $x^2+y^2+z^2=4$ 的外侧，D_{xy} 为球面在 xOy 面上的投影区域，则以下结论正确的是（　　）。

A. $\oiint\limits_{\Sigma}z\mathrm{d}S=2\iint\limits_{D_{xy}}z^2\mathrm{d}S$

B. $\oiint\limits_{\Sigma}z\mathrm{d}S=2\iint\limits_{D_{xy}}\sqrt{4-x^2-y^2}\mathrm{d}x\mathrm{d}y$

C. $\oiint\limits_{\Sigma}\mathrm{d}x\mathrm{d}y=2\iint\limits_{D_{xy}}\mathrm{d}x\mathrm{d}y$

D. $\oiint\limits_{\Sigma}z^2\mathrm{d}x\mathrm{d}y=2\iint\limits_{D_{xy}}\sqrt{4-x^2-y^2}\mathrm{d}x\mathrm{d}y$

（4）设曲面 $\oint_\Gamma z\mathrm{d}x+x\mathrm{d}y+y\mathrm{d}z$ 是上半球面 $x^2+y^2+z^2=R^2(z\geqslant0)$，曲面 Σ_1 是曲面 Σ 在卦限 I 的部分，则下列结论正确的是（　　）。

A. $\oiint\limits_{\Sigma}x\mathrm{d}S=4\iint\limits_{\Sigma_1}x\mathrm{d}S$

B. $\oiint\limits_{\Sigma} y\mathrm{d}S = 4\oiint\limits_{\Sigma_1} x\mathrm{d}S$

C. $\oiint\limits_{\Sigma} z\mathrm{d}S = 4\oiint\limits_{\Sigma_1} x\mathrm{d}S$

D. $\oiint\limits_{\Sigma} xyz\mathrm{d}S = 4\oiint\limits_{\Sigma_1} xyz\mathrm{d}S$

2. 计算下列曲线积分。

(1) 计算 $\oint_L e^{\sqrt{x^2+y^2}}\mathrm{d}s$，其中 L 为 $x^2+y^2=a^2$，$y=x$，$y=0$ 围成第一象限部分整个边界；

(2) 计算 $\int_L xy\mathrm{d}x$，其中 L 为抛物线 $y^2=x$ 上从点 $A(1,-1)$ 到点 $B(1,1)$ 的一段弧；

(3) 计算 $\int_\Gamma (y^2-z^2)\mathrm{d}x+2yz\mathrm{d}y-x^2\mathrm{d}z$，其中 Γ 为
$\begin{cases} x=t, \\ y=t^2, \\ z=t^3 \end{cases}$ 上 $t_0=0$ 到 $t_1=1$ 的一段弧；

(4) 计算 $\int_L \sqrt{x^2+y^2}\,\mathrm{d}s$，其中 L 为圆周 $x^2+y^2=ax(a>0)$；

(5) 计算 $\int_L |xy|\,\mathrm{d}s$，其中 L 为圆周 $x^2+y^2=a^2$；

(6) 计算 $\int_\Gamma \dfrac{\mathrm{d}s}{x^2+y^2+z^2}$，其中 Γ 为曲线 $x=e^t\cos t$，$y=e^t\sin t$，$z=e^t$ 上相应于从 $t=0$ 到 $t=2$ 的一段弧；

(7) 已知曲线 L：$y=x^2(0\leq x\leq\sqrt{2})$，计算 $\int_L x\mathrm{d}s$；

(8) 求 $I=\int_\Gamma xyz\mathrm{d}s$，其中 Γ：$x=a\cos\theta$，$y=a\sin\theta$，$z=k\theta$ 的一段 $(0\leq\theta\leq2\pi)$；

(9) 设 L 为椭圆 $\dfrac{x^2}{4}+\dfrac{y^2}{3}=1$，其周长为 a，求 $\oint_L (2xy+3x^2+4y^2)\mathrm{d}s$；

(10) 求 $I=\int_L |y|\,\mathrm{d}s$，其中 L：$(x^2+y^2)^2=a^2(x^2-y^2)$。

3. 计算下列曲面积分。

(1) 设 Σ 为锥面 $z=\sqrt{x^2+y^2}$，$0\leq z\leq h$ 的外侧，计算曲面积分
$$\iint\limits_{\Sigma} (y^2-z)\mathrm{d}y\mathrm{d}z+(z^2-x)\mathrm{d}z\mathrm{d}x+(x^2-y)\mathrm{d}y\mathrm{d}x;$$

(2) 设 Σ 为曲面 $z=x^2+y^2(z\leq1)$ 的上侧，计算曲面积分
$$I=\iint\limits_{\Sigma} (x-1)^3\mathrm{d}y\mathrm{d}z+(y-1)^3\mathrm{d}z\mathrm{d}x+(z-1)\mathrm{d}x\mathrm{d}y;$$

(3) 设曲面 Σ：$|x|+|y|+|z|=1$，计算曲面积分 $\oiint\limits_{\Sigma} (x+|y|)\mathrm{d}S$；

(4) 设 Σ 为平面 $y+z=5$ 被柱面 $x^2+y^2=25$ 所截得的部分，计算曲面积分
$$\iint\limits_{\Sigma} (x+y+z)\mathrm{d}S;$$

(5) 设 Σ 为抛物面 $z=x^2+y^2(0\leq z\leq1)$，计算曲面积分 $\iint\limits_{\Sigma} |xyz|\,\mathrm{d}S$；

(6) 设 Σ 为 $z=\sqrt{x^2+y^2}$ 被柱面 $x^2+y^2=2ax$ 所截得的部分，计算曲面积分
$$\iint\limits_{\Sigma} (xy+yz+zx)\mathrm{d}S;$$

(7) 设曲面 Σ 是柱面 $x^2+y^2=9$，$z=0$，$z=3$ 所围成的区域的整个边界曲面，计算
$$\iint\limits_{\Sigma} (x^2+y^2)\mathrm{d}S;$$

(8) 设 Σ 是平面 $3x+2y+z=6$ 在第一象限内的部分的上侧，计算曲面积分
$$\iint\limits_{\Sigma} x\mathrm{d}y\mathrm{d}z+xy\mathrm{d}z\mathrm{d}x+xz\mathrm{d}x\mathrm{d}y。$$

4. 设函数 $Q(x,y)$ 在 xOy 平面具有一阶连续偏导数，曲线积分 $\int_L 2xy\mathrm{d}x+Q(x,y)\mathrm{d}y$ 与路径无关且对任意的 t，恒有 $\int_{(0,0)}^{(t,1)} 2xy\mathrm{d}x+Q(x,y)\mathrm{d}y = \int_{(0,0)}^{(1,t)} 2xy\mathrm{d}x+Q(x,y)\mathrm{d}y$，求 $Q(x,y)$ 及 $\int_{(0,0)}^{(1,1)} 2xy\mathrm{d}x+Q(x,y)\mathrm{d}y$ 的值。

5. 求 $\oint_L \dfrac{y\mathrm{d}x-x\mathrm{d}y}{(4x^2+y^2)^2}$，其中 L 为正向闭曲线 $|x|+|y|=2$。

6. 确定 a 的值，使曲线积分 $I=\int_A^B (x^4+4xy^a)\mathrm{d}x+(6x^{a-1}y^2-5y^4)\mathrm{d}y$ 与路径无关，并求 A,B 分别为 $(0,0)$，$(1,2)$ 时曲线积分的值。

7. 计算向量场 $\boldsymbol{u}(x,y,z)=xy^2\boldsymbol{i}+ye^z\boldsymbol{j}+x\ln(1+z^2)\boldsymbol{k}$ 在点 $P(1,1,0)$ 处的散度。

8. 设 Σ 是 $0\leq x\leq a$，$0\leq y\leq b$，$0\leq z\leq c$ 的外侧，计算 $\oiint\limits_{\Sigma} x^2\mathrm{d}y\mathrm{d}z+y^2\mathrm{d}z\mathrm{d}x+z^2\mathrm{d}x\mathrm{d}y。$

9. 设 Σ 为 $z=a^2-x^2-y^2$，$z=0$ 所围成的闭区域 Ω 的边界曲面的外侧，计算

$$\iint\limits_{\Sigma} x^2yz^2\mathrm{d}y\mathrm{d}z-xy^2z^2\mathrm{d}z\mathrm{d}x+z(1+xyz)\mathrm{d}x\mathrm{d}y。$$

10. 设 Σ 为上半球 $0\leqslant z\leqslant\sqrt{a^2-x^2-y^2}$ 的表面的外侧，计算曲面积分

$$\iint\limits_{\Sigma} xz^2\mathrm{d}y\mathrm{d}z+(x^2y-z^3)\mathrm{d}z\mathrm{d}x+(2xy+y^2z)\mathrm{d}x\mathrm{d}y。$$

11. 求向量场 $\boldsymbol{A}=(2x+3z)\boldsymbol{i}-(xz+y)\boldsymbol{j}+(y^2+2z)\boldsymbol{k}$ 穿过球面 Σ：$(x-3)^2+(y+1)^2+(z-2)^2=9$ 的外侧的通量。

12. 设 $\boldsymbol{A}=\{2y,3x,z^2\}$，$\Sigma$：$x^2+y^2+z^2=4$，$\boldsymbol{n}$ 为 Σ 的外法向量，计算 $\oiint\limits_{\Sigma}\mathbf{rot}\boldsymbol{A}\cdot\boldsymbol{n}\mathrm{d}S$。

13. 已知 $r=\sqrt{x^2+y^2+z^2}$，求 $\mathrm{div}(\mathbf{grad}r)$，$\mathbf{rot}(\mathbf{grad}r)$。

14. 质点 P 沿着以 AB 为直径的半圆周，从点 $A(1,2)$ 运动到点 $B(3,4)$ 的过程中受变力 $\boldsymbol{F}$ 作用，$\boldsymbol{F}$ 的大小等于点 P 与原点 O 之间的距离，其方向垂直于线段 OP 且与 y 轴正向的夹角小于 $\dfrac{\pi}{2}$，求变力 $\boldsymbol{F}$ 对质点 P 所做的功。

15. 设直线 L 过 $A(1,0,0)$，$B(0,1,1)$ 两点，将 L 绕 z 轴旋转一周得到曲面 Σ，Σ 与平面 $z=0$，$z=2$ 所围成的立体为 Ω。

（1）求曲面 Σ 的方程；

（2）求 Ω 的形心坐标。

16. 计算 $\iint\limits_{\Sigma}(x+z^2)\mathrm{d}y\mathrm{d}z-z\mathrm{d}x\mathrm{d}y$，其中 Σ 是旋转抛物面 $z=\dfrac{1}{4}(x^2+y^2)(0\leqslant z\leqslant 2)$ 取下侧。

17. 如果 Σ：$z=\sqrt{1-x^2-y^2}$，γ 是其外法线与 z 轴正向夹角所成的锐角，计算 $\iint\limits_{\Sigma}z^2\cos\gamma\mathrm{d}S$。

18. $(e^y+x)\mathrm{d}x+(xe^y-2y)\mathrm{d}y$ 是否是全微分形式？如果是，求其一个原函数。

19. 验证 $xy^2\mathrm{d}x+x^2y\mathrm{d}y$ 是某个函数的全微分，并求出这个函数。

20. 计算曲线积分 $\displaystyle\int_{L}y\mathrm{d}x-x^2\mathrm{d}y$，其中 L 如第 20 题图所示。

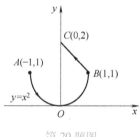

第 20 题图

21. 求向量 $\boldsymbol{A}=x\boldsymbol{i}+y\boldsymbol{j}+z\boldsymbol{k}$ 通过闭区域 $\Omega=\{(x,y,z)\mid 0\leqslant x\leqslant 1,0\leqslant y\leqslant 1,0\leqslant z\leqslant 1\}$ 的边界曲面流向外侧的通量。

22. 求力 $\boldsymbol{F}=y\boldsymbol{i}+z\boldsymbol{j}+x\boldsymbol{k}$ 沿有向闭曲线 Γ 所做的功，其中 Γ 为平面 $x+y+z=1$ 被三个坐标面所截成的三角形的整个边界，从 z 轴正向看去，沿顺时针方向。

无穷级数是研究函数的性质以及进行数值计算的一个重要工具，是高等数学的一个重要的组成部分。本章首先讨论常数项级数，然后研究函数项级数，最后研究把函数展开成幂级数和三角级数的问题，并介绍两种最常用的级数展开式——泰勒级数展开式和傅里叶级数展开式。

12.1　常数项级数的概念与性质

12.1.1　常数项级数的概念

定义 1　如果给定一个数列 $u_1, u_2, \cdots, u_n, \cdots$，那么由这些数列构成的表达式

$$u_1 + u_2 + \cdots + u_n + \cdots$$

叫作(常数项)无穷级数，简称(常数项)级数，记作 $\sum\limits_{n=1}^{\infty} u_n$，即

$$\sum_{n=1}^{\infty} u_n = u_1 + u_2 + \cdots + u_n + \cdots,$$

其中第 n 项 u_n 叫作级数的**一般项**。

级数 $\sum\limits_{n=1}^{\infty} u_n$ 的前 n 项和 $S_n = u_1 + u_2 + \cdots + u_n$ 称为级数 $\sum\limits_{n=1}^{\infty} u_n$ 的部分和。显然，对给定级数 $\sum\limits_{n=1}^{\infty} u_n$ 的部分和 S_n 都是已知的。于是，级数 $\sum\limits_{n=1}^{\infty} u_n$ 对应着一个部分和数列 $\{S_n\}$。

定义 2　若级数 $\sum\limits_{n=1}^{\infty} u_n$ 的部分和数列 $\{S_n\}$ 收敛于 S(即 $\lim\limits_{n \to \infty} S_n = S$)，

则称无穷级数 $\sum\limits_{n=1}^{\infty} u_n$ **收敛**，这时极限 S 叫作级数的和；若 $\{S_n\}$ 发散，则称无穷级数 $\sum\limits_{n=1}^{\infty} u_n$ **发散**。

若级数 $\sum\limits_{n=1}^{\infty} u_n$ 收敛，其和是 S，则 $r_n = S - S_n = \sum\limits_{k=1}^{\infty} u_k - \sum\limits_{k=1}^{n} u_k = u_{n+1} + u_{n+2} + \cdots$ 称为收敛级数 $\sum\limits_{n=1}^{\infty} u_n$ 的**余项**。显然，有 $\lim\limits_{n \to \infty} r_n = \lim\limits_{n \to \infty} (S - S_n) = 0$。

例1　　证明级数 $\sum\limits_{n=1}^{\infty} \dfrac{1}{n(n+1)}$ 收敛，并求其和。

证明　因为 $u_n = \dfrac{1}{n(n+1)} = \dfrac{1}{n} - \dfrac{1}{n+1}$，所以级数的部分和

$$S_n = \frac{1}{1 \cdot 2} + \frac{1}{2 \cdot 3} + \frac{1}{3 \cdot 4} + \cdots + \frac{1}{n(n+1)}$$

$$= \left(1 - \frac{1}{2}\right) + \left(\frac{1}{2} - \frac{1}{3}\right) + \cdots + \left(\frac{1}{n} - \frac{1}{n+1}\right)$$

$$= 1 - \frac{1}{n+1}。$$

所以，$\lim\limits_{n \to \infty} S_n = \lim\limits_{n \to \infty} \left(1 - \dfrac{1}{n+1}\right) = 1$，故级数收敛，其和是 1，即

$$\sum_{n=1}^{\infty} \frac{1}{n(n+1)} = 1。$$

例1 的 Maple 源程序

```
> #example1
> sum(1/(n*(n+1)),n=1..infinity);
                    1
```

例2　　证明级数 $1+2+3+\cdots+n+\cdots$ 是发散的。

证明　这级数的部分和为

$$S_n = 1+2+3+\cdots+n = \frac{n(n+1)}{2}。$$

显然，$\lim\limits_{n \to \infty} S_n = \infty$，因此所给级数是发散的。

例2 的 Maple 源程序

```
> #example2
> >sum(n,n=1..infinity);
                    ∞
```

例 3　讨论几何(等比)级数 $\sum\limits_{n=0}^{\infty} aq^n$ 的敛散性(常数 $a\neq0$，q 叫作级数的公比)。

解　如果 $|q|\neq1$，那么几何级数的部分和 $S_n=a+aq+\cdots+aq^{n-1}=a\dfrac{1-q^n}{1-q}$，因此，当 $|q|<1$ 时，$\lim\limits_{n\to\infty}S_n=\lim\limits_{n\to\infty}a\cdot\dfrac{1-q^n}{1-q}=\dfrac{a}{1-q}$，此时几何级数收敛，其和为 $\dfrac{a}{1-q}$；当 $|q|>1$ 时，$\lim\limits_{n\to\infty}S_n=\infty$，几何级数发散；

如果 $|q|=1$，则当 $q=1$ 时，$S_n=na\to\infty\ (n\to\infty)$，因此几何级数发散；当 $q=-1$ 时，几何级数是 $a-a+a-a+\cdots+(-1)^{n-1}a+\cdots$，所以，$S_n=\begin{cases}0,& n\text{ 是偶数},\\ a,& n\text{ 是奇数},\end{cases}$　显然 S_n 的极限不存在，即部分和数列 $\{S_n\}$ 发散，此时级数也发散。

综上，当 $|q|<1$ 时，几何级数收敛；当 $|q|\geqslant1$ 时，几何级数发散。

例 3 的 Maple 源程序

```
> #example3
> sum(a*q^n,n=0..infinity);
```

$$-\frac{a}{q-1}$$

12.1.2　常数项级数的性质

性质 1　若级数 $\sum\limits_{n=1}^{\infty}u_n$ 收敛，其和为 S，又 k 为常数($k\neq0$)，则 $\sum\limits_{n=1}^{\infty}ku_n$ 也收敛，且 $\sum\limits_{n=1}^{\infty}ku_n=kS$，即级数的每一项同乘一个不为零的常数后，它的收敛性不会改变。

证明　设级数 $\sum\limits_{n=1}^{\infty}u_n$ 与级数 $\sum\limits_{n=1}^{\infty}ku_n$ 的部分和分别为 S_n 与 σ_n，则

$$\sigma_n=ku_1+ku_2+\cdots+ku_n=kS_n,$$

于是

$$\lim_{n\to\infty}\sigma_n=\lim_{n\to\infty}kS_n=k\lim_{n\to\infty}S_n=kS。$$

这就表明级数 $\sum\limits_{n=1}^{\infty}ku_n$ 收敛，且和为 kS。

性质 2　若已知两个收敛级数 $\sum_{n=1}^{\infty} u_n = S$，$\sum_{n=1}^{\infty} v_n = \sigma$，则 $\sum_{n=1}^{\infty} (u_n \pm v_n) = S \pm \sigma$，即两个收敛级数可以逐项相加与逐项相减。

证明　设级数 $\sum_{n=1}^{\infty} u_n$、$\sum_{n=1}^{\infty} v_n$ 的部分和分别为 S_n、σ_n，则级数 $\sum_{n=1}^{\infty} (u_n \pm v_n)$ 的部分和

$$\tau_n = (u_1 \pm v_1) + (u_2 \pm v_2) + \cdots + (u_n \pm v_n)$$
$$= (u_1 + u_2 + \cdots + u_n) \pm (v_1 + v_2 + \cdots + v_n) = S_n \pm \sigma_n,$$

于是　　　　　　　　　$\lim_{n \to \infty} \tau_n = \lim_{n \to \infty} (S_n \pm \sigma_n) = S \pm \sigma$。

这就表明级数 $\sum_{n=1}^{\infty} (u_n \pm v_n)$ 收敛，且其和为 $S \pm \sigma$。

性质 3　在收敛级数的项中任意加括号后所得的级数收敛，且其和与原级数的和相同。

证明　设级数 $\sum_{n=1}^{\infty} u_n$ 收敛，其和为 S，且部分和数列 $\{S_n\}$ 满足 $\lim_{n \to \infty} S_n = S$，因此给级数加括号后得到新级数 $(u_1 + \cdots + u_{n_1}) + (u_{n_1+1} + \cdots + u_{n_2}) + \cdots + (u_{n_{k-1}+1} + \cdots + u_{n_k}) + \cdots$，其部分和数列记为 $\{A_k\}$，则

$$A_k = (u_1 + \cdots + u_{n_1}) + (u_{n_1+1} + \cdots + u_{n_2}) + \cdots + (u_{n_{k-1}+1} + \cdots + u_{n_k}) = S_{n_k},$$

显然 $\{A_k\}$ 是 $\{S_n\}$ 的一个子列。又由于 $\{S_n\}$ 收敛，所以子列 $\{A_k\}$ 收敛，且有 $\lim_{k \to \infty} A_k = \lim_{n \to \infty} S_n = S$，即收敛级数加括号后的新级数收敛，且其和与原级数的和相同。

注　原级数发散，加括号后可能收敛，如级数 $\sum_{n=1}^{\infty} (-1)^{n-1}$ 发散，加括号后的级数 $(1-1) + (1-1) + (1-1) + \cdots$ 收敛，但若加括号后的级数发散，则原级数一定发散。

性质 4（级数收敛的必要条件）　如果级数 $\sum_{n=1}^{\infty} u_n$ 收敛，则 $\lim_{n \to \infty} u_n = 0$。

证明　设级数 $\sum_{n=1}^{\infty} u_n$ 的部分和为 S_n，且其和为 S，则

$$\lim_{n \to \infty} u_n = \lim_{n \to \infty} (S_n - S_{n-1}) = \lim_{n \to \infty} S_n - \lim_{n \to \infty} S_{n-1} = S - S = 0。$$

注　一般项的极限为零是级数收敛的必要但非充分条件，如

级数 $\sum\limits_{n=1}^{\infty} \ln\left(1+\dfrac{1}{n}\right)$ 的一般项有 $\ln\left(1+\dfrac{1}{n}\right) \to 0 \,(n \to \infty)$，而该级数发散，但若一般项的极限不为零，则级数一定发散。

例 4　判断级数 $\sum\limits_{n=1}^{\infty}\left(\sqrt{n^2+n}-n\right)$ 的敛散性。

解　因为 $\lim\limits_{n\to\infty}\left(\sqrt{n^2+n}-n\right) = \lim\limits_{n\to\infty}\left(\dfrac{n}{\sqrt{n^2+n}+n}\right) = \dfrac{1}{2} \neq 0$，所以级数 $\sum\limits_{n=1}^{\infty}\left(\sqrt{n^2+n}-n\right)$ 发散。

例 4 的 Maple 源程序

```
> #example4
> limit((sqrt(n^2+n)-n),n=infinity);
```
$$\dfrac{1}{2}$$

***定理 1**（柯西准则）　级数 $\sum\limits_{n=1}^{\infty} u_n$ 收敛的充要条件为：对于任意的正数 ε，总存在正整数 N，使得当 $n>N$ 时，对于任意的正整数 p，都有

$$|u_{n+1}+u_{n+2}+\cdots+u_{n+p}| < \varepsilon$$

成立。

证明　设级数 $\sum\limits_{n=1}^{\infty} u_n$ 的部分和为 S_n，因为

$$|u_{n+1}+u_{n+2}+\cdots+u_{n+p}| = |S_{n+p}-S_n|,$$

所以由数列的柯西极限存在准则，即得本定理结论。

由该定理可知，去掉或添加或改变（包括交换次序）级数的有限项，不会影响级数的敛散性。但当级数收敛时，级数的和将改变。

例 5　证明调和级数 $\sum\limits_{n=1}^{\infty} \dfrac{1}{n}$ 发散。

证法 1（反证法）　假设级数 $\sum\limits_{n=1}^{\infty} \dfrac{1}{n}$ 是收敛的，部分和为 S_n，则 $\lim\limits_{n\to\infty} S_n = S$，从而 $\lim\limits_{n\to\infty} S_{2n} = S$，即有 $\lim\limits_{n\to\infty}(S_{2n}-S_n) = S-S = 0$，但

$$S_{2n}-S_n = \dfrac{1}{n+1}+\dfrac{1}{n+2}+\cdots+\dfrac{1}{n+n} > \dfrac{1}{2n}+\dfrac{1}{2n}+\cdots+\dfrac{1}{2n} = \dfrac{1}{2} \nrightarrow 0,$$

与假设级数收敛矛盾，故调和级数 $\sum\limits_{n=1}^{\infty}\dfrac{1}{n}$ 发散。

证法 2（用柯西准则的否定形式）　令 $p=m$ 时，有

$$|u_{m+1}+u_{m+2}+u_{m+3}+\cdots+u_{2m}| = \frac{1}{m+1}+\frac{1}{m+2}+\frac{1}{m+3}+\cdots+\frac{1}{2m}$$

$$\geqslant \frac{1}{2m}+\frac{1}{2m}+\frac{1}{2m}+\cdots+\frac{1}{2m}=\frac{1}{2}。$$

因此，取 $\varepsilon_0=\dfrac{1}{2}$，对任何正整数 N，只要 $m>N$ 和 $p=m$ 就有

$$|u_{m+1}+u_{m+2}+\cdots+u_{m+p}| \geqslant \varepsilon_0，$$

故调和级数发散。

证法 3　取 k 是满足 $2^k \leqslant n \leqslant 2^{k+1}$ 的整数，则

$$S_n = 1+\frac{1}{2}+\cdots+\frac{1}{n} = 1+\frac{1}{2}+\left(\frac{1}{3}+\frac{1}{4}\right)+\left(\frac{1}{5}+\frac{1}{6}+\frac{1}{7}+\frac{1}{8}\right)+\cdots+$$

$$\left(\frac{1}{2^k+1}+\frac{1}{2^k+2}+\cdots+\frac{1}{n}\right)$$

$$>1+\frac{1}{2}+\cdots+\frac{1}{2}=1+\frac{k}{2}，$$

于是，$\lim\limits_{n\to\infty}S_n=\infty$，故调和级数发散。

习题 12.1

1. 用计算器计算 $2^{\frac{1}{2}}$，$2^{\frac{1}{4}}$，$2^{\frac{1}{8}}$，$\cdots$，以及 $\sum\limits_{n=1}^{10}2^{\frac{1}{n}}$，$\sum\limits_{n=1}^{100}2^{\frac{1}{n}}$，$\cdots$，由此判定：

(1) $\lim\limits_{n\to\infty}2^{\frac{1}{n}}$ 是否存在，若存在，计算其值；

(2) 级数 $\sum\limits_{n=1}^{\infty}2^{\frac{1}{n}}$ 是否收敛，若收敛，计算估计值。

2. 判别下列级数的敛散性。

(1) $\sum\limits_{n=1}^{\infty}\dfrac{1}{n^2}$；

(2) $\sum\limits_{n=1}^{\infty}\dfrac{n}{2n+1}$；

(3) $\sum\limits_{n=1}^{\infty}\left[\dfrac{1}{3^n}+\dfrac{1}{(n+1)(n+2)}\right]$；

(4) $\sum\limits_{n=1}^{\infty}\dfrac{1+n}{(n^2+1)}$；

(5) $\sum\limits_{n=1}^{\infty}(\sqrt{n+1}-\sqrt{n})$；

(6) $\sum\limits_{n=1}^{\infty}\ln\left(1+\dfrac{1}{n}\right)$。

3. 判别下列级数的敛散性，若收敛求出其和。

(1) $1+2+3+\cdots+n+\cdots$；

(2) $\dfrac{1}{1\times2}+\dfrac{1}{2\times3}+\dfrac{1}{3\times4}+\cdots+\dfrac{1}{n(n+1)}+\cdots$；

(3) $\dfrac{3}{2}+\dfrac{3^2}{2^2}+\dfrac{3^3}{2^3}+\cdots+\dfrac{3^n}{2^n}+\cdots$；

(4) $\left(\dfrac{1}{2}+\dfrac{1}{3}\right)+\left(\dfrac{1}{2^2}+\dfrac{1}{3^2}\right)+\cdots+\left(\dfrac{1}{2^n}+\dfrac{1}{3^n}\right)+\cdots$。

4. 判别下列级数的敛散性。

(1) $\sum\limits_{n=1}^{\infty}\dfrac{(-1)^{n-1}}{n}$；　　(2) $\sum\limits_{n=1}^{\infty}\dfrac{1}{\sqrt[n]{a}}(a>0)$；

(3) $\sum\limits_{n=1}^{\infty}\dfrac{(-1)^{n-1}}{n^2}$；　　(4) $\sum\limits_{n=1}^{\infty}\dfrac{(-1)^{n-1}}{5^n}$。

12.2　正项级数

12.2.1　正项级数的概念

定义　若级数 $\sum\limits_{n=1}^{\infty} u_n$ 中的通项 $u_n \geqslant 0$，则称级数 $\sum\limits_{n=1}^{\infty} u_n$ 为**正项级数**。

定理 1　正项级数 $\sum\limits_{n=1}^{\infty} u_n$ 收敛的充要条件是：它的部分和数列 $\{S_n\}$ 有界。

证明　由于 $u_n \geqslant 0 (n=1,2,\cdots)$，所以 $\{S_n\}$ 是递增数列。而单调数列收敛的充要条件是该数列有界（单调有界定理）。

例 1　证明级数 $\sum\limits_{n=1}^{\infty} \dfrac{1}{n!} = \dfrac{1}{1!} + \dfrac{1}{2!} + \cdots + \dfrac{1}{n!} + \cdots$ 是收敛的。

证明　已知 $\dfrac{1}{n!} = \dfrac{1}{1 \cdot 2 \cdot 3 \cdot \cdots \cdot n} \leqslant \dfrac{1}{1 \cdot \underbrace{2 \cdot 2 \cdot \cdots \cdot 2}_{n-1}} = \dfrac{1}{2^{n-1}}$，

$n=2,3,\cdots$，从而对于 $\forall n \in \mathbf{N}_+$，有

$$S_n = \dfrac{1}{1!} + \dfrac{1}{2!} + \cdots + \dfrac{1}{n!} < 1 + \dfrac{1}{2} + \dfrac{1}{2^2} + \cdots + \dfrac{1}{2^{n-1}} = \dfrac{1 - \dfrac{1}{2^n}}{1 - \dfrac{1}{2}} = 2 - \dfrac{1}{2^{n-1}} < 2。$$

即部分和数列 $\{S_n\}$ 有上界，则正项级数 $\sum\limits_{n=1}^{\infty} \dfrac{1}{n!}$ 收敛。

12.2.2　正项级数的审敛法

定理 2（比较审敛法）　设 $\sum\limits_{n=1}^{\infty} u_n$ 和 $\sum\limits_{n=1}^{\infty} v_n$ 是两个正项级数，且 $u_n \leqslant v_n (n=1,2,\cdots)$。若级数 $\sum\limits_{n=1}^{\infty} v_n$ 收敛，则级数 $\sum\limits_{n=1}^{\infty} u_n$ 收敛；反之，若级数 $\sum\limits_{n=1}^{\infty} u_n$ 发散，则级数 $\sum\limits_{n=1}^{\infty} v_n$ 发散。

证明　设级数 $\sum\limits_{n=1}^{\infty} v_n$ 收敛于和 σ，则级数 $\sum\limits_{n=1}^{\infty} u_n$ 的部分和

$$S_n = u_1 + u_2 + \cdots + u_n \leq v_1 + v_2 + \cdots + v_n \leq \sigma \ (n = 1, 2, \cdots),$$

即部分和数列 $\{S_n\}$ 有界，由定理 1 知级数 $\sum\limits_{n=1}^{\infty} u_n$ 收敛。

反之，设级数 $\sum\limits_{n=1}^{\infty} u_n$ 发散，则级数 $\sum\limits_{n=1}^{\infty} v_n$ 必发散。因为若级数 $\sum\limits_{n=1}^{\infty} v_n$ 收敛，由上面已证明的结论，将有级数 $\sum\limits_{n=1}^{\infty} u_n$ 也收敛，与假设矛盾。

注　比较审敛法也就是说，要想说明级数收敛，就得找一个比它"大"且收敛的级数，要想说明级数发散，就得找一个比它"小"且发散的级数。简言之，"大"的收敛则"小"的收敛；"小"的发散则"大"的发散。

注意到级数的每一项同乘不为零的常数以及去掉级数前面部分的有限项不会影响级数的收敛性，可以得到如下推论：

推论　设 $\sum\limits_{n=1}^{\infty} u_n$ 和 $\sum\limits_{n=1}^{\infty} v_n$ 是两个正项级数，且存在正整数 N，使当 $n \geq N$ 时有 $u_n \leq cv_n$（常数 $c > 0$）成立。若级数 $\sum\limits_{n=1}^{\infty} v_n$ 收敛，则级数 $\sum\limits_{n=1}^{\infty} u_n$ 也收敛；若级数 $\sum\limits_{n=1}^{\infty} u_n$ 发散，则级数 $\sum\limits_{n=1}^{\infty} v_n$ 也发散。

证明　设级数 $\sum\limits_{n=1}^{\infty} v_n = \sigma$，其部分和为 σ_n，由于改变有限项不改变级数的敛散性，故不妨设自第一项开始就有 $u_n \leq cv_n$，则级数 $\sum\limits_{n=1}^{\infty} u_n$ 的部分和

$$S_n = u_1 + u_2 + \cdots + u_n \leq c(v_1 + v_2 + \cdots + v_n) = c\sigma_n。$$

当级数 $\sum\limits_{n=1}^{\infty} v_n$ 收敛时，由定理知 σ_n 有界，故 S_n 有界，所以级数 $\sum\limits_{n=1}^{\infty} u_n$ 也收敛；当级数 $\sum\limits_{n=1}^{\infty} u_n$ 发散时，S_n 无上界，故 σ_n 无上界，所以级数 $\sum\limits_{n=1}^{\infty} v_n$ 发散。

例 2　讨论 p 级数 $\sum\limits_{n=1}^{\infty} \dfrac{1}{n^p}$ 的敛散性，其中常数 $p > 0$。

解　若 $p \leq 1$，由于 $\dfrac{1}{n^p} \geq \dfrac{1}{n} \ (n = 1, 2, 3, \cdots)$，且调和级数 $\sum\limits_{n=1}^{\infty} \dfrac{1}{n}$

发散，则由比较审敛法知 p 级数发散。

若 $p>1$，当 $n \geqslant 2$ 时，注意到 $\dfrac{1}{n^p} = \displaystyle\int_{n-1}^{n} \dfrac{1}{n^p} \mathrm{d}x$，当 $x \in [n-1, n]$ 时，

$\dfrac{1}{n^p} \leqslant \dfrac{1}{x^p}$，于是

$$\frac{1}{n^p} = \int_{n-1}^{n} \frac{1}{n^p} \mathrm{d}x \leqslant \int_{n-1}^{n} \frac{1}{x^p} \mathrm{d}x = \frac{1}{1-p} x^{1-p} \bigg|_{n-1}^{n} = \frac{1}{p-1} \left[\frac{1}{(n-1)^{p-1}} - \frac{1}{n^{p-1}} \right]。$$

令 $v_n = \dfrac{1}{p-1} \left[\dfrac{1}{(n-1)^{p-1}} - \dfrac{1}{n^{p-1}} \right]$，则 $\displaystyle\sum_{n=2}^{\infty} v_n$ 是正项级数，其前 n 项和

$$S_n = v_2 + \cdots + v_{n+1} = \frac{1}{p-1} \left[\left(1 - \frac{1}{2^{p-1}} \right) + \cdots + \left(\frac{1}{n^{p-1}} - \frac{1}{(n+1)^{p-1}} \right) \right]$$

$$= \frac{1}{p-1} \left(1 - \frac{1}{(n+1)^{p-1}} \right) \to \frac{1}{p-1}。$$

从而级数 $\displaystyle\sum_{n=1}^{\infty} v_n$ 收敛，由比较判别法知 p 级数收敛。

综上，当 $p>1$ 时 p 级数收敛，当 $p \leqslant 1$ 时 p 级数发散。

注　$p=1$ 时的 p 级数就是调和级数。当 $p \leqslant 1$ 时，p 级数通项趋于零但级数发散，可以形象地说是因为 p 级数的通项趋于零的速度不够快。

定理 3（比较审敛法的极限形式）　设 $\displaystyle\sum_{n=1}^{\infty} u_n$ 和 $\displaystyle\sum_{n=1}^{\infty} v_n$ 是两个正项级数且

$$\lim_{n \to \infty} \frac{u_n}{v_n} = l,$$

（1）若 $0 \leqslant l < +\infty$，且级数 $\displaystyle\sum_{n=1}^{\infty} v_n$ 收敛，则级数 $\displaystyle\sum_{n=1}^{\infty} u_n$ 收敛；

（2）若 $l>0$ 或 $l=+\infty$，且级数 $\displaystyle\sum_{n=1}^{\infty} v_n$ 发散，则级数 $\displaystyle\sum_{n=1}^{\infty} u_n$ 发散。

证明　（1）由极限定义可知，对 $\varepsilon = 1$，存在正整数 N，当 $n>N$ 时，有

$$\frac{u_n}{v_n} < l+1,$$

即 $u_n < (l+1) v_n$。而级数 $\displaystyle\sum_{n=1}^{\infty} v_n$ 收敛，根据比较判别法，级数 $\displaystyle\sum_{n=1}^{\infty} u_n$ 也收敛。

（2）按已知条件知极限 $\displaystyle\lim_{n \to \infty} \frac{v_n}{u_n}$ 存在，如果级数 $\displaystyle\sum_{n=1}^{\infty} u_n$ 收敛，则

由结论(1)必有级数 $\sum\limits_{n=1}^{\infty}v_n$ 收敛，但已知级数 $\sum\limits_{n=1}^{\infty}v_n$ 发散，因此级

数 $\sum\limits_{n=1}^{\infty}u_n$ 不可能收敛，即级数 $\sum\limits_{n=1}^{\infty}u_n$ 发散。

比较判别法的极限形式是一种非常有效的判别法。特别地，

令 $v_n=\dfrac{1}{n^p}$，由 p 级数的性质，有下面的推论。

推论　若 $\lim\limits_{n\to\infty}n^p u_n=A$，则

(1) 当 $p>1$，且 A 为一有限数时，级数 $\sum\limits_{n=1}^{\infty}u_n$ 收敛；

(2) 当 $p\leqslant 1$，且 $A\neq 0$(或 $A=+\infty$)时，级数 $\sum\limits_{n=1}^{\infty}u_n$ 发散。

例3　判断下列级数的敛散性。

$$(1)\ \sum_{n=1}^{\infty}\frac{1}{2^n-n};\qquad\qquad(2)\ \sum_{n=1}^{\infty}\sin\frac{1}{n}。$$

解　(1) 因为 $\lim\limits_{n\to\infty}\dfrac{\dfrac{1}{2^n-n}}{\dfrac{1}{2^n}}=\lim\limits_{n\to\infty}\dfrac{2^n}{2^n-n}=\lim\limits_{n\to\infty}\dfrac{1}{1-\dfrac{n}{2^n}}=1$，而级数

$\sum\limits_{n=1}^{\infty}\dfrac{1}{2^n}$ 收敛，根据定理3，知级数 $\sum\limits_{n=1}^{\infty}\dfrac{1}{2^n-n}$ 收敛；

(2) 因为 $\lim\limits_{n\to\infty}\dfrac{\sin\dfrac{1}{n}}{\dfrac{1}{n}}=1>0$，而级数 $\sum\limits_{n=1}^{\infty}\dfrac{1}{n}$ 发散，根据定理3，

知级数 $\sum\limits_{n=1}^{\infty}\sin\dfrac{1}{n}$ 发散。

例3(1)的 Maple 源程序

```
> #example3(1)
> limit((1/(2^n-n))/(1/2^n),n=infinity);
                    1
```

例3(2)的 Maple 源程序

```
> #example3(2)
> limit((sin(1/n))/(1/n),n=infinity);
                    1
```

定理 4（比值审敛法，达朗贝尔判别法） 设 $\sum\limits_{n=1}^{\infty} u_n$ 为正项级数，且

$$\lim_{n \to \infty} \frac{u_{n+1}}{u_n} = q,$$

（1）当 $q<1$ 时，则级数 $\sum\limits_{n=1}^{\infty} u_n$ 收敛；

（2）当 $q>1$ 或 $q=+\infty$ 时，则级数 $\sum\limits_{n=1}^{\infty} u_n$ 发散；

（3）当 $q=1$ 时，级数 $\sum\limits_{n=1}^{\infty} u_n$ 可能收敛也可能发散。

证明 （1）当 $q<1$ 时，取一个适当小的正数 ε，使得 $q+\varepsilon=r<1$，根据极限定义，存在正整数 m，当 $n \geq m$ 时有不等式

$$\frac{u_{n+1}}{u_n} < q+\varepsilon = r,$$

因此

$$u_{m+1}<ru_m, u_{m+2}<ru_{m+1}<r^2, \cdots, u_{m+k}<r^k u_m, \cdots。$$

而级数 $\sum\limits_{k=1}^{\infty} r^k u_m$ 收敛（公比 $r<1$），根据定理 2，知级数 $\sum\limits_{n=1}^{\infty} u_n$ 收敛。

（2）当 $q>1$ 时，取一个适当小的正数 ε，使得 $q-\varepsilon>1$。根据极限的定义，存在正整数 m，当 $n \geq m$ 时有不等式

$$\frac{u_{n+1}}{u_n} > q-\varepsilon > 1,$$

也就是 $\qquad\qquad u_{n+1}>u_n。$

所以当 $n \geq m$ 时，级数的一般项 u_n 是逐渐增大的，从而 $\lim\limits_{n \to \infty} u_n \neq 0$。根据级数收敛的必要条件可知级数 $\sum\limits_{n=1}^{\infty} u_n$ 发散。

类似地，可以证明当 $\lim\limits_{n \to \infty} \frac{u_{n+1}}{u_n} = \infty$ 时，级数 $\sum\limits_{n=1}^{\infty} u_n$ 发散。

（3）当 $q=1$ 时，级数可能收敛也可能发散。例如 p 级数，不论 p 为何值都有

$$\lim_{n \to \infty} \frac{u_{n+1}}{u_n} = \lim_{n \to \infty} \frac{\frac{1}{(n+1)^p}}{\frac{1}{n^p}} = 1。$$

但我们知道，当 $p>1$ 时级数收敛，当 $p \leq 1$ 时级数发散，因此

只根据 $q=1$ 不能判定级数的收敛性。

例 4 判定级数 $1+\dfrac{1}{1}+\dfrac{1}{1\cdot2}+\dfrac{1}{1\cdot2\cdot3}+\cdots+\dfrac{1}{(n-1)!}+\cdots$ 的敛散性。

解 令 $u_n=\dfrac{1}{(n-1)!}$，则 $\lim\limits_{n\to\infty}\dfrac{u_{n+1}}{u_n}=\lim\limits_{n\to\infty}\dfrac{(n-1)!}{n!}=\lim\limits_{n\to\infty}\dfrac{1}{n}=0<1$，
根据比值审敛法可知所给级数收敛。

例 4 的 Maple 源程序
```
> #example4
> limit(((n-1)!)/((n)!),n=infinity);
                    0
```

例 5 判定级数 $\dfrac{1}{10}+\dfrac{1\cdot2}{10^2}+\dfrac{1\cdot2\cdot3}{10^3}+\cdots+\dfrac{n!}{10^n}+\cdots$ 的敛散性。

解 令 $u_n=\dfrac{n!}{10^n}$，则 $\lim\limits_{n\to\infty}\dfrac{u_{n+1}}{u_n}=\lim\limits_{n\to\infty}\dfrac{n+1}{10}=\infty$，根据比值审敛法可
知所给级数发散。

例 5 的 Maple 源程序
```
> #example5
> limit((n+1)/10,n=infinity);
                    ∞
```

例 6 讨论级数 $\sum\limits_{n=1}^{\infty}nx^{n-1}(x>0)$ 的敛散性。

解 令 $u_n=nx^{n-1}$，则 $\lim\limits_{n\to\infty}\dfrac{u_{n+1}}{u_n}=\lim\limits_{n\to\infty}\dfrac{(n+1)x^n}{nx^{n-1}}=\lim\limits_{n\to\infty}x\dfrac{n+1}{n}=x$，根
据比值审敛法知，当 $0<x<1$ 时，$\sum\limits_{n=1}^{\infty}nx^{n-1}$ 收敛；当 $x>1$ 时，
$\sum\limits_{n=1}^{\infty}nx^{n-1}$ 发散。而当 $x=1$ 时，级数 $\sum\limits_{n=1}^{\infty}nx^{n-1}=\sum\limits_{n=1}^{\infty}n$ 发散。

综上，当 $0<x<1$ 时，$\sum\limits_{n=1}^{\infty}nx^{n-1}$ 收敛；当 $x\geqslant1$ 时，$\sum\limits_{n=1}^{\infty}nx^{n-1}$
发散。

注 对正项级数 $\sum\limits_{n=1}^{\infty}u_n$，若仅有 $\dfrac{u_{n+1}}{u_n}<1$，其敛散性不能确定。

例如，对级数 $\sum\limits_{n=1}^{\infty}\dfrac{1}{n}$ 和 $\sum\limits_{n=1}^{\infty}\dfrac{1}{n^2}$，均有 $\dfrac{u_{n+1}}{u_n}<1$，但前者发散，后者

收敛。

定理 5（根值审敛法，柯西判别法）　设 $\sum\limits_{n=1}^{\infty} u_n$ 为正项级数，且

$\lim\limits_{n \to \infty} \sqrt[n]{u_n} = l$，则

（1）当 $l < 1$ 时，$\sum\limits_{n=1}^{\infty} u_n$ 收敛；

（2）当 $l > 1$（或 $l = +\infty$）时，$\sum\limits_{n=1}^{\infty} u_n$ 发散；

（3）当 $l = 1$ 时，$\sum\limits_{n=1}^{\infty} u_n$ 可能收敛也可能发散。

例 7　判定级数 $\sum\limits_{n=1}^{\infty} \dfrac{1}{n^n}$ 的敛散性。

解　令 $u_n = \dfrac{1}{n^n}$，则 $\lim\limits_{n \to \infty} \sqrt[n]{u_n} = \lim\limits_{n \to \infty} \sqrt[n]{\dfrac{1}{n^n}} = \lim\limits_{n \to \infty} \dfrac{1}{n} = 0 < 1$，由根值判

别法知级数 $\sum\limits_{n=1}^{\infty} \dfrac{1}{n^n}$ 收敛。

例 7 的 Maple 源程序

```
> #example7
> limit((1/n^n)^(1/n),n=infinity);
                    0
```

例 8　判定级数 $\sum\limits_{n=1}^{\infty} \left(1 + \dfrac{1}{n}\right)^{n^2}$ 的敛散性。

解　令 $u_n = \left(1 + \dfrac{1}{n}\right)^{n^2}$，则

$$\lim\limits_{n \to \infty} \sqrt[n]{u_n} = \lim\limits_{n \to \infty} \sqrt[n]{\left(1 + \dfrac{1}{n}\right)^{n^2}} = \lim\limits_{n \to \infty} \left(1 + \dfrac{1}{n}\right)^n = e > 1,$$

由根值判别法知级数 $\sum\limits_{n=1}^{\infty} \left(1 + \dfrac{1}{n}\right)^{n^2}$ 发散。

例 8 的 Maple 源程序

```
> #example8
> limit((1+1/n)^n,n=infinity);
                    e
```

例 9　判定级数 $\displaystyle\sum_{n=1}^{\infty}\dfrac{2+(-1)^n}{2^n}$ 的敛散性。

解　令 $u_n=\dfrac{2+(-1)^n}{2^n}$，$\displaystyle\lim_{n\to\infty}\sqrt[n]{u_n}=\lim_{n\to\infty}\dfrac{\sqrt[n]{2+(-1)^n}}{2}=\dfrac{1}{2}<1$，则由

根值判别法知级数 $\displaystyle\sum_{n=1}^{\infty}\dfrac{2+(-1)^n}{2^n}$ 收敛。

例 9 的 Maple 源程序

```
> #example9
> limit((2+(-1)^n)^(1/n)/2,n=infinity);
                        1
                        -
                        2
```

对于任意一个收敛的正项级数，都存在比它大但收敛的正项级数，即收敛得比它更慢的正项级数；对任意一个发散的正项级数，也都存在着比它小但发散的正项级数，即发散得更快的正项级数。也就是说，选择级数作为比较标准来建立一个对一切级数都有效的审敛法是不可能的。现在只保留了几个实用的审敛法，比值审敛法和根值审敛法就是其中的两个审敛法。又因当 $\displaystyle\lim_{n\to\infty}\dfrac{u_{n+1}}{u_n}=q$ 成立时必有 $\displaystyle\lim_{n\to\infty}\sqrt[n]{u_n}=q$，这说明凡能用比值判别法判定收敛性的级数，也能用根值判别法来判断，但反之不能。

习题 12.2

1. 用比较判别法或比较判别法的极限形式判断下列级数的敛散性。

(1) $\displaystyle\sum_{n=1}^{\infty}\dfrac{1}{n\sqrt{n}}$；　　　　(2) $\displaystyle\sum_{n=1}^{\infty}\dfrac{1+n}{1+n^2}$；

(3) $\displaystyle\sum_{n=1}^{\infty}\dfrac{1}{2^n}\sin\dfrac{\pi}{n}$；　　(4) $\displaystyle\sum_{n=1}^{\infty}\sin\dfrac{\pi}{2^n}$；

(5) $\displaystyle\sum_{n=1}^{\infty}\dfrac{1}{(2n+1)^2}$；　(6) $\displaystyle\sum_{n=1}^{\infty}\dfrac{1}{1+a^n}\,(a>0)$。

2. 用比值判别法判断下列级数的敛散性。

(1) $\displaystyle\sum_{n=1}^{\infty}\dfrac{2n-1}{2^n}$；　　　(2) $\displaystyle\sum_{n=1}^{\infty}\dfrac{3^n}{n^2}$；

(3) $\displaystyle\sum_{n=1}^{\infty}\dfrac{n^n}{3^n n!}$；　　　(4) $\displaystyle\sum_{n=1}^{\infty}\dfrac{4^n}{n5^n}$；

(5) $\displaystyle\sum_{n=1}^{\infty}\dfrac{3^n}{n2^n}$；　　　(6) $\displaystyle\sum_{n=1}^{\infty}n\tan\dfrac{\pi}{2^{n+1}}$。

3. 用根值判别法判断下列级数的敛散性。

(1) $\displaystyle\sum_{n=1}^{\infty}\left(\dfrac{n}{4n+1}\right)^n$；　(2) $\displaystyle\sum_{n=1}^{\infty}\left(\dfrac{n}{3n-1}\right)^{2n-1}$；

(3) $\displaystyle\sum_{n=1}^{\infty}\dfrac{1}{[\ln(n+1)]^n}$；　(4) $\displaystyle\sum_{n=1}^{\infty}n\left(\dfrac{2n+1}{n}\right)^{-n}$；

(5) $\displaystyle\sum_{n=1}^{\infty}\left(\dfrac{b}{a_n}\right)^n$，其中 $a_n\to a\,(n\to\infty)$，a_n，b，a 均为正数。

4. 设级数 $\displaystyle\sum_{n=1}^{\infty}a_n^2$ 收敛，证明 $\displaystyle\sum_{n=1}^{\infty}\dfrac{a_n}{n}\,(a_n>0)$ 也收敛。

12.3　任意项级数

上节我们讨论了正项级数敛散性的判别法，关于一般常数项级数的敛散性判别问题比正项级数要复杂些，本节首先讨论一种特殊类型的级数——交错级数的收敛性问题，然后再给出一般常数项级数敛散性的判别法。

12.3.1　交错级数

定义 1　若级数的各项是正负交错的，即 $\sum_{n=1}^{\infty} (-1)^{n-1} u_n$ 或 $\sum_{n=1}^{\infty} (-1)^n u_n (u_n > 0)$，则称为**交错级数**。

定义 2　若交错级数 $\sum_{n=1}^{\infty} (-1)^{n-1} u_n$ 满足：

(1) $u_n \geqslant u_{n+1} (n = 1, 2, \cdots)$；

(2) $\lim_{n \to \infty} u_n = 0$，则称级数 $\sum_{n=1}^{\infty} (-1)^{n-1} u_n$ 为**莱布尼茨型级数**。

定理 1（莱布尼茨定理）　莱布尼茨型级数必收敛，且其和 $S \leqslant u_1$，其余项 r_n 的绝对值 $|r_n| \leqslant u_{n+1}$。

证明　因为

$$S_{2(n+1)} = (u_1 - u_2) + (u_3 - u_4) + \cdots + (u_{2n-1} - u_{2n}) + (u_{2n+1} - u_{2n+2})$$
$$\geqslant (u_1 - u_2) + (u_3 - u_4) + \cdots + (u_{2n-1} - u_{2n}) = S_{2n},$$

所以数列 $\{S_{2n}\}$ 单调增加；又 $S_{2n} = u_1 - (u_2 - u_3) - \cdots - (u_{2n-2} - u_{2n-1}) - u_{2n} \leqslant u_1$，即数列 $\{S_{2n}\}$ 有界，故数列 $\{S_{2n}\}$ 收敛。设 $\lim_{n \to \infty} S_{2n} = S$，则 $\lim_{n \to \infty} S_{2n+1} = \lim_{n \to \infty} (S_{2n} + u_{2n+1}) = S$，故 $\lim_{n \to \infty} S_n = S$，即级数 $\sum_{n=1}^{\infty} (-1)^{n+1} u_n$ 收敛。

由证明数列 $\{S_{2n}\}$ 有界性可知，$0 \leqslant \sum_{n=1}^{\infty} (-1)^{n+1} u_n \leqslant u_1$，而级数 $\sum_{k=n+1}^{\infty} (-1)^{k+1} u_k$ 也为莱布尼茨型级数，所以余项 r_n 与 u_{n+1} 项同号，且估计式为 $|r_n| = \left| \sum_{k=n+1}^{\infty} (-1)^{k+1} u_k \right| \leqslant u_{n+1}$。

例如，交错级数

$$1-\frac{1}{2}+\frac{1}{3}-\frac{1}{4}+\cdots+(-1)^{n-1}\frac{1}{n}+\cdots$$

满足条件

$$(1)\ u_n=\frac{1}{n}>\frac{1}{n+1}=u_{n+1}(n=1,2,\cdots)$$

及

$$(2)\ \lim_{n\to\infty}u_n=\lim_{n\to\infty}\frac{1}{n}=0,$$

所以它是收敛的，且其和 $S<1$。如果取前 n 项的和

$$S_n=1-\frac{1}{2}+\frac{1}{3}-\frac{1}{4}+\cdots+(-1)^{n-1}\frac{1}{n}$$

作为 S 的近似值，所产生的误差 $|r_n|\leqslant u_{n+1}=\dfrac{1}{n+1}$。

12.3.2　绝对收敛与条件收敛

> **定义 3**（绝对收敛与条件收敛）　若级数 $\sum\limits_{n=1}^{\infty}|u_n|$ 收敛，则称级
>
> 数 $\sum\limits_{n=1}^{\infty}u_n$ **绝对收敛**；若级数 $\sum\limits_{n=1}^{\infty}u_n$ 收敛，而级数 $\sum\limits_{n=1}^{\infty}|u_n|$ 发散，
>
> 则称级数 $\sum\limits_{n=1}^{\infty}u_n$ **条件收敛**。

例如：级数 $\sum\limits_{n=1}^{\infty}\left[(-1)^{n-1}\dfrac{1}{n}\right]$ 是条件收敛，而级数 $\sum\limits_{n=1}^{\infty}\left[(-1)^{n-1}\dfrac{1}{n^2}\right]$

是绝对收敛。

例 1　判定级数 $\sum\limits_{n=1}^{\infty}(-1)^n\dfrac{x^n}{n}(x>0)$ 的敛散性。

解　当 $0<x<1$ 时，级数 $\sum\limits_{n=1}^{\infty}(-1)^n\dfrac{x^n}{n}$ 绝对收敛；当 $x>1$ 时，通

项在 $n\to\infty$ 时并不趋近于零，所以 $\sum\limits_{n=1}^{\infty}(-1)^n\dfrac{x^n}{n}$ 发散；当 $x=1$ 时，

级数 $\sum\limits_{n=1}^{\infty}\dfrac{1}{n}$ 发散而级数 $\sum\limits_{n=1}^{\infty}(-1)^n\dfrac{1}{n}$ 收敛，所以级数 $\sum\limits_{n=1}^{\infty}(-1)^n\dfrac{x^n}{n}$

条件收敛。

> **定理 2**　如果级数 $\sum\limits_{n=1}^{\infty}u_n$ 绝对收敛，那么级数 $\sum\limits_{n=1}^{\infty}u_n$ 必定收敛。

证明　令　　　　$v_n = \dfrac{1}{2}(u_n + |u_n|)\ (n=1,2,\cdots)$。

显然 $v_n \geqslant 0$ 且 $v_n \leqslant |u_n|\ (n=1,2,\cdots)$。因级数 $\displaystyle\sum_{n=1}^{\infty} |u_n|$ 收敛，故

由比较审敛法知，级数 $\displaystyle\sum_{n=1}^{\infty} v_n$ 收敛，从而级数 $\displaystyle\sum_{n=1}^{\infty} 2v_n$ 也收敛。而

$u_n = 2v_n - |u_n|$，由收敛级数的基本性质可知

$$\sum_{n=1}^{\infty} u_n = \sum_{n=1}^{\infty} 2v_n - \sum_{n=1}^{\infty} |u_n|,$$

所以级数 $\displaystyle\sum_{n=1}^{\infty} u_n$ 收敛。

注　对于一般的级数 $\displaystyle\sum_{n=1}^{\infty} u_n$，如果用正项级数的审敛法判定级

数 $\displaystyle\sum_{n=1}^{\infty} |u_n|$ 收敛，那么此级数收敛。

如果级数 $\displaystyle\sum_{n=1}^{\infty} |u_n|$ 发散，不能判定级数 $\displaystyle\sum_{n=1}^{\infty} u_n$ 也发散。但是，如

果用比值审敛法或根值审敛法根据 $\displaystyle\lim_{n\to\infty} \left| \dfrac{u_{n+1}}{u_n} \right| = \rho > 1$ 或 $\displaystyle\lim_{n\to\infty} \sqrt[n]{|u_n|} = \rho > 1$

判定级数 $\displaystyle\sum_{n=1}^{\infty} |u_n|$ 发散，那么可以判定级数 $\displaystyle\sum_{n=1}^{\infty} u_n$ 必定发散。

例 2　证明级数 $\displaystyle\sum_{n=1}^{\infty} (-1)^n \dfrac{n}{n+1}$ 发散。

证明　由于 $\displaystyle\lim_{n\to\infty} \left| (-1)^n \dfrac{n}{n+1} \right| = 1 \neq 0$，故原级数发散。

例 3　判断级数 $\displaystyle\sum_{n=1}^{\infty} \dfrac{\sin n\alpha}{n^2}$ 的敛散性。

解　由于 $\left| \dfrac{\sin n\alpha}{n^2} \right| \leqslant \dfrac{1}{n^2}$，而级数 $\displaystyle\sum_{n=1}^{\infty} \dfrac{1}{n^2}$ 是收敛的，所以

$\displaystyle\sum_{n=1}^{\infty} \left| \dfrac{\sin n\alpha}{n^2} \right|$ 是收敛的，因此，级数 $\displaystyle\sum_{n=1}^{\infty} \dfrac{\sin n\alpha}{n^2}$ 是收敛的，且为绝对

收敛。

例 4　证明级数 $\displaystyle\sum_{n=1}^{\infty} (-1)^n \sin \dfrac{2}{n}$ 为条件收敛。

证明　由于 $\displaystyle\lim_{n\to\infty} \left| \dfrac{(-1)^n \sin \dfrac{2}{n}}{\dfrac{2}{n}} \right| = 1$，而正项级数 $\displaystyle\sum_{n=1}^{\infty} \dfrac{2}{n}$ 发散，故

$\displaystyle\sum_{n=1}^{\infty}\left|\sin\dfrac{2}{n}\right|$ 发散，而数列 $\left\{\sin\dfrac{2}{n}\right\}$ 单调减少且 $\displaystyle\lim_{n\to\infty}\sin\dfrac{2}{n}=0$，由定

理 1 知交错级数 $\displaystyle\sum_{n=1}^{\infty}(-1)^{n}\sin\dfrac{2}{n}$ 收敛，且是条件收敛。

*12.3.3　一般常数项级数敛散性判别法

定理 3（阿贝尔判别法）　对于级数 $\displaystyle\sum_{n=1}^{\infty}a_{n}b_{n}$，如果满足：

（1）级数 $\displaystyle\sum_{n=1}^{\infty}b_{n}$ 收敛；

（2）数列 $\{a_{n}\}$ 单调有界，

则级数 $\displaystyle\sum_{n=1}^{\infty}a_{n}b_{n}$ 收敛。

证明　由级数 $\displaystyle\sum_{n=1}^{\infty}b_{n}$ 收敛，根据柯西准则，对任给正数 ε，存

在正数 N，使当 $n>N$ 时对任一正整数 p，都有

$$\left|\sum_{k=n+1}^{n+p}b_{k}\right|<\varepsilon。$$

又由于数列 $\{a_{n}\}$ 有界，所以存在 $M>0$，使 $|a_{n}|\leqslant M$，则

$$\left|\sum_{k=n+1}^{n+p}a_{k}b_{k}\right|<M\varepsilon。$$

这就说明级数 $\displaystyle\sum_{n=1}^{\infty}a_{n}b_{n}$ 收敛。

定理 4（狄利克雷判别法）　对于级数 $\displaystyle\sum_{n=1}^{\infty}a_{n}b_{n}$，如果满足：

（1）级数 $\displaystyle\sum_{n=1}^{\infty}b_{n}$ 的部分和 B_{n} 有界；

（2）数列 $\{a_{n}\}$ 单调趋于零，

则级数 $\displaystyle\sum_{n=1}^{\infty}a_{n}b_{n}$ 收敛。

证明略。

习题 12.3

1. 设常数 $a>0$，级数 $\displaystyle\sum_{n=1}^{\infty}(-1)^{n}\left(1-\cos\dfrac{a}{n}\right)$ 的敛　散性为（　　）。

　　A. 发散　　　　　　　　　B. 绝对收敛

C. 条件收敛　　　D. 收敛性与 a 有关

2. 判断下列级数是否收敛。若收敛，指出是绝对收敛还是条件收敛。

(1) $\sum_{n=1}^{\infty} \dfrac{(-1)^n}{\sqrt{2n+1}}$;

(2) $\sum_{n=1}^{\infty} (-1)^{n-1} \dfrac{2n-1}{2^n}$;

(3) $\sum_{n=1}^{\infty} (-1)^n \dfrac{\sqrt{n}}{n-1}$;

(4) $\sum_{n=1}^{\infty} (-1)^n \dfrac{k+n}{n^2}$;

(5) $\sum_{n=1}^{\infty} \dfrac{\sin nx}{(2n+1)^2}$ (x 是常数);

(6) $\sum_{n=1}^{\infty} (-1)^{n+1} \left(\dfrac{1}{2^n} - \dfrac{1}{3^n} \right)$。

3. 判断下列级数是否收敛。如果是收敛的，是绝对收敛还是条件收敛。

(1) $\sum_{n=1}^{\infty} \dfrac{(-1)^{n-1}}{\sqrt{n}}$;

(2) $\sum_{n=1}^{\infty} (-1)^{n-1} \dfrac{1}{3} \cdot \dfrac{1}{2^n}$。

4. 判断 $\sum_{n=1}^{\infty} \dfrac{\sin n\alpha}{2^n}$ 是否绝对收敛。

12.4　幂级数

12.4.1　函数项级数的概念

定义 1　设 $u_n(x)(n=1,2,\cdots)$ 是定义在实数集 X 上的函数，称级数 $\sum_{n=1}^{\infty} u_n(x)$ 是**函数项级数**，并称 $S_n(x) = \sum_{k=1}^{n} u_k(x)$ 为级数 $\sum_{n=1}^{\infty} u_n(x)$ 的**部分和**。

定义 2　如果对于实数集 X 中的一点 x_0，常数项级数 $\sum_{n=1}^{\infty} u_n(x_0)$ 收敛，则称点 x_0 是函数项级数 $\sum_{n=1}^{\infty} u_n(x)$ 的**收敛点**；如果常数项级数 $\sum_{n=1}^{\infty} u_n(x_0)$ 发散，则称点 x_0 是函数项级数 $\sum_{n=1}^{\infty} u_n(x)$ 的**发散点**；收敛点的全体称为它的**收敛域**；发散点的全体称为它的**发散域**。

如果对于 X 中的任一点 x，级数 $\sum_{n=1}^{\infty} u_n(x)$ 收敛，则称函数项级数 $\sum_{n=1}^{\infty} u_n(x)$ **在 X 上收敛**；且对于每一个 $x \in X$，存在定义在 X 上的函数 $S(x)$，有 $\sum_{n=1}^{\infty} u_n(x) = S(x)$，称 $S(x)$ 为级数 $\sum_{n=1}^{\infty} u_n(x)$ 的**和函数**，这函数的定义域就是级数的收敛域。

把函数项级数 $\sum\limits_{n=1}^{\infty} u_n(x)$ 的前 n 项的部分和记作 $S_n(x)$，则在收敛域上有

$$\lim_{n\to\infty} S_n(x) = S(x)。$$

记 $r_n(x) = S(x) - S_n(x)$，$r_n(x)$ 叫作**函数项级数的余项**，并有 $\lim\limits_{n\to\infty} r_n(x) = 0$。

12.4.2　幂级数的概念

定义 3　形如

$$\sum_{n=0}^{\infty} a_n(x-x_0)^n = a_0 + a_1(x-x_0) + a_2(x-x_0)^2 + \cdots + a_n(x-x_0)^n + \cdots$$

的函数项级数，称为 $x-x_0$ 的**幂级数**，其中 $a_0, a_1, \cdots, a_n, \cdots$ 都是常数，称为**幂级数的系数**。

当 $x_0 = 0$ 时，形如

$$\sum_{n=0}^{\infty} a_n x^n = a_0 + a_1 x + a_2 x^2 + \cdots + a_n x^n + \cdots$$

的函数项级数，称为 x 的**幂级数**。

注　x 的幂级数在 $x = 0$ 处都收敛。

例如，函数项级数 $\sum\limits_{n=0}^{\infty} x^n = 1 + x + x^2 + \cdots + x^n + \cdots$ 是一个 x 的幂级数。

令 $t = x - x_0$ 时，$x - x_0$ 的幂级数转化为 x 的幂级数，所以下面主要讨论 x 的幂级数。

12.4.3　幂级数的收敛性

对于一个一般的幂级数，首先讨论它的收敛域与发散域是怎样的，即 x 取数轴上哪些点时幂级数收敛，取哪些点时幂级数发散。

定理 1（阿贝尔定理）　幂级数 $\sum\limits_{n=0}^{\infty} a_n x^n$ 在点 $x = \xi$ 收敛，那么适合不等式 $|x| < |\xi|$ 内的一切 x 使这幂级数绝对收敛，又若 $\sum\limits_{n=0}^{\infty} a_n x^n$ 在点 $x = \xi$ 发散，那么适合不等式 $|x| > |\xi|$ 内的一切 x 使这幂级数发散。

　　证明　设 ξ 是幂级数 $\sum\limits_{n=0}^{\infty} a_n x^n$ 的收敛点，即级数

$$a_0 + a_1\xi + a_2\xi^2 + \cdots + a_n\xi^n + \cdots$$

收敛。根据级数收敛的必要条件，这时有 $\lim\limits_{n\to\infty} a_n\xi^n = 0$，于是存在一个常数 M，使得

$$|a_n\xi^n| \leqslant M \quad (n = 0, 1, 2, \cdots)。$$

这样级数 $\sum\limits_{n=0}^{\infty} a_n x^n$ 的一般项的绝对值

$$|a_n x^n| = \left| a_n\xi^n \cdot \frac{x^n}{\xi^n} \right| = |a_n\xi^n| \cdot \left| \frac{x^n}{\xi^n} \right| \leqslant M \left| \frac{x}{\xi} \right|^n。$$

因为当 $|x| < |\xi|$ 时，等比级数 $\sum\limits_{n=1}^{\infty} M \left| \frac{x}{\xi} \right|^n$ 收敛$\left(\text{公比} \left| \frac{x}{\xi} \right| < 1\right)$，

所以级数 $\sum\limits_{n=0}^{\infty} |a_n x^n|$ 收敛，也就是级数 $\sum\limits_{n=0}^{\infty} a_n x^n$ 绝对收敛。

　　定理的第二部分可用反证法证明。假设幂级数当 $x = \xi$ 时发散而有一点 x_1 适合 $|x_1| > |\xi|$ 使级数收敛，则根据本定理的第一部分，级数当 $x = \xi$ 时应收敛，这与假设矛盾。定理得证。

　　注意：

　　（1）如果幂级数在 $x = \xi$ 处收敛，那么对于开区间 $(-|\xi|, |\xi|)$ 内的任何 x，幂级数都收敛；如果幂级数在 $x = \xi$ 处发散，那么对于闭区间 $[-|\xi|, |\xi|]$ 外的任何 x，幂级数都发散。

　　（2）幂级数 $\sum\limits_{n=0}^{\infty} a_n x^n$ 的收敛点与发散点在数轴上不能混杂交错出现，那么数轴上必存在两个点 $x_0 - R$ 和 $x_0 + R$，它们是幂级数 $\sum\limits_{n=0}^{\infty} a_n x^n$ 的收敛点集和发散点集的分界点。

　　推论　如果幂级数 $\sum\limits_{n=0}^{\infty} a_n x^n$ 不是仅在 $x = 0$ 一点收敛，也不是在整个数轴上都收敛，那么必有一个确定的正数 R 存在，使得

　　（1）当 $|x| < R$ 时，幂级数绝对收敛；

　　（2）当 $|x| > R$ 时，幂级数发散；

　　（3）当 $x = R$ 与 $x = -R$ 时，幂级数可能收敛也可能发散。

　　称此正数 R 为幂级数 $\sum\limits_{n=0}^{\infty} a_n x^n$ 的**收敛半径**。开区间 $(-R, R)$ 称为幂级数 $\sum\limits_{n=0}^{\infty} a_n x^n$ 的**收敛区间**。将 $x = -R$ 和 $x = R$ 时对应的两个常

数项级数的敛散性加以讨论，便可得到幂级数的**收敛域**，幂级数的收敛域可能是$(-R,R)$、$(-R,R]$、$[-R,R)$或$[-R,R]$。

如果幂级数$\sum\limits_{n=0}^{\infty}a_n x^n$只在$x=0$处收敛，这时收敛域只有一点$x=0$，但为了方便起见，规定这时收敛半径$R=0$；如果幂级数$\sum\limits_{n=0}^{\infty}a_n x^n$对一切$x$都收敛，则规定收敛半径$R=+\infty$，这时收敛域是$(-\infty,+\infty)$。

关于幂级数的收敛半径的求法，有下面的定理。

定理2　如果

$$\lim_{n\to\infty}\left|\frac{a_{n+1}}{a_n}\right|=\rho,$$

其中，a_n，a_{n+1}是幂级数$\sum\limits_{n=0}^{\infty}a_n x^n$的相邻两项的系数，那么这幂级数的收敛半径

$$R=\begin{cases}+\infty, & \rho=0,\\ \dfrac{1}{\rho}, & \rho\neq 0,\\ 0, & \rho=+\infty。\end{cases}$$

证明　考察幂级数$\sum\limits_{n=0}^{\infty}a_n x^n$的各项取绝对值所成的级数

$$\sum_{n=0}^{\infty}|a_n x^n|=|a_0|+|a_1 x|+|a_2 x^2|+\cdots+|a_n x^n|+\cdots,$$

这级数相邻两项之比为

$$\left|\frac{a_{n+1}x^{n+1}}{a_n x^n}\right|=\left|\frac{a_{n+1}}{a_n}\right||x|。$$

（1）如果$\lim\limits_{n\to\infty}\left|\dfrac{a_{n+1}}{a_n}\right|=\rho(\rho\neq 0)$存在，根据比值审敛法，那么当$\rho|x|<1$即$|x|<\dfrac{1}{\rho}$时，级数$\sum\limits_{n=0}^{\infty}|a_n x^n|$收敛，从而级数$\sum\limits_{n=0}^{\infty}a_n x^n$绝对收敛；当$\rho|x|>1$即$|x|>\dfrac{1}{\rho}$时，级数$\sum\limits_{n=0}^{\infty}|a_n x^n|$发散并且从某一个$n$开始

$$|a_{n+1}x^{n+1}|>|a_n x^n|,$$

因此一般项$|a_n x^n|$不能趋于零，所以$a_n x^n$也不能趋于零，从而级数$\sum\limits_{n=0}^{\infty}a_n x^n$发散。于是收敛半径$R=\dfrac{1}{\rho}$。

（2）如果 $\rho=0$，那么对任何 $x\neq0$，有 $\dfrac{|a_{n+1}x^{n+1}|}{|a_n x^n|}\to0(n\to\infty)$，

所以级数 $\sum\limits_{n=0}^{\infty}|a_n x^n|$ 收敛，从而级数 $\sum\limits_{n=0}^{\infty}a_n x^n$ 绝对收敛。于是 $R=+\infty$。

（3）如果 $\rho=+\infty$，那么对于除 $x=0$ 外的其他一切 x 值，级数 $\sum\limits_{n=0}^{\infty}a_n x^n$ 必发散，否则由定理 1 知道将有点 $x\neq0$ 使级数 $\sum\limits_{n=0}^{\infty}|a_n x^n|$ 收敛。于是 $R=0$。

例 1 求幂级数 $\sum\limits_{n=1}^{\infty}nx^n$ 的收敛域。

解 由于 $R=\lim\limits_{n\to\infty}\left|\dfrac{a_n}{a_{n+1}}\right|=\lim\limits_{n\to\infty}\left|\dfrac{n}{n+1}\right|=1$，当 $x=1$ 时，级数为 $\sum\limits_{n=1}^{\infty}n$，此级数发散；当 $x=-1$ 时，级数为 $\sum\limits_{1}^{\infty}(-1)^n n$，此级数发散。故级数的收敛域为 $(-1,1)$。

例 1 的 Maple 源程序
```
> #example1
> R:= > limit((n/(n+1)),n=infinity);
                    R:=1
```

例 2 求幂级数 $\sum\limits_{n=1}^{\infty}n!x^n$ 的收敛区间。

解 因为 $\rho=\lim\limits_{n\to\infty}\left|\dfrac{(n+1)!}{n!}\right|=+\infty$，所以收敛半径 $R=0$，即级数仅在点 $x=0$ 处收敛。

例 2 的 Maple 源程序
```
> #example2
> limit(((n+1)!/n!),n=infinity);
                    ∞
```

例 3 求幂级数 $\sum\limits_{n=0}^{\infty}\dfrac{(2n)!}{(n!)^2}x^{2n}$ 的收敛半径。

解 级数缺少奇次幂的项，定理 2 不能直接应用。根据比值审敛法求收敛半径

$$\lim_{n \to \infty} \left| \frac{\dfrac{[2(n+1)]!}{[(n+1)!]^2}x^{2(n+1)}}{\dfrac{(2n)!}{(n!)^2}x^{2n}} \right| = 4\,|\,x\,|^2,$$

当 $4\,|\,x\,|^2 < 1$ 即 $|\,x\,| < \dfrac{1}{2}$ 时，级数收敛；当 $4\,|\,x\,|^2 > 1$ 即 $|\,x\,| > \dfrac{1}{2}$ 时，级数发散。所以收敛半径 $R = \dfrac{1}{2}$。

例 3 的 Maple 源程序

```
> #example3
> limit(((((2*(n+1))!)/((n+1)!)^2)*(x^(2*(n+1)))/((((2
*n)!/(n!)^2)*(x^(2*n)))),n=infinity);
```
$$4x^2$$

例 4 求幂级数 $\displaystyle\sum_{n=1}^{\infty} \dfrac{(x-1)^n}{2^n \cdot n}$ 的收敛域。

解 令 $t = x-1$，上述级数变为 $\displaystyle\sum_{n=1}^{\infty} \dfrac{t^n}{2^n \cdot n}$。因为 $\rho = \lim\limits_{n \to \infty} \dfrac{|\,a_{n+1}\,|}{|\,a_n\,|} = \lim\limits_{n \to \infty} \dfrac{2^n \cdot n}{2^{n+1}(n+1)} = \dfrac{1}{2}$，所以收敛半径 $R = 2$。收敛区间为 $|\,t\,| < 2$，即 $-1 < x < 3$。

当 $x = -1$ 时，级数为 $\displaystyle\sum_{n=1}^{\infty} \dfrac{(-1)^n}{n}$，级数收敛；当 $x = 3$ 时，级数称为 $\displaystyle\sum_{n=1}^{\infty} \dfrac{1}{n}$，级数发散。因此原级数的收敛域为 $[-1,3)$。

例 4 的 Maple 源程序

```
> #example4
> limit((2^n)*n/((2^(n+1)*(n+1))),n=infinity);
```
$$\frac{1}{2}$$

12.4.4 幂级数的运算

设幂级数

$$\sum_{n=0}^{\infty} a_n x^n = a_0 + a_1 x + a_2 x^2 + \cdots + a_n x^n + \cdots$$

及

$$\sum_{n=0}^{\infty} b_n x^n = b_0 + b_1 x + b_2 x^2 + \cdots + b_n x^n + \cdots$$

的收敛半径分别为 R_1，R_2，记 $R = \min\{R_1, R_2\}$，则在 $(-R, R)$ 内可以进行以下的四则运算：

加法

$$(a_0 + a_1 x + a_2 x^2 + \cdots + a_n x^n + \cdots) + (b_0 + b_1 x + b_2 x^2 + \cdots + b_n x^n + \cdots)$$
$$= (a_0 + b_0) + (a_1 + b_1) x + (a_2 + b_2) x^2 + \cdots + (a_n + b_n) x^n + \cdots 。$$

减法

$$(a_0 + a_1 x + a_2 x^2 + \cdots + a_n x^n + \cdots) - (b_0 + b_1 x + b_2 x^2 + \cdots + b_n x^n + \cdots)$$
$$= (a_0 - b_0) + (a_1 - b_1) x + (a_2 - b_2) x^2 + \cdots + (a_n - b_n) x^n + \cdots 。$$

乘法

$$(a_0 + a_1 x + a_2 x^2 + \cdots + a_n x^n + \cdots)(b_0 + b_1 x + b_2 x^2 + \cdots + b_n x^n + \cdots)$$
$$= a_0 b_0 + (a_0 b_1 + a_1 b_0) x + (a_0 b_2 + a_1 b_1 + a_2 b_0) x^2 + \cdots +$$
$$(a_0 b_n + a_1 b_{n-1} + \cdots + a_n b_0) x^n + \cdots ,$$

这是两个幂级数的柯西乘积。

除法

$$\frac{a_0 + a_1 x + a_2 x^2 + \cdots + a_n x^n + \cdots}{b_0 + b_1 x + b_2 x^2 + \cdots + b_n x^n + \cdots} = c_0 + c_1 x + c_2 x^2 + \cdots + c_n x^n + \cdots ,$$

这里假设 $b_0 \neq 0$。为了决定系数 $c_0, c_1, c_2, \cdots, c_n, \cdots$，可以将级数 $\sum_{n=0}^{\infty} b_n x^n$ 与 $\sum_{n=0}^{\infty} c_n x^n$ 相乘，并令乘积中各项的系数分别等于级数 $\sum_{n=0}^{\infty} a_n x^n$ 中同次幂的系数，即得

$$a_0 = b_0 c_0,$$
$$a_1 = b_1 c_0 + b_0 c_1,$$
$$\vdots$$

由这些方程可以顺序地求出 $c_0, c_1, c_2, \cdots, c_n, \cdots$。注意相除后所得的幂级数 $\sum_{n=0}^{\infty} c_n x^n$ 的收敛区间可能比原来两级数的收敛区间小得多。

关于幂级数的和函数有下列重要性质：

性质 1　设幂级数 $\sum_{n=0}^{\infty} a_n x^n$ 的收敛半径为 $R > 0$，和函数为 $S(x)$，则

（1）$S(x)$ 在收敛区间 $(-R, R)$ 内连续；

（2）$S(x)$ 在收敛区间 $(-R, R)$ 内可导，且逐项求导有

$$S'(x) = \left(\sum_{n=0}^{\infty} a_n x^n \right)' = \sum_{n=0}^{\infty} (a_n x^n)' = \sum_{n=1}^{\infty} n a_n x^{n-1},$$

（3）$S(x)$ 在收敛区间 $(-R,R)$ 内可积，且逐项积分有

$$\int_0^x S(t)\,\mathrm{d}t = \int_0^x \left(\sum_{n=0}^{\infty} a_n t^n \right)\mathrm{d}t = \sum_{n=0}^{\infty} \int_0^x a_n t^n \mathrm{d}t = \sum_{n=0}^{\infty} \frac{a_n}{n+1} x^{n+1}。$$

注 逐项积分和逐项求导后的幂级数的收敛半径仍为 R，但收敛区间端点的收敛性可能变化，即收敛区间不变，收敛域可能发生变化。

例5 求级数 $\displaystyle\sum_{n=1}^{\infty} \frac{2n-1}{2^n}$ 的和。

解 由于 $\displaystyle\sum_{n=1}^{\infty} \frac{2n-1}{2^n} = 2\sum_{n=1}^{\infty} (n+1)\left(\frac{1}{2}\right)^n - 3\sum_{n=1}^{\infty} \left(\frac{1}{2}\right)^n$，考虑幂级

数 $1 + \displaystyle\sum_{n=1}^{\infty} x^n = \frac{1}{1-x}$，收敛半径为 1，在 $(-1,1)$ 内逐项求导，得 $1 +$

$\displaystyle\sum_{n=1}^{\infty} (n+1)x^n = \frac{1}{(1-x)^2}$，令 $x = \frac{1}{2}$，有

$$\sum_{n=1}^{\infty} \left(\frac{1}{2}\right)^n = 1, \quad \sum_{n=1}^{\infty} (n+1)\left(\frac{1}{2}\right)^n = 3。$$

所以 $\displaystyle\sum_{n=1}^{\infty} \frac{2n-1}{2^n} = 3$。

例 5 的 Maple 源程序

```
> #example5
> sum((2*n-1)/(2^n),n=1..infinity);
                    3
```

例6 求幂级数 $\displaystyle\sum_{n=1}^{\infty} nx^{n-1}$ 的和函数，并求级数 $\displaystyle\sum_{n=0}^{\infty} \frac{n}{3^n}$ 的和。

解 因为 $\rho = \displaystyle\lim_{n \to \infty} \frac{|a_{n+1}|}{|a_n|} = \lim_{n \to \infty} \frac{n+1}{n} = 1$，所以收敛半径 $R = 1$。

当 $x = -1$ 时，幂级数成为 $\displaystyle\sum_{n=1}^{\infty} [(-1)^{n-1} n]$，此级数发散；当

$x = 1$ 时，幂级数成为 $\displaystyle\sum_{n=1}^{\infty} n$，此级数发散，因此收敛域为 $(-1,1)$。

设幂级数 $\displaystyle\sum_{n=1}^{\infty} nx^{n-1}$ 的和函数为 $S(x)$，即

$$S(x) = \sum_{n=1}^{\infty} nx^{n-1} \quad (-1 < x < 1)。$$

对上式从 0 到 x 积分，得

$$\int_0^x S(t)\,dt = \sum_{n=1}^{\infty} \int_0^x nt^{n-1}\,dt = \sum_{n=1}^{\infty} x^n = \frac{x}{1-x} \quad (-1 < x < 1)。$$

对上式两边求导，得

$$S(x) = \left(\frac{x}{1-x}\right)' = \frac{1}{(1-x)^2} \quad (-1 < x < 1)。$$

令 $x = \dfrac{1}{3}$，则 $S\left(\dfrac{1}{3}\right) = \sum_{n=1}^{\infty}\left[n\left(\dfrac{1}{3}\right)^{n-1}\right] = \dfrac{9}{4}$，所以

$$\sum_{n=1}^{\infty} \frac{n}{3^n} = \frac{1}{3}\sum_{n=1}^{\infty}\left[n\left(\frac{1}{3}\right)^{n-1}\right] = \frac{3}{4}。$$

例 6 的 Maple 源程序

```
> #example6
> sum(n * x^(n-1),n=1..infinity);
```
$$\frac{1}{(x-1)^2}$$
```
> sum(n/3^n,n=1..infinity);
```
$$\frac{3}{4}$$

习题 12.4

1. 求下列幂级数的收敛域。

（1）$\displaystyle\sum_{n=0}^{\infty} nx^{n+1}$；

（2）$\displaystyle\sum_{n=0}^{\infty} (-1)^n \frac{x^n}{n+1}$；

（3）$\displaystyle\sum_{n=0}^{\infty} \frac{3^n}{n+1}x^n$；

（4）$\displaystyle\sum_{n=0}^{\infty} \frac{(x-3)^n}{n^2+1}$；

（5）$\displaystyle\sum_{n=1}^{\infty} (-1)^n \frac{x^{2n+1}}{2n+1}$；

（6）$\displaystyle\sum_{n=1}^{\infty} \frac{(x-5)^n}{\sqrt{n}}$。

2. 试确定下列幂级数的收敛半径。

（1）$\displaystyle\sum_{n=1}^{\infty} \frac{x^n}{n(n+1)}$；

（2）$\displaystyle\sum_{n=0}^{\infty} \frac{n}{n+1}x^n$；

（3）$\displaystyle\sum_{n=0}^{\infty} \frac{1}{n+\sqrt{n}}x^n$；

（4）$\displaystyle\sum_{n=1}^{\infty} \frac{(n!)^2}{(2n)!}x^n$。

3. 利用逐项求导或逐项积分，求下列幂级数的和函数。

（1）$\displaystyle\sum_{n=0}^{\infty} \frac{x^{2n+1}}{2n+1}$；

（2）$\displaystyle\sum_{n=1}^{\infty} (-1)^{n-1}\frac{x^{n-1}}{n}$；

（3）$\displaystyle\sum_{n=1}^{\infty} nx^{n-1}$；

（4）$\displaystyle\sum_{n=1}^{\infty} (n+2)x^{n+3}$。

12.5 函数展开成幂级数

幂级数不仅形式简单，而且有很多特殊的性质，这时我们考虑能否把一个函数表示成幂级数。

12.5.1　泰勒级数

假设函数 $f(x)$ 在某点 x_0 及其某一邻域 $(x_0-\delta, x_0+\delta)$ 内能表示为幂级数，也就是说在 $(x_0-\delta, x_0+\delta)$ 内恒有

$$f(x) = a_0 + a_1(x-x_0) + a_2(x-x_0)^2 + \cdots,$$

那么在这个邻域内必须有任意阶导数，并且

$$f^{(n)}(x) = n! a_n + \frac{(n+1)!}{1!} a_{n+1}(x-x_0) + \cdots。$$

令 $x = x_0$，即得

$$f(x_0) = a_0, \quad f'(x_0) = 1! a_1, \quad f''(x_0) = 2! a_2, \cdots,$$

所以函数 $f(x)$ 在点 x_0 的幂级数展开式的系数为

$$a_0 = f(x_0), a_1 = \frac{f'(x_0)}{1!}, a_2 = \frac{f''(x_0)}{2!}, \cdots。$$

这时 $f(x) = f(x_0) + f'(x_0)(x-x_0) + \dfrac{f''(x_0)}{2!}(x-x_0)^2 + \cdots + \dfrac{f^{(n)}(x_0)}{n!}(x-x_0)^n + \cdots$。

> **定义 1**（泰勒级数）　设函数 $f(x)$ 在点 x_0 有任意阶导数，则称
>
> $$\sum_{n=0}^{\infty} \frac{f^{(n)}(x_0)}{n!}(x-x_0)^n = f(x_0) + f'(x_0)(x-x_0) +$$
>
> $$\frac{f''(x_0)}{2!}(x-x_0)^2 + \cdots + \frac{f^{(n)}(x_0)}{n!}(x-x_0)^n + \cdots$$
>
> 为 $f(x)$ 在 x_0 处的**泰勒级数**。当 $x_0 = 0$ 时称为**麦克劳林级数**。

要注意的是上面的运算是在假定 $f(x)$ 可以表示成幂级数的前提下。那么在什么样的情况下，一个任意阶可导的函数能够表示成一个幂级数呢?

> **定理 1**　设函数 $f(x)$ 在 $(x_0-\delta, x_0+\delta)$ 内具有各阶导数，则 $f(x)$ 在该区间内能展开成泰勒级数的充分必要条件是在 $(x_0-\delta, x_0+\delta)$ 内 $f(x)$ 的泰勒公式中的余项 $R_n(x)$，即
>
> $$R_n(x) = f(x) - \left[f(x_0) + f'(x_0)(x-x_0) + \frac{f''(x_0)}{2!}(x-x_0)^2 + \cdots + \right.$$
>
> $$\left. \frac{f^{(n)}(x_0)}{n!}(x-x_0)^n \right],$$
>
> 当 $n \to \infty$ 时的极限为零，即
>
> $$\lim_{n \to \infty} R_n(x) = 0, \quad x \in (x_0-\delta, x_0+\delta)。$$

证明　$f(x)$ 的 n 阶泰勒公式为 $f(x)=p_n(x)+R_n(x)$，其中

$$p_n(x)=f(x_0)+f'(x_0)(x-x_0)+\frac{f''(x_0)}{2!}(x-x_0)^2+\cdots+$$

$$\frac{f^{(n)}(x_0)}{n!}(x-x_0)^n$$

叫作函数 $f(x)$ 的 n 次泰勒多项式，而 $R_n(x)=f(x)-p_n(x)$ 就是定理中所指的余项。

由于 n 次泰勒多项式 $p_n(x)$ 就是级数 $\sum\limits_{n=0}^{\infty}\frac{f^{(n)}(x_0)}{n!}(x-x_0)^n$ 的前 $n+1$ 项部分和，根据级数收敛的定义，有

$$\sum_{n=0}^{\infty}\frac{f^{(n)}(x_0)}{n!}(x-x_0)^n, \quad x\in(x_0-\delta,x_0+\delta)$$

$$\Leftrightarrow \lim_{n\to\infty}p_n(x)=f(x), \quad x\in(x_0-\delta,x_0+\delta)$$

$$\Leftrightarrow \lim_{n\to\infty}[f(x)-p_n(x)]=0, \quad x\in(x_0-\delta,x_0+\delta)$$

$$\Leftrightarrow \lim_{n\to\infty}R_n(x)=0, \quad x\in(x_0-\delta,x_0+\delta)。$$

注：当满足定理 1 的条件时，$f(x)$ 能展开成泰勒级数，即

$$f(x)=f(x_0)+f'(x_0)(x-x_0)+\frac{f''(x_0)}{2!}(x-x_0)^2+\cdots+$$

$$\frac{f^{(n)}(x_0)}{n!}(x-x_0)^n+\cdots,$$

称上式为函数 $f(x)$ 在 x_0 处的**泰勒展开式**。

特别地，当 $x_0=0$ 时，如果函数 $f(x)$ 在 $(-\delta,\delta)$ 内能展开成麦克劳林级数，即

$$f(x)=f(0)+f'(0)x+\frac{f''(0)}{2!}x^2+\cdots+\frac{f^{(n)}(0)}{n!}x^n+\cdots,$$

称上式为函数 $f(x)$ 的**麦克劳林展开式**。

例 1　考察函数 $f(x)=\ln(1+x)$ 在点 $x=0$ 处的泰勒级数。

解　由函数 $f(x)$ 在 $x=0$ 处无限次可导，求得 $f^{(n)}(x)=(-1)^{n-1}\dfrac{(n-1)!}{(1+x)^n}$，则 $f^{(n)}(0)=(-1)^{n-1}(n-1)!$，其泰勒级数为

$x-\dfrac{x^2}{2}+\dfrac{x^3}{3}-\dfrac{x^4}{4}+\cdots+(-1)^{n-1}\dfrac{x^n}{n}+\cdots$，该幂级数的收敛域为 $(-1,1]$，且在收敛区间 $(-1,1]$ 内有

$$\ln(1+x)=x-\frac{x^2}{2}+\frac{x^3}{3}-\frac{x^4}{4}+\cdots+(-1)^{n-1}\frac{x^n}{n}+\cdots。$$

例 1 的 Maple 源程序

```
> #example1
> taylor(ln(1+x),x=0,15);
```

$$x - \frac{1}{2}x^2 + \frac{1}{3}x^3 - \frac{1}{4}x^4 + \frac{1}{5}x^5 - \frac{1}{6}x^6 + \frac{1}{7}x^7 - \frac{1}{8}x^8 + \frac{1}{9}x^9 - \frac{1}{10}x^{10} + \frac{1}{11}x^{11} -$$

$$\frac{1}{12}x^{12} + \frac{1}{13}x^{13} - \frac{1}{14}x^{14} + O(x^{15})$$

例 2　考察函数 $f(x) = \begin{cases} e^{-\frac{1}{x^2}}, & x \neq 0, \\ 0, & x = 0 \end{cases}$ 在点 $x = 0$ 处的泰勒级数。

解　由于函数 $f(x)$ 在点 $x = 0$ 处无限次可导且有 $f^{(n)}(0) = 0$，因此其泰勒级数为常数 0，即泰勒级数在 $(-\infty, +\infty)$ 内处处收敛。但除了点 $x = 0$ 外，函数 $f(x)$ 和其泰勒级数并不相等。

注意：（1）若在点 x_0 的某邻域内 $f(x) = \sum_{n=0}^{\infty} a_n(x - x_0)^n$，则 $f(x)$ 在点 x_0 无限次可导且级数 $\sum_{n=0}^{\infty} a_n(x - x_0)^n$ 必为函数 $f(x)$ 在点 x_0 的泰勒级数。

（2）对于在点 x_0 处无限次可导的函数 $f(x)$，其泰勒级数可能除点 $x = x_0$ 外均发散，即便在点 x_0 的某邻域内其泰勒级数收敛，和函数也未必就是 $f(x)$。由此可见，不同的函数可能会有完全相同的泰勒级数。

（3）若幂级数 $\sum_{n=0}^{\infty} a_n(x - x_0)^n$ 在点 x_0 的某邻域内收敛于函数 $f(x)$，则该幂级数就是函数 $f(x)$ 在点 x_0 的泰勒级数。

为了考察函数能否展开成幂级数，需要考察余项 $R_n(x)$，下面给出几个常见的余项形式。

佩亚诺型余项　$R_n(x) = o((x - x_0)^n)$。

拉格朗日型余项　$R_n(x) = \dfrac{f^{(n+1)}(\xi)}{(n+1)!}(x - x_0)^{n+1}$，$\xi$ 介于 x 与 x_0 之间，或

$$R_n(x) = \frac{f^{(n+1)}(x_0 + \theta(x - x_0))}{(n+1)!}(x - x_0)^{n+1}, \quad 0 < \theta < 1。$$

12.5.2　函数展开成幂级数的方法

1. 直接展开法

将函数 $f(x)$ 展开成 x 的幂级数的具体步骤：

（1）求出函数 $f(x)$ 在 $x=x_0$ 处的各阶导数值 $f^{(n)}(x_0)(n=0,1,$ $2,\cdots)$，如果函数的某阶导数不存在，那么函数不能展开。

（2）利用上式直接写出幂级数

$$f(0)+f'(0)x+\frac{f''(0)}{2!}x^2+\cdots+\frac{f^{(n)}(0)}{n!}x^n+\cdots,$$

并求出收敛半径 R。

（3）考察在收敛区间 (x_0-R,x_0+R) 内，当 $n\to\infty$ 时余项 $R_n(x)$ 的极限（一般采用拉格朗日型余项 $\lim\limits_{n\to\infty}R_n(x)=\lim\limits_{n\to\infty}\dfrac{f^{(n+1)}(\xi)}{(n+1)!}(x-x_0)^{n+1}$，

ξ 介于 x 与 x_0 之间）是否为零。若为零，则幂级数的和函数在此收敛区间 (x_0-R,x_0+R) 等于函数 $f(x)$，即

$$f(x)=\sum_{n=0}^{\infty}\frac{f^{(n)}(x_0)}{n!}(x-x_0)^n,\quad x\in(x_0-R,x_0+R)。$$

若余项 $R_n(x)$ 的极限不为 0，幂级数虽然收敛，但和函数 $S_n(x)$ 不等于函数 $f(x)$。

（4）当 $0<R<+\infty$ 时，检查泰勒级数在收敛区间 (x_0-R,x_0+R) 端点 $x=x_0\pm R$ 处的敛散性。若级数

$$\sum_{n=0}^{\infty}\frac{f^{(n)}(x_0)}{n!}R^n\left(或\sum_{n=0}^{\infty}\frac{f^{(n)}(x_0)}{n!}(-R)^n\right)$$

收敛，且 $f(x)$ 在 x_0+R 处左连续（或在 x_0-R 处右连续），则上式在 x_0+R（或 x_0-R）处也成立；否则，$f(x)$ 只在收敛区间 (x_0-R,x_0+R) 内成立。

例 3　将函数 $f(x)=\mathrm{e}^x$ 展开成 x 的幂级数。

解　　$f^{(n)}(x)=\mathrm{e}^x,\quad f^{(n)}(0)=1(n=0,1,2,\cdots),$

幂级数为　　　　　　　$1+x+\dfrac{x^2}{2!}+\cdots+\dfrac{x^n}{n!}+\cdots,$

$$\rho=\lim_{n\to\infty}\left|\frac{a_{n+1}}{a_n}\right|=\lim_{n\to\infty}\left|\frac{1}{(n+1)!}n!\right|=\lim_{n\to\infty}\frac{1}{n+1}=0,$$

故 $R=+\infty$。

对任何有限的数 x 与 ξ，余项 $R_n(x)=\dfrac{\mathrm{e}^{\xi}}{(n+1)!}x^{n+1}$，$\xi$ 介于 0 与 x 之间。

$$0\leqslant|R_n(x)|=\left|\frac{\mathrm{e}^{\xi}}{(n+1)!}x^{n+1}\right|<\frac{\mathrm{e}^{|x|}}{(n+1)!}|x|^{n+1}。$$

因为级数 $\sum\limits_{n=0}^{\infty}\dfrac{|x|^{n+1}}{(n+1)!}$ 的收敛半径为 $R=+\infty$，所以级数 $\sum\limits_{n=0}^{\infty}\dfrac{|x|^{n+1}}{(n+1)!}$

收敛；根据级数收敛的必要条件得 $\lim\limits_{n\to\infty}\dfrac{|x|^{n+1}}{(n+1)!}=0$，而 $\mathrm{e}^{|x|}$ 有限，

则 $\lim\limits_{n\to\infty}\dfrac{\mathrm{e}^{|x|}}{(n+1)!}|x|^{n+1}=0$，根据夹逼准则，$\lim\limits_{n\to\infty}|R_n(x)|=0$，故 $\lim\limits_{n\to\infty}R_n(x)=0$，所以

$$\mathrm{e}^x=1+x+\frac{x^2}{2!}+\cdots+\frac{x^n}{n!}+\cdots,\quad x\in(-\infty,+\infty)。$$

例 3 的 Maple 源程序

```
> #example3
> taylor(e^x,x);
```
$$1+\ln(e)x+\frac{1}{2}\ln(e^2)x^2+\frac{1}{6}\ln(e^3)x^3+\frac{1}{24}\ln(e^4)x^4+\frac{1}{120}\ln(e^5)x^5+$$
$$\mathrm{O}(x^6)$$

例 4　将函数 $f(x)=\sin x$ 展开成 x 的幂级数。

解　$f^{(n)}(x)=\sin\left(x+\dfrac{n\pi}{2}\right)(n=0,1,2,\cdots)$，

$$f^{(n)}(0)=\sin\left(\frac{n\pi}{2}\right)=\begin{cases}0, & n=0,2,4,\cdots,\\ (-1)^{\frac{n-1}{2}}, & n=1,3,5,\cdots;\end{cases}$$

幂级数为 $x-\dfrac{x^3}{3!}+\dfrac{x^5}{5!}-\cdots+(-1)^n\dfrac{x^{2n+1}}{(2n+1)!}+\cdots$，收敛半径为 $R=+\infty$；

对任何有限的数 x 与 ξ，有

$$0\leqslant|R_n(x)|=\left|\frac{\sin\left[\xi+\dfrac{(n+1)\pi}{2}\right]}{(n+1)!}x^{n+1}\right|\leqslant\frac{|x|^{n+1}}{(n+1)!}$$

$$(\xi\text{ 介于 }0\text{ 与 }x\text{ 之间})。$$

由例 3 知，$\lim\limits_{n\to\infty}\dfrac{|x|^{n+1}}{(n+1)!}=0$，故 $\lim\limits_{n\to\infty}R_n(x)=0$；

所以，$\sin x=x-\dfrac{x^3}{3!}+\dfrac{x^5}{5!}-\cdots+(-1)^n\dfrac{x^{2n+1}}{(2n+1)!}+\cdots,\ x\in(-\infty,+\infty)。$

例 4 的 Maple 源程序

```
> #example4
> taylor(sin(x),x);
```
$$x-\frac{1}{6}x^3+\frac{1}{120}x^5+\mathrm{O}(x^7)$$

利用与例 3、例 4 相同的方法，可以得到下面两个常用函数的麦克劳林级数：

$$\cos x=1-\frac{x^2}{2!}+\frac{x^4}{4!}-\cdots+(-1)^n\frac{x^{2n}}{(2n)!}+\cdots,\quad x\in(-\infty,+\infty);$$

$$(1+x)^m = 1 + \frac{m}{1!}x + \frac{m(m-1)}{2!}x^2 + \cdots + \frac{m(m-1)\cdots(m-n+1)}{n!}x^n + \cdots,$$

$$x \in (-1, 1)。$$

特别地，当 $m = -1$ 时，$\dfrac{1}{1+x} = 1 - x + x^2 - \cdots + (-1)^n x^n + \cdots, \quad x \in (-1, 1)。$

2. 间接展开法

利用上述直接展开法得到的一些已知的函数展开式，通过变量代换、四则运算、逐项求导和逐项积分等方法将所给函数展开成幂级数。

例 5　将函数 $f(x) = \dfrac{1}{1-x}$ 展开成 x 的幂级数。

解　因为 $\dfrac{1}{1+x} = 1 - x + x^2 - \cdots + (-1)^n x^n + \cdots, \quad x \in (-1, 1),$

所以，　$\dfrac{1}{1-x} = \displaystyle\sum_{n=0}^{\infty} \left[(-1)^n (-x)^n \right] = \sum_{n=0}^{\infty} x^n, \quad x \in (-1, 1)。$

例 5 的 Maple 源程序

```
> #example5
> taylor(1/(1-x),x=0,15);
```
$$1 + x + x^2 + x^3 + x^4 + x^5 + x^6 + x^7 + x^8 + x^9 + x^{10} + x^{11} + x^{12} + x^{13} + x^{14} + O(x^{15})$$

例 6　将函数 $f(x) = \ln(1+x)$ 展开成 x 的幂级数。

解　$\dfrac{1}{1+x} = 1 - x + x^2 - \cdots + (-1)^n x^n + \cdots, \quad x \in (-1, 1),$

将上式从 0 到 x 逐项积分，得

$$\ln(1+x) = x - \frac{x^2}{2} + \frac{x^3}{3} - \cdots + (-1)^{n-1}\frac{x^n}{n} + \cdots = \sum_{n=1}^{\infty} (-1)^{n-1}\frac{x^n}{n},$$

$$x \in (-1, 1]。$$

例 6 的 Maple 源程序

```
> #example6
> taylor(ln(1+x),x);
```
$$x - \frac{1}{2}x^2 + \frac{1}{3}x^3 - \frac{1}{4}x^4 + \frac{1}{5}x^5 + O(x^6)$$

例 7　将函数 $f(x) = \dfrac{1}{x^2+4x+3}$ 展开成 $(x-1)$ 的幂级数。

解　$f(x) = \dfrac{1}{x^2+4x+3} = \dfrac{1}{(x+1)(x+3)} = \dfrac{1}{2(1+x)} - \dfrac{1}{2(3+x)}$

$$= \frac{1}{4\left(1+\dfrac{x-1}{2}\right)} - \frac{1}{8\left(1+\dfrac{x-1}{4}\right)}。$$

而

$$\frac{1}{4\left(1+\dfrac{x-1}{2}\right)} = \frac{1}{4}\sum_{n=0}^{\infty}\frac{(-1)^n}{2^n}(x-1)^n \quad (-1<x<3),$$

$$\frac{1}{8\left(1+\dfrac{x-1}{4}\right)} = \frac{1}{8}\sum_{n=0}^{\infty}\frac{(-1)^n}{4^n}(x-1)^n \quad (-3<x<5),$$

所以，$f(x) = \dfrac{1}{x^2+4x+3} = \displaystyle\sum_{n=0}^{\infty}(-1)^n\left(\dfrac{1}{2^{n+2}}-\dfrac{1}{2^{2n+3}}\right)(x-1)^n \; (-1<x<3)。$

例 7 的 Maple 源程序

```
> #example7
> Taylor(1/((x^2)+(4*x)+3),x=1,5);
```

$$\frac{1}{8} - \frac{3}{32}(x-1) + \frac{7}{128}(x-1)^2 - \frac{15}{512}(x-1)^3 + \frac{31}{2048}(x-1)^4 + O((x-1)^5)$$

　　从上面的讨论知道，一个函数是否可以展开为点 x_0 的幂级数，取决于它在 $x=x_0$ 处的各阶导数是否存在，以及当 $n\to\infty$ 时，余项 $R_n(x)$ 是否趋于 0。下面给出常见函数的泰勒级数。

$$e^x = 1+x+\frac{x^2}{2!}+\cdots+\frac{x^n}{n!}+\cdots = \sum_{n=0}^{\infty}\frac{x^n}{n!}, \quad -\infty<x<+\infty;$$

$$\sin x = x-\frac{x^3}{3!}+\frac{x^5}{5!}-\cdots+(-1)^n\frac{x^{2n+1}}{(2n+1)!}+\cdots = \sum_{n=0}^{\infty}(-1)^n\frac{x^{2n+1}}{(2n+1)!},$$
$$-\infty<x<+\infty;$$

$$\cos x = 1-\frac{x^2}{2!}+\frac{x^4}{4!}-\cdots+(-1)^n\frac{x^{2n}}{(2n)!}+\cdots = \sum_{n=0}^{\infty}(-1)^n\frac{x^{2n}}{(2n)!},$$
$$-\infty<x<+\infty;$$

$$\ln(1+x) = x-\frac{x^2}{2}+\frac{x^3}{3}-\cdots+(-1)^{n-1}\frac{x^n}{n}+\cdots = \sum_{n=1}^{\infty}(-1)^{n-1}\frac{x^n}{n},$$
$$x\in(-1,1];$$

$$\arctan x = x-\frac{x^3}{3}+\frac{x^5}{5}-\cdots+(-1)^n\frac{x^{2n+1}}{2n+1}+\cdots = \sum_{n=0}^{\infty}(-1)^n\frac{x^{2n+1}}{2n+1},$$
$$x\in[-1,1];$$

$$(1+x)^m = 1+\frac{m}{1!}x+\frac{m(m-1)}{2!}x^2+\cdots+\frac{m(m-1)\cdots(m-n+1)}{n!}x^n+\cdots,$$
$$x\in(-1,1)。$$

习题 12.5

1. 将下列函数展开成 x 的幂级数。

(1) $f(x) = e^{-x^2}$;

(2) $f(x)=\sqrt{1-x^2}$;

(3) $f(x)=\sin(a+x)$;

(4) $f(x)=\ln(a+x)\,(a>0)$ 。

2. 将下列函数展开成 $(x-1)$ 的幂级数，并求展开式成立的区间。

(1) $\sqrt{x^3}$;　　　　(2) $\lg x$ 。

3. 将函数 $f(x)=\dfrac{1}{x}$ 展开成 $(x-3)$ 的幂级数。

4. 将函数 $f(x)=\displaystyle\int_0^x e^{-t}\mathrm{d}t$ 展开成 x 的幂级数。

*12.6　函数的幂级数展开式的应用

12.6.1　近似计算

有了函数的幂级数展开式，就可用它来进行近似计算，即在展开式有效的区间上，函数值可以近似地利用这个级数按精确度要求计算出来。

例 1　计算 $\ln 2$ 的近似值，要求误差不超过 0.0001 。

解　$\ln(1+x)=x-\dfrac{x^2}{2}+\dfrac{x^3}{3}-\cdots+(-1)^{n-1}\dfrac{x^n}{n}+\cdots=\displaystyle\sum_{n=1}^{\infty}(-1)^{n-1}\dfrac{x^n}{n}$,

$x\in(-1,1]$ 中，令 $x=1$ ，得

$$\ln 2=1-\frac{1}{2}+\frac{1}{3}-\cdots+(-1)^{n-1}\frac{1}{n}+\cdots。$$

如果取该级数前 n 项的和作为 $\ln 2$ 的近似值，其误差为

$$|R_n|\leqslant\frac{1}{n+1}。$$

为了保证误差不超过 10^{-4} ，就需要取级数的前 10000 项进行计算。这样做计算量太大了，需用收敛较快的级数来代替它。

将式 $\ln(1+x)=x-\dfrac{x^2}{2}+\dfrac{x^3}{3}-\cdots+(-1)^{n-1}\dfrac{x^n}{n}+\cdots=\displaystyle\sum_{n=1}^{\infty}(-1)^{n-1}\dfrac{x^n}{n}$,

$x\in(-1,1]$ 中 x 换成 $-x$ ，得

$$\ln(1-x)=-x-\frac{x^2}{2}-\frac{x^3}{3}-\cdots-\frac{x^n}{n}-\cdots,\quad[-1,1)。$$

两式相减，得到不含有偶次幂的展开式

$$\ln(1+x)-\ln(1-x)=\ln\frac{1+x}{1-x}=2\left(x+\frac{1}{3}x^3+\frac{1}{5}x^5+\cdots\right)\quad(-1<x<1)。$$

令 $\dfrac{1+x}{1-x}=2$ ，解出 $x=\dfrac{1}{3}$ 。以 $x=\dfrac{1}{3}$ 代入最后一个展开式，得

$$\ln 2=2\left(\frac{1}{3}+\frac{1}{3}\cdot\frac{1}{3^3}+\frac{1}{5}\cdot\frac{1}{3^5}+\frac{1}{7}\cdot\frac{1}{3^7}+\cdots+\frac{1}{2n+1}\cdot\frac{1}{3^{2n+1}}+\cdots\right)。$$

取前四项作为 $\ln 2$ 的近似值，其误差为

$$|R_4| = 2\left(\frac{1}{9} \cdot \frac{1}{3^9} + \frac{1}{11} \cdot \frac{1}{3^{11}} + \frac{1}{13} \cdot \frac{1}{3^{13}} + \cdots + \frac{1}{2n+1} \cdot \frac{1}{3^{2n+1}} + \cdots\right)$$

$$< \frac{2}{3^{11}}\left[1 + \frac{1}{9} + \left(\frac{1}{9}\right)^2 + \cdots + \left(\frac{1}{9}\right)^n + \cdots\right]$$

$$= \frac{2}{3^{11}} \cdot \frac{1}{1 - \frac{1}{9}} = \frac{1}{4 \cdot 3^9} < \frac{1}{70000}\text{。}$$

于是取

$$\ln 2 \approx 2\left(\frac{1}{3} + \frac{1}{3} \cdot \frac{1}{3^3} + \frac{1}{5} \cdot \frac{1}{3^5} + \frac{1}{7} \cdot \frac{1}{3^7}\right)\text{。}$$

同样地，考虑到舍入误差，计算时应取五位小数：

$$\frac{1}{3} \approx 0.33333, \quad \frac{1}{3} \cdot \frac{1}{3^3} \approx 0.01235,$$

$$\frac{1}{5} \cdot \frac{1}{3^5} \approx 0.00082, \quad \frac{1}{7} \cdot \frac{1}{3^7} \approx 0.00007\text{。}$$

因此得

$$\ln 2 \approx 0.6931\text{。}$$

例 1 的 Maple 源程序

```
> #example1
> evalf(ln(2));
                        0.6931471806
```

例 2　　计算积分 $\int_0^1 \frac{\sin x}{x} \mathrm{d}x$ 的近似值，要求误差不超过 0.0001。

解　由于 $\lim\limits_{x \to 0} \frac{\sin x}{x} = 1$，因此所给积分不是反常积分。若定义被积函数在 $x = 0$ 处的值为 1，则它在积分区间 $[0,1]$ 上连续。

展开被积函数，有

$$\frac{\sin x}{x} = 1 - \frac{x^2}{3!} + \frac{x^4}{5!} - \frac{x^6}{7!} + \cdots + (-1)^n \frac{x^{2n}}{(2n+1)!} + \cdots (-\infty < x < +\infty)\text{。}$$

在区间 $[0,1]$ 上逐项积分，得

$$\int_0^1 \frac{\sin x}{x} \mathrm{d}x = 1 - \frac{1}{3 \cdot 3!} + \frac{1}{5 \cdot 5!} - \frac{1}{7 \cdot 7!} + \cdots +$$

$$(-1)^n \frac{1}{(2n+1)(2n+1)!} + \cdots\text{。}$$

因为第四项的绝对值

$$\frac{1}{7 \cdot 7!} = \frac{1}{35280} < \frac{1}{30000},$$

所以取前三项的和作为积分的近似值

$$\int_0^1 \frac{\sin x}{x} \mathrm{d}x \approx 0.9461 。$$

例 2 的 Maple 源程序

```
> #example2
> evalf(integrate(sin(x)/x,x=0..1));
                0.9460830704
```

12.6.2 微分方程的幂级数解法

这里介绍一阶微分方程和二阶齐次线性微分方程的幂级数解法。

为求一阶微分方程

$$\frac{\mathrm{d}y}{\mathrm{d}x} = f(x,y) \tag{1}$$

满足初值条件 $y\big|_{x=x_0} = y_0$ 的特解，如果其中函数 $f(x,y)$ 是 $x-x_0$、$y-y_0$ 的多项式

$$f(x,y) = a_{00} + a_{10}(x-x_0) + a_{01}(y-y_0) + \cdots + a_{lm}(x-x_0)^l(y-y_0)^m 。$$

那么可以设所求特解可展开为 $(x-x_0)$ 的幂级数

$$y = y_0 + a_1(x-x_0) + a_2(x-x_0)^2 + \cdots + a_n(x-x_0)^n + \cdots, \tag{2}$$

其中 $a_1, a_2, \cdots, a_n, \cdots$ 是待定的系数，把式(2)代入式(1)中，便得一恒等式，比较所得恒等式两端 $x-x_0$ 的同次幂的系数，就可定出常数 $a_1, a_2, \cdots, a_n, \cdots$，以这些常数为系数的级数(2)在其收敛区间内就是方程(1)满足初始条件 $y\big|_{x=x_0} = y_0$ 的特解。

关于二阶齐次线性方程

$$y'' + P(x)y' + Q(x)y = 0 \tag{3}$$

用幂级数求解的问题，需先引入一个定理：

定理 1 如果方程(3)中的系数 $P(x)$ 与 $Q(x)$ 的 x 在 $-R < x < R$ 内，方程(3)必有形如

$$y = \sum_{n=0}^{\infty} a_n x^n$$

的解。

证明略。

例 3 求方程 $\dfrac{\mathrm{d}y}{\mathrm{d}x} = x + y^2$ 满足 $y\big|_{x=0} = 0$ 的特解。

解　这时 $x_0=0$，$y_0=0$，故设

$$y=a_1x+a_2x^2+a_3x^3+a_4x^4+a_5x^5+\cdots,$$

把 y 及 y' 的幂级数展开式代入原方程，得

$$a_1+2a_2x+3a_3x^2+4a_4x^3+5a_5x^4+\cdots$$

$$=x+(a_1x+a_2x^2+a_3x^3+\cdots)^2$$

$$=x+a_1^2x^2+2a_1a_2x^3+(a_2^2+2a_1a_3)x^4+\cdots,$$

上式为恒等式，比较上式两端 x 的同次幂的系数，得

$$a_1=0,a_2=\frac{1}{2},a_3=0,a_4=0,a_5=\frac{1}{20},\cdots,$$

于是所求解的幂级数展开式的开始几项为

$$y=\frac{1}{2}x^2+\frac{1}{20}x^5+\cdots。$$

12.6.3　欧拉公式

设有复数项级数

$$(u_1+\mathrm{i}v_1)+(u_2+\mathrm{i}v_2)+\cdots+(u_n+\mathrm{i}v_n)+\cdots,\tag{4}$$

其中 u_n，$v_n(n=1,2,3,\cdots)$ 为实常数或实函数。如果实部所成的级数

$$u_1+u_2+\cdots+u_n+\cdots\tag{5}$$

收敛于和 u，并且虚部所成的级数

$$v_1+v_2+\cdots+v_n+\cdots\tag{6}$$

收敛于和 v，就说级数(4)收敛且其和为 $u+\mathrm{i}v$。

如果级数(4)各项的模所构成的级数

$$\sqrt{u_1^2+v_1^2}+\sqrt{u_2^2+v_2^2}+\cdots+\sqrt{u_n^2+v_n^2}+\cdots\tag{7}$$

收敛，则称级数(4)**绝对收敛**。如果级数(4)绝对收敛，由于

$$|u_n|\leqslant\sqrt{u_n^2+v_n^2},\ |v_n|\leqslant\sqrt{u_n^2+v_n^2}(n=1,2,3,\cdots),$$

那么级数(5)，(6)绝对收敛，从而级数(4)收敛。

考察复数项级数

$$1+z+\frac{1}{2!}z^2+\cdots+\frac{1}{n!}z^n+\cdots(z=x+\mathrm{i}y),\tag{8}$$

可以证明级数(8)在整个复平面上是绝对收敛的。在 x 轴上$(z=x)$表示指数函数 e^x，在整个复平面上用它来定义复变量指数函数，记作 e^z。于是 e^z 定义为

$$\mathrm{e}^z=1+z+\frac{1}{2!}z^2+\cdots+\frac{1}{n!}z^n+\cdots(\ |z|<\infty)。\tag{9}$$

当 $x=0$ 时，z 为纯虚数 $\mathrm{i}y$，式(9)成为

$$e^{iy} = 1 + iy + \frac{1}{2!}(iy)^2 + \cdots + \frac{1}{n!}(iy)^n + \cdots$$

$$= 1 + iy - \frac{1}{2!}y^2 - i\frac{1}{3!}y^3 + \frac{1}{4!}y^4 + i\frac{1}{5!}y^5 -$$

$$= \left(1 - \frac{1}{2!}y^2 + \frac{1}{4!}y^4 - \cdots\right) + i\left(y - \frac{1}{3!}y^3 + \frac{1}{5!}y^5 - \cdots\right)$$

$$= \cos y + i\sin y_\circ$$

将 y 换成 x，上式变为

$$e^{ix} = \cos x + i\sin x, \tag{10}$$

式（10）称为**欧拉公式**。

应用公式（10），复数 z 可以表示为**指数形式**

$$z = \rho(\cos\theta + i\sin\theta) = \rho e^{i\theta}, \tag{11}$$

其中 $\rho = |z|$ 是 z 的模，$\theta = \arg z$ 是 z 的辐角。

将式（10）的 x 换成 $-x$，又有

$$e^{-ix} = \cos x - i\sin x_\circ$$

与式（10）相加、相减，得

$$\begin{cases} \cos x = \dfrac{e^{ix} + e^{-ix}}{2}, \\ \sin x = \dfrac{e^{ix} - e^{-ix}}{2}, \end{cases}$$

也称为**欧拉公式**。

习题 12.6

1. 利用函数的幂级数展开式求下列各数的近似值。

（1）$\ln 3$（误差不超过 0.0001）；

（2）$\cos 2°$（误差不超过 0.0001）；

（3）$\displaystyle\int_0^{0.5} \frac{1}{1 + x^4}dx$。

2. 利用幂级数求下列方程满足所给初始条件的特解。

（1）$y' = y^2 + x^3$，$y\big|_{x=0} = \dfrac{1}{2}$；

（2）$(1-x)y' + y = 1 + x$，$y\big|_{x=0} = 0$。

3. 利用欧拉公式将函数 $e^x \cos x$ 展开成 x 的幂级数。

*12.7　周期函数的傅里叶级数

自然界的许多现象都具有周期性或重复性，周期函数反映了客观世界中的周期运动，所以用周期函数来逼近它们就极具意义。例如，声波是由空气分子的周期性振动产生的，心脏的跳动、肺的运动、给我们居室提供动力的电流，电子信号技术中常见的方

波、锯齿形波和三角波等都属于周期现象，它们的合成与分解都大量用到三角级数。又如，在科学试验与工程技术中经常碰到的单摆在振幅很小时的摆动，交流电的电流、电压等都可用正弦函数来表示。

正弦函数是一种常见而简单的周期函数，用 $y=A\sin(\omega x+\varphi)$ 来描述的运动也常称为简谐运动，若干个简谐运动 $y_k=A_k\sin(k\omega x+\varphi_k)(k=1,2,\cdots,n)$ 的叠加则可描述更复杂的周期运动。例如，图 12.7.1 所示的方波就可看成图 12.7.2 所示的无穷多个奇次正弦函数 $y_k=\sum_{i=0}^{k}\dfrac{1}{2i+1}\sin(2ix)(k=1,2,\cdots)$ 的叠加。

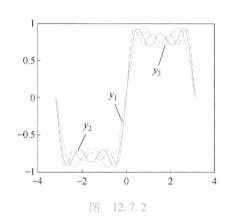

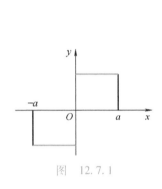

图 12.7.1　　　　　　　　　　图 12.7.2

12.7.1 三角级数及三角级数系的正交性

定义1 设 $f(t)$ 是一个周期为 T 的函数，在一定条件下，$f(t)$ 可以写成

$$f(t)=\sum_{n=0}^{\infty}A_n\sin(n\omega t+\varphi_n)=A_0+\sum_{n=1}^{\infty}A_n\sin(n\omega t+\varphi_n)$$

$$=A_0+\sum_{n=1}^{\infty}(A_n\sin\varphi_n\cos n\omega t+A_n\cos\varphi_n\sin n\omega t)。$$

令 $a_0=2A_0$，$a_n=A_n\sin\varphi_n$，$b_n=A_n\cos\varphi_n(n=1,2,\cdots)$，$x=\omega t$，于是，上式可表示为

$$f(x)=\frac{a_0}{2}+\sum_{k=1}^{\infty}(a_k\cos kx+b_k\sin kx)。$$

称右端的级数为**傅里叶级数**（也称为**三角级数**），其中 a_0，a_k，b_k 均为常数。

定义2 设函数 $f(x)$ 和 $g(x)$ 在区间 $[a,b]$ 上可积。定义内积为

$$<f,g> = \int_a^b f(x) g(x) \, \mathrm{d}x,$$

当 $<f,g>=0$，$<f,f>\neq 0$ 时，称函数 $f(x)$ 和 $g(x)$ 在区间 $[a,b]$ 上**正交**，如果 $<f,f>=1$，则函数 $f(x)$ 和 $g(x)$ 在区间 $[a,b]$ 上**标准正交**。

三角函数系 $\{1, \cos x, \sin x, \cos 2x, \sin 2x, \cdots, \cos nx, \sin nx, \cdots\}$ 是区间 $[c, c+2\pi]$ 上的正交系，其中 c 是任意常数。验证如下：

$$\begin{cases} <1, \cos kx> = \int_c^{c+2\pi} \cos kx \, \mathrm{d}x = \int_0^{2\pi} \cos kx \, \mathrm{d}x = 0, \\ <1, \sin kx> = \int_c^{c+2\pi} \sin kx \, \mathrm{d}x = \int_0^{2\pi} \sin kx \, \mathrm{d}x = 0, \end{cases} \quad k = 1, 2, \cdots;$$

$$\begin{cases} <\sin kx, \cos lx> = \int_c^{c+2\pi} \sin kx \cos lx \, \mathrm{d}x = 0, \\ <\sin kx, \sin lx> = \int_c^{c+2\pi} \sin kx \sin lx \, \mathrm{d}x = 0, \quad k \neq l, k, l = 1, 2, \cdots; \\ <\cos kx, \cos lx> = \int_c^{c+2\pi} \cos kx \cos lx \, \mathrm{d}x = 0, \end{cases}$$

$$\begin{cases} <\cos kx, \cos kx> = \int_c^{c+2\pi} \cos^2 kx \, \mathrm{d}x = \pi, \\ <\sin kx, \sin kx> = \int_c^{c+2\pi} \sin^2 kx \, \mathrm{d}x = \pi, \quad k = 1, 2, \cdots。 \\ <1, 1> = \int_c^{c+2\pi} 1^2 \, \mathrm{d}x = 2\pi, \end{cases}$$

同时可以看到三角函数系

$$\left\{ \frac{1}{\sqrt{2\pi}}, \frac{\cos x}{\sqrt{\pi}}, \frac{\sin x}{\sqrt{\pi}}, \frac{\cos 2x}{\sqrt{\pi}}, \frac{\sin 2x}{\sqrt{\pi}}, \cdots, \frac{\cos nx}{\sqrt{\pi}}, \frac{\sin nx}{\sqrt{\pi}}, \cdots \right\}$$

是标准正交系。

12.7.2　以 2π 为周期的周期函数的傅里叶级数

若以 2π 为周期的函数 $f(x)$ 可展为三角级数，即

$$f(x) = \frac{a_0}{2} + \sum_{k=1}^{\infty} (a_k \cos kx + b_k \sin kx)$$

沿区间 $[-\pi, \pi]$ 将右端逐项积分，则

$$\int_{-\pi}^{\pi} f(x) \, \mathrm{d}x = \int_{-\pi}^{\pi} \frac{a_0}{2} \mathrm{d}x + \sum_{k=1}^{\infty} \left(\int_{-\pi}^{\pi} a_k \cos kx \, \mathrm{d}x + \int_{-\pi}^{\pi} b_k \sin kx \, \mathrm{d}x \right)$$

$$= \frac{a_0}{2} 2\pi = a_0 \pi$$

所以
$$a_0 = \frac{1}{\pi} \int_{-\pi}^{\pi} f(x) \, \mathrm{d}x。$$

如果两边乘 $\cos nx$，沿区间 $[-\pi,\pi]$ 逐项积分，得

$$a_n = \frac{1}{\pi} \int_{-\pi}^{\pi} f(x) \cos nx \, dx \quad (n=1,2,\cdots)。$$

如果两边乘 $\sin nx$，沿区间 $[-\pi,\pi]$ 逐项积分，得

$$b_n = \frac{1}{\pi} \int_{-\pi}^{\pi} f(x) \sin nx \, dx \quad (n=1,2,\cdots)。$$

可见，如果函数 $f(x)$ 在 $[-\pi,\pi]$ 上能展成三角级数，则可由函数 $f(x)$ 确定其系数 $a_0, a_k, b_k (k=1,2,\cdots)$。

定义 3　设函数 $f(x)$ 在区间 $[-\pi,\pi]$ 上可积，称公式

$$a_k = \frac{1}{\pi} \int_{-\pi}^{\pi} f(x) \cos kx \, dx, \quad k=0,1,2,\cdots;$$

$$b_k = \frac{1}{\pi} \int_{-\pi}^{\pi} f(x) \sin kx \, dx, \quad k=1,2,\cdots$$

为傅里叶公式。

一般地，只要函数 $f(x)$ 在区间 $[-\pi,\pi]$ 上可积和绝对可积（如果 $f(x)$ 是有界函数，假定它是可积的，由于有界可积函数一定绝对可积，所以它也是绝对可积的；如果 $f(x)$ 是无界函数，就假定它是绝对可积的，因而也是可积的。这样不论在哪一种情形，都是可积和绝对可积了），就可以按傅里叶公式确定出三角级数 $\dfrac{a_0}{2} + \sum\limits_{k=1}^{\infty} (a_k \cos kx + b_k \sin kx)$。

对于一个定义在 $(-\infty, +\infty)$ 上周期为 2π 的函数 $f(x)$，如果它在一个周期上可积，则一定可以作出 $f(x)$ 的傅里叶级数。然而，函数 $f(x)$ 的傅里叶级数是否一定收敛？如果收敛，它是否一定收敛于函数 $f(x)$？一般来说，这两个问题的答案都不是肯定的。那么，函数 $f(x)$ 在怎样的条件下，它的傅里叶级数不仅收敛，而且收敛于 $f(x)$？也就是说，函数 $f(x)$ 满足什么条件可以展开成傅里叶级数？

定理 1（傅里叶级数收敛）　设 $f(x)$ 是周期为 2π 的周期函数，如果它满足：

（1）在一个周期内连续或者只有有限个第一类间断点；

（2）在一个周期内至多只有有限个极值点，则 $f(x)$ 的傅里叶级数收敛，并且当 x 是 $f(x)$ 的连续点时，级数收敛于 $f(x)$；

当 x 是 $f(x)$ 的间断点时，级数收敛于 $\dfrac{f(x+0) + f(x-0)}{2}$。

注 函数 $f(x)$ 在 $[-\pi,\pi]$ 上至多有有限个第一类间断点，并且不做无限次振动，函数的傅里叶级数在连续点处就收敛于该点的函数值，在间断点处收敛于该点左极限与右极限的算术平均值。可见，函数展开成傅里叶级数的条件要比展开成幂级数的条件弱。记

$$C=\left\{x \mid f(x)=\frac{f(x+0)+f(x-0)}{2}\right\},$$

在 C 上就成立 $f(x)$ 的傅里叶级数展开式

$$f(x)=\frac{a_0}{2}+\sum_{k=1}^{\infty}(a_k\cos kx+b_k\sin kx) \quad (x\in C)。$$

例 1 设 $f(x)$ 是以 2π 为周期的周期函数，它在 $[-\pi,\pi)$ 上的表达式为

$$f(x)=\begin{cases}-1, & -\pi\leqslant x<0,\\ 1, & 0\leqslant x<\pi。\end{cases}$$

将 $f(x)$ 展开成傅里叶级数。

解 所给函数满足收敛定理的条件，它在点 $x=k\pi(k=0,\pm1,\pm2,\cdots)$ 处不连续，在其他点处连续，从而由收敛定理知道 $f(x)$ 的傅里叶级数收敛，且 $x=k\pi$ 时，级数收敛于 $\frac{-1+1}{2}=0$，当 $x\neq k\pi$ 时，级数收敛于 $f(x)$，和函数的图形如图 12.7.3 所示。

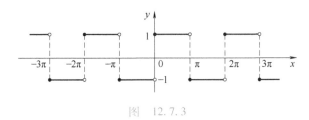

图 12.7.3

计算傅里叶系数如下：

$$\begin{aligned}
a_n &= \frac{1}{\pi}\int_{-\pi}^{\pi}f(x)\cos nx\mathrm{d}x\\
&= \frac{1}{\pi}\int_{-\pi}^{0}(-1)\cos nx\mathrm{d}x+\frac{1}{\pi}\int_{0}^{\pi}1\cdot\cos nx\mathrm{d}x=0 \quad (n=0,1,2,\cdots);
\end{aligned}$$

$$\begin{aligned}
b_n &= \frac{1}{\pi}\int_{-\pi}^{\pi}f(x)\sin nx\mathrm{d}x=\frac{1}{\pi}\int_{-\pi}^{0}(-1)\sin nx\mathrm{d}x+\frac{1}{\pi}\int_{0}^{\pi}1\cdot\sin nx\mathrm{d}x\\
&= \frac{1}{\pi}\left[\frac{\cos nx}{n}\right]_{-\pi}^{0}+\frac{1}{\pi}\left[-\frac{\cos nx}{n}\right]_{0}^{\pi}=\frac{1}{n\pi}[1-\cos n\pi-\cos n\pi+1]\\
&= \frac{2}{n\pi}[1-(-1)^n]=\begin{cases}\dfrac{4}{n\pi}, & n=1,3,5,\cdots,\\ 0, & n=2,4,6,\cdots;\end{cases}
\end{aligned}$$

所以 $f(x)$ 的傅里叶级数展开式为

$$f(x) = \sum_{n=1}^{\infty} \frac{2}{n\pi} \left[1 - (-1)^n \right] \cdot \sin nx$$

$$= \frac{4}{\pi} \left[\sin x + \frac{1}{3}\sin 3x + \cdots + \frac{1}{2k-1}\sin(2k-1)x + \cdots \right],$$

其中，$-\infty < x < +\infty$；$x \neq 0$，$\pm\pi$，$\pm 2\pi$，$\cdots$。

例 1 的 Maple 源程序

```
> #example1
> int(-cos(n*x),x=-pi..0);
```
$$-\frac{\sin(n\pi)}{n}$$

```
> int(cos(n*x),x=0..pi);
```
$$\frac{\sin(n\pi)}{n}$$

```
> int(-sin(n*x),x=-pi..0);
```
$$-\frac{\cos(n\pi)-1}{n}$$

```
> int(sin(n*x),x=0..pi);
```
$$-\frac{\cos(n\pi)-1}{n}$$

```
> int(-1,x=-pi..0);
```
$$-\pi$$

```
> int(1,x=0..pi);
```
$$\pi$$

例 2 设 $f(x)$ 是周期为 2π 的周期函数，它在 $[-\pi, \pi)$ 上的表达式为

$$f(x) = \begin{cases} x, & -\pi \leq x < 0, \\ 0, & 0 \leq x < \pi。 \end{cases}$$

将 $f(x)$ 展开成傅里叶级数。

解 $f(x)$ 满足收敛定理条件，在间断点 $x = (2k+1)\pi$ $(k = 0,$ $\pm 1, \cdots)$ 处，$f(x)$ 的傅里叶级数收敛于 $\dfrac{f(\pi-0)+f(-\pi+0)}{2} = \dfrac{0-\pi}{2} =$ $-\dfrac{\pi}{2}$，在连续点 $x \neq (2k+1)\pi$ 处收敛于 $f(x)$，和函数的图形如图 12.7.4 所示。

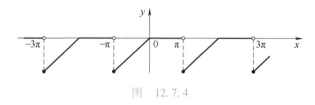

图 12.7.4

计算傅里叶系数如下：

$$a_n = \frac{1}{\pi}\int_{-\pi}^{\pi} f(x)\cos nx\mathrm{d}x = \frac{1}{\pi}\int_{-\pi}^{0} x\cos nx\mathrm{d}x = \frac{1}{\pi}\left[\frac{x\sin nx}{n} + \frac{\cos nx}{n^2}\right]_{-\pi}^{0}$$

$$= \frac{1}{n^2\pi}(1-\cos n\pi) = \frac{1}{n^2\pi}\left[1-(-1)^n\right] = \begin{cases} \dfrac{2}{n^2\pi}, & n=1,3,\cdots, \\[2mm] 0, & n=2,4,\cdots; \end{cases}$$

$$a_0 = \frac{1}{\pi}\int_{-\pi}^{\pi} f(x)\,\mathrm{d}x = \frac{1}{\pi}\int_{-\pi}^{0} x\mathrm{d}x = \frac{1}{\pi}\left[\frac{x^2}{2}\right]_{-\pi}^{0} = -\frac{\pi}{2};$$

$$b_n = \frac{1}{\pi}\int_{-\pi}^{\pi} f(x)\sin nx\mathrm{d}x = \frac{1}{\pi}\int_{-\pi}^{0} x\sin nx\mathrm{d}x$$

$$= \frac{1}{\pi}\left[-\frac{x\cos nx}{n} + \frac{\sin nx}{n^2}\right]_{-\pi}^{0} = -\frac{\cos n\pi}{n} = \frac{(-1)^{n+1}}{n}, \quad n=1,2,\cdots;$$

所以 $f(x)$ 的傅里叶级数展开式为

$$f(x) = -\frac{\pi}{4} + \sum_{n=1}^{\infty} \frac{1-(-1)^n}{n^2\pi}\cos nx + \frac{(-1)^{n+1}}{n}\sin nx,$$

其中 $-\infty < x < +\infty$，$x \neq \pm\pi$，$\pm 3\pi$，$\cdots$。

例 2 的 Maple 源程序

```
> #example2
> int(x * cos(n * x),x=-pi..0);
```
$$-\frac{\pi\sin(n\pi)n + \cos(n\pi) - 1}{n^2}$$

```
> int(x * sin(n * x),x=-pi..0);
```
$$-\frac{-\sin(n\pi) + \pi\cos(n\pi)n}{n^2}$$

```
> int(x,x=-pi..0);
```
$$-\frac{\pi^2}{2}$$

如果函数 $f(x)$ 仅仅只在 $[-\pi,\pi]$ 上有定义，并且满足收敛定理的条件，则 $f(x)$ 可以在 $[-\pi,\pi]$ 上展开成傅里叶级数。事实上，可以在 $[-\pi,\pi)$ 或 $(-\pi,\pi]$ 外补充函数 $f(x)$ 的定义，使它被拓广成周期为 2π 的周期函数 $F(x)$，使 $F(x)$ 在 $(-\pi,\pi]$ 或 $[-\pi,\pi)$ 上满足 $F(x) \equiv f(x)$，按这种方式拓广函数定义域的过程称为周期延拓。延拓后可将 $F(x)$ 展开成傅里叶级数。根据收敛定理，该级数在区间端点 $x=\pm\pi$ 处收敛于 $\frac{1}{2}[f(\pi-0) + f(-\pi+0)]$。

取定基本区间 $(-\pi,\pi]$，$(0,2\pi]$，当 $f(x)$ 在 $[-\pi,\pi]$ 上给定，则①$f(-\pi) = f(\pi)$ 时，就可以用 $f(t+2\pi) = f(t)$ 来延拓；②$f(-\pi) \neq f(\pi)$ 时，延拓可以从 $(-\pi,\pi)$ 或 $(-\pi,\pi]$ 或 $[-\pi,\pi)$ 出发，在从

$(-\pi,\pi)$出发时，可以随意指定一值作为$f(-\pi)=f(\pi)$；即使不指定端点值，对傅里叶级数的计算并没有影响。同时，如果在$(-\pi,\pi]$中给定函数$f(x)$是连续的，在周期延拓后就不一定连续了，除非$f(-\pi+0)=f(\pi)$。

如果函数$f(x)$是$[-\pi,\pi]$上可积和绝对可积的奇函数，那么

$$a_k=\frac{1}{\pi}\int_{-\pi}^{\pi}f(x)\cos kx\mathrm{d}x=0,\quad k=0,1,2,\cdots;$$

$$b_k=\frac{2}{\pi}\int_0^{\pi}f(x)\sin kx\mathrm{d}x,\quad k=1,2,\cdots,$$

这时傅里叶级数是形如$\sum_{k=1}^{\infty}b_k\sin kx$的正弦级数；如果$f(x)$是偶函数，那么

$$a_k=\frac{2}{\pi}\int_0^{\pi}f(x)\cos kx\mathrm{d}x,\quad k=0,1,2,\cdots;$$

$$b_k=\frac{1}{\pi}\int_{-\pi}^{\pi}f(x)\sin kx\mathrm{d}x=0,\quad k=1,2,\cdots,$$

这时傅里叶级数是形如$\dfrac{a_0}{2}+\sum_{k=1}^{\infty}a_k\cos kx$的余弦级数。

例 3　　将函数$f(x)=\begin{cases}x^2,0\leqslant x<\pi,\\0,x=\pi,\\-x^2,\pi<x\leqslant 2\pi\end{cases}$展开成傅里叶级数。

解　将$f(x)$在$(-\infty,+\infty)$上以2π为周期作周期延拓，拓广后的周期函数$f(x)$在$(-\infty,+\infty)$上连续，故它的傅里叶级数在$[-\pi,\pi]$上收敛于$f(x)$，计算傅里叶系数如下：

$$a_n=\frac{1}{\pi}\int_0^{2\pi}f(x)\cos nx\mathrm{d}x=\frac{1}{\pi}\int_0^{\pi}x^2\cos nx\mathrm{d}x+\frac{1}{\pi}\int_{\pi}^{2\pi}(-x^2)\cos nx\mathrm{d}x$$

$$=\frac{1}{\pi}\left[\left(\frac{x^2}{n}-\frac{2}{n^3}\right)\sin nx+\frac{2x}{n^2}\cos nx\right]_0^{\pi}-\frac{1}{\pi}\left[\left(\frac{x^2}{n}-\frac{2}{n^3}\right)\sin nx+\frac{2x}{n^2}\cos nx\right]_{\pi}^{2\pi}$$

$$=\frac{4}{n^2}\left[(-1)^n-1\right];$$

$$a_0=\frac{1}{\pi}\int_0^{2\pi}f(x)\mathrm{d}x=\frac{1}{\pi}\int_0^{\pi}x^2\mathrm{d}x+\frac{1}{\pi}\int_{\pi}^{2\pi}(-x^2)\mathrm{d}x=\frac{\pi^2}{3}-\frac{7\pi^2}{3}=-2\pi^2;$$

$$b_n=\frac{1}{\pi}\int_0^{2\pi}f(x)\sin nx\mathrm{d}x=\frac{1}{\pi}\int_0^{\pi}x^2\sin nx\mathrm{d}x+\frac{1}{\pi}\int_{\pi}^{2\pi}(-x^2)\sin nx\mathrm{d}x$$

$$=\frac{1}{\pi}\left[\left(-\frac{x^2}{n}+\frac{2}{n^3}\right)\cos nx+\frac{2x}{n^2}\sin nx\right]_0^{\pi}-\frac{1}{\pi}\left[\left(-\frac{x^2}{n}+\frac{2}{n^3}\right)\cos nx+\frac{2x}{n^2}\sin nx\right]_{\pi}^{2\pi}$$

$$=\frac{2}{\pi}\left\{\frac{\pi^2}{n}+\left(\frac{\pi^2}{n}-\frac{2}{n^3}\right)\left[1-(-1)^n\right]\right\}.$$

故当 $x \in (0, \pi) \cup (\pi, 2\pi)$ 时, $f(x)$ 的傅里叶级数展开式为

$$f(x) = -\pi^2 - 8\left(\cos x + \frac{1}{3^2}\cos 3x + \frac{1}{5^2}\cos 5x + \cdots\right) +$$

$$\frac{2}{\pi}\left\{(3\pi^2 - 4)\sin x + \frac{\pi^2}{2}\sin 2x + \left(\frac{3\pi^2}{3} - \frac{4}{3^3}\right)\sin 3x + \frac{\pi^2}{4}\sin 4x + \cdots\right\},$$

其中 $0 < x < 2\pi$。

当 $x = \pi$ 时, $0 = -\pi^2 + 8\left(\frac{1}{1^2} + \frac{1}{3^2} + \frac{1}{5^2} + \cdots\right)$。

当 $x = 0$, $x = 2\pi$ 时, 由于 $\dfrac{f(0-0) + f(0+0)}{2} = \dfrac{-4\pi^2 + 0}{2} = -2\pi^2$, 因此

$$-2\pi^2 = -\pi^2 - 8\left(\frac{1}{1^2} + \frac{1}{3^2} + \frac{1}{5^2} + \cdots\right)。$$

所以, $\dfrac{1}{1^2} + \dfrac{1}{3^2} + \dfrac{1}{5^2} + \cdots = \dfrac{\pi^2}{8}$。

例 3 的 Maple 源程序

```
> #example3
> int(x^2 * cos(n * x),x=0..pi);
```

$$\frac{n^2\pi^2\sin(n\pi) - 2\sin(n\pi) + 2n\pi\cos(n\pi)}{n^3}$$

```
> int(-x^2 * cos(n * x),x=pi..2 * pi);
```

$$-(4n^2\pi^2\sin(2n\pi) - n^2\pi^2\sin(n\pi) + 4n\pi\cos(2n\pi) - 2n\pi\cos(n\pi) -$$
$$2\sin(2n\pi) + 2\sin(n\pi))/n^3$$

```
> int(x^2 * sin(n * x),x=0..pi);
```

$$-\frac{n^2\pi^2\cos(n\pi) - 2n\pi\sin(n\pi) - 2\cos(n\pi) + 2}{n^3}$$

```
> int(-x^2 * sin(n * x),x=pi..2 * pi);
```

$$-(-4n^2\pi^2\cos(2n\pi) + n^2\pi^2\cos(n\pi) + 4n\pi\sin(2n\pi) - 2n\pi\sin(n\pi) +$$
$$2\cos(2n\pi) - 2\cos(n\pi))/n^3$$

```
> int(x^2,x=-0..pi);
```

$$\frac{\pi^3}{3}$$

```
> int(-x^2,x=pi..2 * pi);
```

$$-\frac{7\pi^3}{3}$$

例 4　　在 $[-\pi, \pi]$ 上展开函数 $f(x) = \begin{cases} ax, & -\pi < x \leqslant 0, \\ bx, & 0 < x < \pi \end{cases}$ $(a \neq b,\ a \neq$

$0,\ b \neq 0)$ 的傅里叶级数。

解　　$a_0 = \dfrac{1}{\pi}\displaystyle\int_{-\pi}^{\pi} f(x)\,\mathrm{d}x = \dfrac{1}{\pi}\left(\int_{-\pi}^{0} ax\,\mathrm{d}x + \int_0^{\pi} bx\,\mathrm{d}x\right) = \dfrac{(b-a)\pi}{2}$;

$$a_n = \frac{1}{\pi}\left(\int_{-\pi}^{0} ax\cos nx\,\mathrm{d}x + \int_{0}^{\pi} bx\cos nx\,\mathrm{d}x\right) = \frac{a-b}{n^2\pi}\left[1-(-1)^n\right];$$

$$b_n = \frac{1}{\pi}\left(\int_{-\pi}^{0} ax\sin nx\,\mathrm{d}x + \int_{0}^{\pi} bx\sin nx\,\mathrm{d}x\right)$$

$$= \frac{a+b}{n}(-1)^{n+1}\,(n=1,2,\cdots)。$$

所以， $f(x) = \dfrac{b-a}{4}\pi + \dfrac{2(a-b)}{\pi}\displaystyle\sum_{n=1}^{\infty}\dfrac{1}{(2n-1)^2}\cos(2n-1)x +$

$$(a+b)\sum_{n=1}^{\infty}(-1)^{n+1}\frac{\sin nx}{n}。$$

例 4 的 Maple 源程序

```
> #example4
> int(a*x*cos(n*x),x=-pi..0);
```
$$-\frac{a(\sin(n\pi)n\pi+\cos(n\pi)-1)}{n^2}$$

```
> int(b*x*cos(n*x),x=0..pi);
```
$$\frac{b(\sin(n\pi)n\pi+\cos(n\pi)-1)}{n^2}$$

```
> int(a*x*sin(n*x),x=-pi..0);
```
$$-\frac{a(-\sin(n\pi)+\cos(n\pi)n\pi)}{n^2}$$

```
> int(b*x*sin(n*x),x=0..pi);
```
$$-\frac{b(-\sin(n\pi)+\cos(n\pi)n\pi)}{n^2}$$

```
> int(a*x,x=-pi..0);
```
$$-\frac{a\pi^2}{2}$$

```
> int(b*x,x=0..pi);
```
$$\frac{b\pi^2}{2}$$

例 5   将 $f(x) = x$ 在 $(0,2)$ 上展开为余弦级数。

解   由于这个函数只在 $(0,2)$ 上有定义，因此必须把函数延拓为整个数轴上有定义的周期函数，又因为要求这个函数必须是偶函数，所以

$$a_0 = \int_0^2 x\,\mathrm{d}x = 2,$$

$$a_k = \frac{2}{2}\int_0^2 x\cos\frac{n\pi x}{2}\,\mathrm{d}x = \frac{4}{n^2\pi^2}(\cos n\pi - 1)$$

$$= \frac{4}{n^2\pi^2}\left[(-1)^n - 1\right],\quad n = 1,2,\cdots,$$

所以

$$x = 1 + \sum_{n=1}^{\infty} \frac{-8}{(2k-1)^2 \pi^2} \cos \frac{(2k-1)\pi x}{2}$$

$$= 1 - \frac{8}{\pi^2} \left(\cos \frac{\pi x}{2} + \frac{1}{3^2} \cos \frac{3\pi x}{2} + \frac{1}{5^2} \cos \frac{5\pi x}{2} + \cdots \right) \text{。}$$

例 5 的 Maple 源程序

```
> #example5
> int(x*cos(k*x),x=0..2);
```
$$\frac{2\sin(2k)k + \cos(2k) - 1}{k^2}$$

```
> int(x,x=0..2);
```
$$2$$

12.7.3　以 *T* 为周期的函数的傅里叶级数

上节所讨论的周期函数都是以 2π 为周期的。但是实际问题中所遇到的周期函数，它的周期不一定是 2π。因此，本节我们讨论周期为 T 的周期函数的傅里叶级数。

设函数 $f(x)$ 的周期为 T，它在 $\left[-\frac{T}{2}, \frac{T}{2} \right]$ 上可积和绝对可积，做变换 $x = \frac{T}{2\pi}\xi$，则 $\varphi(\xi) \equiv f\left(\frac{T}{2\pi}\xi \right) = f(x)$ 是 $\xi \in [-\pi, \pi]$ 上的可积和绝对可积函数，于是有

$$\varphi(\xi) = \frac{a_0}{2} + \sum_{k=1}^{\infty} a_k \cos k\xi + b_k \cos k\xi \text{;}$$

$$a_k = \frac{1}{\pi} \int_{-\pi}^{\pi} \varphi(\xi) \cos k\xi \mathrm{d}\xi = \frac{2}{T} \int_{-\frac{T}{2}}^{\frac{T}{2}} f(x) \cos k\omega x \mathrm{d}x \text{;}$$

$$b_k = \frac{1}{\pi} \int_{-\pi}^{\pi} \varphi(\xi) \sin k\xi \mathrm{d}\xi = \frac{2}{T} \int_{-\frac{T}{2}}^{\frac{T}{2}} f(x) \sin k\omega x \mathrm{d}x, \quad \omega = \frac{2\pi}{T} \text{。}$$

例 6　设函数 $f(x)$ 是周期为 10 的周期函数，它的一个周期的表达式为

$$f(x) = \begin{cases} 0, -5 \leqslant x < 0, \\ 3, 0 \leqslant x < 5 \text{。} \end{cases}$$

解　由于　$a_0 = \frac{1}{5} \int_{-5}^{5} f(x) \mathrm{d}x = \frac{1}{5} \left(\int_{-5}^{0} 0 \mathrm{d}x + \int_{0}^{5} 3 \mathrm{d}x \right)$

$$= \frac{1}{5} (3x) \Big|_{0}^{5} = 3,$$

$$a_n = \frac{1}{5}\int_{-5}^{5} f(x)\cos\frac{n\pi x}{5}\mathrm{d}x = \frac{1}{5}\int_{0}^{5} 3\cos\frac{n\pi x}{5}\mathrm{d}x$$

$$= \frac{3}{5}\left(\frac{5}{n\pi}\sin\frac{n\pi x}{5}\right)\bigg|_{0}^{5} = 0 \quad (n=1,2,\cdots),$$

$$b_n = \frac{1}{5}\int_{-5}^{5} f(x)\sin\frac{n\pi x}{5}\mathrm{d}x = \frac{1}{5}\int_{0}^{5} 3\sin\frac{n\pi x}{5}\mathrm{d}x = \frac{3}{5}$$

$$\left(-\frac{5}{n\pi}\cos\frac{n\pi x}{5}\right)\bigg|_{0}^{5}$$

$$= \frac{3}{n\pi}(1-\cos n\pi) = \frac{3}{n\pi}\left[1-(-1)^n\right]$$

$$= \begin{cases} \dfrac{6}{(2k-1)\pi}, n=2k-1, k=1,2,3,\cdots, \\ 0, n=2k, k=1,2,3,\cdots. \end{cases}$$

则 $f(x)$ 的傅里叶级数为

$$f(x) = \frac{3}{2} + \frac{6}{\pi}\left(\sin\frac{\pi x}{5} + \frac{1}{3}\sin\frac{3\pi x}{5} + \frac{1}{5}\sin\frac{5\pi x}{5} + \cdots\right),$$

其中，$-5<x<5$。当 $x=0$ 和 ± 5 时级数收敛于 $\dfrac{3}{2}$。

例 6 的 Maple 源程序

```
> #example6
> int(3,x=0..5);
                              15
> int(3*cos(n*pi*x/5),x=0..5);
                         15sin(nπ)
                         ─────────
                            nπ
> int(3*sin(n*pi*x/5),x=0..5);
                        15(-1+cos(nπ))
                      - ──────────────
                             nπ
```

定义 4(奇延拓与偶延拓) 函数 $f(x)$ 在 $[0,\pi]$ 上有定义，如果函数 $f(x)$ 在 $[0,\pi]$ 上满足收敛定理的条件，根据实际情况的需要，在 $[0,\pi]$ 外补充定义到 $[-\pi,0)$ 上，使之在 $[-\pi,\pi]$ 上成为偶函数或奇函数 $F(x)$，在 $(0,\pi]$ 上 $F(x)\equiv f(x)$，这种方法叫作**奇延拓**或**偶延拓**。

在 $[0,\pi]$ 外补充定义到 $(-\pi,0)$ 的奇函数 $F_1(x)$。令 $F_1(x) =$

$$\begin{cases} -f(-x), & -\pi<x<0, \\ 0, & x=0, \qquad\qquad \text{即可展开成正弦级数;} \\ f(x), & 0<x\leqslant\pi, \end{cases}$$

在 $[0,\pi]$ 外补充定义到 $(-\pi,0)$ 的偶函数 $F_2(x)$。令 $F_2(x) = \begin{cases} f(-x), & -\pi < x < 0, \\ f(x), & 0 \leqslant x \leqslant \pi, \end{cases}$ 即可展开成余弦级数。

例 7 设定义在 $[0,\pi]$ 上的函数 $f(x) = x+1$，分别将其展开为正弦级数与余弦级数。

解 偶延拓展开为余弦级数 $F_1(x) = \begin{cases} x+1, & 0 \leqslant x \leqslant \pi, \\ -x+1, & -\pi < x < 0, \end{cases}$ 级数的系数和展开式容易计算，即

$$b_n = 0 \quad (n = 1, 2, \cdots);$$

$$a_0 = \pi + 2;$$

$$a_n = \frac{2}{n^2\pi}\left[(-1)^n - 1\right] = \begin{cases} -\dfrac{4}{n^2\pi}, & n = 1, 3, 5, \cdots, \\[2mm] 0, & n = 2, 4, 6, \cdots。 \end{cases}$$

偶延拓后，处处连续，则

$$x+1 = \frac{\pi}{2} + 1 - \frac{4}{\pi}\left(\cos x + \frac{\cos 2x}{3^2} + \frac{\cos 3x}{5^2} + \cdots\right) \quad (0 \leqslant x \leqslant \pi)。$$

奇延拓展开为正弦级数 $F_2(x) = \begin{cases} x+1, & 0 < x \leqslant \pi, \\ 0, & x = 0, \\ x-1, & -\pi < x < 0, \end{cases}$ 级数的系数和展开式容易计算得出，即

$$a_n = 0;$$

$$b_n = \frac{2}{\pi}\int_0^\pi f(x)\sin nx\,\mathrm{d}x = \frac{2}{\pi}\int_0^\pi (x+1)\sin nx\,\mathrm{d}x$$

$$= \frac{2}{n\pi}\left(-x\cos nx + \frac{1}{n}\sin nx - \cos nx\right)\Big|_0^\pi = \frac{2}{n\pi}\left[1 - (\pi+1)\cos n\pi\right]$$

$$= \frac{2}{n\pi}\left[1 - (\pi+1)(-1)^{n+1}\right] = \begin{cases} \dfrac{2(\pi+2)}{n\pi}, & n = 1, 3, 5\cdots, \\[2mm] -\dfrac{2}{n}, & n = 2, 4, 6\cdots。 \end{cases}$$

则有 $x+1 = \dfrac{2}{\pi}\left[(\pi+2)\sin x - \dfrac{\pi}{2}\sin 2x + \dfrac{1}{3}(\pi+2)\sin 3x - \dfrac{\pi}{4}\sin 4x + \cdots\right]$

$(0 < x < \pi)$。

例 7 的 Maple 源程序

```
> #example7

> int((x+1)*sin(n*x),x=0..pi);
```

$$\frac{-\pi\cos(n\pi)n - \cos(n\pi)n + \sin(n\pi) + n}{n^2}$$

```
> int(x+1,x=0..pi);
```
$$\frac{1}{2}\pi^2+\pi$$

```
> int((x+1)*cos(n*x),x=0..pi);
```
$$\frac{\pi\sin(n\pi)n+\sin(n\pi)n+\cos(n\pi)-1}{n^2}$$

习题 12.7

1. 将下列函数在指定区间上展开成傅里叶级数。

（1）$f(x)=x+\pi$，$x\in(-\pi,\pi)$；

（2）$f(x)=x^2$，$-\pi<x<\pi$；

（3）$f(x)=\sin\dfrac{x}{2}$，$x\in(-\pi,\pi)$。

2. 将下列函数展开成正弦级数或余弦级数。

（1）$f(x)=x-\dfrac{x^2}{2}$，$x\in(0,1)$（按正弦）；

（2）$f(x)=\pi-2x$，$x\in(0,\pi)$（按余弦）。

3. 将函数 $f(x)=2x-3$ 在 $(-3,3)$ 上展开成傅里叶级数。

总习题 12

1. 单项选择题。

（1）下列级数收敛的是（　　）。

A. $\displaystyle\sum_{n=1}^{\infty}\frac{1}{\sqrt[n]{5}}$
B. $\displaystyle\sum_{n=1}^{\infty}\frac{1}{n^{\frac{1}{5}}}$

C. $\displaystyle\sum_{n=1}^{\infty}\frac{1}{n^{0.5}}$
D. $\displaystyle\sum_{n=1}^{\infty}\frac{1}{5^n}$

（2）下列级数条件收敛的是（　　）。

A. $\displaystyle\sum_{n=1}^{\infty}\frac{(-1)^n n}{2n+10}$
B. $\displaystyle\sum_{n=1}^{\infty}\frac{(-1)^{n-1}}{\sqrt{n^3}}$

C. $\displaystyle\sum_{n=1}^{\infty}(-1)^{n-1}\left(\frac{1}{2}\right)^n$
D. $\displaystyle\sum_{n=1}^{\infty}(-1)^{n-1}\frac{3}{\sqrt{n}}$

（3）设幂级数 $\displaystyle\sum_{n=1}^{\infty}a_n(x+1)^n$ 在 $x=3$ 时条件收敛，则该级数的收敛半径 R 为（　　）。

A. $R=1$
B. $R=2$

C. $R=3$
D. $R=4$

（4）下列级数发散的是（　　）。

A. $\displaystyle\sum_{n=1}^{\infty}\frac{n^n}{n!}$
B. $\displaystyle\sum_{n=1}^{\infty}\sin^n\frac{1}{9}$

C. $\displaystyle\sum_{n=1}^{\infty}\frac{2^n}{3^n+2}$
D. $\displaystyle\sum_{n=1}^{\infty}\frac{1}{5^n n}$

（5）设级数 $\displaystyle\sum_{n=1}^{\infty}a_n$ 条件收敛，且 $\lim\limits_{n\to\infty}\left|\dfrac{a_{n+1}}{a_n}\right|=p$，则（　　）。

A. $p=1$
B. $p<1$

C. $p=+\infty$
D. $1<p<+\infty$

2. 填空题。

（1）一个级数 $\displaystyle\sum_{n=1}^{\infty}u_n$ 的部分和 $S_n=$ _____；若 $\{S_n\}$ 收敛，则级数 $\displaystyle\sum_{n=1}^{\infty}u_n$ _____；

（2）当 $|r|<1$ 时，几何级数 $a+ar+ar^2+\cdots$ 收敛，其和值为_____；

（3）当 $p>1$ 时，p 级数 $\displaystyle\sum_{n=1}^{\infty}\frac{1}{n^p}$ _____；

（4）若 $\lim\limits_{n\to\infty}a_n\neq0$，则级数 $\displaystyle\sum_{n=1}^{\infty}a_n$ 一定_____；

（5）幂级数 $\displaystyle\sum_{n=0}^{\infty}a_n x^n$ 在 $x=-2$ 处条件收敛，则该级数的收敛半径 $R=$ _____。

3. 判别下列级数是否收敛；如果收敛，求出其和。

（1）$\displaystyle\sum_{n=1}^{\infty}(-1)^{n-1}$；
（2）$\displaystyle\sum_{n=1}^{\infty}\frac{1}{3^n}$；

（3）$\sum_{n=1}^{\infty} \dfrac{2n-1}{2^n}$;　　　　（4）$\sum_{n=1}^{\infty} (-1)^n \dfrac{8^n}{9^n}$。

4. 利用比较判别法确定下列级数的收敛性。

（1）$\sum_{n=1}^{\infty} \pi^n \sin\dfrac{1}{4^n}$;　　　　（2）$\sum_{n=1}^{\infty} \dfrac{1}{2^n}\sin^2\sqrt{n}$;

（3）$\sum_{n=1}^{\infty} \dfrac{1}{\sqrt{n}(n+1)}$;　　　　（4）$\sum_{n=1}^{\infty} \dfrac{1}{n^2-n+1}$。

5. 用比值判别法判别下列级数的敛散性。

（1）$\sum_{n=1}^{\infty} \dfrac{1}{(2n+1)!}$;　　　　（2）$\sum_{n=1}^{\infty} \dfrac{(n!)^2}{(2n)!}$;

（3）$\sum_{n=1}^{\infty} 2^n \sin\left(\dfrac{\pi}{3^2}\right)$;　　　　（4）$\sum_{n=1}^{\infty} \dfrac{n}{2^{n-1}}$。

6. 用根值判别法判别下列级数的敛散性。

（1）$\sum_{n=1}^{\infty} \dfrac{a^n}{n^p}$;　　　　（2）$\sum_{n=1}^{\infty} \left(\dfrac{n}{2n+1}\right)^2$;

（3）$\sum_{n=2}^{\infty} \dfrac{1}{(\ln n)^n}$;　　　　（4）$\sum_{n=1}^{\infty} \dfrac{2^n}{3^{\ln n}}$。

7. 求下列幂级数的收敛半径和收敛域。

（1）$\sum_{n=1}^{\infty} \dfrac{3^n+(-2)^n}{n}x^n$;　　　　（2）$\sum_{n=1}^{\infty} \dfrac{n!}{n^n}x^n$;

（3）$\sum_{n=1}^{\infty} \dfrac{(n!)^2}{(2n)!}x^n$;　　　　（4）$\sum_{n=1}^{\infty} \dfrac{(2n)!!}{(2n+1)!!}x^n$。

8. 求下列幂级数的和函数。

（1）$\sum_{n=0}^{\infty} (n+1)x^n$;　　　　（2）$\sum_{n=0}^{\infty} \dfrac{x^{n+1}}{n+1}$。

9. 将函数 $f(x)=\dfrac{1}{x^2+3x+2}$ 展开成 $(x+4)$ 的幂级数。

10. 将函数 $f(x)=\dfrac{1}{(1+x)^2}$ 展开为麦克劳林级数。

11. 求周期为 2π 的函数 $f(x)=\begin{cases} x, & -\pi<x<0, \\ 0, & 0\leqslant x<\pi \end{cases}$ 的傅里叶级数。

1. Maple 简介

Maple 是目前最为通用的数学和工程计算软件之一，在数学和科学领域享有盛誉，有"数学家的软件"之称，广泛地应用于科学、工程和教育等领域。它可以提供强大的公式推导功能、无限精度数值计算、丰富的可视化工具、完整的编程语言、广泛的接口、专业的技术文件等，可以轻松分析、探索、可视化和求解数学问题。Maple 的特点可以简要地归纳如下：

（1）计算功能强：内置超过 5000 个符号和数值计算命令，覆盖几乎所有的数学领域。库函数也很丰富，非常适用各种工程计算，如工程中的曲线积分、灵敏度分析、动力系统设计、小波分析、信号处理及控制器设计等。

（2）编程效率高：Maple 提供强大的编程语言。其内部使用 C 语言和 Cilk 语言编译，与我们熟悉的 C 语言非常接近，同时吸收了其他语言的特点，支持不同风格的编写代码，如过程编程、函数编程、面向对象编程等。

（3）可视化功能丰富：Maple 提供多达 170 多个二维、三维绘图函数和动画，包括各种坐标下的点图、线图、等高图、向量场、密度场等图形，对多元函数的微积分学有着重要的意义。

（4）技术文件易生成：Maple 的工作环境与 Office 软件有许多相似之处，可以在单个文件中集成计算、文字、图形、图片、视频等内容。

2. Maple 的安装、进入和退出

Maple 是一个跨平台软件，Maple 的安装程序分 32 位与 64 位。例如，Maple17 的安装，在 32 位 Window 系统下需要使用Maple17Windows Installer. exe，而在 64 位 Window 系统下需要使用 Maple18WindowsX86-64Installer. exe。

对于 Windows 平台，只要双击 Maple 图标即可启动 Maple。在 UNIX 系统下，可在提示符之后键入 xmaple 命令来启动，Maple 启动后将开启一个新的工作区。在窗口上端是菜单条，包括 File 和

Edit 等菜单项，菜单条之下是工具条，其中有若干用于经常性操作的快捷按钮，如文件打开、保存和打印等。工具条之下是内容指示条，其中有一些控件规定当前执行的任务。再向下较大的一块区域是工作区，工作区是用户交互的求解问题和把工作写成文档的集成环境。窗口的最下端是状态条，其中显示系统信息。所谓交互的求解问题，简单来说就是输入适当的 Maple 命令，得到结果。在工作区中可以修改命令，重新执行并获得新的结果。在 Maple 界面输入指令，用分号或者冒号结束每个指令，前者将显示运行结果，后者不显示该指令运行结果。屏幕上一行中可以输入多个用分号分隔的指令。按〈Shift + Enter〉组合键，而在最后一行输入结束标志";"或者":"，也可以在非末行尾加符号"\"完成。这与按窗口上方的快捷键工具按钮"!"是一样的，如果执行工作区的所有程序，可按快捷键工具按钮"!!!"。

在 Maple 的工作区内用户可以直接做许多工作。可以要求进行计算，作图和把结果做成文档。然而，在某些时候，为了与其他软件配合，可能需要输入数据或输出结果到文件。这些数据可能是科学实验的测量值或由其他程序生成的数据。一旦把这些数据输入 Maple，就可以利用 Maple 的作图功能显示结果，用 Maple 的运算功能构造和研究其相应的数学模型。在从文件读入信息时，两个最常用的操作是从文本文件读入数据和读入存储在文本文件中的 Maple 命令。第一种情况适用于读入由实验生成的数据或其他程序产生的数据，文本文件中存储的数据要求是由空格和换行符分割开的数据。对于这种文本文件使用 Maple 的 readdata 命令就可以把它们读入 Maple。

在用 Maple 完成某个计算后，可能想把结果存入文件。使得你以后可以再用 Maple 或其他程序处理这个结果。如果 Maple 的运算结果是数字的长列表或大的阵列，你还可以把这些数字结构化地写入文件。命令 writedata 用于把这些数字输入其他程序。使用 writedata 命令的方式为 writedate（'filename'，data），这里，filename 是 writedata 放数据的文件，而 data 是一个列表、向量、列表的列表或矩阵。如果 filename 是专用名称 terminal，则 writedata 把数据显示在屏幕上。

注意 writedata 覆盖已经存在的 filename。最基本也是最常用的指令是给变量赋值，赋值指令 Varname：= expr 都通过赋值号"：="将其右边表达式 exer 赋给左边的变量 Varname。

3. Maple 的工作环境

Maple 系统由三个主要模块组成。分别为：用户界面、基本代数运算库，以及外部库函数。用户界面与核心构成了系统的一小部分，它们是用 C 语言编写的，在用户界面(附图 1)设置文字、数学公式、动画、字体大小等内容。Maple 系统启动时就调入用户界面，负责处理数学表达式的输入、表达式的显示输出、函数图形的输出等。对于各种窗口环境，它还提供了工作区的界面。Maple 的核心部分解释用户的输入，进行基本的代数计算。Maple 的一个非常重要的功能是：在会话区中对每个表达式或子表达式，内存中仅保留一个拷贝。这样就节省了许多内存空间，也提高了运行速度。除了 Maple 命令及其结果以外，还可以在文档中加入许多其他类型信息。主要包括：

（1）可以加入文本，用户能够逐个字符地控制文本段落；

（2）在文本段中，可以加入数学表达式和 Maple 命令；

（3）可以加入超连接，当用鼠标单击某特定文本区域时，能跳转到工作区的其他位置，或其他文本中；

（4）可以规定文档的结构，包括超链接、节与小节的划分；

（5）在 Windows 平台上，用户可以嵌入其他对象，可借助 OLE 2(对象连接与嵌入标准)嵌入图形和表格。

附图 1　Maple18 的工作环境

Maple 核心的最重要的功能是为 Maple 程序语言提供解释。它也为系统的数学知识的扩充和升级提供了便利的条件。这也是从事符号计算研究的学者喜欢使用 Maple 的原因。Maple 的绝大部分数学知识是用 Maple 的程序语言编写的，它们以函数或过程的形式驻留在外部程序库中。Maple 的每一个程序包含有一组彼此关联的计算命令。例如，linalg 程序包含有矩阵处理的有关命令。可以用三种不同方式使用程序包中的命令：

（1）使用程序包和所需命令全名：package[cmd]($\cdots$)；

（2）利用 with 命令加载程序包中所有命令：with(package)，然后使用短命令名；

（3）从程序包中加载单个命令：with(package，cmd)，然后使用短命令名。

在 Maple 中，利用函数 limit 计算函数和表达式的极限。如果要写出数学表达式，则用惰性函数 Limit。在 Maple 中可以用函数 iscont 来判断一个函数或者表达式在区间上的连续性。命令格式为

$$\text{iscont}(\text{expr}, x = a..b, '\text{colsed}'/'\text{opened}'),$$

其中，closed 表示闭区间，而 opened 表示开区间（此为系统默认状态）。如果表达式在区间上连续，iscont 返回 true，否则返回 false，当 iscont 无法确定连续性时返回 FAIL。另外，iscont 函数假定表达式中的所有符号都是实数型。

利用 Maple 中的求导函数 diff 可以计算任何一个表达式的导数或偏导数，其惰性形式 Diff 可以给出求导表达式。求 expr 关于变量 $x_1, x_2, \cdots, x_n$ 的（偏）导数的命令格式为

$$\text{diff}(\text{expr}, x_1, x_2, \cdots, x_n);\quad \text{diff}(\text{expr}, [x_1, x_2, \cdots, x_n]);$$

其中 expr 为函数或表达式，$x_1, x_2, \cdots, x_n$ 为变量名称。有趣的是，当 n 大于 1 时，diff 是以递归方式调用的，如 $\text{diff}(f(x), x, y) = \text{diff}(\text{diff}(f(x), x), y)$。函数 diff 求得的结果是一个表达式，如果要得到一个函数形式的结果，也就是求导函数，可以用 D 算子。D 算子作用于一个函数上，得到的结果也是一个函数。求 f 的导数的命令格式为 D(f)。

隐函数或由方程（组）确定的函数的求导，使用命令 implicitdiff。假定 $f, f_1, \cdots, f_m$ 为代数表达式或者方程组，$y, y_1, \cdots, y_n$ 为变量名称或者独立变量的函数，且 m 个方程 $f, f_1, \cdots, f_m$ 隐式地定义了 n 个函数 $y, y_1, \cdots, y_n$，而 $u, u_1, \cdots, u_n$ 为独立变量的名称，$x, x_1, \cdots, x_n$ 为导数变量的名称。则：

（1）求由 f 确定的 y 对 x 的导数，其命令格式为

$$\text{implicitdiff}(y, x);$$

（2）求由 f 确定的 y 对 $x, x_1, \cdots, x_k$ 的偏导数，其命令格式为

$$\text{implicitdiff}(f, y, x, x1, \cdots, xk);$$

（3）求 u 对 x 的导数，其中 u 必须是给定的 y 函数中的某一个，其命令格式为

$$\text{implicitdiff}(\{f1, \cdots, fm\}, \{y1, \cdots, yn\}, u, x);$$

（4）求 u 对 $x_1, \cdots, x_k$ 的偏导数，其命令格式为

$$\text{implicitdiff}(\{f, f1, \cdots, fm\}, \{y1, \cdots, yn\}, u, \{x, x1, \cdots, xk\})。$$

命令的主要功能是求隐函数方程 f 确定的 y 对 x 的导数，因此，输入的 f 必须是 x 和 y 或者代数表达式的方程（其中代数表达式为 0）。第二个参数 y 指定了非独立变量、独立变量或常数，如果 y 是名称，就意味着非独立变量，而所有其他出现在输入的 f 和求导变量 x 中名称以及不看作是常数类型的变量，统统视作独立变量处理。

在 Maple 中，重积分的形式函数有 Doubleint（二重）和 Trippleint（三重），均在 student 工具包中，应用前需调用 student 工具包，它们适用于定积分和不定积分，可用 value 来获得积分结果的解析表达式。命令格式为

Doubleint(g,x,y)；

Doubleint(g,x,y,Domain)；

Doubleint(g,x=a..b,y=c..d)；

Tripleint(g,x,y,z)；

Tripleint(g,x,y,z,Domain)；

Tripleint(g,x=a..b,z=e..f,y=c..d)；

其中，g 为积分表达式，x,y,z 为积分变量，Domain 为积分区域。

在这两个形式函数中，还可以加入一个可选的参数，用来表示积分区域（通常用 S 表示二维区域，用 Ω 表示三维区域）。注意：在 Maple 中，这个参数仅仅用来做形式上的表示，不可以用来求值。

4. Maple 的常用数学函数

Maple 常用数学函数如附表 1~附表 3 所示。

附表 1　多元函数微分学

定义多元函数 cfsdvfgsdd	函数表达式或 f:unapply(表达式,变量)
求函数值	eval(f,[x=a,x=b])
求 $\dfrac{\partial^n f}{\partial x^n}$	diff(f,xn)
求 $\dfrac{\partial f}{\partial x}$	diff(f,x)
由等式 f 确定的隐函数 $z=z(x,y)$ 的偏导数 $\dfrac{\partial z}{\partial x}$	implicitdiff(f,z,x)
由等式 f 确定的隐函数 $z=z(x,y)$ 的二阶偏导数 $\dfrac{\partial^2 f}{\partial x^2}$	implicitdiff(f,z,x,y)
求多元函数的极值（无条件极值）	optimization：-Minimize(目标函数)
拉格朗日函数法	用 solve、fsolve、eval 命令

附表 2　多元函数积分学

计算二重积分	求 $\int_a^b \mathrm{d}x \int_{c(x)}^{d(x)} f(x,y)\,\mathrm{d}y$ 的命令格式：int(int(f,y=c(x)..d(x)),x=a..b) 求 $\int_c^d \mathrm{d}y \int_{a(y)}^{b(y)} f(x,y)\,\mathrm{d}x$ 的命令格式：int(int(f,x=a(y)..b(y)),y=c..d)
三重累次积分	计算三重累次积分 $\int_a^b \mathrm{d}x \int_{c(x)}^{d(x)} \mathrm{d}y \int_{m(x,y)}^{n(x,y)} f(x,y,z)\,\mathrm{d}z$ 的命令格式：int(f(x,y,z),[z=m(x,y)..n(x,y),y=c(x)..d(x),x=a..b])
弧长的曲线积分	设 L 为曲线 $x=x(t)$，$y=y(t)$ 从点 $t=t_0$ 到 $t=t_1$ 的一段弧，求 $\int_a^b P(x,y)\,\mathrm{d}s$，其命令格式：先调用 with(student)，再使用 Lineint(f(x,y),x=x(t),y=y(t),t=t0..t1)
坐标的曲线积分	设 L 为曲线 $x=x(t)$，$y=y(t)$ 从点 $t=t_0$ 到 $t=t_1$ 的一段弧，求 $\int_a^b P(x,y)\,\mathrm{d}x+Q(x,y)\,\mathrm{d}y$，其命令格式：先调用 with(student)，再使用 int(P(x,y(x))*D(x)(x)+Q(x,y(x))*D(y(x))(x),x=t0..t1)
曲面积分	对一些特殊曲面，可调用"VectorCakculus(向量积分)"包中的"Surfaceint"和"Flux"命令，从而方便地求出对面积的曲面积分和对坐标的曲面积分

附表 3　无穷级数

求 $\sum_{k=m}^{n} f(k)$，其中 m，n 是整数或者无穷大	sum(f(k),k=m..n)
用判别定理判断级数的敛散性	**lim(f,x=a)**
将 f 在 $x=a$ 处展开成 n 阶幂级数	series(f,x=a,n)，如果缺少 n，默认展开阶数为 6
拉普拉斯变换	laplace(f(t),t,s)
拉普拉斯逆变换	invlaplace(f(t),t,s)
傅里叶变换	Fourier(f(t),t,w)

　　Maple 是微积分计算、近似计算、数值仿真等方面的一个强大且容易掌握的工具。任何解析函数，Maple 都可以求出它的导数来，任何理论上可以计算的积分，Maple 都可以毫不费力地将它计算出来。作者认为，正是因为 Maple 软件强大的功能，在教学中更应该强调数学思想，突出数学应用。这样才能充分发挥、利用软件的功能，去分析并解决复杂问题。本教材每一章的 Maple 例题讲解是为加强微积分的理解而设计的，它通常给出使用命令，以帮助读者理解复杂的 Maple 结构。限于篇幅，即便是本教程介绍的 Maple 命令，也不一定能将其全部功能介绍给读者，这个附录总结了与本课程相关的 Maple 特性，更为详细的内容可参考相关文献。

习题参考答案

第 8 章

习题 8.1

1. 点 A 在卦限Ⅷ；点 B 在卦限 Ⅰ；点 C 在卦限Ⅶ；点 D 在卦限Ⅴ。

2. 点 A 在 xOy 面；点 B 在 yOz 面；点 C 在 y 轴；点 D 在 z 轴。

3. $\sqrt{26}$。

4. $(0,1,-2)$。

5. 证明略。

6. $\left(0,0,\dfrac{14}{9}\right)$。

7. $\sqrt{2}$，$\sqrt{5}$，$\sqrt{5}$。

8. （1）$(a,b,-c),(-a,b,c),(a,-b,c)$；

   （2）$(a,-b,-c),(-a,b,-c),(-a,-b,c)$；

   （3）$(-a,-b,-c)$。

9. xOy 面：$(x_0,y_0,0)$，yOz 面：$(0,y_0,z_0)$，xOz 面：$(x_0,0,z_0)$；

   x 轴：$(x_0,0,0)$，y 轴：$(0,y_0,0)$，z 轴：$(0,0,z_0)$。

10. $(0,1,0)$，$(0,-1,0)$。

习题 8.2

1. 7；$\left(-\dfrac{2}{7},\dfrac{6}{7},-\dfrac{3}{7}\right)$。

2. 证明略。

3. $\dfrac{6}{11}i+\dfrac{7}{11}j-\dfrac{6}{11}k$ 或 $-\dfrac{6}{11}i-\dfrac{7}{11}j+\dfrac{6}{11}k$。

4. 证明略。

5. $5a-11b+7c$。

习题 8.3

1. 2；$-\dfrac{1}{2},\dfrac{1}{2},-\dfrac{\sqrt{2}}{2}$；$\dfrac{2}{3}\pi,\dfrac{1}{3}\pi,\dfrac{3}{4}\pi$。

2. 2。

3. 13，$7j$。

4. 2。

5. $\dfrac{7}{3}$，$\dfrac{7}{\sqrt{26}}$。

6. $(2,\sqrt{2},4)$ 或 $(2,\sqrt{2},2)$。

7. $A(-1,2,-2)$。

8. $11i+j+k$，$-7i-5j+7k$。

9. 证明略。

10. $(2,2,2)$。

习题 8.4

1. （1）3，$5i+j+7k$；（2）-18，$10i+2j+14k$；（3）$\cos<a,b>=\dfrac{3}{2\sqrt{21}}$。

2. $-\dfrac{3}{2}$。

3. （1）$-8j-24k$；（2）$-j-k$；（3）2。

4. $\dfrac{\sqrt{19}}{2}$。

5. $\dfrac{\pi}{3}$。

6. -5。

7. $\pm(\sqrt{7},-7\sqrt{7},2\sqrt{7})$。

8. $\pm\left(\dfrac{2}{\sqrt{5}}j+\dfrac{1}{\sqrt{5}}k\right)$。

9. $\pm\left(\dfrac{5}{\sqrt{35}},\dfrac{-1}{\sqrt{35}},\dfrac{3}{\sqrt{35}}\right)$。

10. $\dfrac{3}{2}\sqrt{10}$。

11. （1）3；（2）11。

12~14. 证明略。

习题 8.5

1. $(x+1)^2+(y+2)^2+(z-3)^2=4$。

2. $\left(x+\dfrac{2}{3}\right)^2+(y+1)^2+\left(z+\dfrac{4}{3}\right)^2=\dfrac{116}{9}$，它表示一球面，球心为 $\left(-\dfrac{2}{3},-1,-\dfrac{4}{3}\right)$，半径为 $\dfrac{2}{3}\sqrt{29}$。

3. 以点 $(1,-2,0)$ 为球心，半径为 $\sqrt{5}$ 的球面。

4. $y^2+z^2=5x$。

5. 绕 x 轴：$4x^2-9(y^2+z^2)=36$，绕 y 轴：$4(x^2+z^2)-9y^2=36$。

6. （1）xOy 平面上的椭圆 $\dfrac{x^2}{4}+\dfrac{y^2}{9}=1$ 绕 x 轴旋转一周；

 （2）xOy 平面上的双曲线 $x^2-\dfrac{y^2}{4}=1$ 绕 y 轴旋转一周；

 （3）xOy 平面上的双曲线 $x^2-y^2=1$ 绕 x 轴旋转一周；

 （4）yOz 平面上的直线 $z=y+a$ 绕 z 轴旋转一周。

7. （1）圆柱面；（2）抛物柱面；（3）双曲柱面；（4）椭圆柱面。

8. $(x-3)^2+(y+1)^2+(z-1)^2=21$。

9. （1）旋转抛物面，曲线 $2z=x^2$ 绕 z 轴旋转或曲线 $2z=y^2$ 绕 z 轴旋转；

（2）球面；

（3）柱面。

10. $x^2+y^2-z^2=1$，$y^2-x^2-z^2=1$。

习题 8.6

1. $\begin{cases}(x-1)^2+(y-2)^2+(z-3)^2=9,\\z=5。\end{cases}$

2. $\begin{cases}x^2+y^2=x+1,\\z=0。\end{cases}$

3. $\begin{cases}x=2,\\y=2+2\cos t,\\z=-1+2\sin t。\end{cases}$

4. $\begin{cases}\dfrac{x^2}{16}+\dfrac{y^2}{9}=1,\\[2mm]3z=2y。\end{cases}$

5. $\begin{cases}y^2+4x=0,\\z=0,\end{cases}$ $\begin{cases}z^2-4z-4x=0,\\y=0,\end{cases}$ $\begin{cases}y^2+z^2-4z=0,\\x=0。\end{cases}$

6. $\begin{cases}x^2+y^2=2,\\z=0。\end{cases}$

7. $\begin{cases}x^2+2y^2-2y=0,\\z=0。\end{cases}$

8. $\begin{cases}\sqrt{4+z^2}-\sqrt{4-y^2}=4,\\z=0。\end{cases}$

9. $\begin{cases}2x^2-2x+y^2=8,\\z=0。\end{cases}$

10. （1）$\begin{cases}x=\dfrac{3}{\sqrt{2}}\cos t,\\[1mm]y=\dfrac{3}{\sqrt{2}}\cos t,\quad(0\leqslant t\leqslant 2\pi);\\[1mm]z=3\sin t\end{cases}$ （2）$\begin{cases}x=1+\sqrt{3}\cos\theta,\\y=\sqrt{3}\sin\theta,\quad(0\leqslant\theta\leqslant2\pi)。\\z=0\end{cases}$

习题 8.7

1. $x-2y+3z-8=0$。

2. $14x+9y-z-15=0$。

3. $y-3z=0$。

4. $2x-y-z=0$。

5. $\dfrac{1}{3}$，$\dfrac{2}{3}$，$\dfrac{2}{3}$。

6. $2x-y-z+8=0$。

7. 1。

8. $\arccos\dfrac{1}{\sqrt{60}}$。

9. $\dfrac{\sqrt{3}}{6}$。

10. $\arccos\dfrac{2}{15}$。

11. （1）$y+5=0$；（2）$x+3y=0$；（3）$9y-z-2=0$。

习题 8.8

1. $\dfrac{x-1}{4}=\dfrac{y}{-1}=\dfrac{z+2}{-3}$，$\begin{cases}x=1+4t,\\y=-t,\\z=-2-3t。\end{cases}$

2. $\dfrac{\pi}{4}$。

3. $\dfrac{x-1}{2}=\dfrac{y+2}{-3}=\dfrac{z-4}{1}$。

4. $\dfrac{x+3}{4}=\dfrac{y-2}{3}=\dfrac{z-5}{1}$ 或 $\begin{cases}x-4z=-23,\\2x-y-5z=-33。\end{cases}$

5. $16x-14y-11z-65=0$。

6. 0。

7. $\left(-\dfrac{5}{3},\dfrac{2}{3},\dfrac{2}{3}\right)$。

8. $\begin{cases}17x+31y-37z-117=0,\\4x-y+z-1=0。\end{cases}$

9. $\cos\varphi=0$。

10. 证明略。

11. $\dfrac{x}{-2}=\dfrac{y-2}{3}=\dfrac{z-4}{1}$。

12. $8x-9y-22z-59=0$。

13. $x-y+z=0$。

习题 8.9

1. （1）椭圆抛物面；（2）椭圆抛物面；（3）椭球面；（4）椭球面。

2. 略。

总习题 8

1. 到 x 轴的距离 $2\sqrt{65}$；到 y 轴的距离 $\sqrt{113}$；到 z 轴的距离 $7\sqrt{5}$；到原点的距离 $\sqrt{309}$。

2. 模长 $\sqrt{14}$；方向余弦 $\dfrac{3\sqrt{14}}{14}$，$\dfrac{-\sqrt{14}}{7}$，$\dfrac{\sqrt{14}}{14}$；方向角 $\arccos\left(\dfrac{3\sqrt{14}}{14}\right)$，$\arccos\left(\dfrac{-\sqrt{14}}{7}\right)$，$\arccos\left(\dfrac{\sqrt{14}}{14}\right)$；

　　平行的单位向量 $\pm\left(\dfrac{3\sqrt{14}}{14},\dfrac{-\sqrt{14}}{7},\dfrac{\sqrt{14}}{14}\right)$。

3. -9；-135；$\pi-\arccos\left(\dfrac{9\sqrt{35}}{70}\right)$；$\dfrac{-9}{\sqrt{14}}$。

4. -10；$(0,0,0)$。

5. $(-3,15,12)$。

6. （1）$x^2+z^2=2y$；（2）$2x^2-3(y^2+z^2)=6$；（3）$\pm\sqrt{x^2+y^2}-2z+1=0$。

7. (1) xOy: $\begin{cases} 2x+y^2=4, \\ z=0; \end{cases}$ yOz: $\begin{cases} 4z^2=4y^2-y^4, \\ x=0; \end{cases}$ xOz: $\begin{cases} x^2+z^2=2x, \\ y=0; \end{cases}$

(2) xOz: $\begin{cases} x=z, \\ y=0 \end{cases}$ 或 $\begin{cases} x=-z, \\ y=0; \end{cases}$ yOz: $\begin{cases} y^2+z^2=a^2, \\ x=0; \end{cases}$ xOy: $\begin{cases} x^2+y^2=a^2, \\ z=0 \end{cases}$。

8. (1) $y+2z=0$；(2) $22x-34y-26z+6=0$。

9. 1。

10. $x+y-3z-4=0$。

11. $\lambda=2\mu$。

12. $\left(0,-\dfrac{8}{5},\dfrac{6}{5}\right)$。

13. $\dfrac{x+1}{10}=\dfrac{y}{19}=\dfrac{z-4}{28}$。

14. $x+y-z=0$；$x+4y+5z=0$。

15. $3x+6y+8z=109$。

16. $\dfrac{x-3}{3}=\dfrac{y-6}{6}=\dfrac{z-8}{5}$。

17. $3y^2-z^2=16$。

第 9 章

习题 9.1

1. (1) 2；(2) $\dfrac{2xy}{x^2+y^2}$；(3) $(x+y)^2+x^2y^2$；(4) $\dfrac{x^2+y^2}{4}$。

2. (1) $\{(x,y) \mid -2\leqslant y\leqslant 0, x\leqslant 0\} \cup \{(x,y) \mid 0\leqslant y\leqslant 2, x\geqslant 0\}$；

(2) $\{(x,y) \mid x+y>0, x-y>0\}$；

(3) $\{(x,y) \mid x\geqslant 0, y\geqslant 0, x^2\geqslant y\}$；

(4) $\{(x,y) \mid y-x>0, x\geqslant 0, x^2+y^2<1\}$。

3. (1) 1；(2) $\ln 2$；(3) $\dfrac{1}{2}$；(4) -2；(5) 2；(6) 0。

4. $\{(x,y) \mid y^2-2x=0\}$。

习题 9.2

1. (1) $\dfrac{2}{5}$；(2) $-\dfrac{1}{2}$，$\dfrac{1}{2}$；(3) $\arctan\sqrt{x}+(x-1)\cdot\dfrac{1}{1+x}\cdot\dfrac{1}{2\sqrt{x}}$，$\dfrac{\pi}{4}$。

2. (1) $\dfrac{\partial z}{\partial x}=3x^2y-y^3$，$\dfrac{\partial z}{\partial y}=x^3-3xy^2$；

(2) $\dfrac{\partial s}{\partial u}=\dfrac{1}{v}-\dfrac{v}{u^2}$，$\dfrac{\partial s}{\partial v}=\dfrac{1}{u}-\dfrac{u}{v^2}$；

(3) $\dfrac{\partial z}{\partial x}=\dfrac{1}{2x\sqrt{\ln(xy)}}$，$\dfrac{\partial z}{\partial y}=\dfrac{1}{2y\sqrt{\ln(xy)}}$；

(4) $\dfrac{\partial z}{\partial x}=y[\cos(xy)-\sin(2xy)]$，$\dfrac{\partial z}{\partial y}=x[\cos(xy)-\sin(2xy)]$；

(5) $\dfrac{\partial z}{\partial x}=\dfrac{2}{y}\csc\dfrac{2x}{y}$，$\dfrac{\partial z}{\partial y}=-\dfrac{2x}{y^2}\csc\dfrac{2x}{y}$；

（6）$\dfrac{\partial z}{\partial x} = y^2(1+xy)^{y-1}$，$\dfrac{\partial z}{\partial y} = (1+xy)^y\left[\ln(1+xy) + \dfrac{xy}{1+xy}\right]$。

3. 证明略。

4. 证明略。

5. 证明略。

6. （1）$\dfrac{\partial^2 z}{\partial x^2} = 6x+6y$，$\dfrac{\partial^2 z}{\partial y^2} = 12y$，$\dfrac{\partial^2 z}{\partial x\partial y} = 6x$；

   （2）$\dfrac{\partial^2 z}{\partial x^2} = 2a^2\cos2(ax+by)$，$\dfrac{\partial^2 z}{\partial y^2} = 2b^2\cos2(ax+by)$，$\dfrac{\partial^2 z}{\partial x\partial y} = 2ab\cos2(ax+by)$；

   （3）$\dfrac{\partial^2 z}{\partial x^2} = \dfrac{2xy}{(x^2+y^2)^2}$，$\dfrac{\partial^2 z}{\partial y^2} = \dfrac{-2xy}{(x^2+y^2)^2}$，$\dfrac{\partial^2 z}{\partial xy} = \dfrac{-x^2+y^2}{(x^2+y^2)^2}$；

   （4）$\dfrac{\partial^2 z}{\partial x^2} = y^x\ln^2 y$，$\dfrac{\partial^2 z}{\partial y^2} = x(x-1)y^{x-2}$，$\dfrac{\partial^2 z}{\partial x\partial y} = y^{x-1}(1+x\ln y)$。

7. $\dfrac{\partial^3 z}{\partial x^2\partial y} = 0$，$\dfrac{\partial^3 z}{\partial x\partial y^2} = -\dfrac{1}{y^2}$。

8. 证明略。

习题 9.3

1. $\dfrac{1}{3}dx + \dfrac{2}{3}dy$。

2. $dz = 22.4$，$\Delta z = 22.75$。

3. $0.25e$。

4. （1）$\left(y+\dfrac{1}{y}\right)dx + x\left(1-\dfrac{1}{y^2}\right)dy$；（2）$-\dfrac{1}{x}e^{\frac{y}{x}}\left(\dfrac{y}{x}dx - dy\right)$；

   （3）$-\dfrac{x}{(x^2+y^2)^{3/2}}(ydx - xdy)$；（4）$dx + \left(\dfrac{1}{2}\cos\dfrac{y}{2} + ze^{yz}\right)dy + ye^{yz}dz$；

   （5）$\dfrac{-y}{x^2+y^2}dx + \dfrac{x}{x^2+y^2}dy$；（6）$\dfrac{2xdx + 2ydy + 2zdz}{x^2+y^2+z^2}$。

5. 2.0393。

6. 减少 $30\pi\mathrm{cm}^3$。

习题 9.4

1. $\dfrac{\partial z}{\partial x} = 4x$，$\dfrac{\partial z}{\partial y} = 4y$。

2. $\dfrac{dz}{dt} = \cos t(\cos^2 t - 2\sin^2 t)$。

3. $\dfrac{dz}{dt} = \dfrac{3(1-4t^2)}{\sqrt{1-(3t-4t^3)^2}}$。

4. $\dfrac{dz}{dx} = \dfrac{e^x(1+x)}{1+x^2 e^{2x}}$。

5. 令 $u = x+y$，$v = xy$，则 $\dfrac{\partial z}{\partial x} = f'_u + yf'_v$，$\dfrac{\partial z}{\partial y} = f'_u + xf'_v$。

6. （1）$\dfrac{\partial u}{\partial x} = 2xf'_1 + ye^{xy}f'_2$，$\dfrac{\partial u}{\partial y} = -2yf'_1 + xe^{xy}f'_2$；

   （2）$\dfrac{\partial u}{\partial x} = \dfrac{1}{y}f'_1$，$\dfrac{\partial u}{\partial y} = -\dfrac{x}{y^2}f'_1 + \dfrac{1}{z}f'_2$，$\dfrac{\partial u}{\partial z} = -\dfrac{y}{z^2}f'_2$；

   （3）$\dfrac{\partial u}{\partial x} = f'_1 + yf'_2 + yzf'_3$，$\dfrac{\partial u}{\partial y} = xf'_2 + xzf'_3$，$\dfrac{\partial u}{\partial z} = xyf'_3$。

7. $\dfrac{\partial^2 z}{\partial x^2} = y^2 f''_{uu} + 2f''_{uv} + \dfrac{1}{y^2} f''_{vv}$, $\quad \dfrac{\partial^2 z}{\partial x \partial y} = f'_u - \dfrac{1}{y^2} f'_v + xy f''_{uu} - \dfrac{x}{y^3} f''_{vv}$。

8. 证明略。

习题 9.5

1. （1）$\dfrac{y}{y-1}$；（2）$\dfrac{y^x \ln y}{1 - xy^{x-1}}$；（3）$\dfrac{-3x^2 - 8xy + 3y^2}{4x^2 - 6xy + 6y^2}$；（4）$\dfrac{xy \ln y - y^2}{xy \ln x - x^2}$；

（5）$\dfrac{e^x - y^2}{\cos y + 2xy}$；（6）$\dfrac{x+y}{x-y}$；（7）$\dfrac{y^2 - y e^{xy}}{x e^{xy} - 2xy - \cos y}$。

2. （1）$\dfrac{\partial z}{\partial x} = \dfrac{yz - x^2}{z^2 - xy}$, $\dfrac{\partial z}{\partial y} = \dfrac{xz - y^2}{z^2 - xy}$；（2）$\dfrac{\partial z}{\partial x} = \dfrac{z}{z - x}$, $\dfrac{\partial z}{\partial y} = \dfrac{z^2}{zy + xy}$；

（3）$\dfrac{\partial z}{\partial x} = \dfrac{yz - \sqrt{xyz}}{\sqrt{xyz} - xy}$, $\dfrac{\partial z}{\partial y} = \dfrac{xz - 2\sqrt{xyz}}{\sqrt{xyz} - xy}$；（4）$\dfrac{\partial z}{\partial x} = \dfrac{1 - yz\sin(xyz)}{y[1 + x\sin(xyz)]}$, $\dfrac{\partial z}{\partial y} = -\dfrac{z}{y}$；

（5）$\dfrac{\partial z}{\partial x} = \dfrac{y(1+z^2)(e^{xy}+z)}{1 - xy(1+z^2)}$, $\dfrac{\partial z}{\partial y} = \dfrac{x(1+z^2)(e^{xy}+z)}{1 - xy(1+z^2)}$。

3. 证明略。

4. $\mathrm{d}z = \dfrac{yz}{z^2 - xy}\mathrm{d}x + \dfrac{xz}{z^2 - xy}\mathrm{d}y$, $\dfrac{\partial^2 z}{\partial y \partial x} = \dfrac{z^5 - x^2 y^2 z - 2xyz^3}{(z^2 - xy)^3}$。

5. （1）$\dfrac{\mathrm{d}y}{\mathrm{d}x} = -\dfrac{x(6z+1)}{2y(3z+1)}$, $\dfrac{\mathrm{d}z}{\mathrm{d}x} = \dfrac{x}{3z+1}$；

（2）$\dfrac{\mathrm{d}x}{\mathrm{d}z} = \dfrac{y-z}{x-y}$, $\dfrac{\mathrm{d}y}{\mathrm{d}z} = \dfrac{z-x}{x-y}$；

（3）$\dfrac{\partial u}{\partial x} = \dfrac{-uf'_1(2yvg'_2 - 1) - f'_2 \cdot g'_1}{(xf'_1 - 1)(2yvg'_2 - 1) - f'_2 \cdot g'_1}$, $\dfrac{\partial v}{\partial x} = \dfrac{g'_1(xf'_1 + uf'_1 - 1)}{(xf'_1 - 1)(2yvg'_2 - 1) - f'_2 \cdot g'_1}$；

（4）$\dfrac{\partial u}{\partial x} = \dfrac{-xu - vy}{x^2 + y^2}$, $\dfrac{\partial u}{\partial y} = \dfrac{xv - uy}{x^2 + y^2}$, $\dfrac{\partial v}{\partial x} = \dfrac{uy - vx}{x^2 + y^2}$, $\dfrac{\partial v}{\partial y} = \dfrac{-xu - yv}{x^2 + y^2}$；

（5）$\dfrac{\partial u}{\partial x} = \dfrac{\sin v}{e^u(\sin v - \cos v) + 1}$, $\dfrac{\partial u}{\partial y} = \dfrac{-\cos v}{e^u(\sin v - \cos v) + 1}$,

$\dfrac{\partial v}{\partial x} = \dfrac{\cos v - e^u}{u[e^u(\sin v - \cos v) + 1]}$, $\dfrac{\partial v}{\partial y} = \dfrac{\sin v + e^u}{u[e^u(\sin v - \cos v) + 1]}$。

6. 证明略。

7. 证明略。

习题 9.6

1. （1）切线方程 $\dfrac{x-1}{1} = \dfrac{y-1}{2} = \dfrac{z-1}{3}$, 法平面方程 $x + 2y + 3z = 6$；

（2）切线方程 $\dfrac{x - \dfrac{1}{2}}{1} = \dfrac{y-2}{-4} = \dfrac{z-1}{8}$, 法平面方程 $2x - 8y + 16z = 1$；

（3）切线方程 $\dfrac{x - \pi}{4} = \dfrac{y-2}{0} = \dfrac{z - 2\sqrt{2}}{\sqrt{2}}$, 法平面方程 $4x + \sqrt{2}z = 4\pi + 4$；

（4）切线方程 $\dfrac{x-1}{1} = \dfrac{y-1}{1} = \dfrac{z-1}{2}$, 法平面方程 $x + y + 2z = 4$。

2. 切线方程 $\dfrac{x - x_0}{1} = \dfrac{y - y_0}{\dfrac{m}{y_0}} = \dfrac{z - z_0}{-\dfrac{1}{2z_0}}$, 法平面方程 $(x - x_0) + \dfrac{m}{y_0}(y - y_0) - \dfrac{1}{2z_0}(z - z_0) = 0$。

3. 切线方程$\dfrac{x-1}{16}=\dfrac{y-1}{9}=\dfrac{z-1}{-1}$，法平面方程$16x+9y-z-24=0$。

4. $P_1(-1,1,-1)$及$P_2\left(-\dfrac{1}{3},\dfrac{1}{9},-\dfrac{1}{27}\right)$。

5. （1）切平面方程$z=-4$，法线方程$\dfrac{x}{0}=\dfrac{y}{0}=\dfrac{z+4}{-\dfrac{1}{2}}$；

　　（2）切平面方程$x+2y-4=0$，法线方程$\dfrac{x-2}{1}=\dfrac{y-1}{2}=\dfrac{z}{0}$；

　　（3）切平面方程$2x+4y-z-5=0$，法线方程$\dfrac{x-1}{2}=\dfrac{y-2}{4}=\dfrac{z-5}{-1}$；

　　（4）切平面方程$x-y+2z-\dfrac{\pi}{2}=0$，法线方程$\dfrac{x-1}{1}=\dfrac{y-1}{-1}=\dfrac{z-\dfrac{\pi}{4}}{2}$；

　　（5）切平面方程$ax_0x+by_0y+cz_0z=1$，法线方程$\dfrac{x-x_0}{ax_0}=\dfrac{y-y_0}{by_0}=\dfrac{z-z_0}{cz_0}$。

6. 切平面方程$x-y+2z=\pm\sqrt{\dfrac{11}{2}}$。

习题 9.7

1. （1）0；（2）$1-\sqrt{3}$；（3）$\sqrt{10}(6-\pi^2)$；（4）$\dfrac{5\sqrt{3}}{3}$；（5）$\dfrac{\sqrt{6}}{3}$；

　　（6）$\dfrac{yz^2+xz^2+4xyz}{\sqrt{6}}$。

2. $\cos\alpha+\sin\alpha$。

3. $\dfrac{81}{\sqrt{5}}$。

4. $\dfrac{\sqrt{3}-1}{4}$。

5. $\mathbf{grad}(0,0,0)=3\boldsymbol{i}-2\boldsymbol{j}-6\boldsymbol{k}$，$\mathbf{grad}(1,1,1)=6\boldsymbol{i}+3\boldsymbol{j}$。

6. 增加最快的方向为$\boldsymbol{n}=\dfrac{1}{\sqrt{21}}(2\boldsymbol{i}-4\boldsymbol{j}+\boldsymbol{k})$，方向导数为$\sqrt{21}$；

　　减少最快的方向为$-\boldsymbol{n}=\dfrac{1}{\sqrt{21}}(-2\boldsymbol{i}+4\boldsymbol{j}-\boldsymbol{k})$，方向导数为$-\sqrt{21}$。

习题 9.8

1. （1）极大值$f(2,-2)=8$；　　（2）极小值$f\left(\dfrac{1}{2},-1\right)=-\dfrac{\mathrm{e}}{2}$；

　　（3）极大值$f(3,2)=36$；　　（4）极小值$f(1,2)=0$；

　　（5）极小值$f(-1,1)=0$；　　（6）极大值$f(0,0)=0$，极小值$f(2,2)=-8$。

2. （1）极大值：$\dfrac{1}{4}$；　　（2）极小值：$\dfrac{a^2b^2}{a^2+b^2}$。

3. 最大值为2，最小值为-2。

4. 当两边都是$\dfrac{l}{\sqrt{2}}$时，可得最大周长。

5. 当矩形的边长为 $\dfrac{2}{3}p$ 和 $\dfrac{1}{3}p$ 时，绕短边旋转所得圆柱体体积最大。

6. 当长、宽都是 $\sqrt[3]{2k}$，而高为 $\dfrac{1}{2}\sqrt[3]{2k}$ 时，表面积最小。

7. 当长、宽、高都是 $\dfrac{2a}{\sqrt{3}}$ 时，可得最大的体积。

8. $\left(\dfrac{8}{5},\dfrac{16}{5}\right)$。

9. $(1,2)$。

10. 最大值为 $\sqrt{9+5\sqrt{3}}$，最小值为 $\sqrt{9-5\sqrt{3}}$。

11. 最热点在 $\left(-\dfrac{1}{2},\pm\dfrac{\sqrt{3}}{2}\right)$，最冷点在 $\left(\dfrac{1}{2},0\right)$。

12. 最热点在 $\left(\pm\dfrac{4}{3},-\dfrac{4}{3},-\dfrac{4}{3}\right)$。

总习题 9

1. (1) $\{(x,y)\,|\,y^2\le 4x\}$；

   (2) $\{(x,y)\,|\,y^2-2x+1>0\}$；

   (3) $\{(x,y)\,|\,y<x,y\ne 0\}$；

   (4) $\{(x,y)\,|\,-1\le x-y\le 1\}$。

2. (1) $-\dfrac{1}{4}$；(2) $+\infty$；(3) 0；(4) 0。

3. (1) $-\dfrac{2}{5}$；(2) $-\dfrac{1}{x^2+1}$，$-\dfrac{1}{2}$。

4. (1) $\dfrac{\partial z}{\partial x}=3x^2y-y^3$，$\dfrac{\partial z}{\partial y}=x^3-3xy^2$；

   (2) $\dfrac{\partial z}{\partial x}=ye^{xy}+2xy$，$\dfrac{\partial z}{\partial y}=xe^{xy}+x^2$；

   (3) $\dfrac{\partial z}{\partial x}=y\cos(xy)[1-2\sin(xy)]$，$\dfrac{\partial z}{\partial y}=x\cos(xy)[1-2\sin(xy)]$；

   (4) $\dfrac{\partial z}{\partial x}=\dfrac{2y}{(x+y)^2}$，$\dfrac{\partial z}{\partial y}=-\dfrac{2x}{(x+y)^2}$；

   (5) $\dfrac{\partial z}{\partial x}=\dfrac{1}{2\sqrt{xy}}$，$\dfrac{\partial z}{\partial y}=-\dfrac{\sqrt{x}}{2y^{\frac{3}{2}}}$；

   (6) $\dfrac{\partial z}{\partial x}=\dfrac{1}{1+(x-y)^2}$，$\dfrac{\partial z}{\partial y}=-\dfrac{1}{1+(x-y)^2}$。

5. (1) $\dfrac{\partial^2 z}{\partial x^2}=6x+6y$，$\dfrac{\partial^2 z}{\partial x\partial y}=6x$，$\dfrac{\partial^2 z}{\partial y\partial x}=6x$，$\dfrac{\partial^2 z}{\partial y^2}=12y^2$；

   (2) $\dfrac{\partial^2 z}{\partial x^2}=y^2e^{xy}\sin y$，$\dfrac{\partial^2 z}{\partial x\partial y}=e^{xy}(\sin y+xy\sin y+y\cos y)$，

      $\dfrac{\partial^2 z}{\partial y\partial x}=e^{xy}(\sin y+xy\sin y+y\cos y)$，$\dfrac{\partial^2 z}{\partial y^2}=e^{xy}(x^2\sin y+2x\cos y-\sin y)$；

   (3) $\dfrac{\partial^2 z}{\partial x^2}=\dfrac{2xy}{(x^2+y^2)^2}$，$\dfrac{\partial^2 z}{\partial x\partial y}=\dfrac{y^2-x^2}{(x^2+y^2)^2}$，$\dfrac{\partial^2 z}{\partial y\partial x}=\dfrac{y^2-x^2}{(x^2+y^2)^2}$，$\dfrac{\partial^2 z}{\partial y^2}=\dfrac{-2xy}{(x^2+y^2)^2}$；

(4) $\dfrac{\partial^2 z}{\partial x^2}=\dfrac{2x^3-6xy^2}{(x^2+y^2)^3}$, $\dfrac{\partial^2 z}{\partial x\partial y}=\dfrac{6x^2y-2y^3}{(x^2+y^2)^3}$, $\dfrac{\partial^2 z}{\partial y\partial x}=\dfrac{6x^2y-2y^3}{(x^2+y^2)^3}$, $\dfrac{\partial^2 z}{\partial y^2}=\dfrac{6xy^2-2x^3}{(x^2+y^2)^3}$。

6. $\mathrm{d}z=-4\mathrm{d}x-4\mathrm{d}y$。

7. $\mathrm{d}z=40\mathrm{d}x+48\mathrm{d}y$；$\Delta z=22.75$。

8. (1) $\mathrm{d}z=(3x^2-3y)\mathrm{d}x+(3y^2-3x)\mathrm{d}y$；

   (2) $\mathrm{d}z=\dfrac{3\mathrm{d}x}{3x-2y}+\dfrac{2\mathrm{d}y}{3x-2y}$；

   (3) $\mathrm{d}z=\sin2x\mathrm{d}x-\sin2y\mathrm{d}y$；

   (4) $\mathrm{d}z=\dfrac{x\mathrm{d}x}{\sqrt{x^2+y^2}}+\dfrac{y\mathrm{d}x}{\sqrt{x^2+y^2}}$。

9. $\dfrac{\mathrm{d}z}{\mathrm{d}t}=-2\sin^2 t\cos t+\cos^3 t$。

10. $\dfrac{\mathrm{d}z}{\mathrm{d}x}=\dfrac{(1+x)\mathrm{e}^x}{1+x^2\mathrm{e}^{2x}}$。

11. $\dfrac{\partial z}{\partial x}=\dfrac{y\mathrm{e}^{xy}+2x}{\mathrm{e}^{xy}+x^2-y^2}$, $\dfrac{\partial z}{\partial y}=\dfrac{x\mathrm{e}^{xy}-2y}{\mathrm{e}^{xy}+x^2-y^2}$。

12. $\dfrac{\partial z}{\partial x}=\dfrac{2x}{1+(1+x^2-y^2)^2}$, $\dfrac{\partial z}{\partial y}=\dfrac{2y}{1+(1+x^2-y^2)^2}$。

13. $\dfrac{\mathrm{d}y}{\mathrm{d}x}=\dfrac{y^2-y\mathrm{e}^{xy}}{x\mathrm{e}^{xy}-2xy-\cos y}$。

14. (1) $\dfrac{\mathrm{d}y}{\mathrm{d}x}=\dfrac{y^2+1}{3y^2-2xy}$；

   (2) $\dfrac{\mathrm{d}y}{\mathrm{d}x}=\dfrac{\mathrm{e}^{x+y}}{1-\mathrm{e}^{x+y}}$；

   (3) $\dfrac{\mathrm{d}y}{\mathrm{d}x}=-\dfrac{y\cos(xy)-y\mathrm{e}^{xy}-2xy}{x\cos(xy)-x\mathrm{e}^{xy}-x^2}$；

   (4) $\dfrac{\mathrm{d}y}{\mathrm{d}x}=\dfrac{2x-y}{2y+x}$。

15. (1) $\dfrac{\partial z}{\partial x}=-\dfrac{x+1}{z+1}$, $\dfrac{\partial z}{\partial y}=-\dfrac{y+1}{z+1}$, $\mathrm{d}z=-\dfrac{x+1}{z+1}\mathrm{d}x-\dfrac{y+1}{z+1}\mathrm{d}y$；

   (2) $\dfrac{\partial z}{\partial x}=\dfrac{y\mathrm{e}^{-xy}}{\mathrm{e}^z-2}$, $\dfrac{\partial z}{\partial y}=\dfrac{x\mathrm{e}^{-xy}}{\mathrm{e}^z-2}$, $\mathrm{d}z=\dfrac{y\mathrm{e}^{-xy}}{\mathrm{e}^z-2}\mathrm{d}x+\dfrac{x\mathrm{e}^{-xy}}{\mathrm{e}^z-2}\mathrm{d}y$。

16. 切线方程：$\dfrac{2x-1}{-\sqrt{3}}=2y-\sqrt{3}=\dfrac{z-\pi}{3}$，法平面方程：$-\sqrt{3}x+y+6z=6\pi$。

17. 切线方程：$\dfrac{x-1}{1}=\dfrac{y-2}{2}=\dfrac{z-3}{6}$。

18. 切平面方程：$4x+6y-z=20$，法线方程：$\dfrac{x-2}{-4}=\dfrac{y+3}{6}=z-6$。

19. 法线方程：$\dfrac{x-1}{2}=\dfrac{y+2}{1}=\dfrac{z-2}{-1}$，切平面方程：$2x+y-z=2$。

20. 极小值 $f(0,0)=0$，极大值 $f\left(-\dfrac{5}{3},0\right)=\dfrac{125}{27}$。

21. 极小值 $f(2,2)=-8$，极大值 $f(0,0)=0$。

22. 极小值 $f\left(\dfrac{3}{4},\dfrac{9}{32}\right)=\dfrac{613}{128}$。

23. 曲面上点 $(-1,1,\pm\sqrt{2}\,)$ 到原点距离最小,最小值为 2。

24. 当 $x=25$ 件,$y=17$ 件时成本最小,最小成本为 8043 元。

第 10 章

习题 10.1

1. (1) $V=\displaystyle\iint\limits_{D}(x+y+1)\,\mathrm{d}\sigma$; (2) $V=\displaystyle\iint\limits_{D}\left(\sqrt{R^{2}-x^{2}-y^{2}}\,\right)\mathrm{d}\sigma$。

2. $Q=\displaystyle\iint\limits_{D}f(x,y)\,\mathrm{d}\sigma$。

3. (1) $\displaystyle\iint\limits_{D}(x+y)^{2}\,\mathrm{d}\sigma\geqslant\iint\limits_{D}(x+y)^{3}\,\mathrm{d}\sigma$; (2) $\displaystyle\iint\limits_{D}\ln(x+y)\,\mathrm{d}\sigma\leqslant\iint\limits_{D}\left[\ln(x+y)\right]^{2}\,\mathrm{d}\sigma$。

4. (1) $36\pi\leqslant I=\displaystyle\iint\limits_{D}(x^{2}+y^{2}+9)\,\mathrm{d}\sigma\leqslant52\pi$;

   (2) $0\leqslant I=\displaystyle\iint\limits_{D}\sqrt{xy(x+y)}\,\mathrm{d}\sigma\leqslant2\sqrt{6}$。

5. 证明略。

习题 10.2

1. (1) $\dfrac{8}{3}$; (2) $\dfrac{2}{3}$; (3) 1; (4) $-\dfrac{3}{2}\pi$。

2. (1) $\dfrac{6}{55}$; (2) $\dfrac{64}{15}$; (3) $\mathrm{e}-\dfrac{1}{\mathrm{e}}$; (4) $\dfrac{13}{6}$。

3. (1) $\displaystyle\iint\limits_{D}f(x,y)\,\mathrm{d}\sigma=\int_{0}^{1}\left(\int_{x^{2}}^{\sqrt{x}}f(x,y)\,\mathrm{d}y\right)\mathrm{d}x=\int_{0}^{1}\left(\int_{y^{2}}^{\sqrt{y}}f(x,y)\,\mathrm{d}x\right)\mathrm{d}y$;

   (2) $\displaystyle\iint\limits_{D}f(x,y)\,\mathrm{d}\sigma=\int_{0}^{\pi}\left(\int_{0}^{r}f(r\cos\theta,r\sin\theta)\,r\,\mathrm{d}r\right)\mathrm{d}\theta=\int_{0}^{r}f(r\cos\theta,r\sin\theta)\,r\,\mathrm{d}r\int_{0}^{\pi}\mathrm{d}\theta$;

   (3) $\displaystyle\iint\limits_{D}f(x,y)\,\mathrm{d}\sigma=\int_{1}^{2}\left(\int_{y}^{2}f(x,y)\,\mathrm{d}x\right)\mathrm{d}y+\int_{\frac{1}{2}}^{1}\left(\int_{\frac{1}{y}}^{2}f(x,y)\,\mathrm{d}x\right)\mathrm{d}y=\int_{1}^{2}\left(\int_{\frac{1}{x}}^{x}f(x,y)\,\mathrm{d}y\right)\mathrm{d}x$;

   (4) $\displaystyle\iint\limits_{D}f(x,y)\,\mathrm{d}\sigma=\int_{0}^{2\pi}\left(\int_{1}^{2}f(r\cos\theta,r\sin\theta)\,r\,\mathrm{d}r\right)\mathrm{d}\theta=\int_{1}^{2}\left(\int_{0}^{2\pi}\mathrm{d}\theta\right)f(r\cos\theta,r\sin\theta)\,r\,\mathrm{d}r$。

4. (1) $\displaystyle\int_{0}^{1}\mathrm{d}y\int_{0}^{y}f(x,y)\,\mathrm{d}x=\int_{0}^{1}\mathrm{d}x\int_{x}^{1}f(x,y)\,\mathrm{d}y$;

   (2) $\displaystyle\int_{0}^{2}\mathrm{d}y\int_{y^{2}}^{2y}f(x,y)\,\mathrm{d}x=\int_{0}^{4}\mathrm{d}x\int_{\frac{x}{2}}^{\sqrt{x}}f(x,y)\,\mathrm{d}y$;

   (3) $\displaystyle\int_{0}^{1}\mathrm{d}y\int_{-\sqrt{1-y^{2}}}^{\sqrt{1-y^{2}}}f(x,y)\,\mathrm{d}x=\int_{-1}^{1}\mathrm{d}x\int_{0}^{\sqrt{1-x^{2}}}f(x,y)\,\mathrm{d}y$;

   (4) $\displaystyle\int_{1}^{2}\mathrm{d}x\int_{2-x}^{\sqrt{2x-x^{2}}}f(x,y)\,\mathrm{d}y=\int_{0}^{1}\mathrm{d}y\int_{2-y}^{1+\sqrt{1-y^{2}}}f(x,y)\,\mathrm{d}x$;

   (5) $\displaystyle\int_{1}^{\mathrm{e}}\mathrm{d}x\int_{0}^{\ln x}f(x,y)\,\mathrm{d}y=\int_{0}^{1}\mathrm{d}y\int_{\mathrm{e}^{y}}^{\mathrm{e}}f(x,y)\,\mathrm{d}x$;

   (6) $\displaystyle\int_{0}^{\pi}\mathrm{d}x\int_{-\sin\frac{x}{2}}^{\sin x}f(x,y)\,\mathrm{d}y=\int_{-1}^{0}\mathrm{d}y\int_{-2\arcsin y}^{\pi}f(x,y)\,\mathrm{d}x+\int_{0}^{1}\mathrm{d}y\int_{\arcsin y}^{\pi-\arcsin y}f(x,y)\,\mathrm{d}x$。

5. (1) $\displaystyle\int_{0}^{2\pi}\mathrm{d}\theta\int_{0}^{a}f(r\cos\theta,r\sin\theta)\,r\,\mathrm{d}r$;

(2) $\int_{-\frac{\pi}{2}}^{\frac{\pi}{2}} \mathrm{d}\theta \int_0^{2\cos\theta} f(r\cos\theta, r\sin\theta) r\mathrm{d}r$;

(3) $\int_0^{2\pi} \mathrm{d}\theta \int_a^b f(r\cos\theta, r\sin\theta) r\mathrm{d}r$;

(4) $\int_0^{\frac{\pi}{2}} \mathrm{d}\theta \int_0^{\frac{1}{\sin\theta+\cos\theta}} f(r\cos\theta, r\sin\theta) r\mathrm{d}r$。

6. (1) $\iint\limits_D \mathrm{e}^{x^2+y^2} \mathrm{d}\sigma = \int_0^{2\pi} \mathrm{d}\theta \int_0^2 \mathrm{e}^{r^2} r\mathrm{d}r = \pi(\mathrm{e}^4-1)$;

(2) $\iint\limits_D \ln(1+x^2+y^2) \mathrm{d}\sigma = \int_0^{\frac{\pi}{2}} \mathrm{d}\theta \int_0^1 \ln(1+r^2) r\mathrm{d}r = \frac{\pi}{4}(2\ln2-1)$;

(3) $\iint\limits_D \arctan\frac{y}{x} \mathrm{d}\sigma = \int_0^{\frac{\pi}{2}} \theta\mathrm{d}\theta \int_1^2 r\mathrm{d}r = \frac{3\pi^2}{16}$。

习题 10.3

1. (1) 0; (2) $\frac{1}{2}\left(\ln2-\frac{5}{8}\right)$; (3) $\frac{16\pi}{3}$; (4) $\frac{4\pi}{5}$。

2. (1) $\int_{-1}^1 \mathrm{d}x \int_{-\sqrt{1-x^2}}^{\sqrt{1-x^2}} \mathrm{d}y \int_{x^2+y^2}^1 f(x,y,z) \mathrm{d}z$;

(2) $\int_0^{2\pi} \mathrm{d}\theta \int_1^2 r\mathrm{d}r \int_r^2 f(r\cos\theta, r\sin\theta, z) \mathrm{d}z$;

(3) $\int_0^{2\pi} \mathrm{d}\theta \int_0^1 r\mathrm{d}r \int_0^{r^2} f(r\cos\theta, r\sin\theta, z) \mathrm{d}z$。

3. (1) $\frac{32\pi}{3}$; (2) $\frac{\pi}{6}$。

4. $\frac{3}{2}$。

5. $\frac{968}{15}$。

习题 10.4

1. (1) $\frac{9}{2}$; (2) $\sqrt{2}-1$。

2. $16R^2$。

3. (1) $\frac{\pi}{6}$; (2) 6π。

4. 2π。

5. (1) $\left(0,0,\frac{3}{4}\right)$; (2) $\left(\frac{2}{5}a, \frac{2}{5}a, \frac{7}{30}a^2\right)$。

6. $\frac{1}{12}Mh^2$, $\frac{1}{12}Mb^2$($M=bh\mu$ 为矩形板的质量)。

7. $F_x = F_y = 0$, $F_z = -2\pi G\rho\left[\sqrt{(h-a)^2+R^2} - \sqrt{a^2+R^2} + h\right]$。

总习题 10

1. (1) e^{-1}; (2) 0; (3) πa^3; (4) $\frac{2}{3}\pi a^3$。

2. （1）$\int_0^{\frac{\pi}{4}} \mathrm{d}\theta \int_0^{\sec\theta} f(r\cos\theta, r\sin\theta) r\mathrm{d}r + \int_{\frac{\pi}{4}}^{\frac{\pi}{2}} \mathrm{d}\theta \int_0^{\csc\theta} f(r\cos\theta, r\sin\theta) r\mathrm{d}r$;

（2）$\int_{\frac{\pi}{4}}^{\frac{\pi}{3}} \mathrm{d}\theta \int_0^{2\sec\theta} f(r) r\mathrm{d}r$;

（3）$\int_0^{\frac{\pi}{2}} \mathrm{d}\theta \int_{(\cos\theta+\sin\theta)^{-1}}^1 f(r\cos\theta, r\sin\theta) r\mathrm{d}r$;

（4）$\int_0^{\frac{\pi}{4}} \mathrm{d}\theta \int_{\sec\theta\tan\theta}^{\sec\theta} f(r\cos\theta, r\sin\theta) r\mathrm{d}r$。

3. （1）$\dfrac{3}{4}\pi a^4$；（2）$\dfrac{1}{6}a^3[\sqrt{2}+\ln(1+\sqrt{2})]$；（3）$\sqrt{2}-1$；（4）$\dfrac{1}{8}\pi a^4$。

4. （1）$\dfrac{9}{4}$；（2）$\dfrac{\pi}{8}(\pi-2)$；（3）$14a^4$；（4）$\dfrac{2\pi}{3}(b^3-a^3)$。

5. $2a^2(\pi-2)$。

6. $\sqrt{2\pi}$。

7. $I = \int_0^{+\infty} \mathrm{e}^{-x^2}\mathrm{d}x = \int_0^{+\infty} \mathrm{e}^{-y^2}\mathrm{d}y$，$I^2 = \left(\int_0^{+\infty} \mathrm{e}^{-x^2}\mathrm{d}x\right)\left(\int_0^{+\infty} \mathrm{e}^{-y^2}\mathrm{d}y\right) = \iint\limits_D \mathrm{e}^{-(x^2+y^2)}\mathrm{d}x\mathrm{d}y$，

$I^2 = \dfrac{\pi}{4}$，$I = \dfrac{\sqrt{\pi}}{2}$。

8. $V = \dfrac{16}{3}a^3$。

9. $\int_{-1}^1 \mathrm{d}x \int_{x^2}^1 \mathrm{d}y \int_0^{x^2+y^2} f(x,y,z)\mathrm{d}z$。

10. （1）$\dfrac{59}{480}\pi R^5$；（2）0；（3）$\dfrac{250}{3}\pi$。

第 11 章

习题 11.1

1. （1）$\sqrt{2}$；（2）$\dfrac{\sqrt{2}}{2}+\dfrac{5\sqrt{5}}{12}-\dfrac{1}{12}$；（3）$\pi a^3$；（4）$\dfrac{a^3}{2}$；（5）$\dfrac{\sqrt{3}}{2}(1-\mathrm{e}^{-2})$。

2. $\dfrac{2\pi}{3}\sqrt{a^2+b^2}(3a^2+4\pi^2b^2)$。

3. $\dfrac{2\pi a^3}{3}$。

4. π。

5. $12a$。

6. $\dfrac{2}{3}\pi R^3$。

7. $2a^3$。

8. $\dfrac{13}{6}$。

9. $-\dfrac{1}{12}\sqrt{11}$。

10. $\sqrt{2}$。

习题 11.2

1. （1）$-\dfrac{56}{15}$；（2）2；（3）0。

2. $\dfrac{3}{2}$。

3. $mg(z_2-z_1)$。

4. $\dfrac{1}{2}k(a^2-b^2)$（k 为比例系数）。

5. $-\dfrac{27}{4}$。

6. （1）$\dfrac{4a^2 b}{3}$；（2）$-\dfrac{\pi a^3}{2}$；（3）$\dfrac{\pi^3 k^3}{2}-\pi a^2$；（4）$\dfrac{2}{3}$；（5）$-\dfrac{1}{6}$。

7. （1）1；（2）1；（3）1。

习题 11.3

1. （1）12；（2）18。

2. （1）$\dfrac{5}{2}$；（2）5。

3. （1）$\dfrac{3\pi a^2}{8}$；（2）12π。

4. （1）-70π；（2）-1。

5. 略。

6. $\dfrac{1}{2}x^2 y^2$。

7. $-\pi$。

8. $Q(x,y)=x^2+2y-1$，$\displaystyle\int_{(0,0)}^{(1,1)}2xy\mathrm{d}x+(x^2+2y-1)\mathrm{d}y=\int_0^1(1+2y-1)\mathrm{d}y=y^2\,\Big|_0^1=1$。

9. $-\dfrac{\pi^2}{2}$。

10. $\dfrac{1}{2}$。

习题 11.4

1. （1）6π；（2）$4\pi\ln2$；（3）$\dfrac{\pi}{2}(1+\sqrt{2})$。

2. $\dfrac{2\pi}{15}(1+6\sqrt{3})$。

3. （1）$\dfrac{\sqrt{11}}{8}$；（2）$\sqrt{3}\left(\ln2-\dfrac{1}{2}\right)$；（3）$\dfrac{\sqrt{3}}{2}$；（4）$-\dfrac{27}{4}$。

4. $\dfrac{5}{3}\sqrt{2}\,\pi$。

5. $125\sqrt{2}\,\pi$。

6. 48π。

7. 243π。

8. $4\sqrt{61}$。

9. $\dfrac{64}{15}\sqrt{2}\,a^4$。

习题 11.5

1. 略。

2. （1）$\dfrac{2\pi}{105}R^7$；（2）$\dfrac{3\pi}{2}$；（3）1；（4）$\dfrac{1}{8}$；（5）$2\pi R^3$。

3. $\dfrac{1}{2}$。

4. $\displaystyle\iint\limits_{\Sigma}\left(P\,\dfrac{2x}{\sqrt{1+4x^2+4y^2}}+Q\,\dfrac{2y}{\sqrt{1+4x^2+4y^2}}+R\,\dfrac{1}{\sqrt{1+4x^2+4y^2}}\right)\mathrm{d}S$。

5. 12。

6. $\dfrac{2}{15}\pi R^5$。

7. $\dfrac{2}{15}$。

8. 8π。

9. 16π。

10. -4π。

习题 11.6

1. （1）$3a^4$；（2）$\dfrac{12}{5}\pi$；（3）$\dfrac{2}{5}\pi a^5$；（4）81π。

2. 108π。

3. $\mathrm{div}\boldsymbol{A}=y\mathrm{e}^{xy}-x\sin(xy)-2xz\sin(xz^2)$。

4. -5π。

5. $-\dfrac{9}{2}\pi$。

6. 4π。

7. $\dfrac{1}{2}\pi h^4$。

8. 36π。

9. 8π。

10. $\dfrac{3}{2}$。

习题 11.7

1. （1）$-\sqrt{3}\pi a^2$；（2）-20π。

2. （1）$\mathbf{rot}\boldsymbol{A}=2\boldsymbol{i}+4\boldsymbol{j}+6\boldsymbol{k}$；（2）$\mathbf{rot}\boldsymbol{A}=\boldsymbol{i}+\boldsymbol{j}$；（3）$\mathbf{rot}\boldsymbol{A}=\boldsymbol{j}+(y-1)\boldsymbol{k}$。

3. 略。

4. -2π。

5. -24。

6. 0。

7. $-\sqrt{3}\pi a^2$。

8. $-2\pi a(a+b)$。

9. $-\dfrac{\pi a^3}{4}$。

10. 8π。

总习题 11

1. （1）B；（2）D；（3）B；（4）C。

2. （1）$2(e^a-1)+\dfrac{\pi a}{4}e^a$；（2）$\dfrac{4}{5}$；（3）$\dfrac{1}{35}$；（4）$2a^2$；（5）$2a^3$；

  （6）$\dfrac{\sqrt{3}}{2}(1-e^{-2})$；（7）$\dfrac{13}{6}$；（8）$-\dfrac{1}{2}\pi ka^2\sqrt{a^2+k^2}$；（9）$12a$；（10）$(4-2\sqrt{2})a^2$。

3. （1）$-\dfrac{1}{4}\pi h^4$；（2）-4π；（3）$\dfrac{4}{3}\sqrt{3}$；（4）$125\sqrt{2}\pi$；

  （5）$\dfrac{125\sqrt{5}-1}{420}$；（6）$\dfrac{64\sqrt{2}a^4}{15}$；（7）$243\pi$；（8）$12$。

4. $Q(x,y)=x^2+2y-1$，1。

5. $-\pi$。

6. $-\dfrac{79}{5}$。

7. 2。

8. $abc(a+b+c)$。

9. $\dfrac{\pi a^4}{2}$。

10. $\dfrac{2}{5}\pi a^5$。

11. 108π。

12. 8π。

13. $\dfrac{2}{r}$；$(0,0,0)$。

14. $2(\pi-1)$。

15. （1）$x^2+y^2-2z^2+2z=1$；（2）$\left(0,0,\dfrac{7}{5}\right)$。

16. 16π。

17. $\dfrac{\pi}{2}$。

18. $\dfrac{x^2}{2}+xe^y-y^2$。

19. $\dfrac{1}{2}x^2y^2$。

20. $-\dfrac{7}{6}$。

21. 3。

22. $\dfrac{3}{2}$。

第 12 章

习题 12. 1

1. （1）存在，$\lim\limits_{n\to\infty}2^{\frac{1}{n}}=1$；（2）发散。

2. （1）收敛；（2）发散；（3）发散；（4）发散；（5）发散；（6）发散。

3. （1）发散；（2）收敛，1；（3）发散；（4）收敛，$\dfrac{1}{2}$。

4. （1）收敛，ln2；（2）发散；（3）收敛，$\dfrac{\pi^2}{12}$；（4）收敛，$\dfrac{1}{6}$。

习题 12. 2

1. （1）收敛；（2）发散；（3）收敛；（4）收敛；（5）收敛；（6）当 $a>1$ 时收敛，当 $a\leqslant 1$ 时发散。

2. （1）收敛；（2）发散；（3）收敛；（4）收敛；（5）收敛；（6）收敛。

3. （1）收敛；（2）收敛；（3）收敛；（4）收敛；（5）当 $b<a$ 时收敛，当 $b>a$ 时发散，当 $b=a$ 时不能确定。

4. 证明略。

习题 12. 3

1. B。

2. （1）条件收敛；（2）绝对收敛；（3）条件收敛；（4）条件收敛；（5）绝对收敛；（6）绝对收敛。

3. （1）条件收敛；（2）绝对收敛。

4. 绝对收敛。

习题 12. 4

1. （1）$(-1,1)$；（2）$(-1,1]$；（3）$\left[-\dfrac{1}{3},\dfrac{1}{3}\right)$；（4）$[2,4]$；（5）$(-1,1)$；（6）$(4,6)$。

2. （1）$R=1$；（2）$R=1$；（3）$R=1$；（4）$R=4$。

3. （1）$\dfrac{1}{2}\ln\left|\dfrac{x+1}{x-1}\right|$，$-1<x<1$；（2）$\dfrac{\ln(x+1)}{x}$，$-1<x\leqslant 1$ 且 $x\neq 0$；

   （3）$\dfrac{1}{(1-x)^2}$，$-1<x<1$；（4）$\dfrac{x^2}{(1-x)^2}-x^2-2x^3$，$-1<x<1$。

习题 12. 5

1. （1）$\displaystyle\sum_{n=0}^{\infty}(-1)^n\dfrac{x^{2n}}{n!}$；（2）$1-\displaystyle\sum_{n=0}^{\infty}\dfrac{(2n-3)!!}{(2n)!!}x^{2n}$；

   （3）$\sin a\displaystyle\sum_{n=0}^{\infty}(-1)^n\dfrac{x^{2n}}{(2n)!}+\cos a\displaystyle\sum_{n=0}^{\infty}(-1)^n\dfrac{x^{2n+1}}{(2n+1)!}$，$x\in\mathbf{R}$；

   （4）$\ln a+\displaystyle\sum_{n=1}^{\infty}(-1)^{n-1}\dfrac{x^n}{na^n}$，$-a<x\leqslant a$。

2. （1）$\sqrt{x^3}=1+\dfrac{3}{2}(x-1)+\displaystyle\sum_{n=0}^{\infty}(-1)^n\dfrac{(2n)!}{(n!)^2}\dfrac{3}{(n+1)(n+2)2^n}\left(\dfrac{x-1}{2}\right)^{n+2}$，$[0,2]$；

   （2）$\lg x=\dfrac{1}{\ln 10}\displaystyle\sum_{n=1}^{\infty}(-1)^{n-1}\dfrac{(x-1)^n}{n}$，$(0,2]$。

3. $\dfrac{1}{x}=\dfrac{1}{3}\displaystyle\sum_{n=0}^{\infty}(-1)^n\dfrac{(x-3)^n}{3^n}$，$(0,6)$。

4. $\displaystyle\sum_{n=0}^{\infty}\dfrac{(-1)^n}{(n+1)!}x^{n+1}$，$x\in(-\infty,+\infty)$。

习题 12. 6

1. （1）1.0986；（2）0.9994；（3）0.9440。

2. （1）$y = \dfrac{1}{2} + \dfrac{1}{4}x + \dfrac{1}{8}x^2 + \dfrac{1}{16}x^3 + \dfrac{9}{32}x^4 + \cdots$；

　　（2）$y = x + \dfrac{1}{1 \cdot 2}x^2 + \dfrac{1}{2 \cdot 3}x^3 + \dfrac{1}{3 \cdot 4}x^4 + \cdots$。

3. $\mathrm{e}^x \cos x = \displaystyle\sum_{n=0}^{\infty} 2^{\frac{n}{2}} \cos \dfrac{n\pi}{4} \cdot \dfrac{x^n}{n!}$，$(-\infty, +\infty)$。

习题 12. 7

1. （1）$\pi + \displaystyle\sum_{n=1}^{\infty} (-1)^{n+1} \dfrac{2}{n} \sin nx$；（2）$\dfrac{\pi^2}{3} + 4 \displaystyle\sum_{n=1}^{\infty} \dfrac{(-1)^n}{n^2} \cos nx$，$-\infty < x < +\infty$；

　　（3）$\dfrac{8}{\pi} \displaystyle\sum_{n=1}^{\infty} \dfrac{(-1)^{n+1} n}{4n^2 - 1} \sin nx$。

2. （1）$\displaystyle\sum_{n=1}^{\infty} \left\{ \dfrac{(-1)^{n+1}}{n\pi} + \dfrac{2[1-(-1)^n]}{n^3 \pi^3} \right\} \sin n\pi x$；（2）$\dfrac{8}{\pi} \displaystyle\sum_{n=1}^{\infty} \dfrac{\cos(2n-1)x}{(2n-1)^2}$。

3. $-3 + \dfrac{6}{\pi} \displaystyle\sum_{n=1}^{\infty} \dfrac{(-1)^{n+1}}{n} \sin \dfrac{n\pi x}{3}$。

总习题 12

1. （1）D；（2）D；（3）D；（4）A；（5）A。

2. （1）$u_1 + u_2 + \cdots + u_n$，收敛；（2）$\dfrac{a}{1-r}$；（3）收敛；（4）发散；（5）2。

3. （1）发散；（2）收敛，$S = \dfrac{1}{2}$；（3）收敛，$S = 3$；（4）收敛，$S = -\dfrac{8}{17}$。

4. （1）收敛；（2）收敛；（3）收敛；（4）收敛。

5. （1）收敛；（2）收敛；（3）发散；（4）收敛。

6. （1）当 $a < 1$ 或 $a = 1$ 但 $p > 1$ 时级数收敛，当 $a > 1$ 或 $a = 1$ 但 $p \leqslant 1$ 时级数发散；

　　（2）收敛；（3）收敛；（4）发散。

7. （1）收敛半径 $R = \dfrac{1}{3}$，收敛区域为 $D = \left[-\dfrac{1}{3}, \dfrac{1}{3} \right)$；

　　（2）收敛半径 $R = \mathrm{e}$，收敛区域 $D = (-\mathrm{e}, \mathrm{e})$；

　　（3）收敛半径 $R = 4$，收敛区域 $D = (-4, 4)$；

　　（4）收敛半径 $R = 1$，收敛区域 $D = [-1, 1)$。

8. （1）$S(x) = \dfrac{1}{(1-x)^2}$；（2）$S(x) = \ln(1-x)$。

9. $\dfrac{1}{x^2 + 3x + 2} = \displaystyle\sum_{n=0}^{\infty} \left(\dfrac{1}{2^{n+1}} - \dfrac{1}{3^{n+1}} \right)(x+4)^n$，$x \in (-6, -2)$。

10. $\dfrac{1}{(1+x)^2} = 1 - 2x + 3x^2 - \cdots + (-1)^{n-1} n x^{n-1} + \cdots$。

11. $f(x) = -\dfrac{\pi}{4} + \dfrac{2}{\pi} \displaystyle\sum_{n=0}^{\infty} \dfrac{\cos(2n+1)x}{(2n+1)^2} + \displaystyle\sum_{n=1}^{\infty} \dfrac{(-1)^{n+1}}{n} \sin nx$。

参 考 文 献

[1] 陈静，戴绍虞. 高等数学：下册[M]. 南京：南京大学出版社，2017.

[2] 同济大学数学系. 高等数学：下册[M]. 6 版. 北京：高等教育出版社，2007.

[3] 华东师范大学数学系. 数学分析：下册[M]. 3 版. 北京：高等教育出版社，2001.

[4] 同济大学数学系. 高等数学：下册[M]. 7 版. 北京：高等教育出版社，2014.

[5] 王震，惠小健. 高等数学[M]. 南京：南京大学出版社，2017.

[6] 华东师范大学数学系. 数学分析：下册[M]. 5 版. 北京：高等教育出版社，2019.

[7] 蔡高厅，叶宗泽. 高等数学试题精选与解答[M]. 天津：天津大学出版社，2003.

[8] 刘讲军. 高等数学[M]. 北京：北京理工大学出版社，2017.

[9] 马建国. 数学分析：下册[M]. 北京：科学出版社，2011.

[10] 滕兴虎，郑琴，周华任，等. 吉米多维奇数学分析习题集精选详解[M]. 南京：东南大学出版社，2011.

[11] 王宪杰. 高等数学典型应用实例与模型[M]. 北京：科学出版社，2005.

[12] 梅顺治，刘富贵. 高等数学方法与应用[M]. 北京：科学出版社，2000.

[13] 舒阳春. 高等数学中的若干问题解析[M]. 北京：科学出版社，2005.